현·장·실·무·를·위·한

전기설계

이홍표 · 유재명 공저

普 文 堂

현장실무를 위한 **전기설계**

2009년 11월 10일 초판 인쇄
2009년 11월 15일 초판 발행

지은이 | 이홍표 · 유재명
발행인 | 김 병 계
발행처 | 도서출판 보문당
등 록 | 1990년 6월 15일(제1-1066호)
주 소 | 서울시 마포구 신수동 448-6 우) 121-110
전 화 | 704-7025 / 704-0635
팩 스 | 704-2324
홈페이지 | http://www.bomoondang.co.kr
전자우편 | bmdpub@naver.com

값 **20,000** 원

ISBN : 978-89-8413-170-5

머리말···

최근 산업사회의 경제가 국제적으로 치열한 경쟁체제로 변화하여 이에 능동적으로 대응한 고도의 기술개발과 혁신적인 경영이 요구되고 있다.

따라서 첨단의 기술을 요하는 산업사회에서 보다 높은 차원의 고급 기술인력을 질적 · 양적으로 수요에 부응하기 위하여 기술교육이 효과적으로 이루어져야 한다.

본 교재는 급변하는 산업사회에서 전기설비설계 분야에 대한 직종의 직무 인력을 통하여 산업현장에서 요구하는 우수한 전문 직업인을 양성하는 데 도움을 주고자 교재로 집필한 것입니다.

이 교재의 특징은 다음과 같이 구성되었습니다.

첫째로, 전기설비설계를 위한 기본적인 CAD의 전반적인 기능을 쉽게 사용하도록 발췌되었습니다.

둘째로, CAD의 기능을 기론하여 전기설계 CAD S/W를 취급하여 각종 전기설비 설계도면 그리기에 쉽게 이해하도록 되었습니다.

셋째로, 전기 계산서를 이용하여 이미 전기설비설계에 대한 내역서 작성을 습득하도록 되어 있습니다.

넷째로, 각종 전기설비 설계의 물량 산출을 통하여 적산하는 방법을 쉽게 이해하고 전기분야 자격시험에 큰 도움이 되도록 하였습니다.

본 교재가 출판하기까지 모든 자료와 지도해주신 (주)사차원소프트 김장섭 사장님께 진심으로 감사드리며 이 책을 출간하는데 성심껏 도움을 주신 보문당 관계자 여러분께 감사의 말씀을 드립니다.

2009년 11월

저 자

차 례

제1장 CAD 사용

1.5 도면 그리기 ... 14

제2장 전기설계CAD

2.1 전기설계CAD 설정 ... 125

2.2 전기설계CAD 심벌 ... 137

2.3 전기설계CAD 배선 ... 170

2.4 전기설계CAD 물량 산출 ... 181

2.5 전기설계CAD 시퀀스 ... 188

2.6 전기설계CAD 편집 ... 191

부 록

부록 3. 시퀀스 제어 기호 ... 383

제1장 CAD 사용

1.1 CAD의 개념
1.2 CAD 윈도우
1.3 도면 설정
1.4 그리기 보조 명령어
1.5 도면 그리기
1.6 치 수
1.7 문 자
1.8 표제란 그리기
1.9 그 밖의 녕령어

1.1 CAD의 개념

CAD란 Computer Aided Design 또는 Computer Aided Drafting의 첫 글자를 딴 약자로서 컴퓨터에 의한 분석, 편집, 수정 절차를 단시간에 처리, 정확성 표준화 및 규격화를 신속하게 적용하고 있으며, 또한 기계, 건축, 토목, 전기, 전자, 자동차, 항공, 선박 등의 산업에 따른 인테리어 디자인, 컴퓨터 그래픽, 각종 과학 연구, 시뮬레이션 등의 광범위하게 사용되고 있다.

1.2 CAD 윈도우

CAD를 시작하면, CAD 윈도우가 열린다. 이 CAD 윈도우가 사용자의 설계 작업 공간이다. 이 윈도우에는 설계도를 작성하고, 설계에 관한 정보를 받는데 사용하는 요소들이 들어 있다. 다음 그림은 CAD 윈도우의 주요 부분을 보여준다.

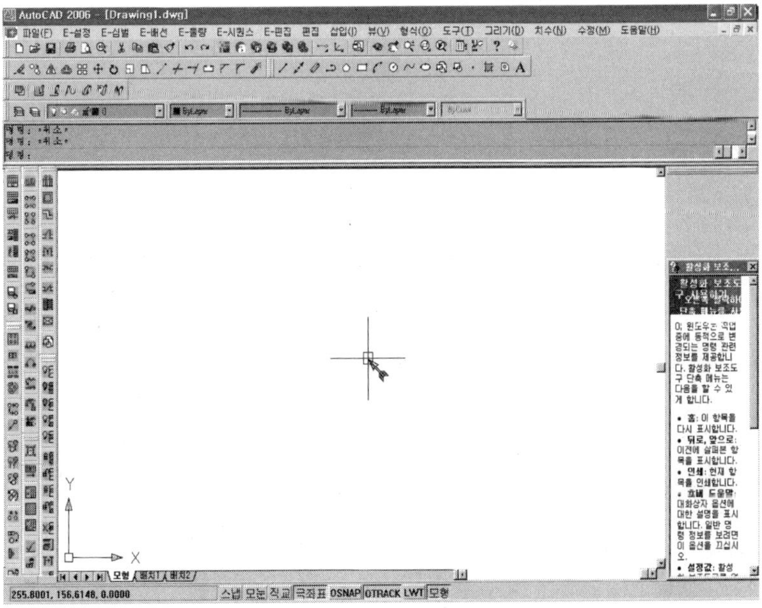

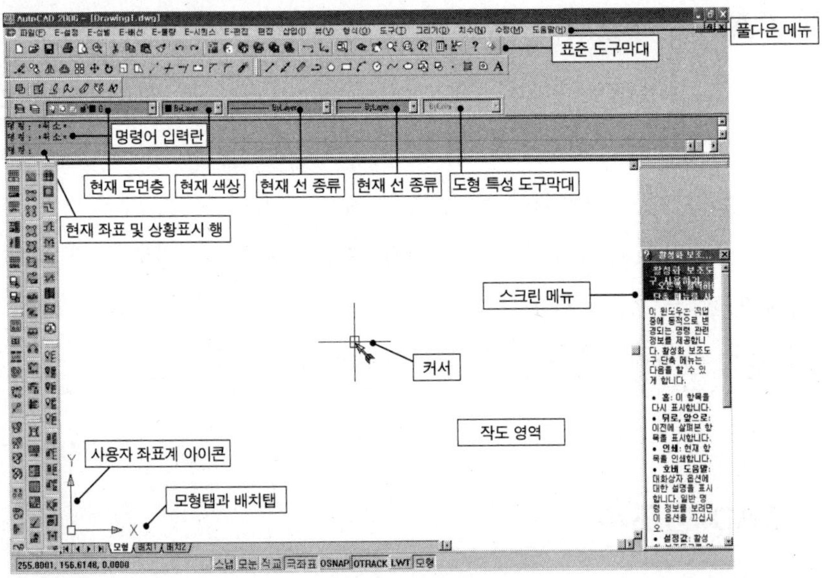

1.2.1 메뉴막대(Pull-Down Menu)

CAD의 기본 메뉴들이 들어 있으며, 키보드 명령대신에 마우스로 이동하는 장치로서 명령을 선택하여 사용할 수 있는 영역이다.

파일(F) E-설정 E-심벌 E-배선 E-물량 E-시퀀스 E-편집 편집 삽입(I)
뷰(V) 형식(O) 도구(T) 그리기(D) 치수(N) 수정(M) 도움말(H)

1.2.2 표준도구막대(Standard Tool Bar)

이 도구막대는 열기, 저장, 인쇄 등의 Microsoft Office의 표준 Button들과 다시 그리기, 명령 취소, 줌 등 자주 사용되는 Button들을 모아놓은 것이다.

1.2.3 도면파일(Drawing File)

CAD의 도면 파일임을 나타낸다. 도면 파일이 대화상자의 옵션으로서 우측에 표시된다.

1.2.4 도면설정(Settings Tool Bar)

색상, 선 종류, 선가중치 같은 객체 특성을 설정하고, 도면층을 관리하는 것이다.

1.2.5 그리기 속성 및 수정 도구막대(Drawing & Modify Tool Bar)

일반적인 명령과 수성 명령이 접근 할 수 있게 해주고, 그리기와 수정도구 막대는 CAD를 시작하면서 표시된다. 이 도구 막대들은 윈도우의 왼쪽에 배치하고 있으며, 쉽게 이동하고, 켜고, 끌 수도 있다.

❑ 그리기 및 수정

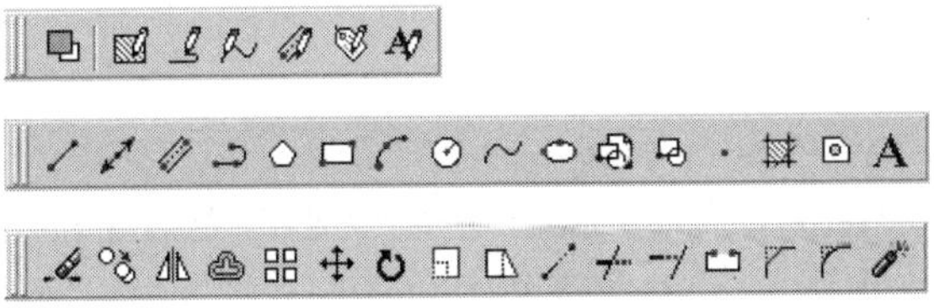

❑ 건축설계도면용

❑ 전기설계도면용

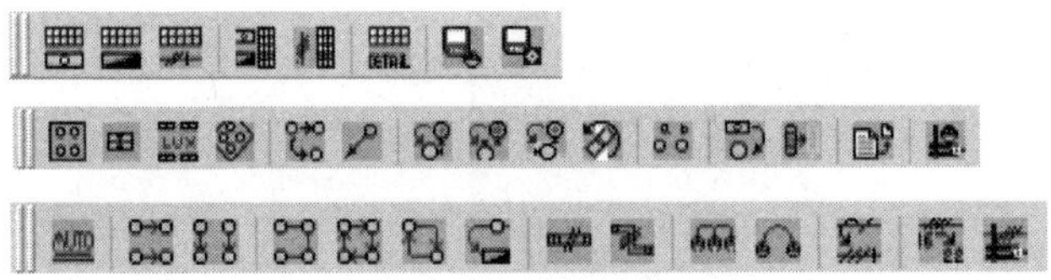

1.2.6 명령 윈도우(Command Window)

사용자가 명령어를 입력하고 CAD가 프롬프트와 메시지를 나타내는 윈도우이다. 좌표, 입력장치로는 높이까지 윈도우를 끌어서 크기를 조절할 수 있다.

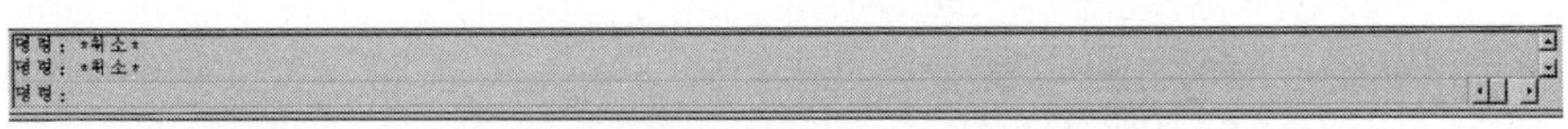

1.2.7 상태막대(Status Bar)

현재의 작업 상태와 십자선의 현재 위치를 표시고, 또한 각종 설정(Snap, Grid, Ortho 등)에 대한 on, off 상태를 활성화 표시로 표시한다.

1.2.8 커서(Screen Cursor)

작업자가 화면 내에서 어떤 좌표점, 작업대상, 메뉴를 선정할 때 사용되는 것이다. 이것은 키보드의 화살표, 마우스, 타블렛의 퍽(Puck) 등으로 움직일 수 있다.

- ◻ ⇖ : 각종 메뉴, 도구막대, 아이콘 등을 선택할 때 사용
- ◻ ⌖ : Cross Hair와 Pick Box가 겹친 것
- ◻ ┼ : Cross Hair, 좌표 지정 시 및 Osnap 때 나타냄
- ◻ □ : 선택상자(Pick Box), 수정작업 대상을 선택할 때 나타냄

1.2.9 기능키의 역할

- ◻ F1 : 도움말
- ◻ F2 : 문자 화면과 그래픽 화면을 토글 전환(Flip Screen)
- ◻ F3 : 대상 스냅(Object Snap), 모드 설정(Osnap 명령)
- ◻ F4 : 타블렛을 Calibration 또는 ON/OFF
- ◻ F5 : Isoplane Top/Rigth/Left를 차례로 Toggle
- ◻ F6 : 커서를 X, Y좌표의 이동상황 표시
- ◻ F7 : 화면상에 가상의 등분점을 표시(Grid ON/OFF)
- ◻ F8 : 커서를 수평, 수직으로만 이동하게 함(Ortho ON/OFF)
- ◻ F9 : 커서가 일정한 간격으로 이동(Snap ON/OFF)
- ◻ F10 : 원형 추적 전환

1.3 도면 설정

도면을 그리기 위해 단위설정과 그려질 한계 공간을 지정하는 것으로서 도면에 객체의 길이, 특정 영역의 면적을 정확하게 할 수 있도록 단위와 정확도를 설정할 필요가 있다.

1.3.1 실행방법

❑ 명령어 실행

Command	Ddunits(typping) → Enter↵
풀다운 메뉴	형식 → Click → 단위(u) → Click

위에서 하나를 택하여 실행하면 "도면단위"의 대화창이 나온다.

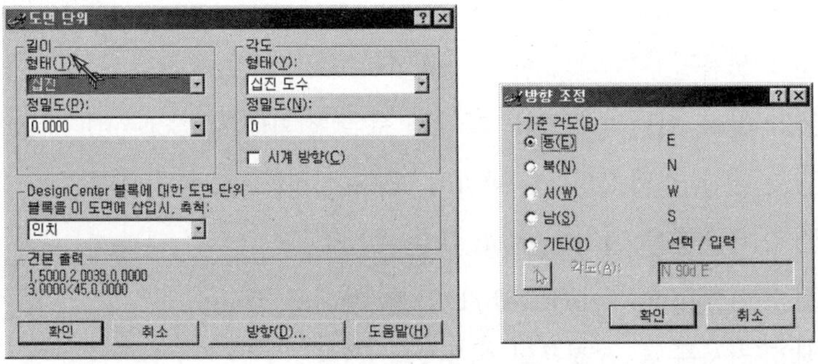

CAD는 기본적으로 10진법을 사용하고 있으며, 대화창의 왼쪽 상단에 위치한 길이 영역의 형태 목록에 [십진]을 선택한다. 만일[십진]이 선택이 되지 않으나 드롭다운(내림 차림표)에 마우스 키를 이동하여 [십진]을 찾아 Click 하면 된다.
정밀도는 drop down menu button에 Click 하면, 각종 정밀도[0, 00, 000, …] 등 나오며, 필요한 것을 선택하여 Click 하면 된다.
도면 환경 설정이 끝나면 대화창의 아래에 '확인'에 Click 하면, 도면의 단위 및 정밀도 설정이 완료된다.

1.3.2 도면 한계 설정

도면 한계란 말 그대로 도면에 그려지는 한계 공간을 지정하는 것으로 실행방법은 다음과 같다.

❑ 실행방법

▫ 명령어 실행

Command	Limits(typping) → Enter↵
풀다운 메뉴	형식 → Click → 도면 한계 → Click

위와 같은 방법 중에 하나를 선택하여 실행하면 다음과 같은 명령어 창에서 나타낸다.

▫ 왼쪽 아래 구석지정 또한 [켜기(ON)/끄기(OFF)]

〈0.00, 0.00〉 : 0, 0(typping하거나 아니하여도 된다.) Enter↵

※ 이것은 화면상의 좌측하단 X, Y의 좌표값을 입력하는 곳이다.

▫ 오른쪽 위 구석 지정 〈420.00, 297.00〉 ; 420, 297(typping)

※ 대화상자에 필요에 따라 가로 4, 세로 3의 비율 선택하면 된다(예 : 16 ; 9 혹은 24, 18 등).

❑ 도면 크기(단위 mm)의 종류

도면의 크기는 KS5201이 종이의 재단 치수 A열의 A0~A6에 따르면, 이 중에 널리 사용되고 있는 도면의 치수는 표와 같고, 사이즈 비교는 그림과 같이 나타낸다.

구분	도면 크기
A0	1189 × 841
A1	841 × 594
A2	594 × 420
A3	420 × 297
A4	297 × 210

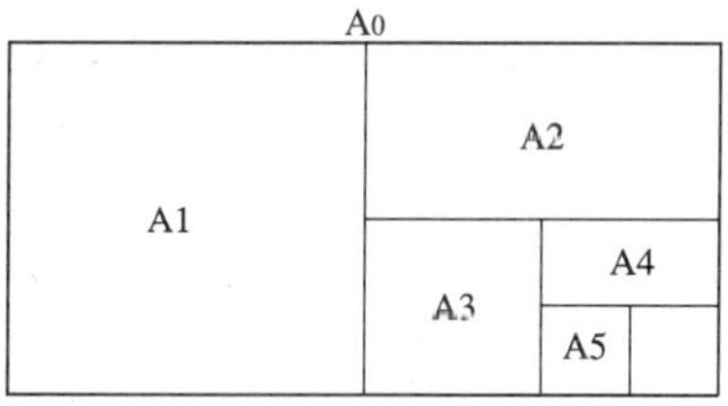

1.3.3 줌(Zoom) 설정

Limits는 도면의 크기를 지정하는 것으로 우리가 목표로 하는 객체를 그리기 위해 큰 도면크기를 확정한 후 Zoom 명령의 All(전체) 옵션을 사용해야 하며, 방법은 다음 중에 어느 하나를 선택하여 실행하면 된다.

Command	· Zoom(typping) → Enter↵ · 전체(A)/중심(C)/동적(D)/범위(E)/이전(P)/축척(S)/윈도우(W) 〈실시간〉 : All(typping) → Enter↵ ※ 단축에서 "A"를 typping한 후에 Enter↵ 하여도 된다.
풀다운 메뉴	뷰 → Click → 줌 → Click → 전체(A) → Click

1.4 그리기 보조 명령어

1.4.1 스냅(Snap) 설정 방법

도면을 보다 정밀성을 높이기 위한 방법 중 하나는 Snap을 설정하는 것이며 실행 방법은 다음 중 하나를 선택하면 된다.

Command	Snap(typping) → Enter↵ ON or OFF
상태막대	스냅의 Button에 Click
기능키	F9
키보드	Ctrl + B

위와 같이 대화상자가 나오면 도면을 그리기 위하여 필요한 객체를 마우스키로 선택한 후에 '확인'에 Click 한다.

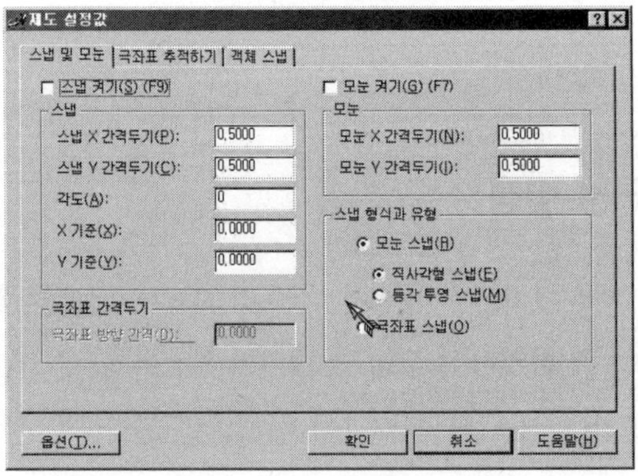

1.4.2 모눈(grid)설정하기

모눈은 지정된 영역 위에 펼쳐져 있는 점 패턴을 말하는 것으로, 모눈을 사용하는 것은 도면 아래에 모눈종이를 놓는 것과 비슷하다.
모눈을 표시하게 되면 도면의 크기나 특징 지점 간의 거리를 쉽게 알 수 있게 된다.
모눈은 도면 출력할 때 인쇄는 되지 않는다.

□ 명령어 실행하기

Command	Grid(typping) → Enter↵
기능키	F7 → Enter↵

이때 명령어 창에
모눈 간격두기(X) 지정 또는 [켜기(ON)/끄기(OFF)/스냅(S)/종횡비(A)] 〈0.00〉:
옵션을 선택하거나 Grid값을 입력한다(예 : 10, 50, 100 등).

□ 만약에 X축과 Y축에 대하여 간격을 다르게 설정하려면 Aspect(종횡비) 옵션을 사용해야 합니다. 예로서 가로 10의 간격으로 세로를 20의 간격으로 설정한 경우는 다음과 같이 실행한다.

Command	Grid(typping) → Enter↵
기능키	F7 → Enter↵

이때 명령어 창에
모눈 간격두기(X) 지정 또는 [켜기(ON)/끄기(OFF)/스냅(S)/종횡비(A)] 〈0.00〉:
A(typping) → Enter↵
수평 간격(X) 지정 〈10〉 : 10(typping) → Enter↵
수직 간격(Y) 지정 〈10〉 : 20(typping) → Enter↵

※X, Y값은 필요에 따라 typping하면 된다.

□ 모눈을 키거나 끄는 방법

다음 중에 어느 하나를 선택하여 실행하면 된다.

Command	Grid(typping) → Enter↵ ON 혹은 OFF(typping) → Enter↵
상태막대	F7 누름
기능키	모눈의 Button을 Click
키보드	Ctrl + G

1.4.3 직교(Ortho) 명령 실행

선을 그리거나 객체를 이동시키는 고정에서 커서(Cursor)를 수평 또는 수직축으로 제한시키기 위한 명령이다.
직교 모드를 활성시킴으로써 직각 상태의 변화에 대해 신속하게 작업할 수 있다. 다음과 같이 실행한다.

□ Command : Ortho(typping) → Enter↵

모든 입력 [켜기(ON)/ 끄기(OFF)] : ON 혹은 OFF(typping)

※ ON : ortho를 사용한다.
OFF : ortho를 사용하지 않는다.

1.4.4 도면요소 선택(SELECT OBJECT)

Erase, Copy, Move 등의 대부분의 편집 명령은 명령 실행 후 객체선택을 요구한다.
객체를 선택 또는 Select Object에서는 기본적으로 하나하나의 객체를 선택할 수도 있지만 다음의 여러 옵션을 이용하면 원하는 객체를 쉽게 선택할 수 있다.

❏ 단일선택

□ 가장 일반적인 방법으로 수정할 객체를 각각 선택한다.

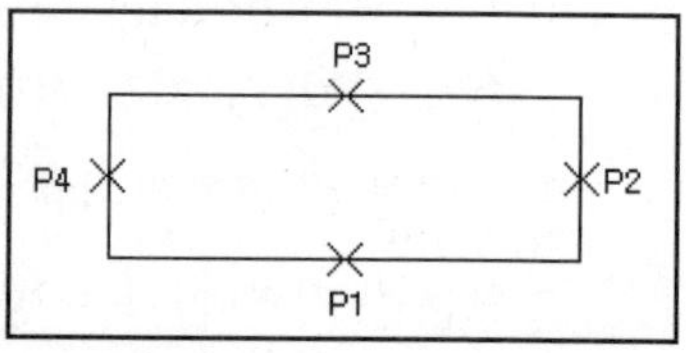

□ 복잡한 작업에서 해당 요소를 수정 시 편리하게 사용할 수가 있다.

❑ Window선택

□ 실선의 박스에 완전히 포함이 된 도면 요소만 선택된다.

□ 좌측에서 우측으로 선택한다(P1선택 후 P2선택).

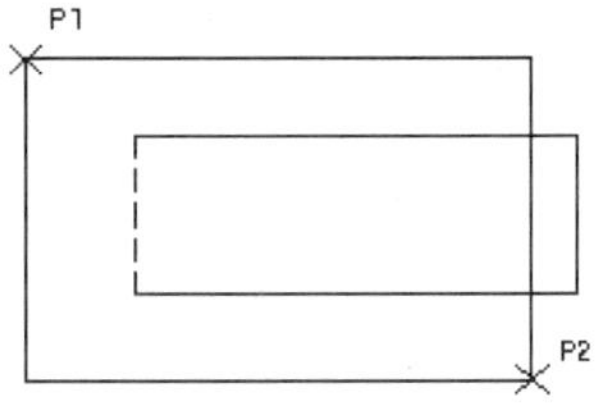

❑ Crossing선택

□ 점선의 박스에 걸친 도면의 모든 요소가 선택된다.

□ 우측에서 좌측으로 선택한다(P1선택 후 P2선택).

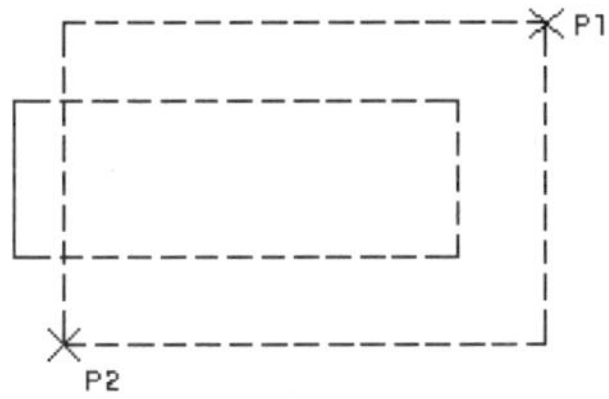

1.4.5 OSNAP(Object Snap)

❑ Command : OSNAP

Tool Bar 메뉴 : 도구 → 제도 설정값

도면 작업 중 객체의 원하는 부분을 선택할 때 모드를 미리 설정해 놓고 사용

- ENDpoint : 끝점
- MIDpoint : 중간점
- CENterpoint : 중심점
- QUAdrant : 원의 사분점
- INTersection : 교차점
- INSertion : 삽입점
- PERpendicular : 수직점
- TANgent : 접점
- NEArest : 근처점

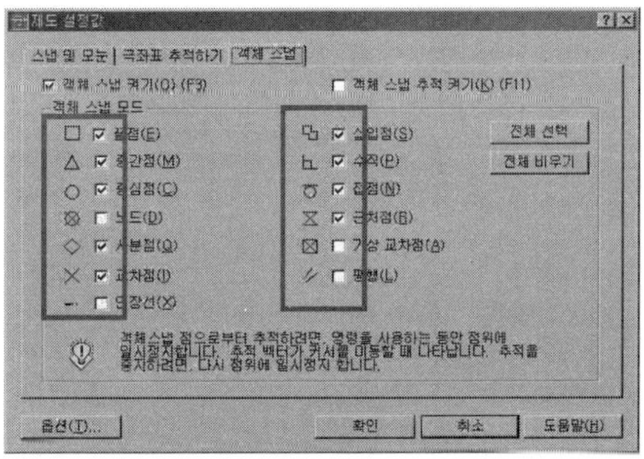

– Node : Point의 위치

□ 작업 중에 설정된 OSNAP 모드 외의 다른 OSNAP 모드가 필요한 경우는 "Shift+마우스 오른쪽 버튼" 클릭하면 나타나는 OSNAP모드 창에서 스냅모드를 선택하여 사용할 수도 있다.
□ CAD 변수 중 "Mbuttonpan"의 값을 〈0〉로 하여 마우스 휠을 눌러서 "Osnap"으로 활용할 수도 있다.
□ 기능키 F3 또는 상태바의 OSNAP를 이용하여 ON, OFF할 수 있다.

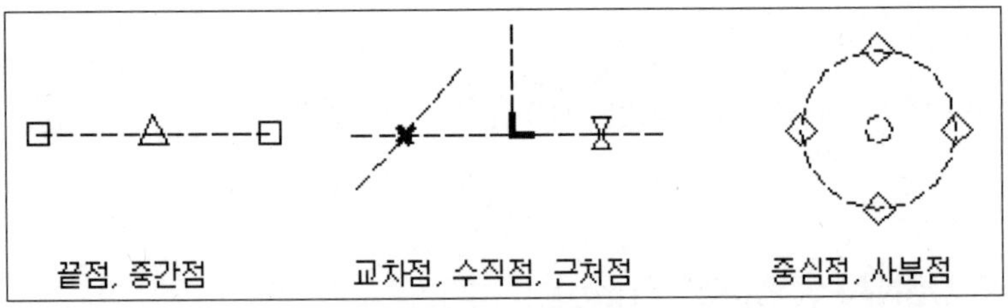

객체스냅모드 예

1.5 도면 그리기

어느 도면그리기 전에 3절에서 설명한 바와 같이 다음의 도면 설정한 후에 실행하도록 한다(단, 같은 크기로 도면을 그릴 때, 계속 사용하여도 무방하다).

□ 명령 : ddunits(typping) → Enter↵ (단위 설정)
□ 명령 : limits(typping) → Enter↵ (도면 영역 설정)

왼쪽 아래 구석 또는 [켜기(ON)/끄기(OFF)]〈0,0〉 ; 0,0(typping) → Enter↵
오른쪽 위 구석 지정〈78000,56000〉 ; 24, 18(typping) → Enter↵

※ 이것은 대화상자의 가로와 세로의 비율을 4대 3대로 생각하며 필요에 따라 정할 수 있다.

□ 명령 : Zoom(typping) → Enter↵
윈도우 구성을 지정, 축소 비율(nX 또는 nXP)을 입력, 또는 [전체(A)/중심(C)/동작(D)/범위(E)/이전(P)/축척(S)/윈도우(W)] 〈실시간〉: All(또는 A) Enter↵

1.5.1 선(LINE)

선은 AutoCAD에서 가장 기본적인 객체이다. 선의 명령어를 찾기 위하여 다음 어느 것 하나만 선택하여서 실행하면 된다.

Command	Line(typping) → Enter↵
풀다운 메뉴	그리기 → Click → 선 → Click
Tool bar	→ Click

□ 첫번째 점 지정(이때 화면 대화상자에 적합한 곳에 마우스 키를 이동한다.) Click

□ 다음 점 지정 또는 [명령 취소(U)] (마우스키를 그리고자 한 곳으로 이동시키면 된다.) Click

※ 이때 선을 바르게 하려면 기능키 F8 Button을 누르면 된다. 만일 선을 자유자재로 그리려면 기능키를 다시 F8 Button을 누른다. Enter↵

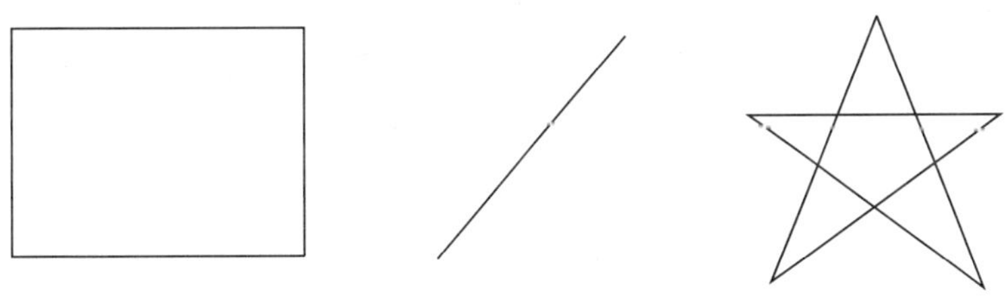

□ 그림 그릴 것이 완료가 되면 Enter↵ 하든지 또는 마우스 키의 오른쪽의 단자를 누르면 다음과 같이 리스트가 나온다.

입 력(E)
취 소(C)
닫 기(C) 명령취소 초점이동
줌(Z)

위 리스트에서 취소 선택에 [Click] 한다.

※ 명령을 취소하고 싶으면 키보드의 [Esc] Button을 누르면 명령어가 닫힌다.

1.5.2 지우기

❑ 부분적 및 전체 지우기

도면 그린 후에 부분적으로 지우거나 전체적으로 지우려면 다음 중 어느 것 하나를 선택하면 된다.

Command	Erase(typping) → [Enter↵]
풀다운 메뉴	수정(M) → [Click] → 지우기 → [Click]
Tool bar	[지우기 아이콘] → [Click]

객체 선택(명령 윈도우) 지시 사항이 나온다. 대화상자에 작은 박스는 Pick Box이다. 물체를 마우스로 선택하기 위한 박스이다. 이를 이용하여 지우고자 하는 부분을 지정(여러 개이면 각각 연속 지정)한 후에 마우스키의 오른쪽 Button을 [Click] 한다. 이때 지정된 부분은 점선으로 나타내며, [Enter↵] 하면 선택된 점선 부분은 모두 지워진다.

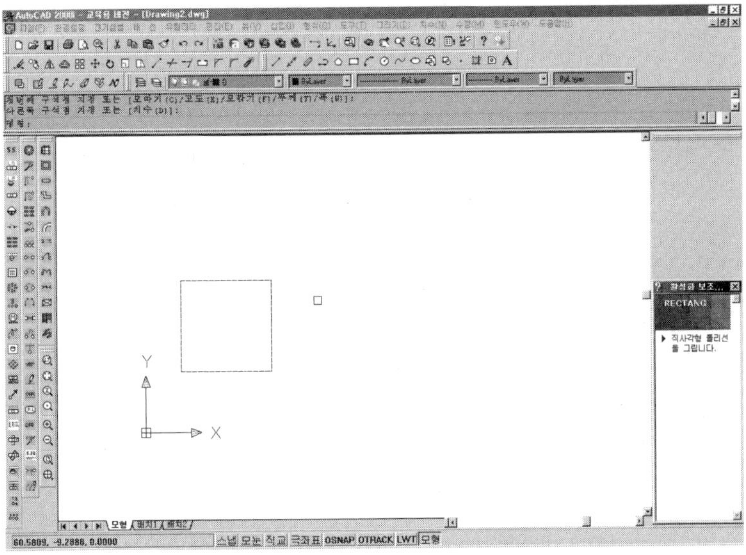

이때 모두 지우려면 위 대화상자에 마우스키를 첫 번째 점 지정을 우측 아래에 점 P1을 선택하여 Click 한 후, 마우스키를 움직여서 좌측 P2점을 선택한 후 Click 하고 난 뒤에 마우스키 우측 Button을 누르면 그린 그림이 모두 사라져 버린다.

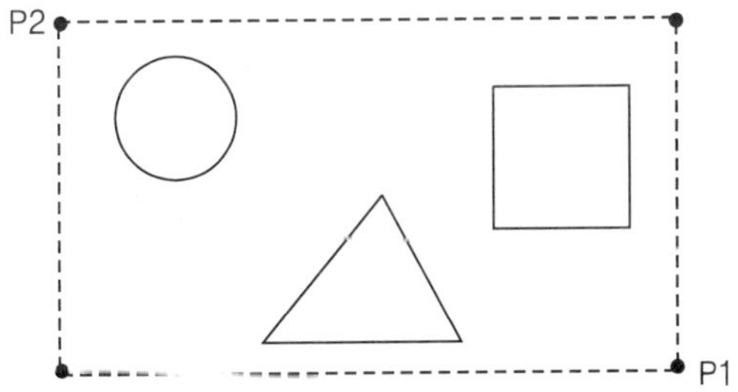

※ 잘못지우면 다시 원상태로 회복하기 위해 다음과 같이 하면 된다.

· 명령 : Undo(typping 단축키 U) → Enter↵

※ 화면을 깨끗하게 정리하려면

· 명령 : Redraw(typping) → Enter↵

❑ 모두 지우기

대화상자의 그린 것을 모두 다 지우기 위하여 다음과 같이 하면 된다.

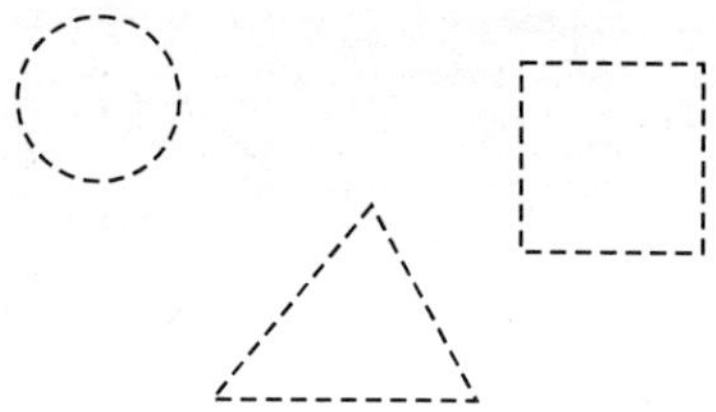

□ 명령 : ERASE(typping) → [Enter↵]

□ 객체선택 : ALL(typping) → [Enter↵]

이때 모든 선택된 객체의 개수를 찾은 것으로 나타낸다.

□ 객체선택 : [Enter↵] (화면이 모두 사라짐)

※ 화면 정리 방법

· 명령 : REGEN(typping) → [Enter↵] → (화면정리, 단축키 RE)

이것은 REDRAW와 비슷한 명령어인데 보다 강력한 기능을 가진다.

1.5.3 좌표개념과 각도계

❑ 절대좌표를 이용하여 그리기

□ 명령 : LINE(typping) → [Enter↵]

□ 첫번째점 지정 : 2, 2 [Enter↵](P1)

□ 다음점 지정 또는 [명령취소(U)] : 5, 2 [Enter↵](P2)

□ 다음점 지정 또는 [명령취소(U)] : 2, 7 [Enter↵](P3)

□ 다음점 지정 또는 [명령취소(U)] : 2, 7 [Enter↵](P4)

□ 다음점 지정 또는 [명령취소(U)] : 2, 2 (또는 C) [Enter↵](P1)

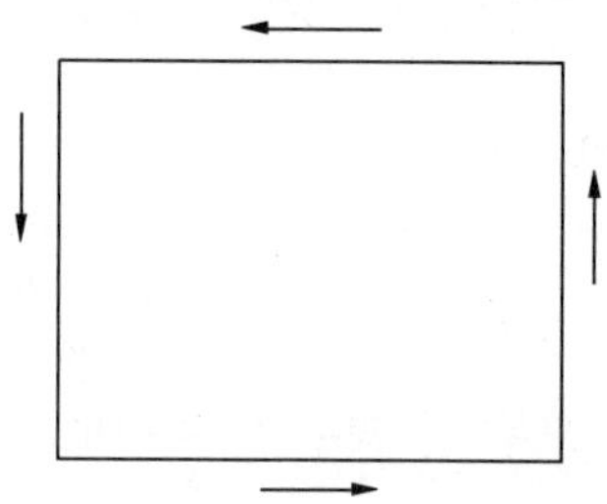

※ 대화상자의 크기를 가로 24, 세로 18를 입력한 경우의 예이다.
※ "C"는 "Line" 명령에서 시작점과 끝점을 연결시켜 주는 옵션이다.
※ "U"는 명령 취소와 명령어로서 작업하다가 잘못되었을 때 잘못된 것을 지우기 위하여 사용되는 것이다.

❑ 상대좌표를 이용하여 그리기

□ 명령 : Line(typping) → [Enter↵]
□ 첫 번째 점 지정 : 화면 중앙에 적당한 점을 선택한 후 [Click](P1)
□ 다음 점 지정 또는 [명령취소(U)] : @4,0 [Enter↵](P2)
□ 다음 점 지정 또는 [명령취소(U)] : @0,4 [Enter↵](P3)
□ 다음 점 지정 또는 [명령취소(U)] : @−4,0 [Enter↵](P4)
□ 다음 점 지정 또는 [명령취소(U)] : @0,−4(또는 C) [Enter↵](P1)

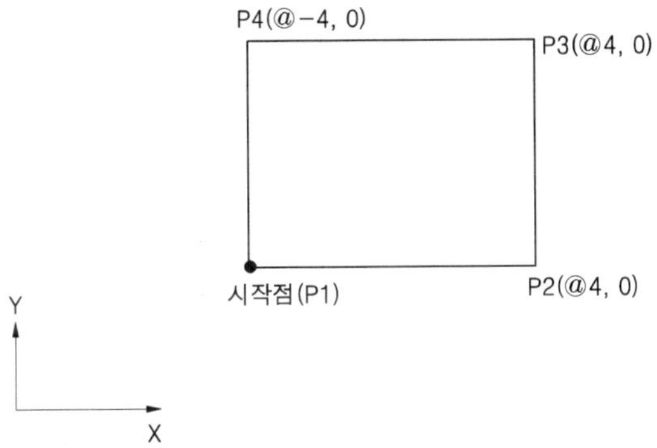

※ "@" 표시는 키보드의 [Ctrl] + [2] 하면 됩니다.
※ "@"는 현위치란 뜻이 된다.
※ 명령어 취소는 키보드의 [Esc]를 누르면 되고, 또는 [Ctrl] + [Z] 해도 됩니다.

❑ 상대극좌표를 이용하여 그리기

① 명령 : Line → [Enter↵]
② 첫 번째 점 지정 : 화면 중앙에 적당한 점을 선택한 후 [Click](P1)
③ 다음점 지정 또는 [명령취소(U)] : @4 〈 0 [Enter↵](P2)
④ 다음점 지정 또는 [명령취소(U)] : @4 〈 90 [Enter↵](P3)
⑤ 다음점 지정 또는 [명령취소(U)] : @4 〈 180 [Enter↵](P4)

⑥ 다음점 지정 또는 [명령취소(U)] : @4 〈 270 (혹은 −90),
또는 C(typping) → [Enter↵](P1)

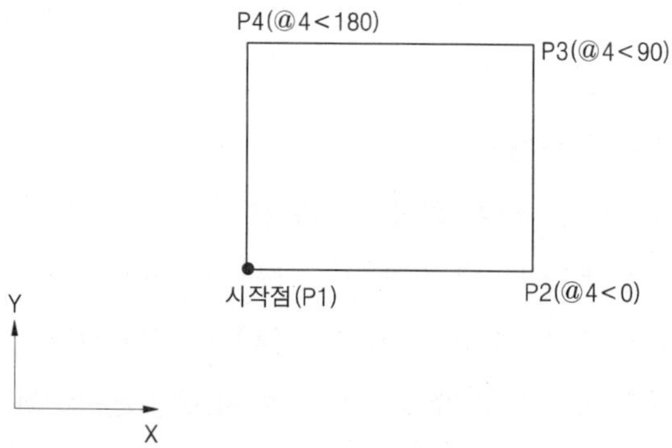

※ "<" 표시는 [Shift] + [,] 로 하면 됩니다.

※ 상대극좌표는 시작하면 점을 기준으로 하여 길이와 각도를 입력한다.

※ 명령어 취소는 키보드의 [Esc]를 누르면 되고, 또한 [Ctrl] + [Z] 해도 된다. @4<0는 기준점에서 길이 4만큼, 각도 0도 방향으로 떨어진 점을 의미한다.

※ 각도 이해 : 반시계 방향은 "+"값이고, 시계 방향은 "−"값으로 표시한다.

1.5.4 도면 저장하기와 불러오기

❑ 저장하기(SAVE)

새로운 도면을 만들고, 그것이 연습용이 아니면, 저장하는 것이 좋습니다. 저장방법을 다음과 같이 어느 하나의 방법을 다음과 같이 어느 하나의 방법을 선택하여서 실행하면 된다.

Command	Save(typping) → [Enter↵]
풀다운 메뉴	파일 → 저장 → [Click]
Tool bar	[💾] → [Click]
키보드	[Ctrl] + [S]

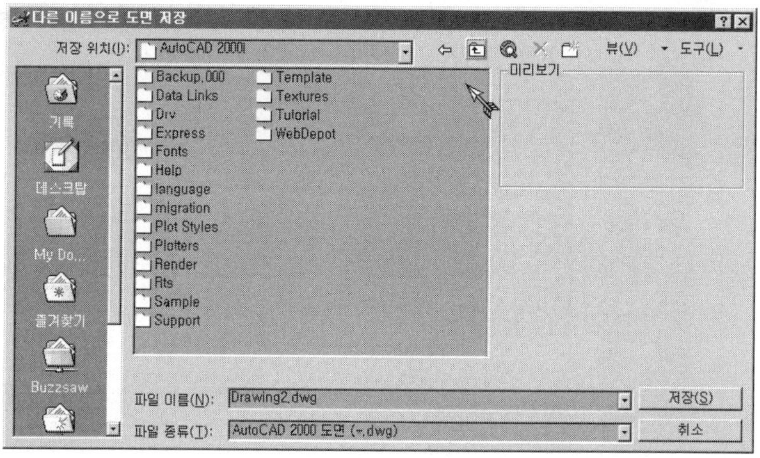

대화상자의 아래에 파일 이름에 저장하고자 한 도면 이름을 typping한 후에 마우스키로 이동하여 저장 Button을 선택하여 [Click] 하면 저장된다.

저장에 관련 명령어

명령어	풀다운 메뉴	대화상자명	기 능
SAVE	다른 이름 저장(A)	Save Drawing As	다른 이름으로 저장 가능, 현재 파일명은 그대로
SAVES	다른 이름 저장(A)	Save Drawing As	다른 이름으로 저장 가능, 현재 도면 파일명이 새이름으로 변경됨
QSAVE 또는	저장(S)	없음	현재 도면 파일명으로 저장 가능

❑ 불러오기(OPEN)

저장된 도면을 불러오려면 다음과 같이 작업한다.

풀다운메뉴에서 [파일]에 [Click] 한 후에 [열기]를 찾아서 [Click] 하면 파일선택 대화상자가 나타낸다.

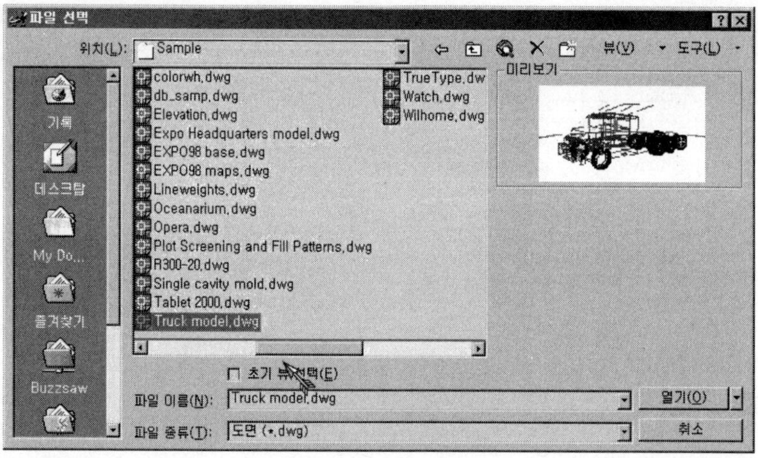

위의 대화상자에서 위치의 Project 선택한 후에 저장된 도면 이름들이 나오게 됩니다. 이 중에서 사용하고자 하는 필요한 도면 이름을 마우스키로 이동하여 선택한 후에 Click 하면 화면 우측에 [미리보기]에서 도면이 나타나고, 아래쪽에 파일 이름이 나타냅니다. 이때 아래쪽에 파일 이름이 나타난다. 이때 아래쪽 우측에 있는 [열기] Button에 Click 하면 대화상자에 선택된 도면이 나타나게 된다.

※ 명령어를 이용하여서 불러오기가 실행할 수 있다.

· 명령 : Open(typping) → Enter↵

※ 명령 : New(typping) → Enter↵ 하면 새로 도면을 작성을 할 수 있도록 대화상자가 나옵니다.

대화상자에서 원하는 파일 찾기

선택하고자 하는 파일의 위치	작업내용
현재 폴더에 있을 때	해당 파일명을 선택
하위 폴더에 있을 때	해당 폴더(예 : history)를 선택
상위 폴더에 있을 때	를 선택
동급의 다른 폴더에 있을 때	상위 폴더(선택) → 해당 폴더(예 : history)로 이동
다른 드라이브에 있을 때	"위치(I)"란 오른편의 표를 선택

도구상자	용 도
	필요상 새 폴더를 만들 때
	파일 목록을 열람하고자 할 때
	목록을 자세히 표시하기를 원할 때(시간, 크기 등 표시)
	바탕화면에서 찾고자 할 때

LINE 종합연습 1

(1) 선 그리기 연습(절대좌표 사용)

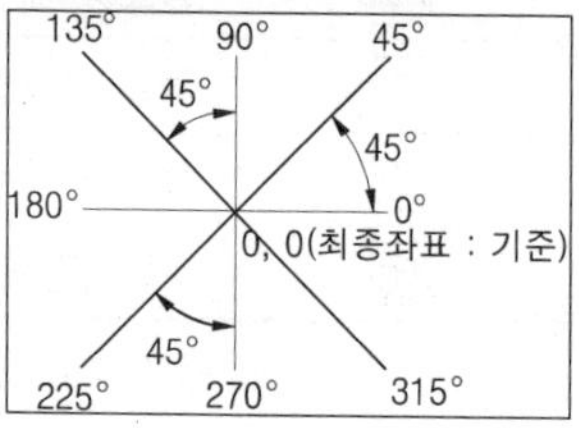

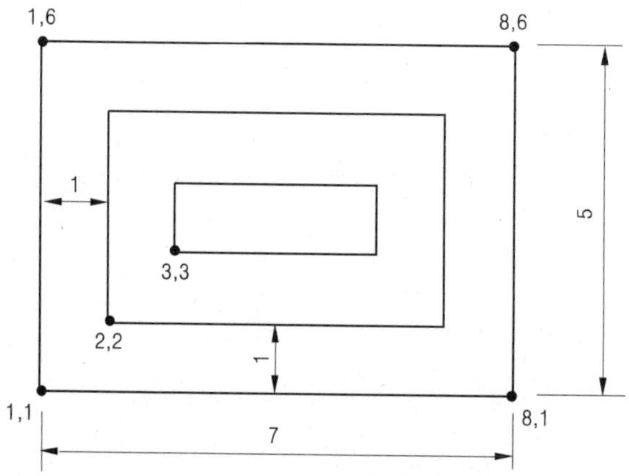

예제 1.

Command : Line
From Point(시작점) : 1,1
To Point :

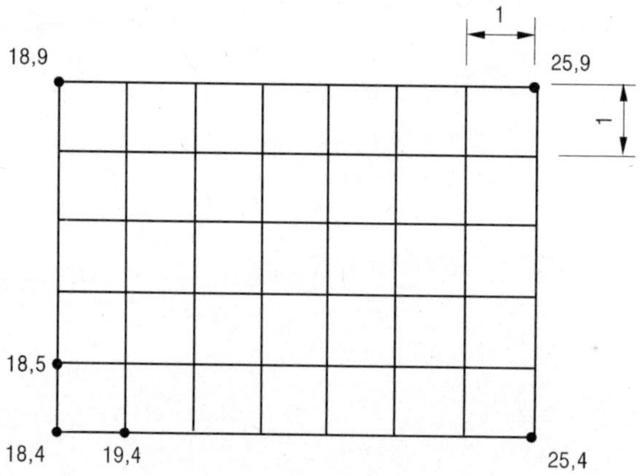

예제 2.

Command : Line
From Point(시작점) : 18,4
To Point :

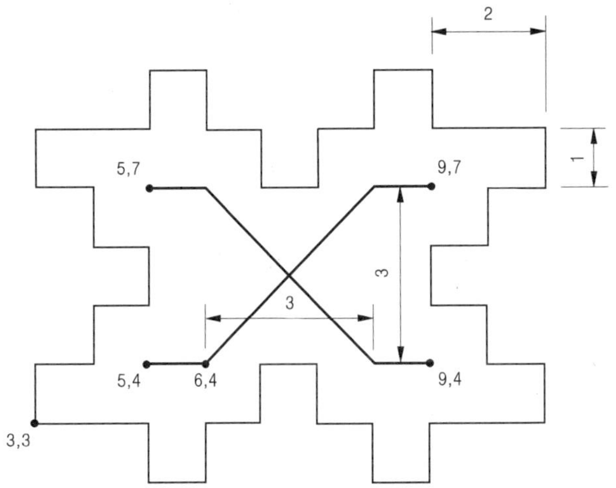

예제 3.

Command : Line
From Point(시작점) : 3,3
To Point :

(2) 선 그리기 연습(상대좌표 사용)

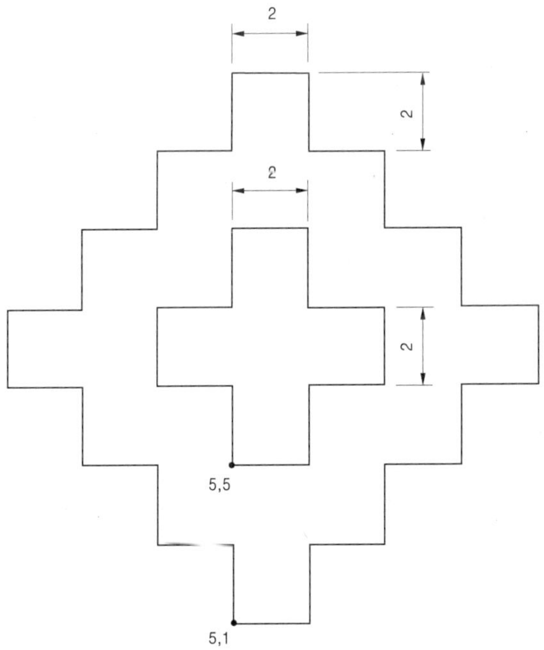

예제 4.

Command : Line
From Point(시작점) : 5,1
To Point :

(3) 선 그리기 연습(상대극좌표 사용)

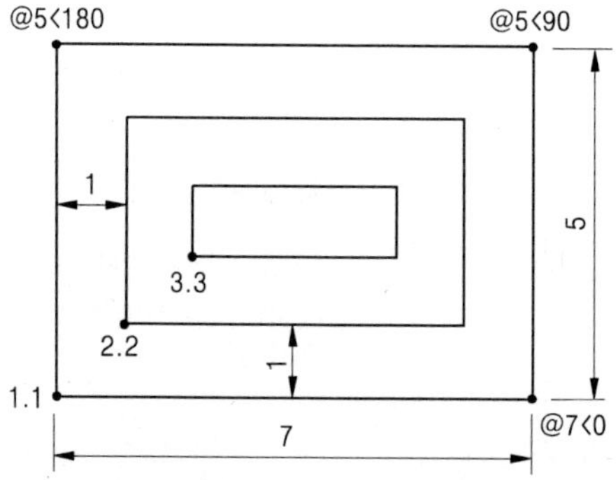

예제 5.

Command : Line
From Point(시작점) : 1,1
To Point : @7<0

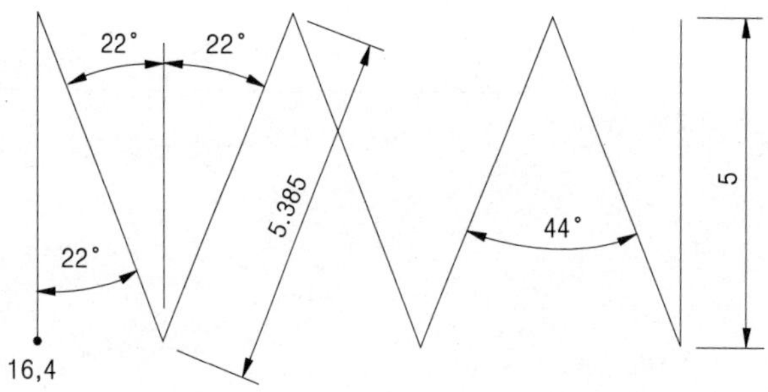

예제 6.

Command : Line
From Point(시작점) : 16,4
To Point :

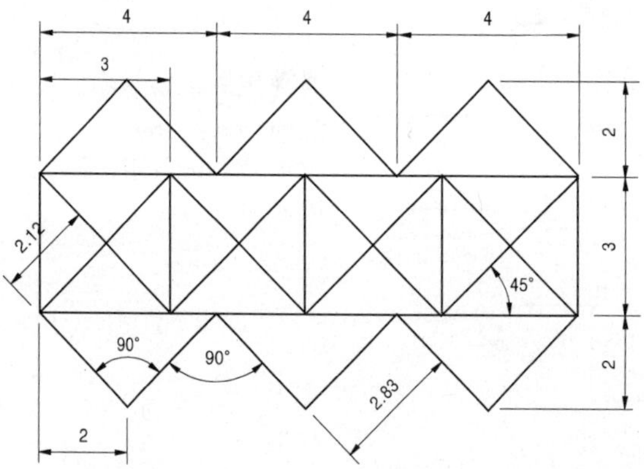

예제 7.

Command : Line
From Point(시작점) : 임의
To Point :

1.5.5 사각형 그리기(RECTANGLE)

❑ Command : RECTANG

풀다운 메뉴 : 그리기 → 직사각형

Tool Bar : [▭]

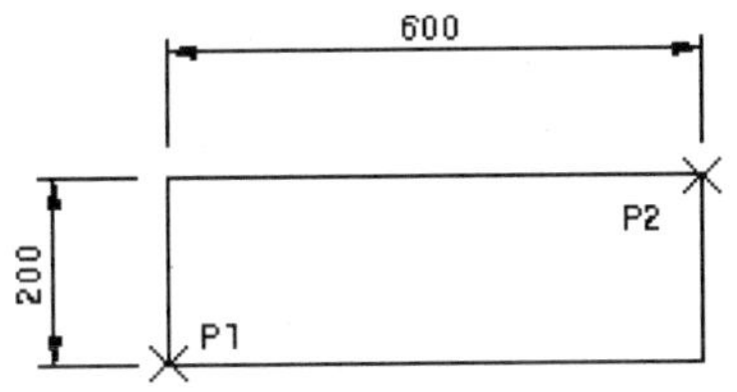

▫ 첫 번째 구석점 지정 또는 [모따기(C)/고도(E)/모깎기(F)/폭(W)] : 임의 점 P1 Click

▫ 다른 쪽 구석점 지정 또는 [치수(D)] : @600,200 Enter↵

※ Pline(객체 1개로 이루어짐)으로 그려지므로 수정을 할 경우는 Explode명령(분해)을 이용하여 분해 후 사용을 한다.

1.5.6 다각형 그리기(POLYGON)

N개 변의 다각형을 그리기할 때 사용한다.

❑ Command : Polygon

풀다운 메뉴 : 그리기 → 다각형

Tool Bar : [⬠]

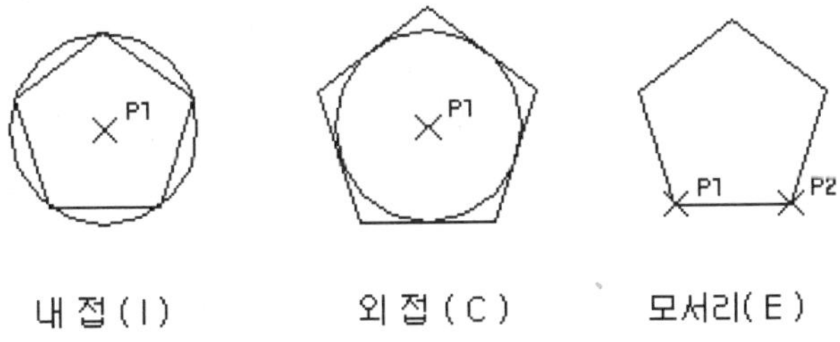

❑ 원에 내접으로 그리기 (I) - Incribed

① 변의 수 입력 〈4〉 : 5 [Enter↵]

② 다각형의 중심을 지정 또는 [모서리(E)] : 원의 중심 선택 [P1 Click]

③ 옵션 입력 [내접원(I)/외접원(C)] 〈C〉 : [Enter↵]

④ 원의 반지름 지정 : 160 [Enter↵]

❑ 원에 외접으로 그리기 (C) - Circumscribed

① 변의 수 입력 〈4〉 : 5 [Enter↵]

② 다각형의 중심을 지정 또는 [모서리(E)] : 원의 중심 선택 [P1 Click]

③ 옵션 입력 [내접원(I)/외접원(C)] 〈C〉 : "C" [Enter↵]

④ 원의 반지름 지정 : 160 [Enter↵]

❑ 한 변의 길이 값을 이용 경우 (E) - Edge

① POLYGON 변의 수 입력 〈5〉 : 5 [Enter↵]

② 다각형의 중심을 지정 또는 [모서리(E)] : "E" [Enter↵]

③ 모서리의 첫 번째 끝점 지정 : [P1 Click]

④ 모서리의 두 번째 끝점 지정 : @200〈0 [Enter↵]

※ Pline으로 그려지므로 Center point가 표시되지 않는다.

1.5.7 원 그리기(CIRCLE)

원(Circle)을 그리는 명령어로 선(Line)과 더불어 가장 기초적이고 중요한 명령어이다. 원을 그리기 위한 명령어를 다음 중 하나를 선택하여 실행할 수 있다.

Command	Circle(typping) → [Enter↵]
풀다운 메뉴	그리기(DM) → 원(C) → (옵션 선택) → [Click]
Tool bar	⊙ → [Click]

옵션(Option)

옵 션	설 명
중심, 반지름(R)	원의 중심점과 반지름 또는 지름을 지정하여 원을 그린다.
3점(3P)	지정한 세 점을 지나는 원을 그린다.
2점(2P)	지정한 두 점의 거리를 지름으로 하고, 두 점 위를 지나는 원을 그린다.
접선, 접선, 반지름(R) (TTR)	선택한 두 도면 요소와 접한 지정 반지름의 원을 그린다.
접선, 접선, 접선(A) (Tan)	풀다운 메뉴에서만 선택할 수 있다.

❑ 원 중심점 지정에 대한 원 그리기

명령어 선택한 후 옵션 중에 중심, 반지름을 선택하면 명령어창에 '원에 대한 중심점 지정'이 나온다. 마우스키를 이동하여 화면에 그리고자 한 점 P1 선택한 후 왼쪽 Button을 누르고, 적다한 원의 크기 그리기 위해 점 P2를 선택한 후 왼쪽 Button을 누르고 Click 하면 된다.

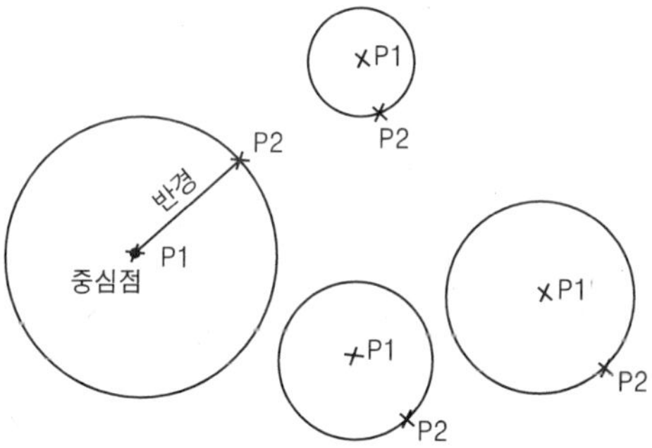

❑ 3점 원 그리기(3P)

원 그리기의 명령어 실행한 후에 명령어창에서 다음과 같이 실행한다.

▫ 원에 대한 중심점 지정 또는 [3P/2P/Ttr(접선, 접선, 반지름)] : 3P(typping) → Enter↵

▫ 원 위의 첫번째 점 지정 : 마우스키를 이동하여 그리고자 한 임의의 점 지정한 후 왼쪽 Button을 Click, (P1)

ㅁ 원 위의 두번째 점 지정 : 그리고자 한 원의 크기에 맞게 두번째 점을 지정하여 왼쪽 Button을 Click, (P2)

ㅁ 원 위의 세번째 점 지정 : 마지막 점으로 선택한 후 왼쪽 Button을 Click 하면 그림이 완성된다. (P3)

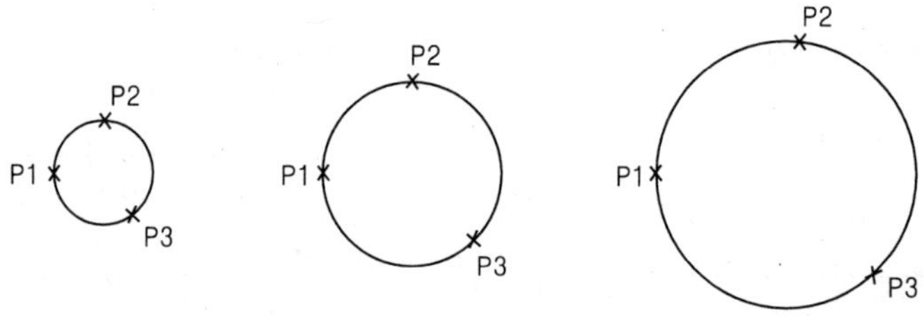

❑ 2점 원 그리기(2P)

원 그리기의 명령어 실행한 후에 명령어 창에서 다음과 같이 실행한다.

ㅁ 원에 대한 중심점 지정 또는 [3P/2P/Ttr(접선, 접선, 반지름)] : 2P(typping) → Enter↵

ㅁ 원 지름의 첫번째 끝점을 지정 : 원을 그리기 위해 화면에 적당한 위치에 선정한 후 마우스키의 왼쪽 Button을 Click, (P1)

ㅁ 원 지름의 두번째 끝점을 지정 : 마우스키를 이동하여 그리고자 한 원의 크기를 결정한 후 왼쪽 Button을 Click, (P2)

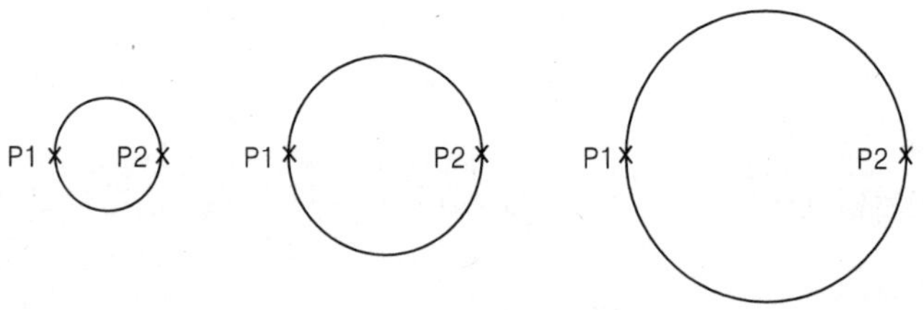

□ 접선 원 그리기(TTr : 접선, 접선, 반지름 tan, tan, radius)

원 그리기의 명령어 실행한 후에 명령어 창에서 다음과 같이 실행한다(두 직선이 그려진 상태에서).

- 원에 대한 중심점 지정 또는 [3P/2P/TTr(접선, 접선, 반지름)] : TTr(typping) → Enter↵
- 원의 첫번째 접점에 대한 객체의 점 지정 : 마우스키 이동하여 점 P1을 지정 Click(왼쪽 Button 누름)한다.
- 원의 두번째 접점에 대한 객체의 점 지정 : 점P2에 Click 한 후에 Enter↵ 하면 그림이 완성된다.

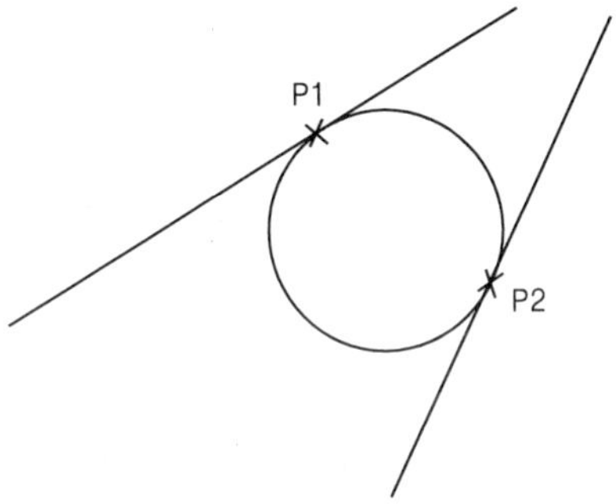

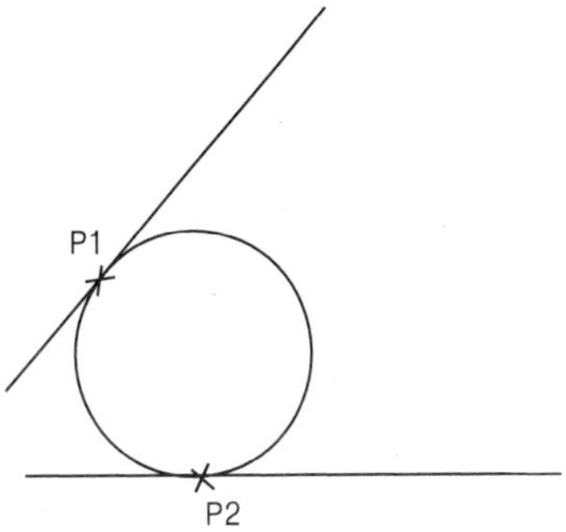

1.5.8 호 그리기(ARC)

원의 둘레 일부분을 호라고 부르며, 호를 그리기 위하여 명령어를 다음 하나를 선택하여 실행한다.

Command	ARC(typping) → Enter↵ (단축키 : A)
풀다운 메뉴	그리기 → Click → 호(A) → 옵션 선택 → Click
Tool bar	⌒ → Click

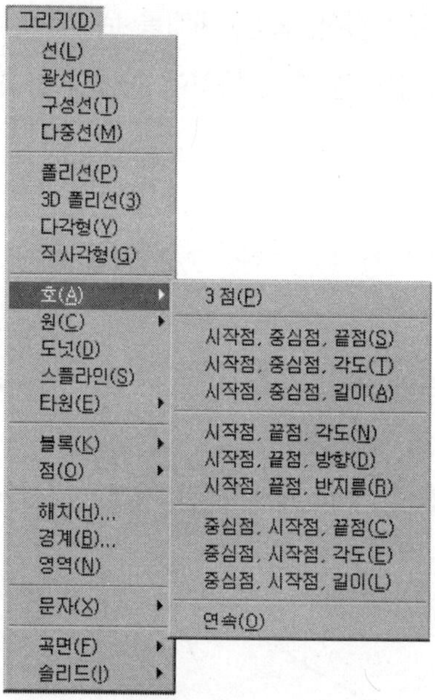

호 그리기 옵션(Option)

❑ 3점 호 그리기

호 그리기 명령어 선택한 후에 다음과 같이 호 그리기를 실행한다.

▫ 호의 시작점 지정 또는 [중심(CE)] : 마우스키를 이용하여 화면의 적당한 곳에 선정한 후 Click (P1)

▫ 호의 두 번째 점 지정 또는 [중심(CE)/끝(EN)] : 그리고자 한 크기의 적당한 점을 선정한 후 Click (P2)

▫ 호의 끝점 지정 : 호의 끝점 선정 Click (P3) 그림이 완성된다.

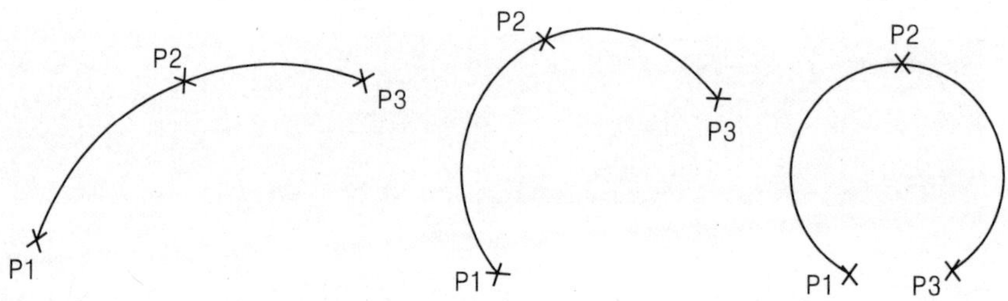

❑ 시작점, 끝점, 각도를 이용한 호 그리기

호 그리기 명령어 선택한 후에 다음과 같이 호 그리기를 실행한다.

□ 호의 시작점 지정 또는 [중심(CE)] : 점 P1을 선정 Click
□ 호의 두번째 점 지정 또는 [중심(CE)/끝(EN)] : EN(typping) → Enter↵
□ 호의 끝점 : 점 P2를 지정하고 Click
□ 호의 중심점 지정 또는 [각도(A)/방향(D)/반지름(R)] : A(typping) → Enter↵
□ 사이각 지정 : 90(180°, 270° 등)(typping) Enter↵ 그림이 완료된다.

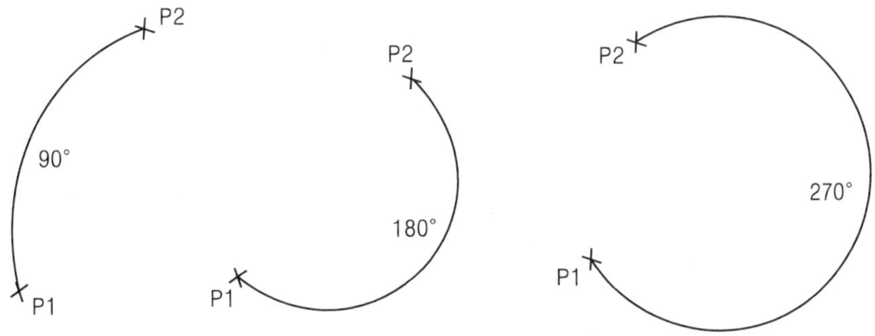

❑ 시작점, 끝점, 반지름을 이용한 호 그리기

호 그리기 명령어 선택한 후에 다음과 같이 호 그리기를 실행한다.

□ 호의 시작점 지정 또는 [중심(CE)] : 점 P1을 자리 잡고 Click
□ 호의 두 번째 점 지정 또는 [중심(CE)/끝(EN)] : EN(typping) → Enter↵
□ 호의 반지름 지정 : 50(대화상자의 한계의 설정에 따라 숫자를 typping) → Enter↵

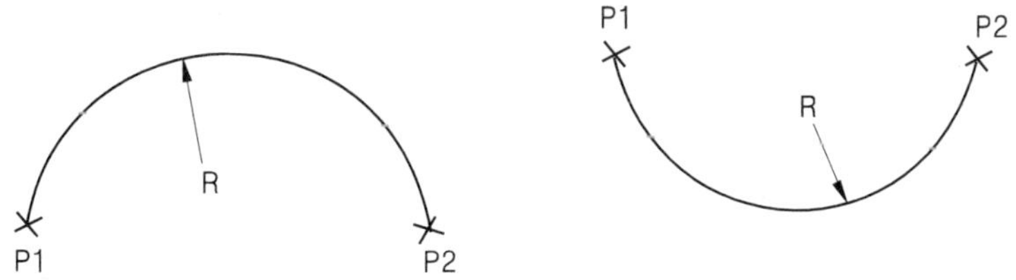

❑ 상대극좌표를 이용한 호 그리기

▫ 명령 : ARC(typping) → [Enter↵]

① 호의 시작점 지정 또는 [중심(CE)] : 점 P1을 자리잡고 [Click]

② 호의 두번째 점 지정 또는 [중심(CE)/끝(EN)] : CE(typping) → [Enter↵]

③ 호의 중심 지정 : 점 P2를 지정한 후 [Click]

④ 호의 끝점 지정 또는 [각도(A)/현의 길이(L)] : A(typping) → [Enter↵]

⑤ 사이각 지정 : 90(또는 180° typping) [Enter↵]

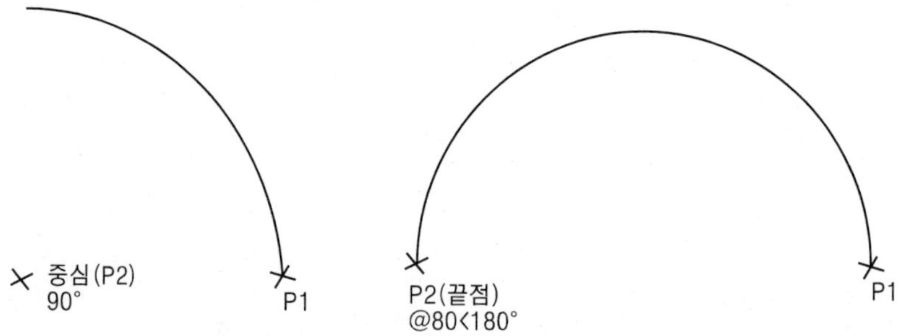

▫ 명령 : ARC(typping) → [Enter↵]

① 호의 시작점 또는 [중심(CE)] : 점 P1에 [Click]

② 호의 두번째 점 지정 또는 [중심(CE)/끝(EN)] : C(typping) → [Enter↵]

③ 호의 중심 지정 : @90<180(typping) → [Enter↵]

1.5.9 타원(ELLIPSE)

타원을 그리기 위하여 다음 중 명령어 중 하나만 선택하면 된다.

Command	Ellipse(typping) → [Enter↵]
풀다운 메뉴	그리기 → [Click] → 타원 → (중심점, 축, 끝점(E), 호) → [Click]
Tool bar	→ [Click]

□ 타원의 축, 끝점 또는 [호(A)/중심(C)] : 점 P1을 Click

□ 축의 다른 끝점 지정 : @150 < 0(typping) → Enter↵

□ 다른 축으로 거리를 지정 또는 회전(R) : @40, 90(typping) → Enter↵

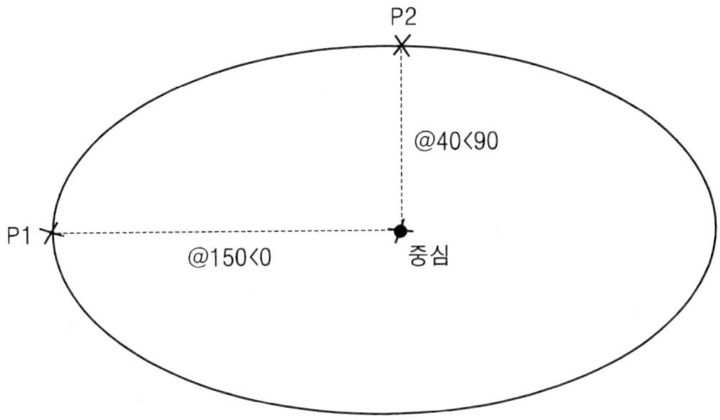

LINE 종합연습 2

(1) 선, 원 연습 1

중심점, 반지름값 입력

Command : Line
From Point(시작점) : 1,1
To Point :

Command : Line
From Point(시작점) : 1,1
To Point :

· 추가설명
Limit [Enter↵]
21,15 정도 설정

· Limit 비율은
가로 : 세로 4 : 3 정도 비율

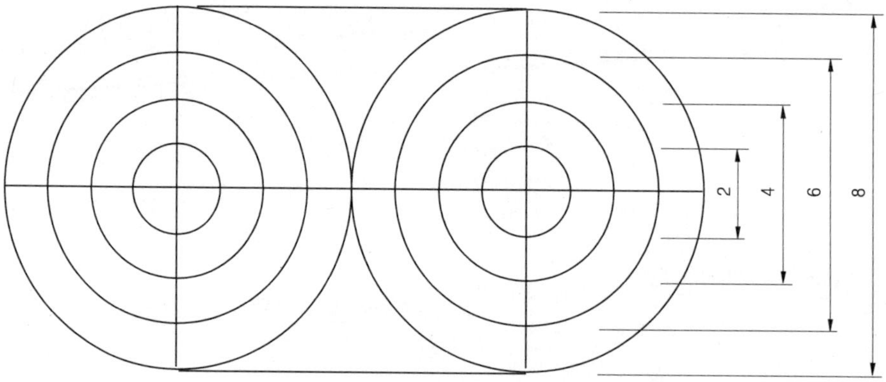

(2) 선, 원 연습 2

중심점, 반지름값 입력

Command : Line(중심선 그리기)

Command : Circle
From Point(시작점) : Int
Diameter/〈Radius〉 : 25

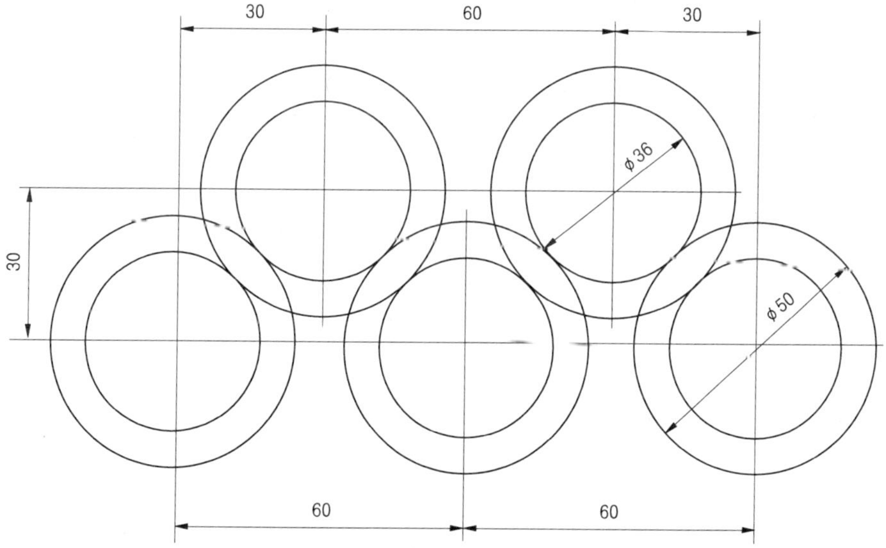

(3) 선, 원 연습 3

TTr, 3P 이용

Command : Circle
3P/2P/TTR/(Center Point) :
Diameter/〈Radius〉 :

Command : Circle
3P/2P/TTR/(Center Point) : 3P
Diameter/〈Radius〉 : Int
Second Point : Int
Third Point : Int

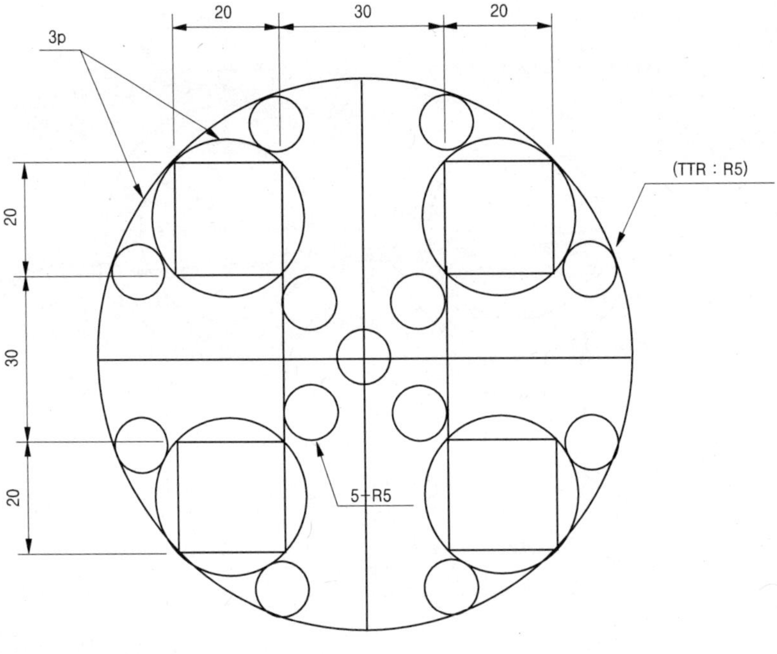

(4) 원 연습 1

- Circle/TTr
  - 접점, 접점, 반지름 설정
- Circle/2P
  - 두 점을 이용한 원
- Circle/3P
  - 세 점을 이용한 원
- Circle/Rad
  - 반지름 지정한 원
- Circle/D
  - 지름 지정한 원
- Tan, Tan, Tan (3P 이용)

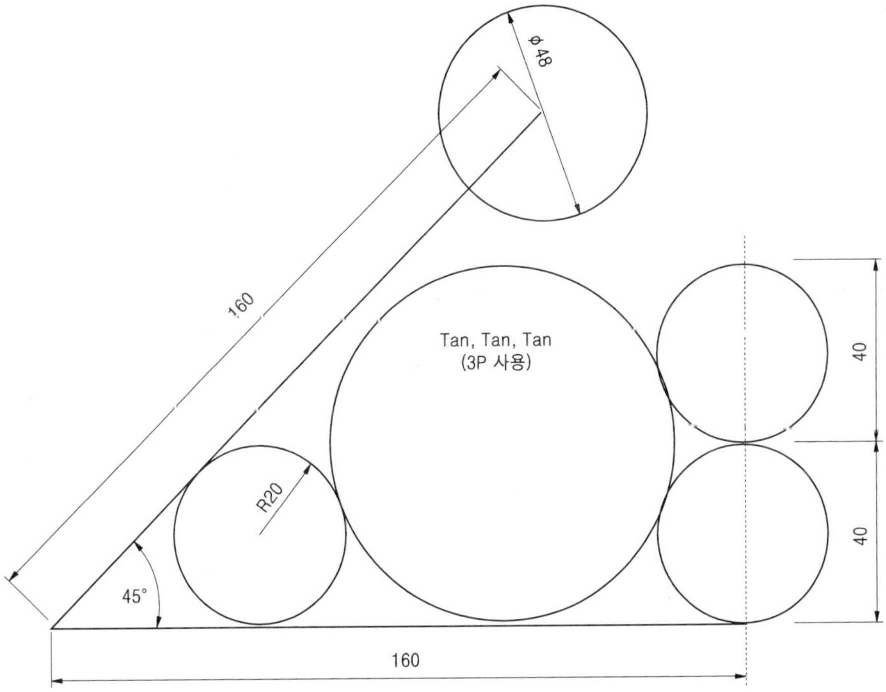

(5) 원 연습 2

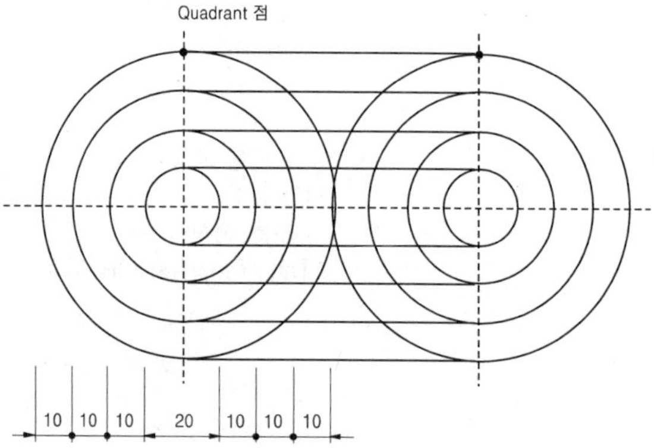

· Osnap(지정점 중)

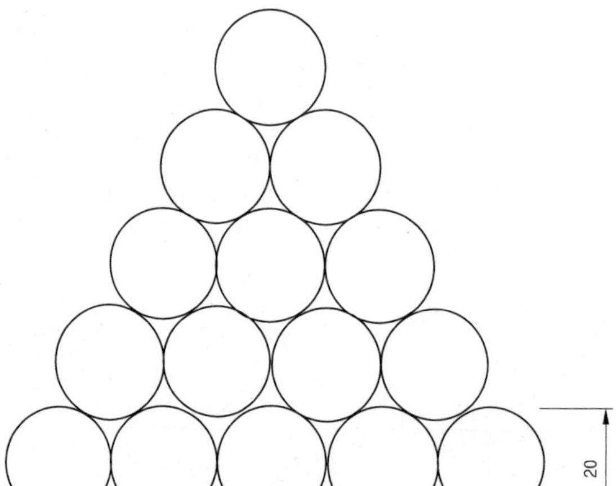

CIRCLE, LINE 이용

· Circle/TTr
  - 접점, 접점, 반지름 설정
· Circle/2P
  - 두 점을 이용한 원
· Circle/3P
  - 세 점을 이용한 원
· Circle/Rad
  - 반지름 지정한 원
· Circle/D
  - 지름 지정한 원

(6) 선, 원, 호 연습

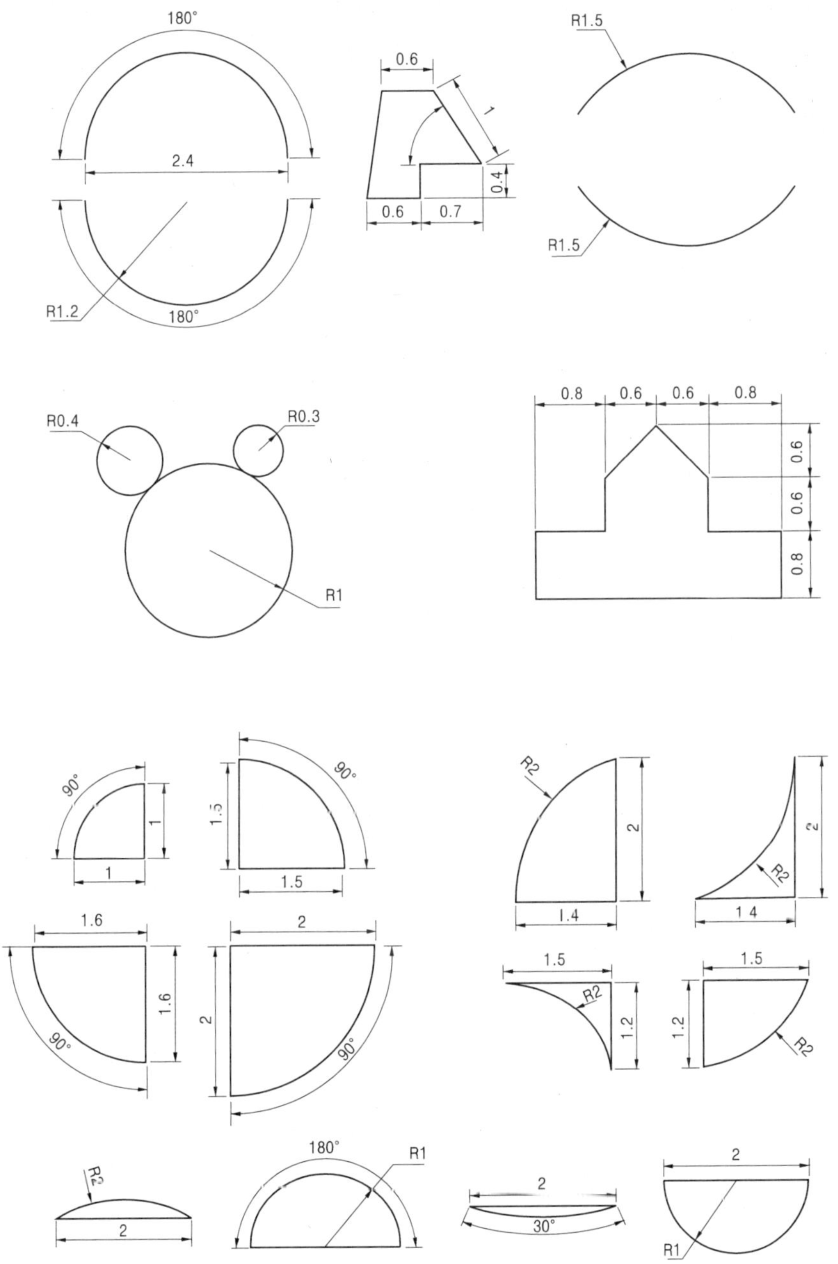

180°
2.4
R1.2
180°
0.6
1
0.4
0.6
0.7
R1.5
R1.5
R0.4
R0.3
R1
0.8
0.6
0.6
0.8
0.6
0.6
0.8
90°
1
1
1.5
90°
1.5
R2
2
1.4
2
R2
1.4
1.6
1.6
90°
2
2
90°
1.5
R2
1.2
1.5
1.2
R2
R2
2
180°
R1
2
30°
2
R1

1.5.10 폴리라인(Polyline)

폴리라인(Pline)은 Line(선) 명령과 ARC(호) 명령을 합해 놓은 명령어와 비슷하다. 하나로 연결되어 있어 편집이 편리하고, Pedit의 명령을 통하여 다양한 편집 기능을 제공한다.

❑ 두께 있는 직선 PLine 그리기

PLINE을 그리기 위해 다음 중 하나의 명령어를 선택하여 실행하면 된다.

Command	Pline(typping) → Enter↵ (단축 : PL)
풀다운 메뉴	그리기 → Click → 폴리선 → Click
Tool bar	⤺ → Click

- ㅁ 시작점 지정 ; 점 P1을 선택한 후 Click
- ㅁ 다음점 지정 또는 [호(A)/반폭(H)/길이(L)/명령취소(U)/폭(W)] : W(typping) → Enter↵
- ㅁ 시작점 폭 지정〈0.0000〉 : 10(그림에 따라 결정된 수치 선정)(typping) → Enter↵
- ㅁ 끝 폭 지정〈10.000〉 : 10(typping) → Enter↵ → 점P2 → Click
- ㅁ 다음점 지정 또는 [호(A)/반폭(H)/길이(L)/명령취소(U)/폭(W)] : W(typping) → Click
- ㅁ 시작점 폭 지정〈10.000〉 : 5(그림에 따라 결정된 수치 선정)(typping)
- ㅁ 끝 폭 지정〈5.000〉 : 5(typping) → Enter↵ → 점P3 → Click
- ㅁ 다음점 지정 또는 [호(A)/닫기(C)/반폭(H)/길이(L)/명령취소(U)/폭(W)] : W (typping) → Enter↵
- ㅁ 시작점 폭 지정〈5.000〉 : 2(typping) → Enter↵
- ㅁ 끝 폭 지정 〈2.000〉 : 2(typping) → Enter↵ → 점P4 → Click

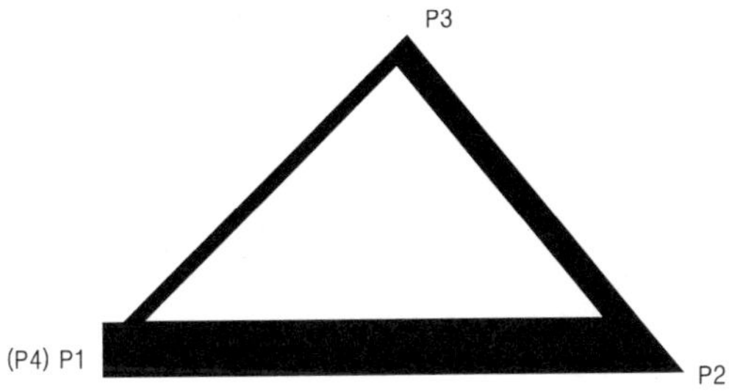

□ 두께 있는 곡선 PLINE 그리기

Pline의 명령어를 선택한 후 다음과 같이 실행한다.

- □ 시작점 지정 : 점P1을 선정한 후 Click
- □ 현재의 선폭은 5.000임(전에 그린 것이 기억된 것임)
- □ 다음점 지정 또는 [호(A)/반폭(H)/길이(L)/명령취소(U)/폭(W)] : W(폭을 선택한 경우 W를 typping) → Enter↵
- □ 시작 폭 지정〈5.000〉 : 7(그림에 따라 숫자선택 typping) → Enter↵
- □ 끝 폭 지정〈7.000〉 : 7(typping) → Enter↵
- □ 다음점 지정 또는 [호(A)/반폭(H)/길이(L)/명령취소(U)/폭(W)] : A(호를 선택한 경우 A를 typping함) → Enter↵
- □ 끝점 지정 또는 [각도(A)/중심(CE)/방향(D)/반폭(H)/선(L)/반지름(R)/두번째 점(S)/명령취소(U)/폭(W)] : CE(중심을 선택할 경우 CE를 typping) → Enter↵
- □ 호의 중심점 지정 : 마우스키를 이동하면서 그리고자 하는 점마다 Click 하면서 그리고, 그림이 완성되면 Enter↵

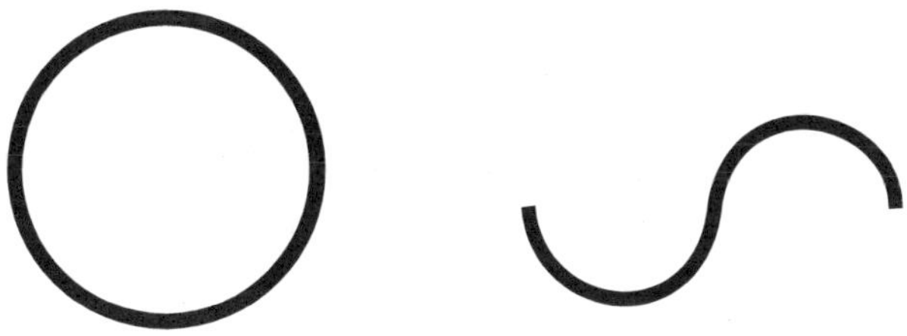

❑ LINE을 PLINE로 바꾸기

Line 명령으로 그린 그림을 Pline으로 바꾸려면 다음과 같이 실행한다.

- 명령 : Pedit(typping) → Enter↵
- 폴리선 선택 또는 [다중(M)] : M(typping) → Enter↵
- 객체 선택 : 선택된 Line마다 Click(점선으로 변환) → Enter↵(실선으로 회복)
- 선과 호를 폴리선으로 변환 [예(Y)/아니오(N)]? 〈Y〉 : Y(typping) → Enter↵
- 옵션입력 [닫기(C)/열기(O)/결합(J)/폭(W)/맞춤(F)/스폴라인(S)/곡선삭제(D)/선종류 작성(L)/명령취소(U)] : J(typppying) → Enter↵
- 결합형식 = 연장(E)
- 퍼지거리 입력 또는 [결합형식(J)] 〈7.000〉 : Enter↵
- 5개의 세그먼트가 폴리선에 추가됨
- 옵션입력 [닫기(C)/열기(O)/결합(J)/폭(W)/맞춤(F)/스폴라인(S)/곡선삭제(D)/선종류 작성(L)/ 명령취소(U)] : W(typppying) → Enter↵
- 전체 세그먼트에 대한 새로운 폭지정 : 점P1을 선택 후 Click
- 두번째 점을 지정 : 점P2 선정(선폭만큼 마우스키 이동한다.) → Click

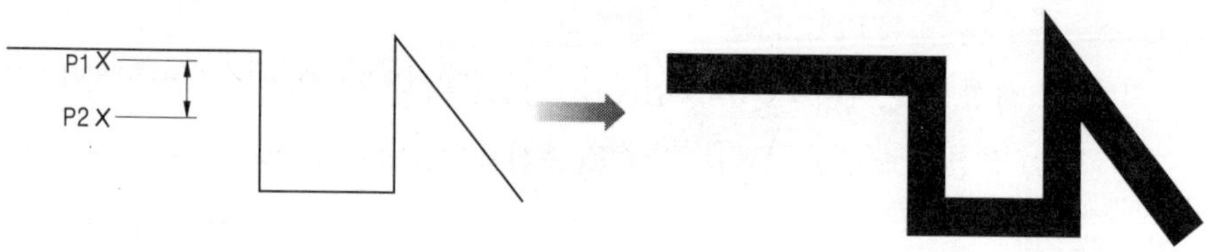

❑ PLINE을 LINE로 바꾸기

Pline 명령으로 그린 그림을 Line으로 바꾸려면 다음과 같이 실행한다.

- 명령 : Explode(typping) → Enter↵(Tool Bar의 [icon] 를 선택한 후 Click)
- 객체선택 : 변경하고자 하는 그림 선택한 후

□ 객체선택 : 선택이 끝나면 Enter↵ 이때 Line(선) 그려진다.

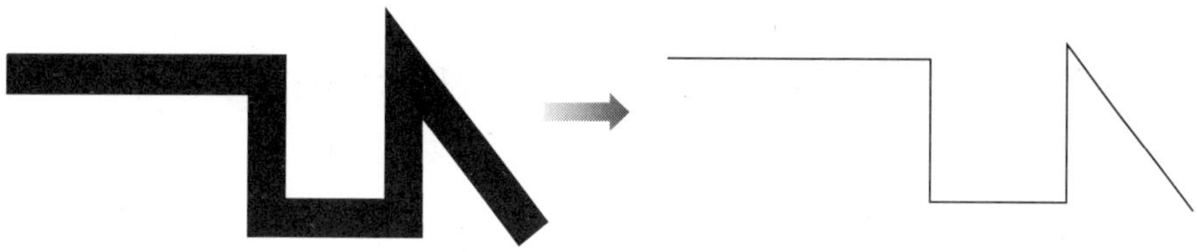

1.5.11 두께 있는 선 그리기

두께 있는 선을 그리는 것은 Solid명령으로 한번에 4개의 점을 그리는 것과 같아서, 선 하나하나가 개별적으로 지워진다는 것이므로 Pline과 다르다. 일반적으로 두께 있는 선은 Pline으로 그리는 것이 바람직하다.

□ 명령 : Trace(typping) → Enter↵

□ 두께선 폭 입력〈0.00〉 : 5(그림에 필요한 두께의 수치를 결정한 후 typping) → Enter↵

□ 시작점을 지정 : 그리고자한 그림의 첫 점 선택한 후 Click

□ 다음점 지정 : 마우스키를 이용하여 계속하여 완성된 그림이 될 때까지 Click 한다.

□ 다음점 지정 : 그림이 완료되면 Enter↵

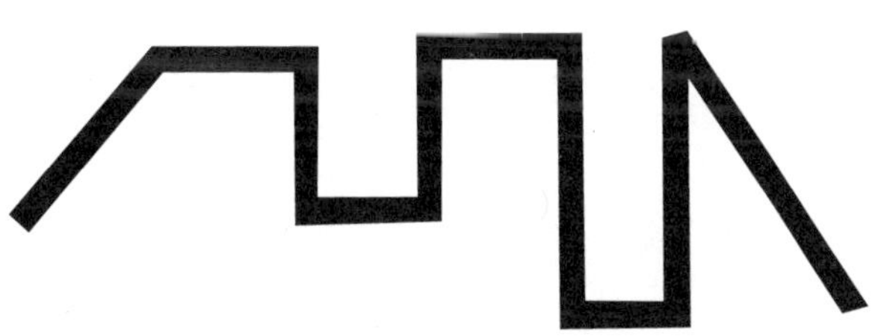

1.5.12 두께를 가진 원(DONUT)

두께 있는 원을 그릴 때 혹은 속이 꽉 찬 원을 그릴 때 사용한다.

❑ 동심(同心)갖는 두개의 원 인 경우

- ▫ 명령 : Donut → [Enter↵]
- ▫ 도넛의 내부 지름 지정 〈0.000〉 : 5(그림의 필요에 따라 선택한 후 typping) → [Enter↵]
- ▫ 도넛의 외부 지름 지정 〈0.000〉 : 6(그림의 필요에 따라 선택한 후 typping) → [Enter↵]
- ▫ 도넛의 중심 지정 또는 〈나가기〉 : [Click] 한 후 [Enter↵]

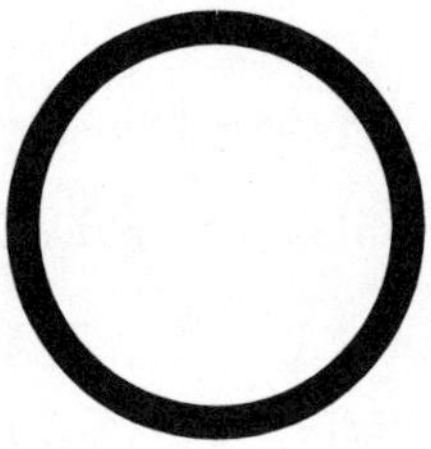

❑ 내경이 0인 경우

- ▫ 명령 : Donut(typping) → [Enter↵]
- ▫ 도넛의 내부 지름 지정 〈0.000〉 : 0(typping) → [Enter↵]
- ▫ 도넛의 외부 지름 지정 〈0.000〉 : 5(그림의 필요에 따라 선택한 후 typping) → [Enter↵]
- ▫ 도넛의 중심지정 또는 〈나가기〉 : [Click] (이때 원에 채워짐)한 후 [Enter↵]

1.5.13 속채우기(SOLID)

속이 채워지는 다각형을 만드는 명령이다. 다각형의 내부를 삼각형이나 사각형의 형태로 채운다. Solid명령에서 포인트를 지정할 때 대각선의 순서로 지정한다. 작업 시간을 줄이기 위하여 Fill 명령을 OFF하여 그린 다음 도면이 완성된 후에 Fill 명령을 ON한 뒤에 Regen 명령을 실행시킨다.

□ 명령어 실행은 다음 중 하나만 선택한다.

Command	Solid(typping) → Enter↵
풀다운 메뉴	그리기 → Click → 곡면 → 2D 솔리드 → Click
Tool bar	 → Click

※ 옵션

· Fill(ON) : Solid의 내부가 채워진다.

· Fill(OFF) : Solid의 외각선만 그려진다.

❑ 삼각형 속채우기

① 명령어 실행 선택

② 첫번째 점 지정 : 점P1

③ 두번째 점 지정 : 점P2

④ 세번째 점 지정 : 점P3

⑤ 네번째 점 지정 또는

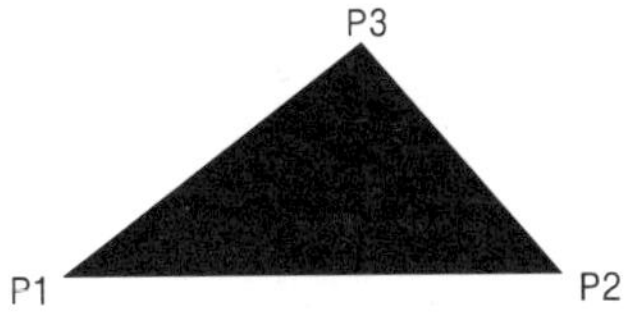

❑ 사각형 속채우기

① 명령어 실행 선택

② 첫번째 점 지정 : 점P4 → Click

③ 두번째 점 지정 : 점P5 → Click

④ 세번째 점 지정 : 점P6 → Click

⑤ 네번째 점 지정 : 점P7 → Click → Enter↵

※ 사각형 속채우기는 그림과 같이 사각형 이상인 경우는 지그재그 식으로 찍어야 한다. 또한 Osnap 이용하면 더욱 정확히 그릴 수 있다.

1.5.14 곡선 그리기(SKETCH)

마우스 키를 마음대로 선을 그리는 작업입니다.

▫ 명령 : Sketch(typping) → Enter↵

▫ 레코드 증분 〈0.00〉 : 3(선 굵기를 typping) → Enter↵

▫ 스케치, 렘(P), 나가기(X), 종료(O), 레코드(R), 지우기(E), 연결(O) : Click(펜 내림)하면 Pen Down되어 마음대로 그림을 그릴 수 있고, 그림을 중지하고자 하면 Click 하면 이때(펜 올림), 즉 Pen Up이 된다. 계속해서 그리고자 할 때는 반복적으로 Click 하면 된다. 그림이 완료되면 Enter↵ 하면 됩니다.

종합연습

(1) 종합연습 1

(2) 종합연습 2

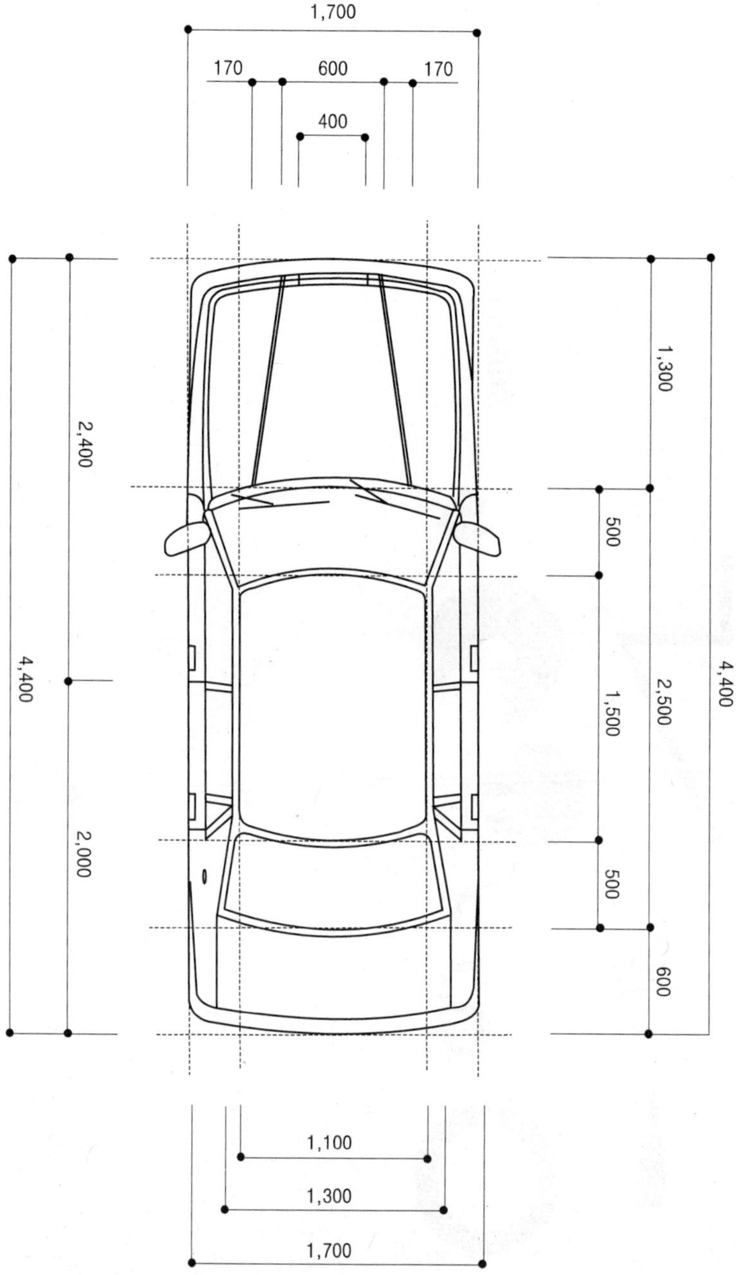
1,700
170
600
170
400
2,400
4,400
2,000
1,300
500
1,500
2,500
4,400
500
600
1,100
1,300
1,700

(3) 종합연습 3

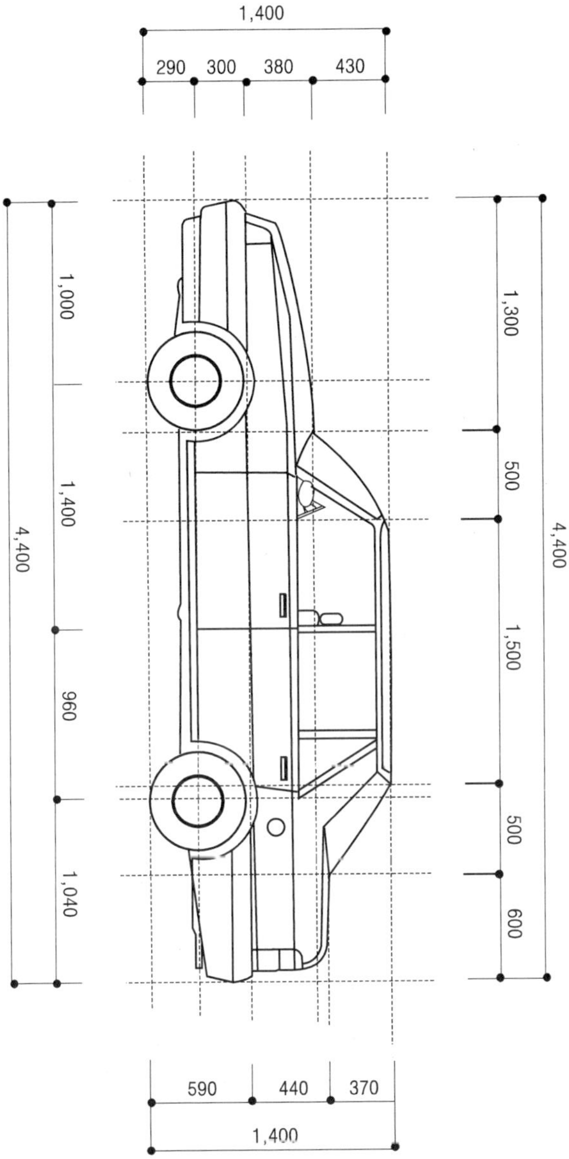

1,400
290
300
380
430
1,000
1,400
960
1,040
4,400
1,300
500
1,500
500
600
4,400
590
440
370
1,400

1.5.15 물체 이동(MOVE)

❑ 한 물체를 두 점을 이용한 이동(MOVE)

한 물체를 이동하는 방법은 다음 명령어 중에 하나를 선택하면 된다.

Command	Move(typping) → Enter↵
풀다운 메뉴	수정 → Click → 이동 → Click
Tool bar	✥ → Click

- ㅁ 명령 : Move(typping ; 단축키 M) → Enter↵
- ㅁ 객체선택 : 이동하고자 한 물체선택 Click 한 후에
- ㅁ 기준점 또는 변위지정 : 점P1 → Enter↵
- ㅁ 기준점 또는 변위지정 : 변위 두번째 점 지정 또는 〈변위를 첫번째 점 사용〉 : 마우스키 이동하여 점P2에서 Click 하면 이동 완료된다.

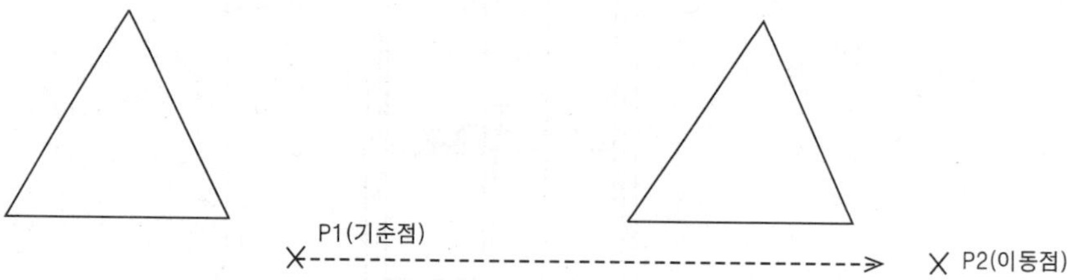

❑ 전체 그림이동(PAN)

대화창의 화면을 전체 이동하는 방법 다음과 같이 실행한다.

ㅁ 명령어 선택

Command	Pan(typping) → Enter↵
풀다운 메뉴	뷰 → Click → 초점이동 → 점 → Click
Tool bar	→ Click

ㅁ 위의 명령어에 따라 점 이동하면 전체 그림이 이동된다.

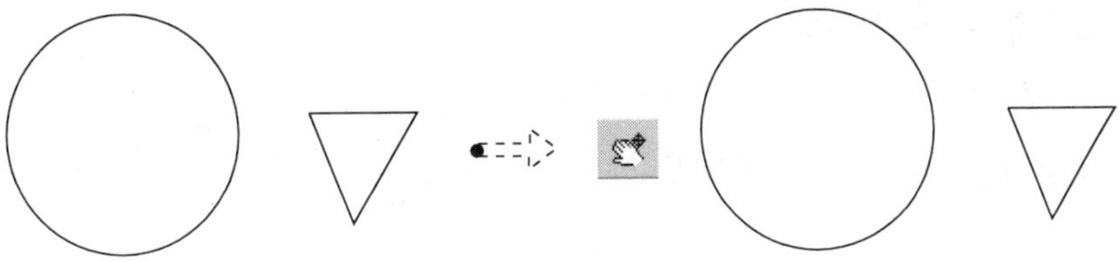

1.5.16 물체의 복사(COPY)

❑ 두 점을 이용한 복사

한 물체를 다른 곳에 똑같이 복사하고자 할 때 다음 중 명령어를 하나만 선택하면 된다.

Command	Copy(typping: 단축키 CP) → Enter↵
풀다운 메뉴	수정 → Click → 복사 → Click
Tool bar	→ Click

- □ 객체선택 : 마우스키를 점P1에서 Click 한 후 끌고 가서 점P2에서 Click 하면 객체 선택이 점선으로 표시된다.
- □ 객체선택 : Enter↵
- □ 기준점 또는 변위 지정, 또는 [다중(M)] : 기준점을 점P3 선택한 후 Click
- □ 변위의 두번째 점 지정 또는 〈변위로 첫째점 사용〉 : 마우스키를 끌고 점P4에서 Click

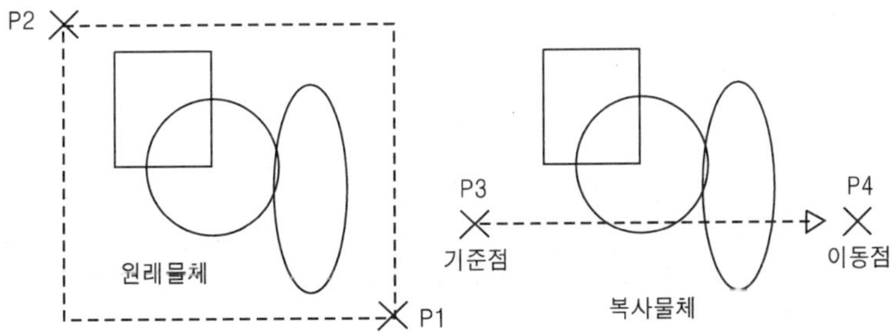

❑ 다중 복사(COPY(M))

한 물체를 갖고 여러 개를 복사하는 경우는 다음과 같이 실행한다.
명령어 선택은 앞의(1)에서 두 점을 이용한 복사하기 실행한 것과 같이 하면 된다.

- 명령 : Copy(typping) → Enter↵
- 객체선택 : 복사하고자 한 물체를 선택하기 위하여 마우스키를 점P1을 Click 한 후 점P2까지 끌고 점P2에서 Click 하면 점선으로 나타낸다.
- 객체선택 : Enter↵
- 기준점 지정 : 기준점을 점P3를 정한 후 Click
- 변위의 두 번째 점 지정 또는 〈변위로 첫 번째 점 사용〉 : 마우스키를 이용하여 다음 복사할 장소마다 찾아 Click 하면 되고, 복사가 완료되면 Click 한다(여기서 점P4, P5, P6은 이동점이다).

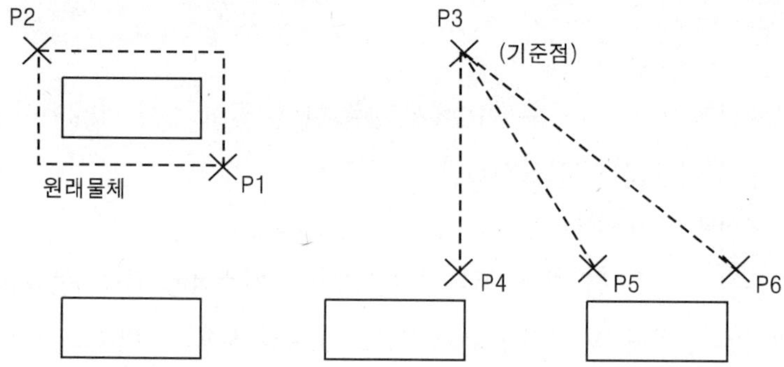

❑ 대칭 복사(MIRROR)

물체를 대칭으로 복사하는 것이며, 즉 선대칭의 원리이다.
명령어를 다음 중 하나만 선택하면 된다.

Command	Mirror(typping : 단축키 M) → Enter↵
Tool bar	 → Click

ㅁ 객체선택 : 점P1에 Click 하고 마우스키를 끌고 점P2에서 Click 한다.

ㅁ 객체선택 : Enter↵

ㅁ 대칭선의 첫 번째 점 지정 : 점P3에서 Click

ㅁ 대칭선의 두 번째 점 지정 : 점P4에서 Click

ㅁ 원시 객체를 삭제합니까? [예(Y)/아니오(N)] 〈N〉 : Y를 선택하면 그림이 사라지고 복사 그림만 남고, N을 선택하면 대칭복사로 모두 남는다.

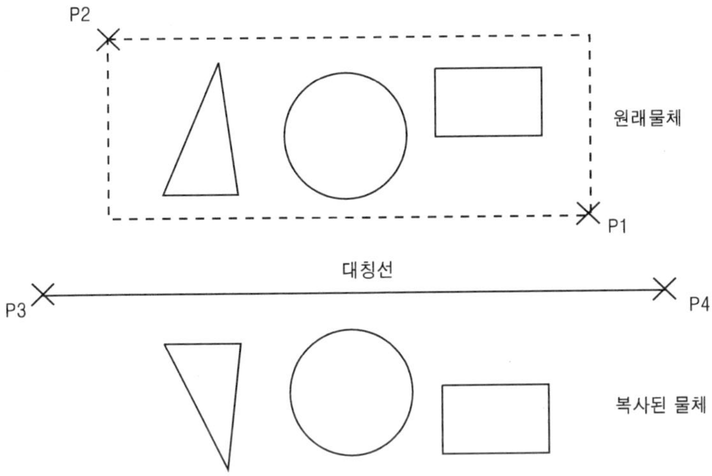

1.5.17 물체의 회전(ROTATE)

물체를 회전시키기 위해 명령어 실행을 다음 중에 하나만 선택하면 된다.

Command	Rotate(typping: 단축키 RO) → Enter↵
풀다운 메뉴	수정 → Click → 회전(R) → Click
Tool bar	↻ → Click

위의 선택된 명령어에서 다음과 같이 실행하면 된다.

ㅁ 객체선택 : 원래 물체를 마우스키를 점P1에서 Click 후 점P2로 이동하여 점P2에서 Click 한다(이때 그림이 점선으로 표시됨).

□ 객체선택 : [Enter↵]

□ 기준점 지정 : 임의의 한 점P3을 선정한 후 [Click]

□ 회전각도 지정, 또는 [참조(R)] : 90(typping) → [Enter↵] (양의 각도를 입력하면 반시계 방향으로 회전됩니다.)

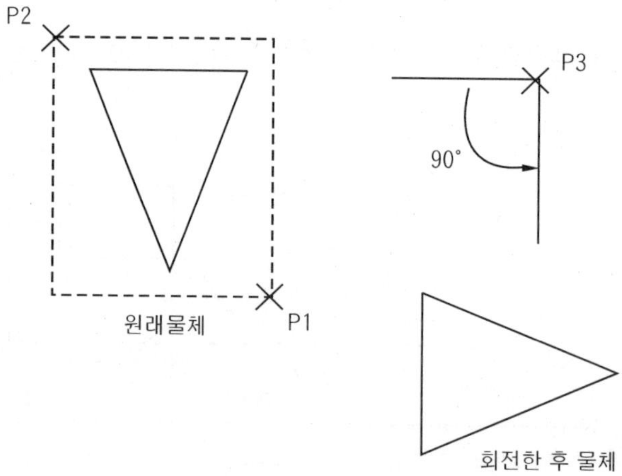

1.5.18 물체의 배열 복사(ARRAY)

❑ 물체를 수평, 수직으로 배열 복사

한 물체를 갖고, 수평, 수직으로 여러 개를 복사하는 방법이다.

명령어 선택은 다음 중 하나만 선택하여 실행하면 된다.

Command	Array(typping: 단축키 RO) → [Enter↵]
풀다운 메뉴	수정(M) → [Click] → 배열(A) → [Click]
Tool bar	品 → [Click]

□ 명령 : ARRAY(typping) → [Enter↵] (단축키 AR)

□ 배열 대화창이 나옵니다.

□ 객체선택 : "icon"에 [Click](이때 복사 위한 물체 지정하면 된다.)

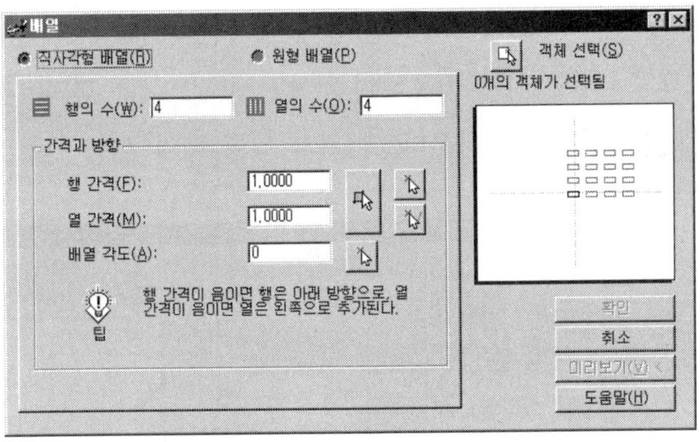

- 직사각형 배열 → Click
- 행의 수(W) : 3(typping)
- 열의 수(O) : 4(typping)
- 행의 간격 : 40(typping)
- 열의 간격 : 50(typping)
- 배열각도 : 0
- "확인"에 Click 하면 완성된다.

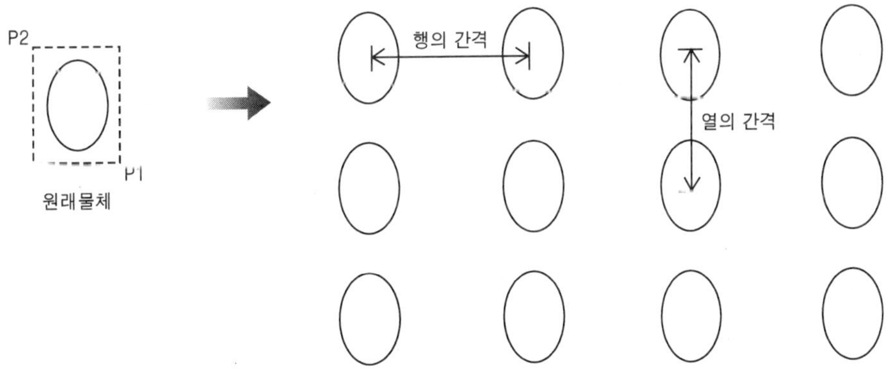

❑ 물체를 원형으로 배치 복사

명령어 선택은 (1)의 물체를 수평, 수직으로 배열 복사에서 하는 방법으로 하면 된다.

□ 배열의 대화창이 나오면 그 화면 중에 객체선택 Button에 Click 한 다음 Enter↵

□ 객체선택 : 마우스키를 이용하여 객체선택(점P1 → 점P2) Click

□ 다시 "배열" 대화창이 나온다. 여기서 원형 배열 선택

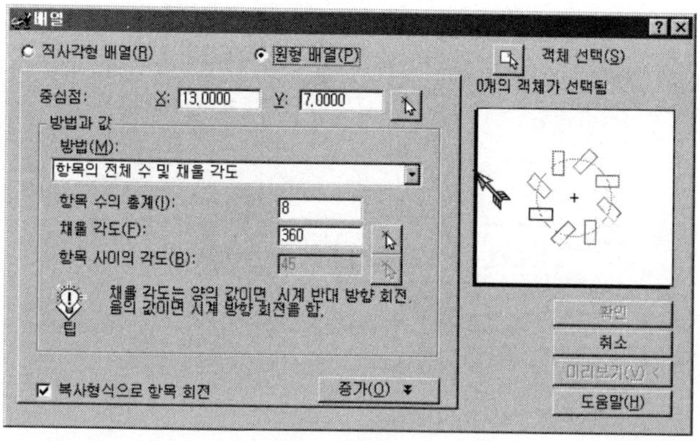

- 항목 수의 총계 : 8(typping)
- 채울 각도 : 360(typping)
- "확인"에 Click 하면 완성된다.

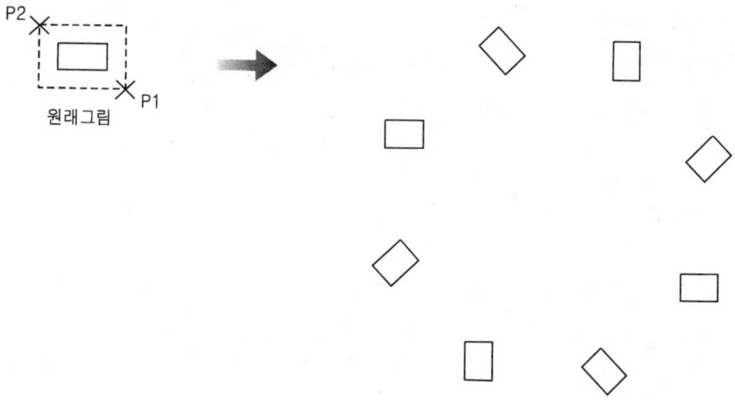

1.5.19 물체의 수평 복사(OFFSET)

물체를 수평 복사하기 위한 명령어를 다음 중 하나만 선택하여 실행하면 된다.

Command	Offset(typping) → Enter↵
풀다운 메뉴	수정(M) → Click → 간격띄우기(S) → Click
Tool bar	⛀ → Click

❑ 직선인 경우

- ▫ 명령 : Offset(typping) → Enter↵
- ▫ 간격 띄우기 거리 또는 [통과점(T)] 〈1.00〉 : 20(typping, 필요에 따라 수치 선택) → Enter↵
- ▫ 간격 띄우기 할 객체선택 또는 〈나가기〉 : 객체선택한 후 Click(점P1) (이때 점선으로 나타냄)
- ▫ 간격띄우기 할 쪽으로 점 지정 : 복사할 방향쪽으로 점P2 지정한 후 Click (계속 원하면 반복으로 한다.)
- ▫ 완료가 되면 Enter↵

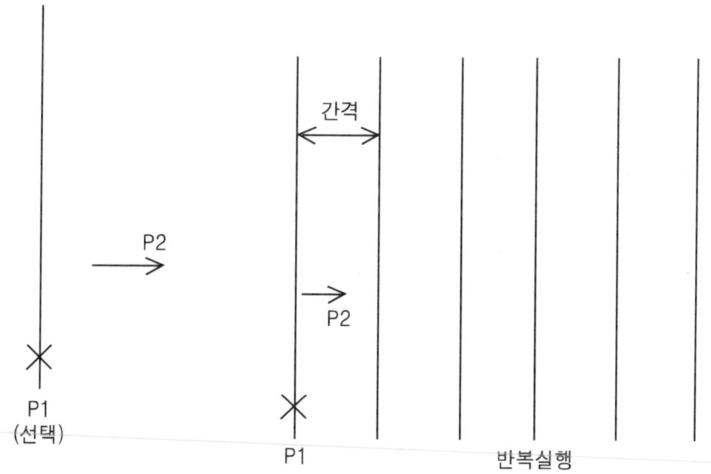

❑ 원인 경우

- ▫ 명령 : Offset(typping) → Enter↵
- ▫ 간격띄우기 거리 또는 [통과점(T)] 〈20.00〉 : 30(typping, 필요에 따라 수치 선택) → Enter↵
- ▫ 간격띄우기 할 객체 선택 또는 〈나가기〉 : 점P1에 Click(점선으로 나타냄)
- ▫ 간격띄우기 할 쪽으로 점 지정 : 점P3에 Click(안으로 하든지, 밖으로 하든지 선택)
- ▫ 간격띄우기 할 객체선택 또는 〈나가기〉 : Enter↵

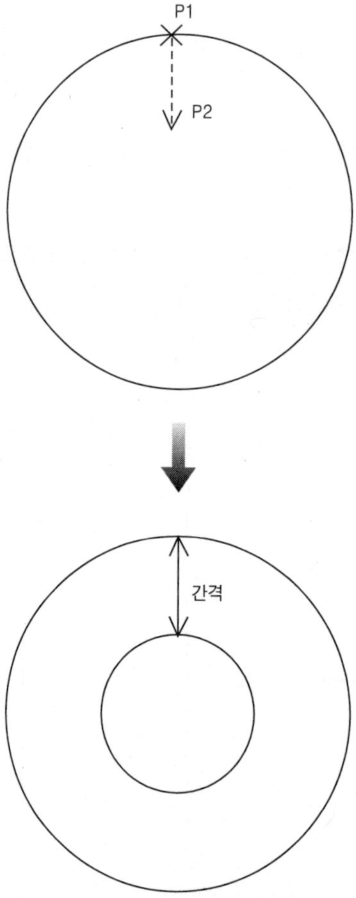

복사연습

(1) 복사 1

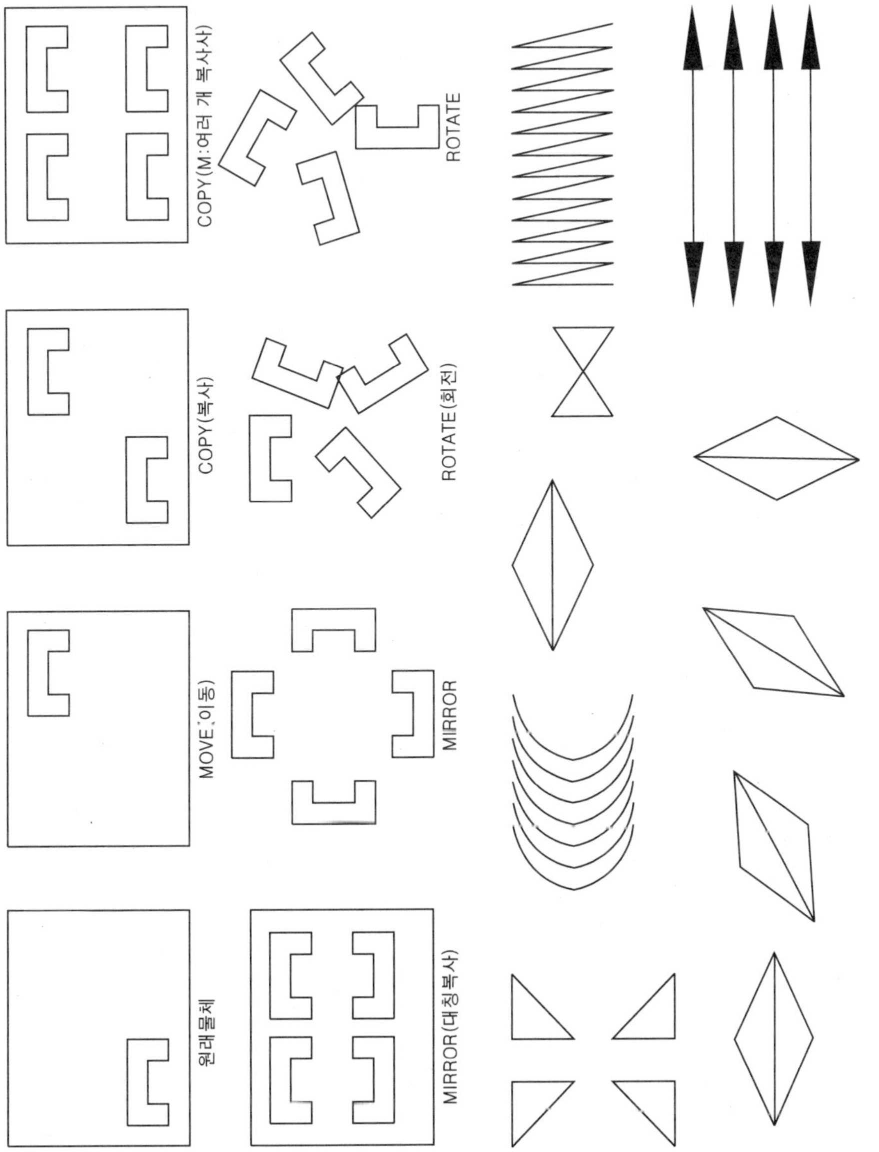

COPY(M:여러 개 복사사)
ROTATE
COPY(복사)
ROTATE(회전)
MOVE(이동)
MIRROR
원래물체
MIRROR(대칭복사)

(2) 복사 2

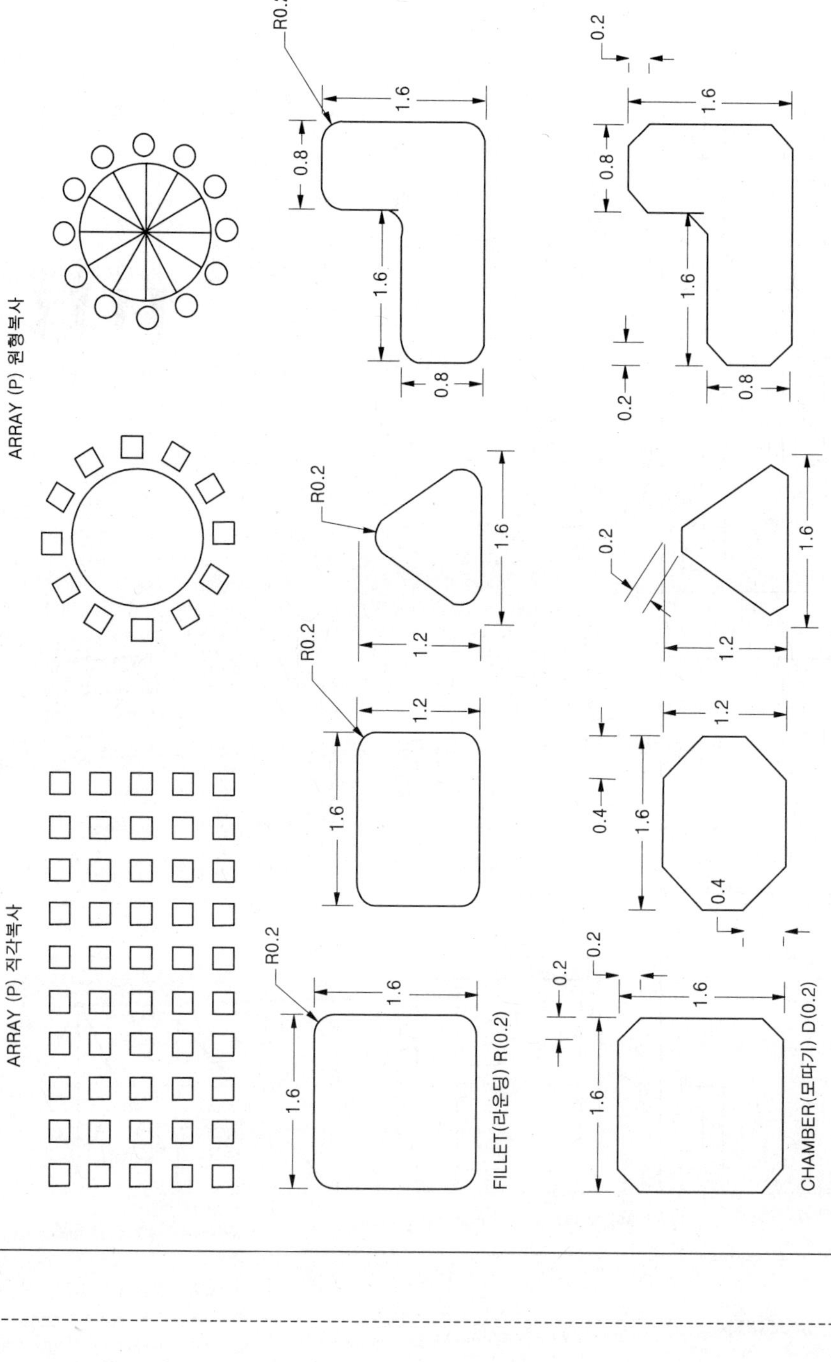
ARRAY (P) 원형복사
ARRAY (P) 직각복사
FILLET(라운딩) R(0.2)
CHAMBER(모따기) D(0.2)
R0.2
0.2
0.4
0.8
1.2
1.6

1.5.20 물체의 연장(EXTEND)

물체의 연장은 직선, 곡선 관계없이 실행되며, 반드시 기준되는 물체를 선택한 다음에 연장할 물체를 선택하여야 한다.
명령어 실행방법 중에 하나만 선택한다.

Command	Extend(typping : 단축키 EX) → Enter↵
풀다운 메뉴	수정(M) → Click
Tool bar	—/ → Click

❑ 직선인 경우

- 명령 : Extend(typping) → Enter↵
- 객체선택 : 점P1에 Click (점선으로 나타남)
- 객체선택 : Enter↵
- 연장할 객체 선택 또는 자르기를 위한 Shift+선택 또는 [투명(P)/모서리(E)/명령취소(U)] : 점P2에 Click (연장 완료됨)

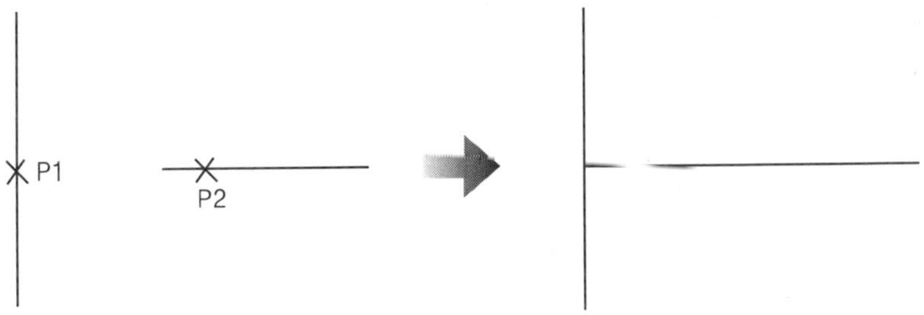

❑ 곡선인 경우

- 명령 : Extend(typping) → Enter↵
- 객체선택 : 점P3 선택한 후 Click
- 객체선택 : Enter↵
- 연장할 객체 선택 또는 자르기를 위한 Shift+선택 또는 [투명(P)/모서리(E)/명령취소(U)] : 점P4를 선택 Click 하면 자동적으로 그림이 완성된다.

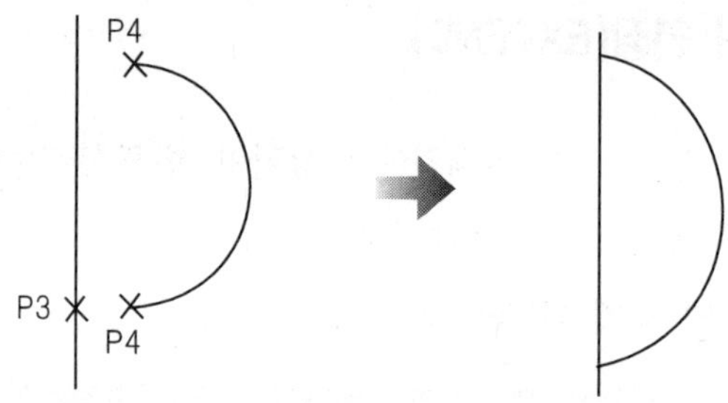

1.5.21 물체의 절단(BREAK)

Break는 일반적으로 물체의 부분적으로 끊어내는 명령어이다.

첫번째 점은 물체와 같이 찍어야 하므로 반드시 물체에 Click 하고, 두 번째 점은 아무 곳에나 Click 하여도 그 점에 수선을 내려 만나는 부분을 선택하여서 끊어준다.

실행방법은 다음과 같다.

□ 명령어는 다음 중 하나만 선택한다.

Command	Break(typping : 단축키 BR) → Enter↵
풀다운 메뉴	수정(M) → Click → 끊기(K) → Click

□ 객체선택 : 점P1에 Click

□ 두번째 끊기점을 지정 또는 [첫번째 점(F)] : 점P2에 Click(점P2는 반드시 선 위에 찍지 않아도 된다.)

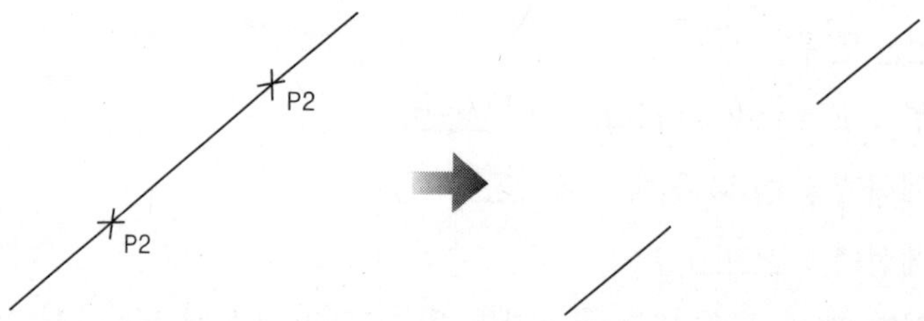

1.5.22 자르기(TRIM)

복잡한 도면에서 겹쳐져 있는 객체들간에 일부분만을 쉽게 자를 수 있도록 하는 것이다.

□ 명령어 선택은 다음 중 하나만 선택하면 된다.

Command	Trim(typping : 단축키 TR) → Enter↵
풀다운 메뉴	수정(M) → Click → 자르기(T) → Click
Tool bar	-/-- → Click

□ 객체선택 : 점P1에 선정한 후 Click 하면 점선으로 나타낸다. 마우스키 오른쪽을 Enter↵ 한다.

□ 자르기할 객체 선택 또는 연장을 위한 Shift+선택 또는 [투명(P)/모서리(E)/명령취소(U)] : 점P2를 선택하여 Click(자르기 위한 모든 물체를 선택하여 연속적으로 Click 하면 되고, 선택된 물체는 모두 사라져 버린다.)

□ 작업완료되면 Enter↵

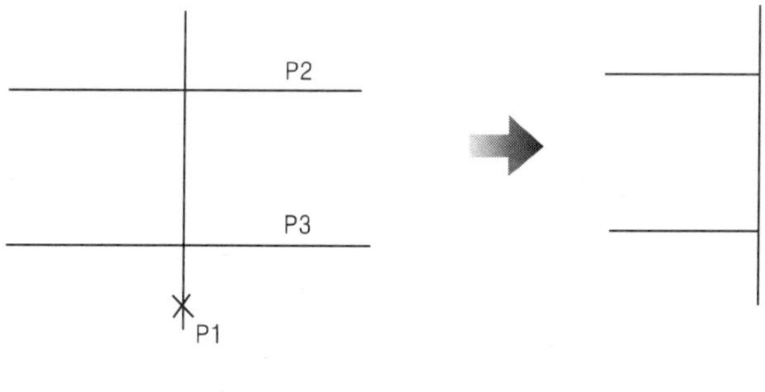

1.5.23 신축(STRETCH)

Command	Stretch → Enter↵
풀다운 메뉴	수정(M) → Click → 신축 → Click
Tool bar	-/-- → Click

□ 객체의 일부분을 줄이거나 늘릴 때 사용되는 명령

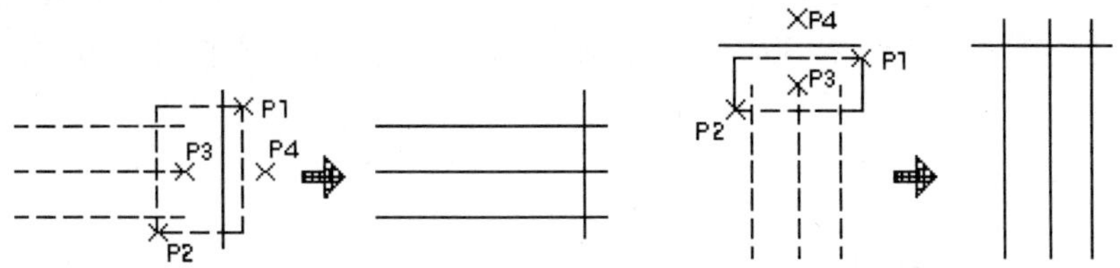

① 걸침 윈도우 또는 걸침 다각형만큼 신축할 객체 선택 P1 Click

② 반대 구석 지정 P2 Click

③ 객체 선택 : 객체선택이 완료(객체가 점선으로 변함)되었으면 Enter↵

④ 기준점 또는 변위 지정 P3 Click

⑤ 변위의 두 번째 점 지정 또는 〈변위로 첫 번째 점 사용〉 P4 Click

※ 객체선택은 반드시 우측에서 좌측으로 객체의 끝부분을 선택하여야 한다.

1.5.24 축척(SCALE)

Command	Scale → Enter↵
풀다운 메뉴	수정(M) → Click → 축척 → Click
Tool bar	▢ → Click

객체를 비례적으로 크게 하거나 작게 하는 명령

□ 명령 : SCALE

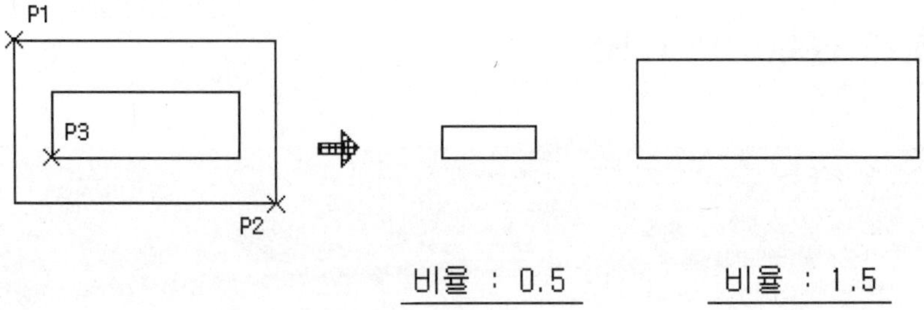

① 객체 선택 [P1 Click]

② 반대 구석 지정 [P2 Click]

③ 객체 선택 : 객체선택이 완료(객체가 점선으로 변함)되었으면 [Enter↵]

④ 기준점 지정 [P3 Click]

⑤ 축척 비율 지정 또는 [참조(R)] : 0.5입력 후 [Enter↵]

⑥ 비율 1.5도 위와 같은 방법으로 완성을 한다.

1.5.25 분해(EXPLODE)

Explode는 폴리선, 치수, 해치 또는 블록 참조와 같은 구성요소 객체를 분해하여 개별적 요소로 변환할 수 있다. 예를 들면 폴리선을 분해하면 단순한 선과 호로 나누어진다. 분해하면 불록 참조 또는 연관된 치수가 불록 또는 치수를 구성하는 단순한 객체의 사본으로 대치된다.

□ 명령어를 다음 중 하나만 선택하면 됩니다.

Command	Explore(typping) → [Enter↵]
풀다운 메뉴	수정(M) → [Click] → 분해(X) → [Click]
Tool bar	→ [Click]

□ 실행 순서는 다음과 같이 한다.

- 명령 : Pline(typping) → [Enter↵]
- 시작점 지정 : 점P1 지정한 후 [Click]
- 현재의 선 폭은 0.000임 : 2(typping) → [Enter↵] (수치는 임의로 한다.)
- 다음점 지정 또는 [호(A)/닫기(C)/반폭(H)/길이(L)/명령취소(U)/폭(W)] : 점P2 지정한 후 [Click](그림을 계속 그리고자 할 때 마우스키 이동하여 [Click] 하면서 그리도록 한다.)

※ 그림이 완성되면 [Enter↵]하면 됩니다. 이 완성된 그림은 한 Block이 된 것이다. 이를 "분해"하면서 일부분을 치우고자 한다.

- 명령 : Explode(typping) → Enter↵
- 객체선택 : 점P3을 선택하여 Click 하면 선택 그림이 한 Block이 되어서 점선으로 나타낸다.
- 객체선택 : Enter↵
- 명령 : Erase(typping) → Enter↵
- 객체선택 : 점P4를 선택한 후 Click(이때 지우기 위한 물체가 점선으로 나타낸다.)
- 지우기 선택이 완료되면 Enter↵ 한다.

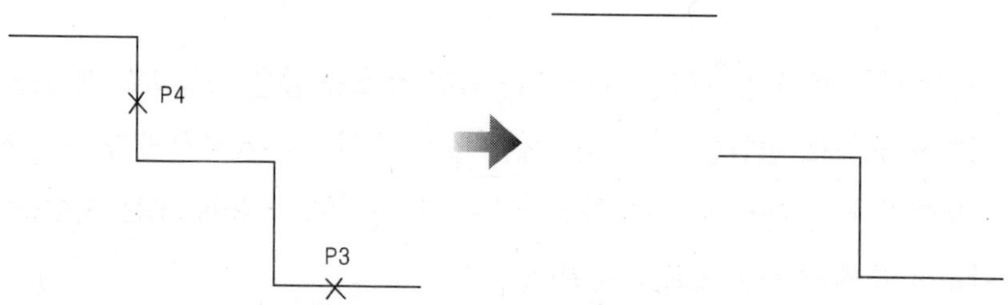

폴리 라인으로 그린 그림

1.5.26 모깎기 하기(FILLET)

선택된 두 선분 사이에 직선으로 그려 준다면, Fillet 명령을 이용하여 둥그렇게 호를 그려 주는 역할을 한다. 따라서 모깎기(Fillet)는 안쪽을 의미하고, 바깥쪽은 라운딩(Rounding)이라고 부른다.

- 명령어 실행은 다음 중 하나만 선택하면 된다.

Command	Fillet(typping) → Enter↵
풀다운 메뉴	수정(M) → Click → 모깎기(F) → Click
Tool bar	⌜ → Click

□ 현재 설정값 모드=Trim, 반지름=10.00

□ 첫번째 객체선택 또는 [폴리선(P)/반지름(R)/자르기(T)] : 50(typping ; 필요에 따른 수치 기입) → Enter↵

□ 첫번째 객체선택 또는 [폴리선(P)/반지름(R)/자르기(T)] : 점P1을 선정한 후 Click

□ 두번째 객체선택 : 점P2를 선정한 후 Click 하면 완성되며, 이때 안쪽으로 둥그렇게 된 반경이 50[mm]이란 것을 의미한다.

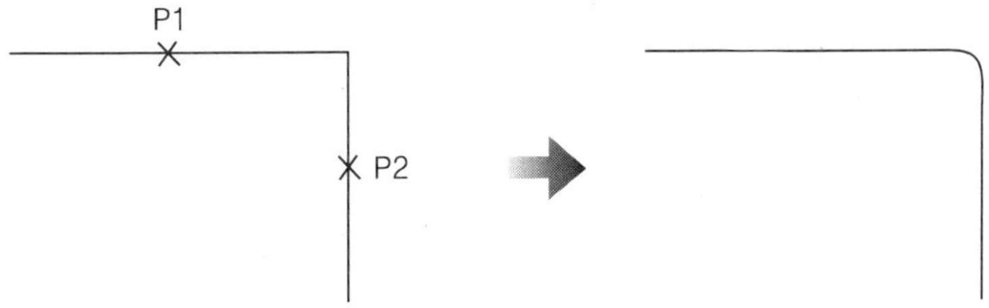

1.5.27 모따기(CHAMFER)

모따기란 평행하지 않은 2개의 객체를 연장하거나 잘라 비스듬히 깎아 선과 교차시키거나 결합되도록 연결하는 것을 말한다. 선, 폴리선, X선 및 구성선을 모따기 할 수 있다. 거리 입력하는 방법을 사용하면 각 선이 잘리거나 연장되어야 하는 양을 지정할 수 있다. 각도 방법을 사용하면 모따기의 길이와 모따기가 첫번째 선과 이루는 각도를 지정할 수 있다. 객체를 모따기 하기의 상태로 유지하거나, 또는 모따기 선까지 자르거나 연장할 수 있다.

□ 명령어 선택은 다음 중 하나만 선택하면 된다.

Command	Chamfer(typping) → Enter↵
풀다운 메뉴	수정(M) → Click → 모따기(C) → Click
Tool bar	(모따기) → Click

□ 명령 : Chamfer(typping) → Enter↵

□ (Trim모드)현재 모따기 거리 1=0, 거리 2=0
첫 번째 선 선택 또는 [폴리선(P)/거리(D)/각도(A)/자르기(T)/방법(M)] : D (typping) → Enter↵

□ 첫번째 모따기 거리 지정〈0〉 : 30(typping) → Enter↵

□ 두번째 모따기 거리 지정〈30〉 : 40(typping) → Enter↵

□ 첫번째 선 선택 또는 [폴리선(P)/거리(D)/각도(A)/자르기(T)/방법(M)] : 점P1을 선택한 후 Click(이때 점선으로 나타냄)

□ 두번째 선 선택 : 점P2를 선택한 후 Click 하면 이때 완성된다.

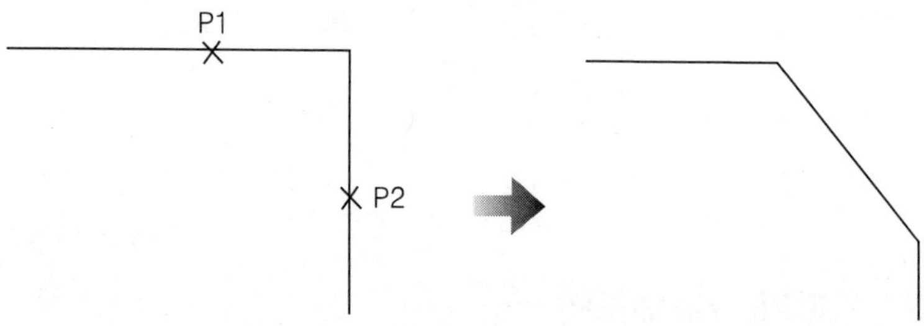

종합연습

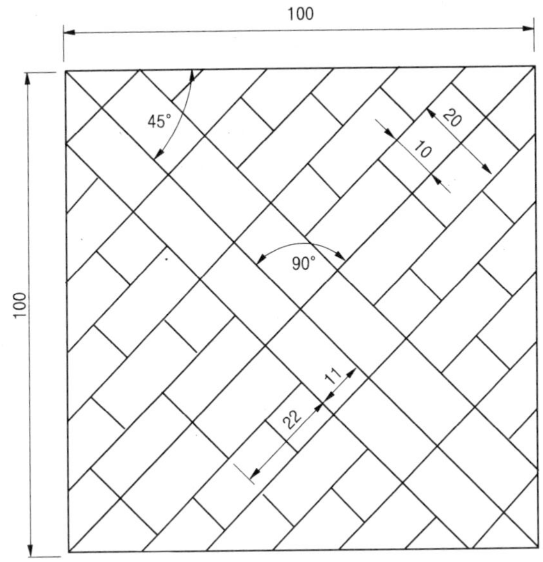

OFFSET, TRIM

- Offset : 일정간격, 평행복사
- Trim : 지정된 경계요소로 잘라내기

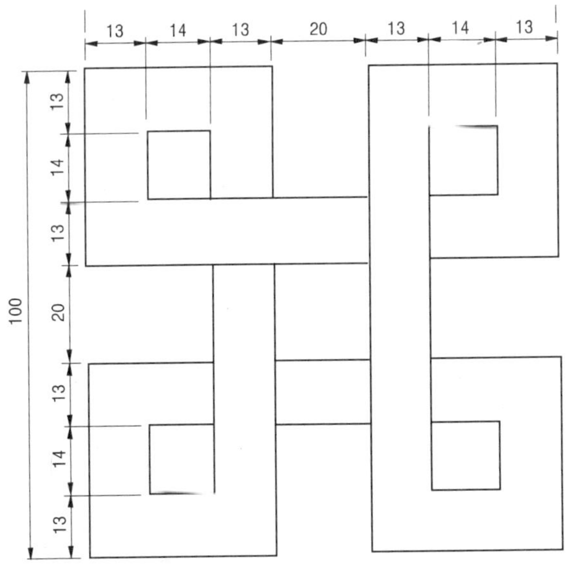

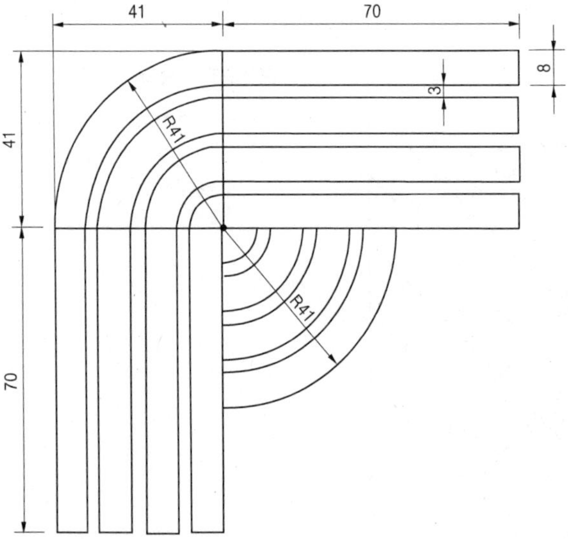

ARC, OFFSET

Command : Line
From Point : (임의의 점에서 시작)
To Point : (@0,50 등의 방법)
또는 @50〈0

Command : Offset
Offset Distance~ : 8
Select Object~

Command : ARC
ARC Center/〈Start Point〉

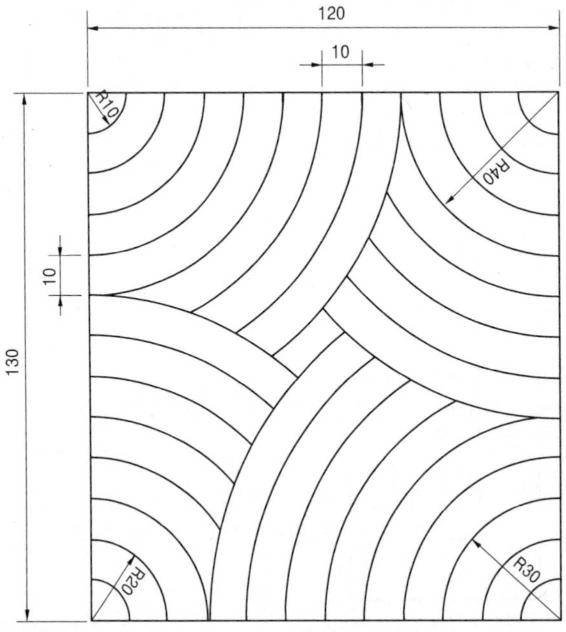

ARC, OFFSET, TRIM

Command : Line
From Point(시작점) : 5,1
To Point :

Command : ARC
S.E.R or S.E.A or C.S.A

Command : Offset

Command : Trim

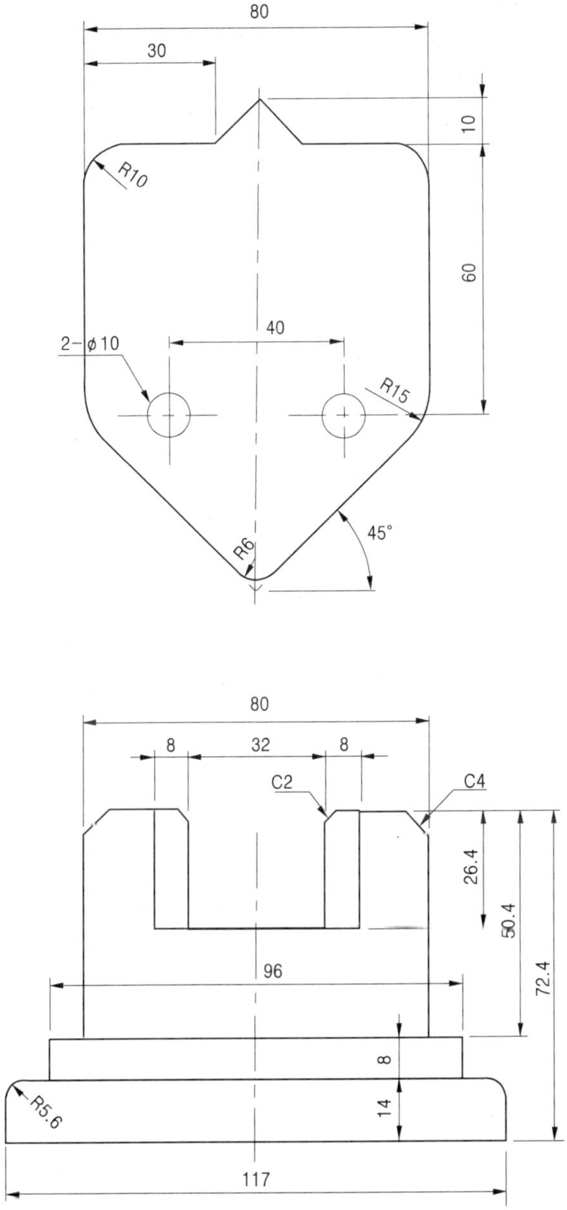

MIRROR, FILLET, CHAMFER

· Camfer : 가로, 세로, 대각선 모따기

ARRAY, ROTATE, OFFSSET, MIRROR

- Rotate : 선택요소 회전하기
- Array : P(일정 간격 평행 복사)
- Offset : 일정 간격 평행 복사
- Mirror : 대칭 복사

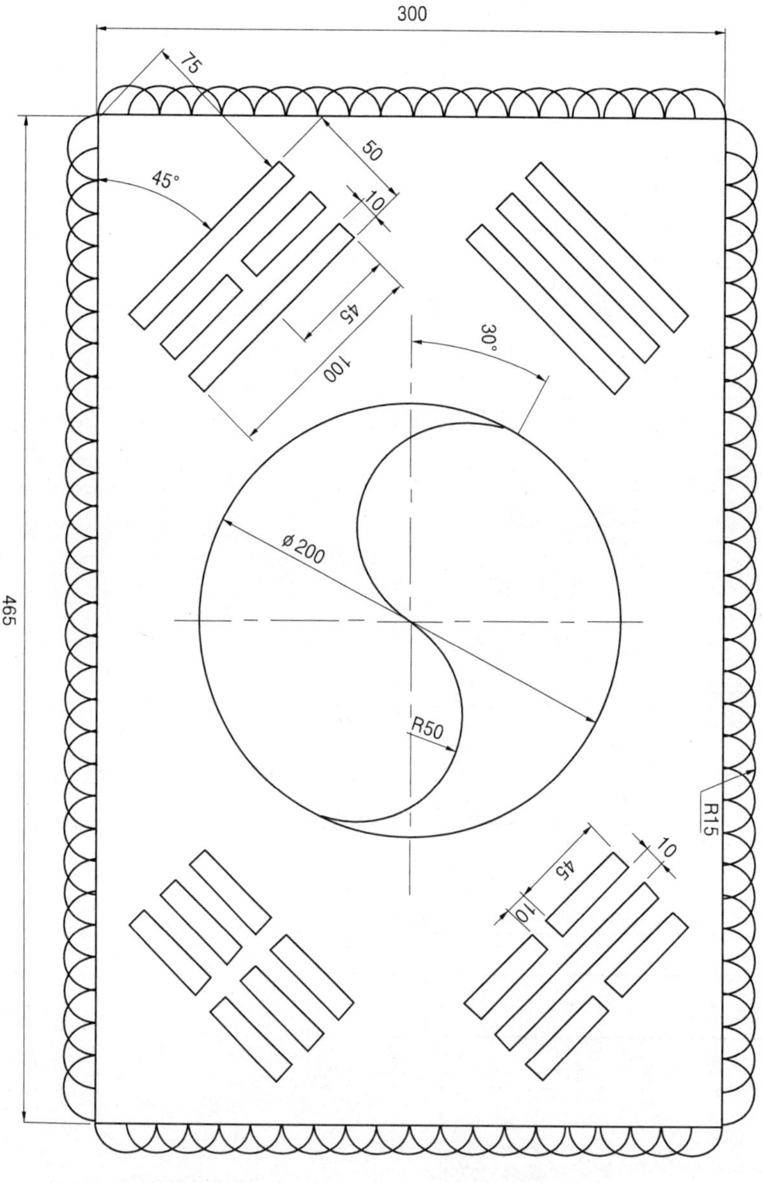

1.6 치 수

치수란 객체의 기하학적 측정값, 객체간의 거리나 각도, 또는 X와 Y좌표의 특징을 보여주는 것이다.

도형에 치수가 가입되어야 비로소 물품의 형상이나 크기를 정확히 할 수 있다. 치수는 물품을 제작하는 데 중요한 것이기 때문에 단순히 물품의 크기를 표시하는 것만이 아니고 정밀도, 가공방법, 순서 등도 알 수 있도록 기입하지 않으면 안 된다.

1.6.1 치수를 입력하기 전에 기본적으로 알아야 할 사항

❑ 치수의 전체적인 크기 근절

일반적으로 Limits에 맞게 설정 하는데 화면 크기가 12,9일 때 1로 설정되어 있다. 그러므로 화면 크기가 120,90이면 Dimscale은 당연히 10 정도 되어야 된다. 실제적으로 해보면 위의 값은 조금 크므로 위의 크기보다 조금 적게 주는 것이 바람직하다(예 : 12,9 → 0.7, 120,90 → 7).

□ 실행방법

- 명령 : Dimscale(typping) → Enter↵
- D : Mscale에 대한 새 값 입력 〈0〉 : 1(필요한 값으로 typping) → Enter↵

❑ 치수구성

치수는 기본적으로 치수선, 치수 보조선, 치수 문자로 구성되어 있다. 치수선은 치수의 방향과 범위를 나타내는 선으로, 일반적으로 직선으로 나타나지만 각도 치수 입력의 경우에는 치수선이 호(ARC)로 나타나게 된다.

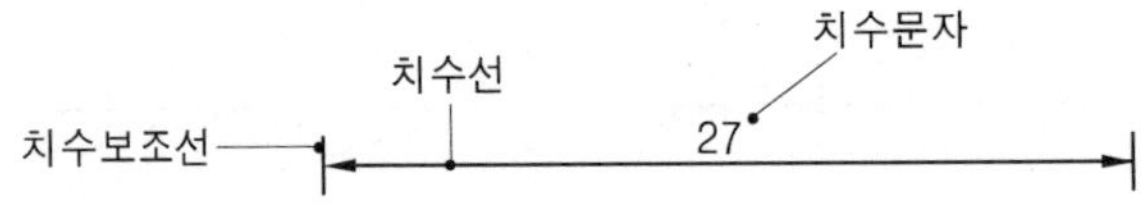

❑ 인출선

치수 · 가공, 방법 · 부품, 번호 · 주기 등을 물품의 그 부분에 기입하지 못하는 경우에는 인출선을 사용한다. 인출선을 그릴 때 수평선에 대해 가능한 한 60°의 경사로 하고 인출측에 화살표를 붙이며 다른 끝에서 수평선을 긋고 그 수평선의 위쪽에 필요한 사항을 기입한다. 형상을 표시하는 선의 안쪽에서 인출되는 경우에는 화살표 대신에 흑색 둥근 점을 인출되는 측에 붙인다.

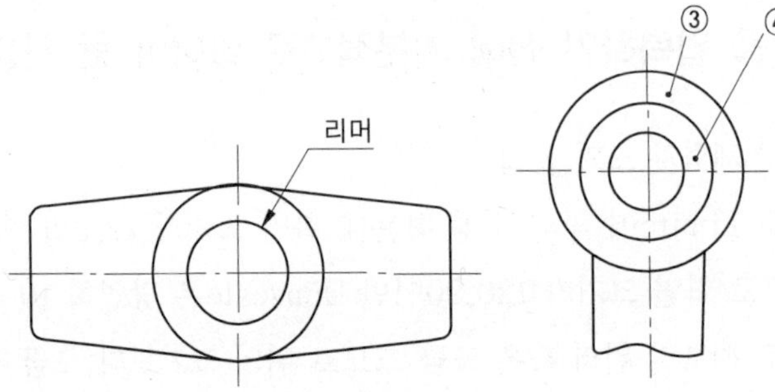

(a) (b)

❑ 치수 기입에 사용하는 기호

치수 숫자 외에 같은 표와 같은 기호를 병기하는 것에 의하여 그 부분의 형상을 명시할 수가 있다 이들의 기호는 치수 숫자 앞에 치수 숫자와 같은 크기로 그린다. 예를 들면 판의 두께를 표시하지 않고 표시하는 데는 판의 근처 또는 그 면에 두께를 표시하는 치수 숫자 앞에 t라고 기입한다.

치수 기입에 사용하는 기호

기호(읽는 법)	의 미
ϕ (파이)	지름
□ (사각)	정사각형
R (알)	반지름
구 ϕ (구 파이)	구면의 지름
구 R (구 알)	구면의 반지름
C (시)	45° 모따기
t (티)	판의 두께

❑ 지름의 치수 기입

지름의 치수를 기입하는 데는 그림(a)와 같이 치수 숫자 앞에 ϕ를 기입하여 표시하지만 명확히 원의 경우에는 그림(b), (c)와 같이 아무것도 기입하지 않아도 된다. 대칭 도형의 경우에는 그림(d)와 같이 표시한다. 이 경우에는 원의 중심 위치를 명확히 표시하지 않으면 안 된다.

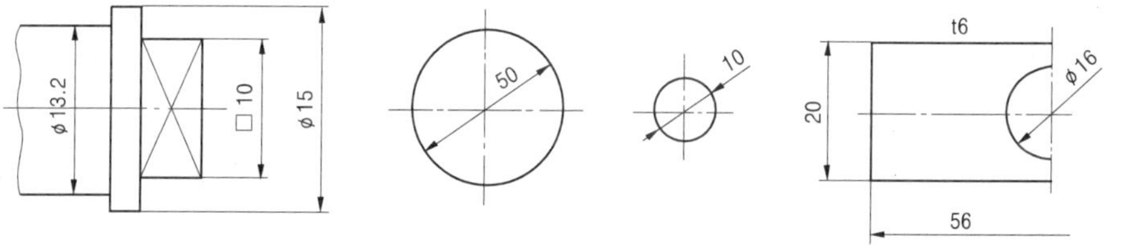

(a) (b) (c) (d)

❑ 반지름의 치수 기입

반지름의 치수를 기입하는 데는 그림(a)와 같이 치수 숫자 앞에 R을 기입하여 표시하지만 치수선을 원호의 중심까지 긋는 경우에는 그림 (b)와 같이 R을 생략해도 된다. 이 경우에 중심 위치를 명시할 필요가 있을 때에는 그림(c)와 같이 중심에 흑색 둥근 점을 찍든가 그림과 같이 +자 표시를 한다.

화살표나 치수 숫자를 기입할 여백이 없는 경우에는 그림(d)와 같이 한다.

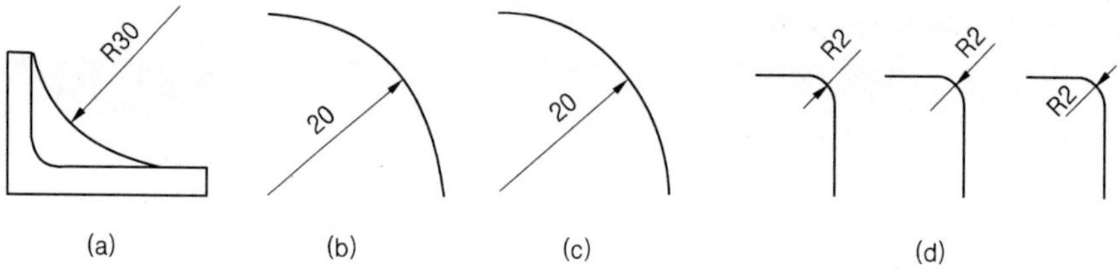

❑ 현·호의 치수 기입

현의 치수는 그림과 같이 현에 평행인 치수선에 기입하고, 원호의 길이를 표시하는 데는 그림(b)와 같이 그 원호와 동심인 원호의 치수선을 그려서 기입한다. 이와 같이 현과 호의 길이는 확실히 구별해서 표시한다.

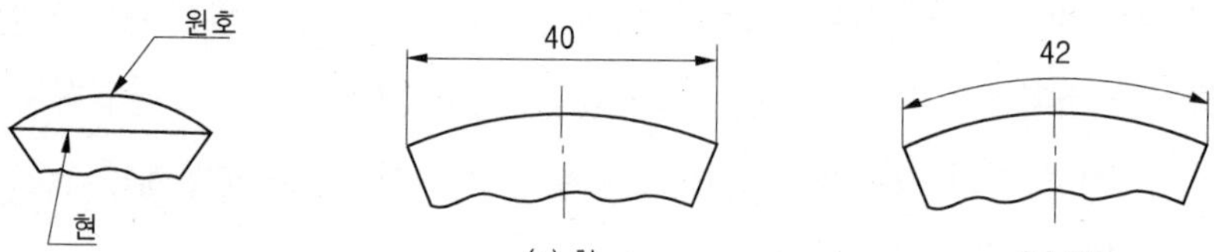

(a) 현 (b) 현

❑ 각도의 치수 기입

각도를 기입하는 치수선은 그림과 같이 각도를 구성하는 2변 또는 그 연장선의 교점을 중심으로 하여 2변 또는 그 연장선 사이에 원호를 그리고 양끝에 화살표를 붙여서 표시한다.

각도를 표시하는 숫자는 일반적으로 치수선의 위쪽에 따라서 그림과 같이 기입한다. 또한 필요가 있는 경우에는 그림(e)와 같이 각도를 표시하는 숫자를 상향으로 기입해도 좋다.

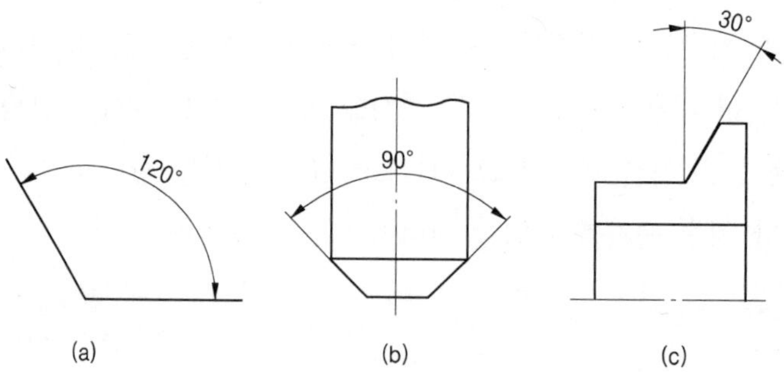

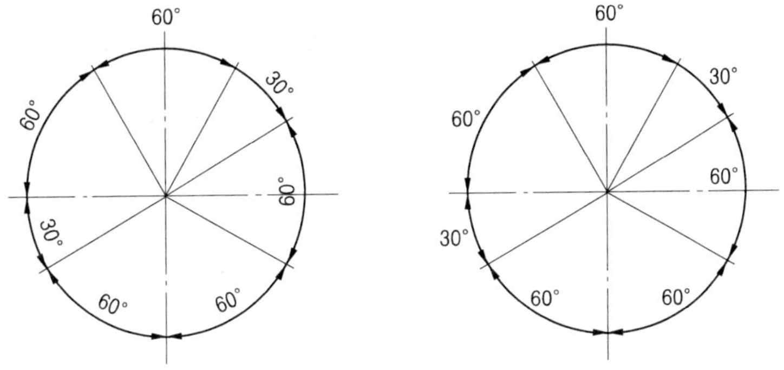

(d)　　　　　　　　(e)

❑ 치수의 단위

도면에 기입하는 치수는 모두 mm 단위이며 수치만을 기입하고 단위 기호는 기입하지 않는다. 소수점은 숫자 사이를 반자 정도 간격을 두고 그 중간 밑에 확실하게 기입하면 자릿수가 많아져도 콤마(Comma) 로 구분하지 않는다. 각도는 일반적으로 도(度)로 표시하고 필요에 따라 분(分), 초(秒)를 사용하고 다음 예와 같이 기입한다.

※ 예 125.35　12780　90°　22.6　3′21″　6°48′5″

1.6.2 치수 기입 전 환경 설정

치수 입력을 쉽게 하기 위해 AutoCAD는 여러 가지 시스템 변수를 제공하는데, 이들을 치수입력시스템 변수라고 한다.

많이 사용하는 치수의 유형을 설정해 놓고 모든 도면에서 이것을 사용한다면 생산성이 많이 향상될 것이다.

따라서 도면의 종류에 따라 치수의 유형을 다음과 같은 방법으로 환경 설정한다.

❑ 메뉴바(Pull Dawn Menu)에서 치수(N)에 마우스의 커서를 가져다 놓고 Click 하면 각종 옵션들이 들어 있는 리스트가 나오며 그 중에 유형(S)에 선택하여 Click 하면 다음과 같은 치수 유형 관리자의 대화 화면이 나온다.

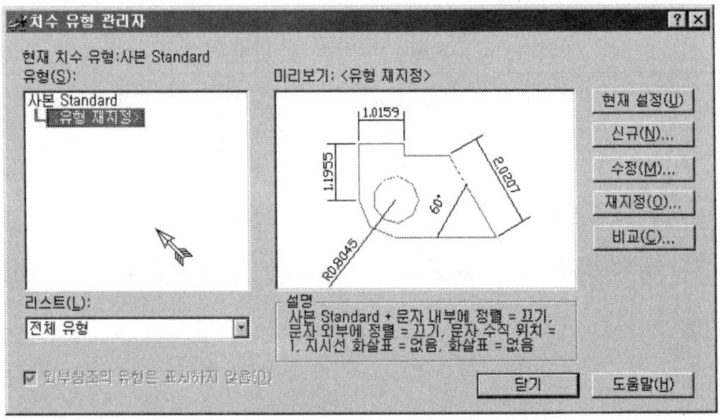

❑ 선과 화살표의 환경 설정

치수 유형 관리자의 화면에서 수정(M)에 클릭하면 다음과 같이 치수유형 수정에 대한 대화화면이 나온다. 여기서 기존 도면이나 혹은 새로운 도면에 맞는 치수를 환경 설정하는 것이다.

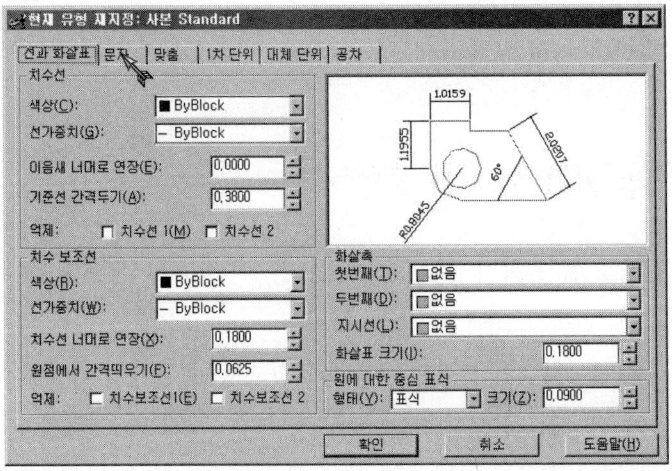

▶ 선과 화살표 설정

① 치수선 환경 설정

색상, 선가중치, 기준선 간격 두기(규격에 따라 typping)

② 치수 보조선 환경 설정

색상, 선가중치, ※ 치수선 넘어로 연장, ※ 원점에서 간격 띄우기, ※ 표는 필요에 따라 수치를 typping 한다.

③ 화살촉

첫번째(T), 두번째 (D), 지시선(L) 등에 필요한 것만 찾아서 클릭한다.

화살표 크기는 수치로 typping 한다.

▶ 치수 문자 환경 설정

앞서 치수유형수정의 창에서 문자 부분에 클릭하면 다음과 같이 치수유형 수정의 창이 나온다.

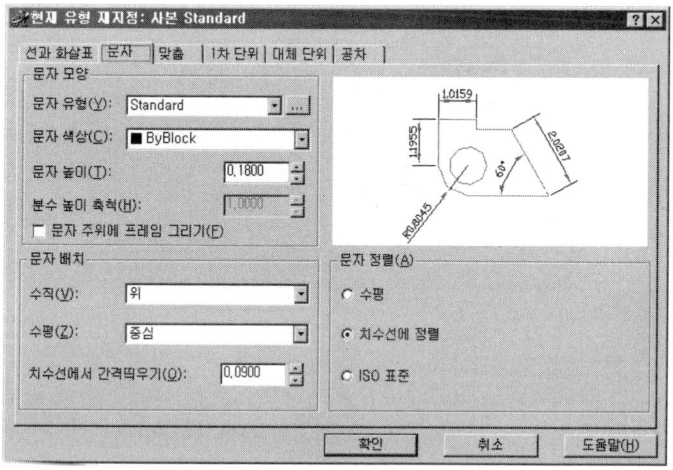

① 문자모양

문자 유형(Standard), 문자 색싱(필요한 색상 선택), 문자 높이(무자의 크기를 적당한 값으로 typping)

② 문자배치

- 수직(위, 중심, 외부, JIS 등이 있다. 여기서 일반적으로 '위'를 선택)
- 수평(중심 선택)
- 치수선에서 간격 띄우기 : 치수선과 문자 사이에 띄우는 거리를 말하고 적당한 치수 값으로 설정한다.

③ 문자 정렬

- 수평 : 치수문자를 수평으로 위치시킨다.
- 치수선에 정렬 : 치수 문자를 치수선에 나란히 정렬시킨다.

- ISO 표준 : 치수문자가 치수 보조선 외부에 위치할 때, 치수 문자를 수평으로 위치시킨다.

▶ 맞춤 환경 설정

치수 유형 수정 창에서 맞춤에 Click 하면 다음과 같이 대화창이 나온다.

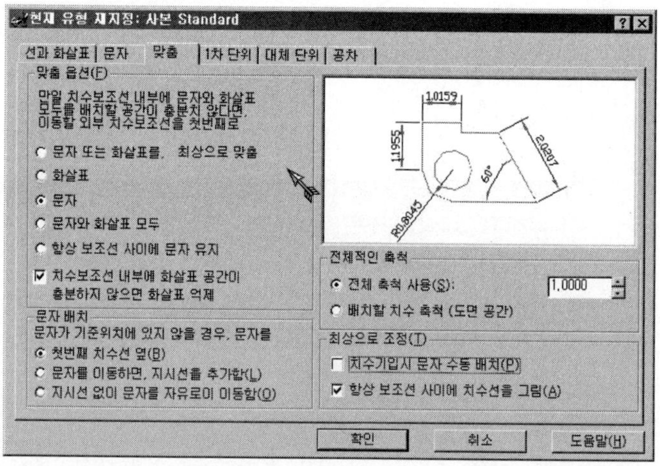

① 맞춤 옵션

문자 또는 화살표, 최상으로 맞춤 : 치수 기입 공간이 치수문자와 화살표가 기입되기에 충분하다면 모두 치수선 안에 기입하고 만약 충분하지 않다면 AutoCAD에서 자체 판단하여 치수 문자나 화살표를 치수 보조선 밖으로 배치한다.

② 화살표 : 공간이 부족한 경우 화살표만 치수 보조선 사이에 위치시킨다.

③ 문자 : 공간이 부족한 경우 치수 문자와 화살표 모두 치수 보조선 밖에 기입한다.

④ 문자 및 화살표 모두 : 치수 보조선 사이에 문자와 화살표의 공간이 충분하지 않을 때, 문자와 화살표를 모두 치수 보조선 외부에 위치시킨다.

⑤ 항상 보조선 사이에 문자 위치 : 항상 치수 보조선 사이에 문자를 위치시킨다.

⑥ 치수 보조선 내부에 화살표 공간이 충분하지 않으면 화살표 억제 : 치수 보조선 사이에 공간이 충분하지 않으면, 화살표를 표시하지 않는다.

▶ 문자 배치

① 치수선 옆 : 치수선 옆에 치수 문자를 위치시킨다.

② 문자를 이동하면 지시선을 추가함 : 치수선과 치수문자를 지시선으로 연결하여 치수

문자를 기입한다.

③ 지시선 없이 문자를 자유로이 이동함 : 지시선을 연결하지 않고 치수 문자를 치수선에서 일정 간격을 띄워 기입한다.

▶ 전체적인 축척

① 전체 축척 사용 : 치수의 전체적인 축척값을 설정한다.

② 배치할 치수 축척 : 종이 공간에서 도면 작업 시 설정한다.

▶ 최상으로 조정

① 치수 기입할 때에 문자 수동 배치 : 기존 설정값을 무시하고 사용자가 커서의 지정에 의해서 임의로 위치를 지정한다.

② 항상 보조선 사이에 치수선을 그림 : 치수선을 항상 치수 보조선 안에 그린다.

▶ '1차 단위' 환경설정

치수 유형 수정의 창에서 '1차 단위'를 Click 하면 다음과 같이 대화창이 나온다.

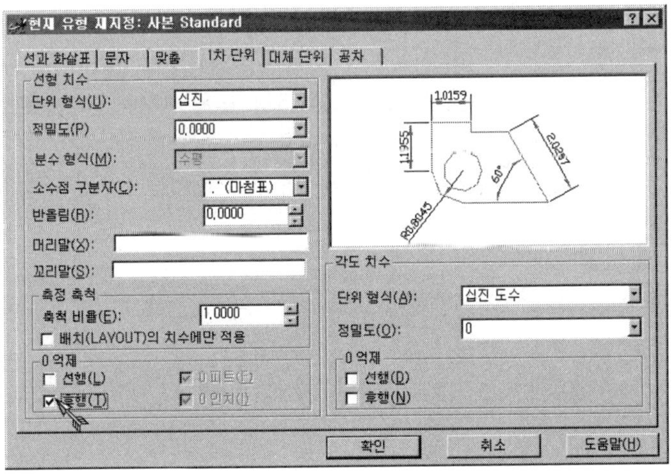

① 치수 유형

- 선형 치수 : 선형 치수기입의 치수문자의 형태를 설정한다.
- 정밀도 : 치수의 소수 자리수를 설정
- 분수 형식 : 위의 단위 형식을 분수로 설정하였을 경우 그 분수의 형식을 설정한다.

- 소수점 구분자 : 소수점의 형태 (· , ·)
- 반올림 : 치수 기입 시 치수를 반올림한다.
- 머리말 : 치수 문자의 앞에 특정 문자를 붙여서 기입한다.
- 꼬리말 : 치수 문자의 뒤에 특정 문자를 붙여서 기입한다.

② 측정 축척
- 축척 요인 : 도면 척도 값을 입력한다.

③ 0억제 : 0의 표시 여부를 지정한다.
- 선행 : 소수점 앞에 오는 0을 억제한다.(예 : 0.500 → .500)
- 후행 : 소수점 뒤에 오는 0을 억제한다.(예 : 10.500 → 10.5)

④ 각도치수 : 각도 치수기입의 치수 문자의 형태를 설정한다.
- 단위 형식 : 각도의 단위 형식을 설정한다(십진도수 선택).
- 정밀도 : 각도 치수의 소수 자리수를 설정한다.
- 0억제 : 0의 표시 여부를 지정한다.

▶ 대체 단위

대체 단위의 형색, 정밀도, 각도, 축척 등을 설정한다.

① 대체 단위 표시
- 단위 형식 : 각도의 단위 형식을 설정한다.
- 정밀도 : 소수 자리수를 설정한다.
- 대체 단위에 대한 승수 : 1차 단위와 대체 단위 사이의 전환 값으로 사용하기 위하여 승수를 사용한다.
- 반지름 거리 : 각도 치수를 제외한 모든 치수 형태의 치수 값을 위한 반올림을 설정한다.

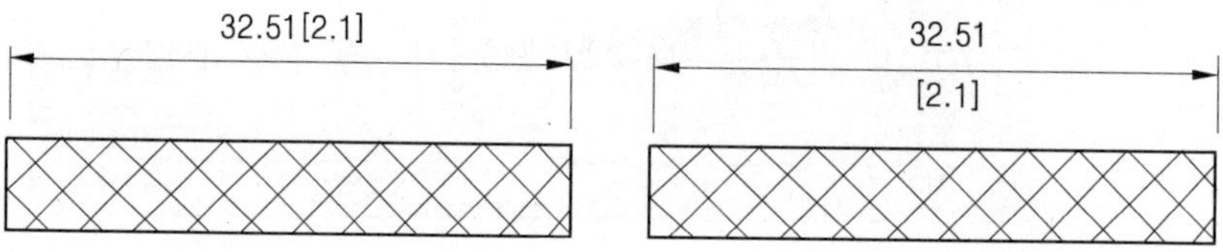

선행 값 후　　　　선행 값 아래

② 0억제 : 0표시 여부를 지정한다.

③ 배치 : 대체 단위의 위치를 설정한다.

- 선행 값 후 : 대체 단위를 1차 단위 뒤에 위치시킨다.
- 선행 값 아래 : 대체 단위를 1차 단위 아래에 위치시킨다.

▶ 공 차

치수유형 수정의 창에서 공차에 **Click** 하면 공차에 대한 대화의 창이 나온다.

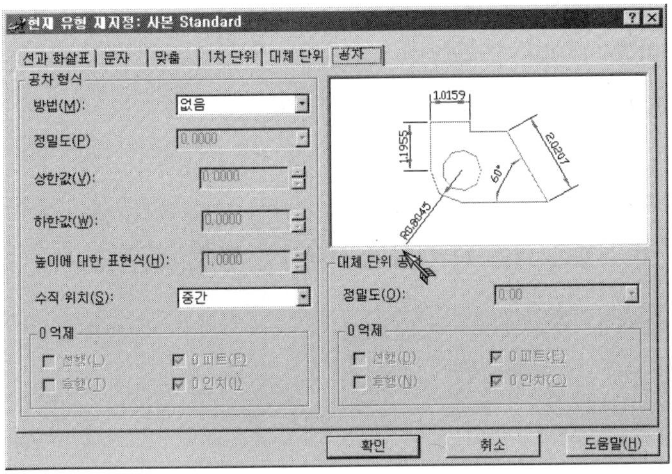

① 공차 형식 : 공차 형식을 설정한다.

- 방법 : 공차를 계산하여 표현하는 방법을 설정한다.
- 대칭 : 최대/최소 허용오차값이 같음
- 편차 : 최대/최소 허용오차값이 다름
- 한계 : 한계값으로 입력된 값을 계산하여, 최대값과 최소값의 한계 치수로 첨부
- 기준 : 치수문자 주위를 사각박스로 그림
- 정밀도 : 소수 자리수를 설정한다.
- 상한값 : 최대 허용 오차값을 입력한다.
- 하한값 : 최소 허용 오차값을 입력한다.
- 높이에 대한 표현식 : 공차값의 크기를 제어한다.
- 수직 위치 : 치수 문자에 대한 공차값의 기입 위치를 제어한다.

② 0억제 : 0의 표시 여부를 지정한다.

③ 대체 단위 공차 : 소수 자리수를 설정한다.

1.6.3 치수 입력하기

치수 입력하기 전에 대화창의 일반적으로 환경설정은 다음과 같이 명령어란에 실행하여야 한다.

□ ddunits(typping) → [Enter↵] (단면단위 설정)

□ limits(typping) → [Enter↵] (도면의 크기 설정)

(아래구석 0,0, 오른쪽 구석 [예] : 420,297 등 지정)

□ Zoom(typping) → [Enter↵]

□ All(typping) → [Enter↵] (전체 확대됨)

❑ 수평치수(Horizontal)

□ 명령어 실행은 다음 중 하나만 선택하면 된다.

Command	Dim(typping) → [Enter↵]
풀다운 메뉴	치수(N) → [Click] → 선형치수 → [Click]
Tool bar	⟼ → [Click]

□ 명령 : Dim(typping) → [Enter↵]

□ 치수 : Hor(typping) → [Enter↵]

□ 첫번째 치수 보조선 원점 지정 또는 〈객체선택〉 : 점P1 → [Click]

□ 두번째 치수 보조선 원점 지정 : 점P2 → [Click]

□ 치수선의 위치 지정 또는 [다중행 문자(M)/문자(T)/각도(A)] : 점P3 → [Click] → [Enter↵]

※ 그림에 나타나는 치수는 도면에 나타낸 치수이다.

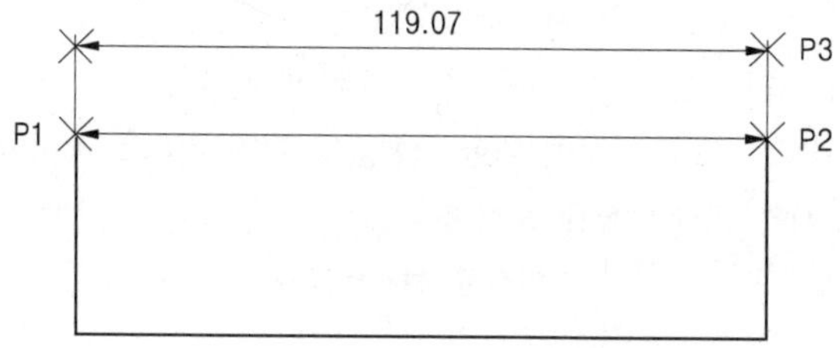

❑ 수직치수(Vertical)

- 명령 : Dim(typping) → Enter↵
- 치수 : Ver(typping) → Enter↵
- 첫번째 치수 보조선 원점 지정 또는 〈객체선택〉 : 점P1 → Click
- 두번째 치수 보조선 원점 지정 : 점P2 → Click
- 치수선의 위치 지정 또는 [다중행 문자(M)/문자(T)/각도(A)] : 점P3 → Click → Enter↵

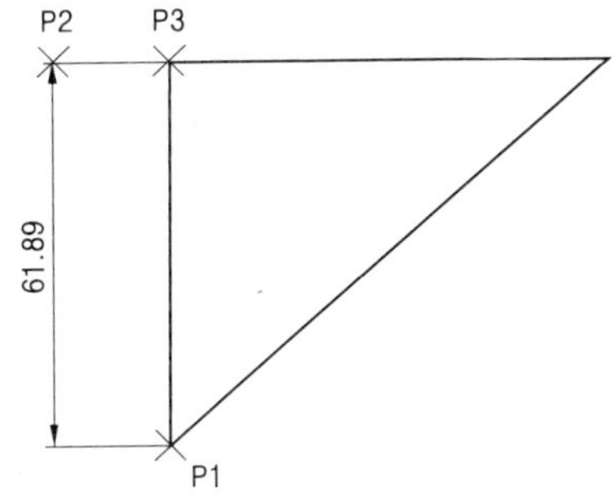

❑ 경사치수(Aligned)

- 명령 : Dim(typping) → Enter↵(Tool Bar의  를 선택 Click 하여도 됨)
- 치수 : Al(typping) → Enter↵
- 첫번째 치수보조선 원점 지정 또는 〈객체선택〉 : 점P1 → Click
- 두번째 치수보조선 원점 지정 : 점P2 → Click
- 지수선의 위치 지정 또는 [다중행 문자(M)/문자(T)/각도(A)] : 점P3 → Click → Enter↵

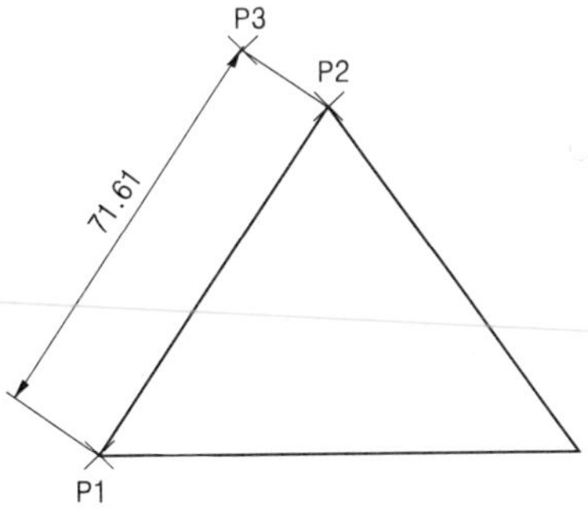

❑ 회전치수(Rotation)

- ㅁ 명령 : Dim(typping) → Enter↵
- ㅁ 치수 : Rot(typping) → Enter↵
- ㅁ 치수선의 각도를 지정〈0〉 : 90(typping) → Enter↵
- ㅁ 첫번째 치수 보조선 원점 지정 또는 〈객체선택〉 : 점P1 → Enter↵
- ㅁ 두번째 치수 보조선 원점 지정 : P2 → Enter↵
- ㅁ 치수선의 위치 지정 또는 [다중행문자(M)/문자(T)/각도(A)] : 점P3 → Click → Enter↵

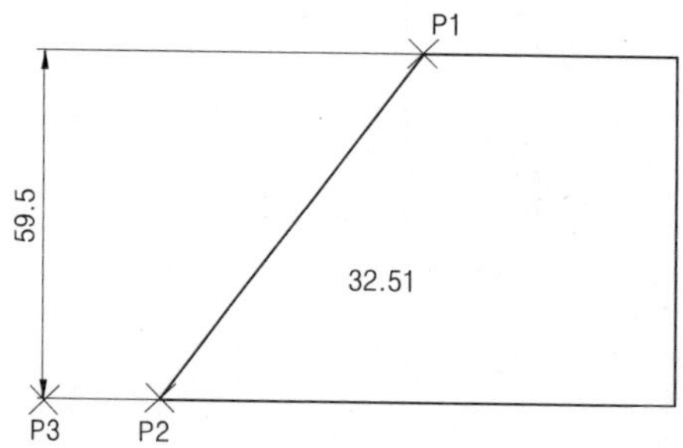

❑ 지름치수(Diameter)

- ㅁ 명령 : Dim(typping) → Enter↵
- ㅁ 치수 : Dia(typping) → Enter↵

  (풀 다운 메뉴에서 치수(N) → Click 한 후 지름(D)선택) → Click, 또는 Tool Bar에서 ⊘ 를 선택한 후 Click 해도 됩니다.)
- ㅁ 호 또는 원 선택 : 점P1 → Enter↵
- ㅁ 새로운 치수 문자를 입력〈0.00〉 : 필요에 따라 수치 입력 → Enter↵
- ㅁ 치수선의 위치 지정 또는 [다중행 문자(M)/문자(T)/각도(A)] : 점P2 → Click → Enter↵

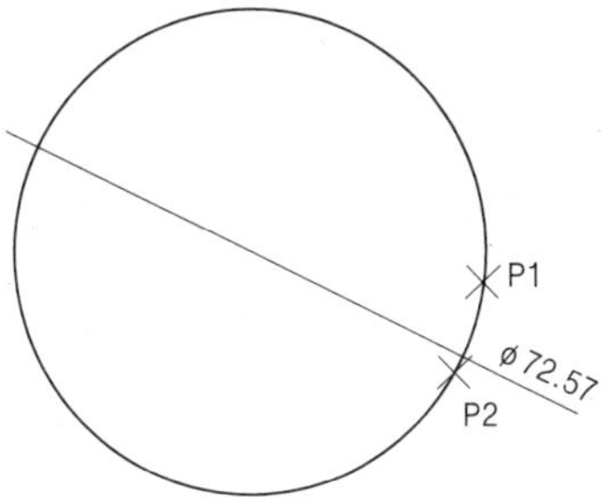

❏ 반지름 치수(Radius)

- 명령 : Dim(typping) → Enter↵
- 치수 : Rad(typping) → Enter↵
  (풀다운 메뉴에서 치수(N) → Click → 반지름(R) → Click 또는 Tool Bar의 (반지름) → Click)
- 호 또는 원선택 : 점P1
- 새로운 치수 문자를 입력 : 필요에 따라 수치 입력 → Enter↵
- 치수선의 위치 지정 또는 [다중행 문자(M)/문자(T)/각도(A)] : 점P2 → Click → Enter↵

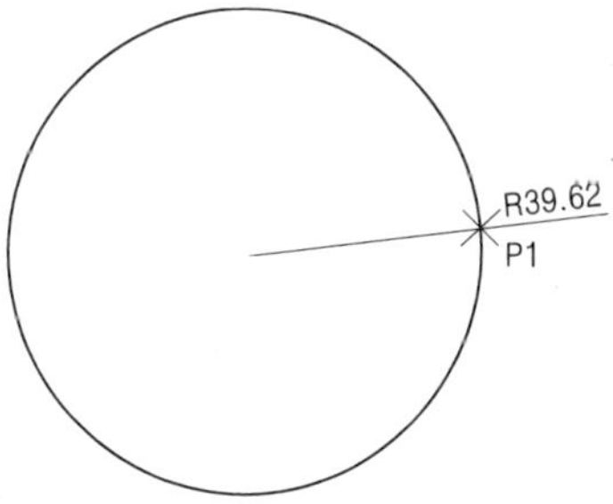

❏ 각도 치수(Angular)

- 명령 : Dim(typping) → Enter↵
- 치수 : Ang(typping) → Enter↵
  (풀다운 메뉴에 치수(N) → Click → 각도(A) → Click 또는 Tool Bar의 (각도치수) → Click)

▫ 호, 원, 선을 선택하거나 〈정점지정〉 : 점P1 → Click

▫ 두번째 선택 : 점P2 → Click

▫ 치수 호, 선의 위치 지정 또는 [다중행 문자(M)/문자(T)/각도(A)] : 점P3 → Click

▫ 새로운 치수 문자를 입력〈0.0〉 : 필요에 따라 입력한 후 Enter↵

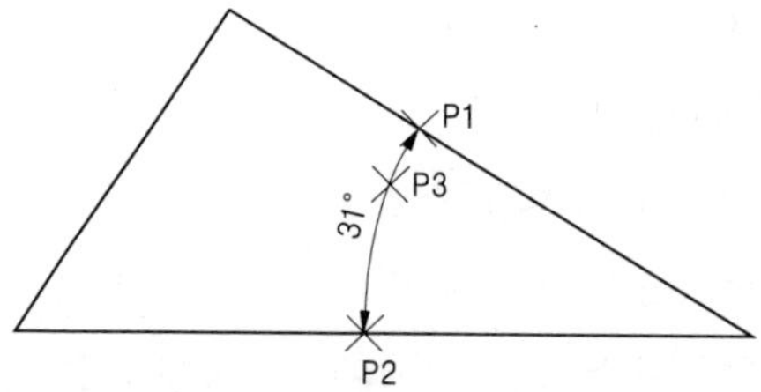

❑ 기존 치수에 대한 치수보조선의 경사각 조정(Obligue)

▫ 명령 : Dim(typping) → Enter↵

▫ 치수 : Obl(typping) → Enter↵

(풀다운 메뉴에서 치수(N) → Click → 기울기(O) → Click 또는 Tool Bar의 (치수편집) → Click → 명령됨에 기울기(O) typping → Enter↵

▫ 객체선택 : 점P1에서 Click 한 후 마우스키를 끌어 점P2에서 Click 하면 객체 선택 부분이 점선으로 표시됩니다.

▫ 기울기 각도 입력(없는 경우 Enter↵키) : 45(typping) → Enter↵

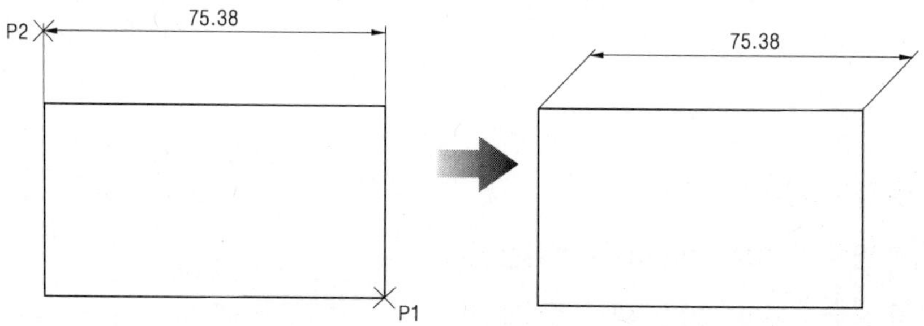

❑ 지시선(Leader)

□ 명령 : Dim(typping) → Enter↵

□ 치수 : Lea(typping) → Enter↵

(풀다운 메뉴에서 치수(N) → Click → 지시선(E) → Click 또는 Tool Bar의 (신속 지시선) → Click

□ 지시선 시작 : 점P1 → Click

□ 다음점 : 점P2 → Click

□ 다음점 : Enter↵

□ 치수 문자 : 35(typping ; 원하는 문자 및 수치 기입) → Enter↵

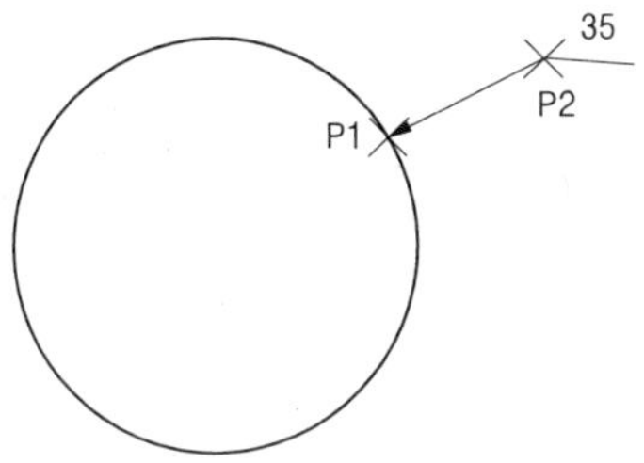

치수연습

(1) 치수연습 1

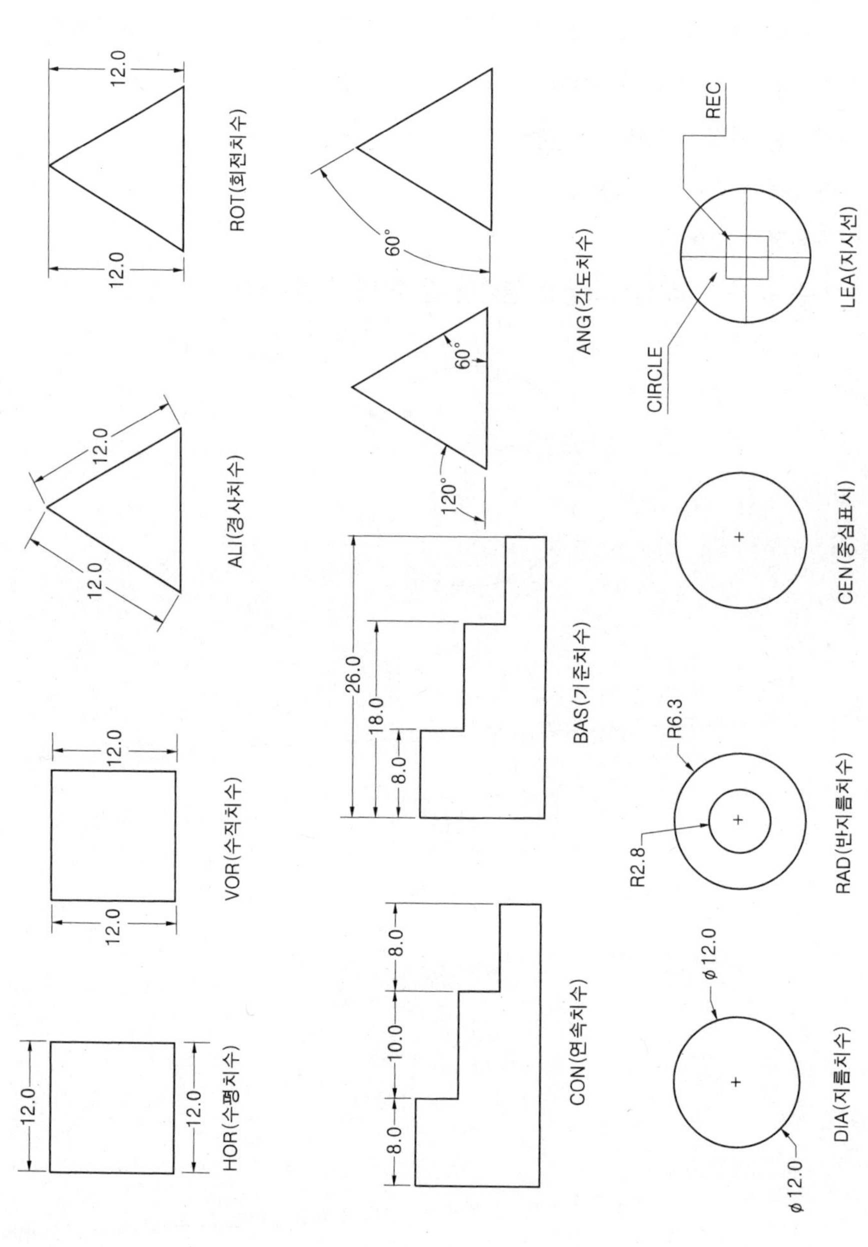
ROT(회전치수)
ALI(경사치수)
VOR(수직치수)
HOR(수평치수)
ANG(각도치수)
BAS(기준치수)
CON(연속치수)
LEA(지시선)
CEN(중심표시)
RAD(반지름치수)
DIA(지름치수)
12.0
60°
120°
26.0
18.0
8.0
10.0
REC
CIRCLE
R6.3
R2.8
φ12.0

(2) 치수연습 2

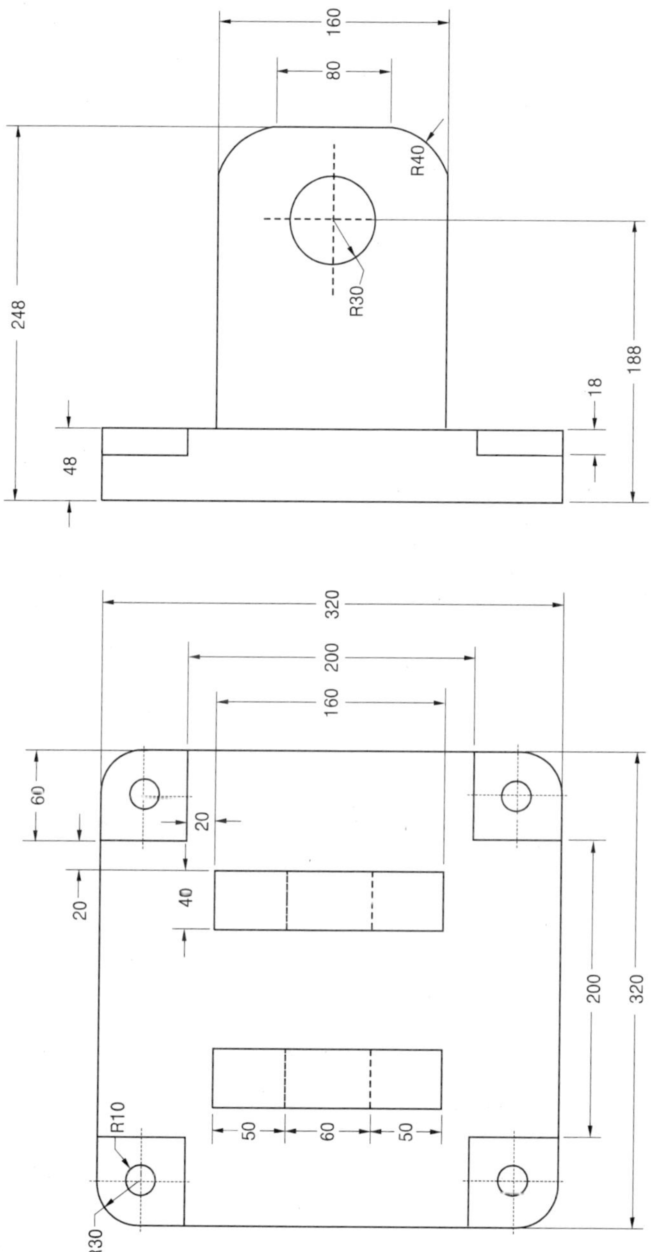
160
80
R40
R30
248
188
18
48
320
200
160
60
20
20
40
200
320
50
60
50
R10
R30

1.7 문 자

CAD는 기본적으로 Standard 유형을 제공하고 있으며 그 외에의 경우는 사용자가 도면 내에 문자를 보기 전에 하고자 하는 문자 유형을 작성하여야 한다. 기입되는 문자는 현재 문자 유형(Style)에 설정해 둔 문자 높이, 폭 비율, 기울기 각도, 거꾸로, 상하 뒤집힘 및 수직 특성 등을 그대로 사용한다.

1.7.1 문자 유형의 환경설정

문자 스타일을 정하기 위하여 다음과 같이 실행한다.

❑ 명령어 설정은 다음 중 하나만 선택하면 된다.

Command	Style(typping) → Enter↵
풀다운 메뉴	형식(O) → Click → 문자유형(S) → Click

❑ 명령어 선택되면 다음과 같이 "문자유형" 대화창이 나온다.

❑ 입력 사항

▫ 유형 이름은 "Standard"로 정한다.

□ 글 꼴

- 글꼴 이름 : 글꼴 파일의 종류를 나타내며, 표준유형 "TXT.SHX"를 선택하고 있다.
- 글꼴 유형 : 글꼴의 유형 및 큰 글꼴 사용할 때에 그 글꼴 파일명을 쓴다.
- 큰 글꼴 사용 : 일본어, 한글 등 큰 글꼴 사용에 대한 선택할 사항이다.
- 높이 : 글자의 높이(글자의 높이는 0으로 두는 것이 글자 크기에 유연성을 가지게 하므로 편리하다. 그러나 DTEXT나 TEXT 명령을 실행할 때는 높이 값을 지정함.)

□ 효 과

- 위 아래 뒤집힘 : 상하로 뒤집어 쓸 것인지 선택
- 거꾸로 : 좌우로 뒤집어 왼편으로 써 갈 것인지 선택
- 수직 : 수직으로 써 갈 것인지 선택
- 폭 요인 : 글자의 폭 및 높이 배율(typping)
- 기울기 각도 : 글자의 기울기(typping)

□ 미리보기

문자유형의 각 요소를 입력된 글자를 미리보기 위해 나타내는 창이다.

- 문자유형을 환경 설정이 끝나면 적용에 Click 한 후에 닫기에 Click 하면 이때 문자유형의 대화창이 사라진다.

❑ 문자의 기입

□ 단일행 문자(TEXT)

단일행 문자는 도면에 다양한 문자를 기입할 때 사용하는 명령어이다. 문자는 다양한 형태를 제공하며 특수문자와 한글도 작성할 수 있다.
실행하기 전에 앞서 설명한 바와 같이 문자 유형에 환경 설정한다.

– 명령 : Text(typping) → [Enter↵]

(풀다운 메뉴에서 그리기(D) → [Click] → 문자(X) → 단일행 문자(S) → [Click])

– 현재 문자 유형 : "Standard" 문자 높이 : 2.500

– 문자의 시작점 지정 또는 [자리 맞추기(J)/ 유형(S) : 점P1(마우스키로 문자 기입하고자 하는 위치에 이동한다.) → [Click]

– 문자 입력 : AutoCAD Text(typping) → [Enter↵]

AutoCAD TEXT

□ 다중행 문자(MTEXT)

길고 복잡한 문서를 작성하는 경우 Mtext 명령을 사용하여 다중행 문자를 작성하거나, 또는 외부로부터 불러들인다. 지정된 폭에 맞춰지지만, 수직 방향으로는 길이 제한없이 작성이 가능하며, 개별적인 단어나 문자의 형식을 지정할 수도 있다. 문서는 전체가 하나의 도형요소를 이루어져 있으며, 그 경계는 표시 되거나, 플롯되지는 않지만 도형 요소의 하나가 된다.

– 명령어 선택은 다음 중 하나만 선택하여 실행하면 된다.

Command	Mtext(typping) → [Enter↵]
풀다운 메뉴	그리기(D) → [Click] → 문자(X) → 다중행문자(M) → [Click]
Tool bar	A → [Click]

– 현재 문자 유형 : "Standard" 문자높이 : 0.5(문자 유형에서 설정된 것임)

– 첫번째 구성 지정 : P1(대화상자의 적당한 곳에 지정) → [Click]

– 반대구석 지정 또는 [높이(H)/자리 맞추기(J)/선 간격두기(L)/회전(R)/유형(S)/폭(W)] : P2(적당한 곳에 지정하면 사각형이 그려진다.) [Click] 하면 다음과 같이 "다중행 문서 편집기"의 대화창이 나온다.

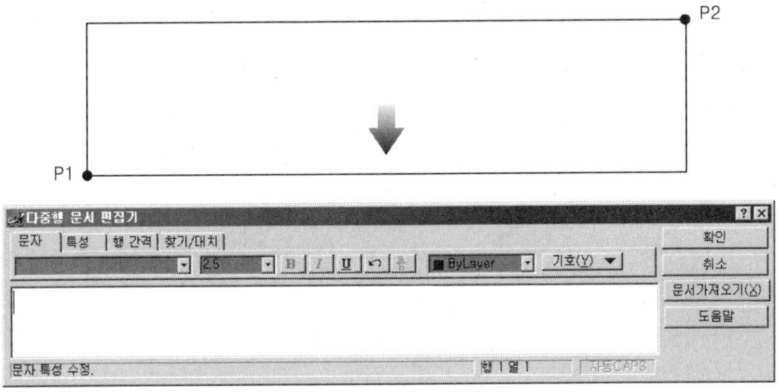

내용을 typping한 다음에 확인에 Click 하면 내용의 글이 대화창에 나타난다.

□ 동적문자(DTEXT)

Text 명령을 도면에 한문자 열만 기입할 수 있으나 Dtext(Dynamic Text) 명령은 화면에 문자 크기의 박스가 만들어져, 문자를 입력할 때마다 즉시 하면에 표시되며 후진 ⇦키를 이용하여 기본적인 편집 기능과 한 명령으로 여러 행에 걸친 문자의 입력을 연속 수행할 수 있다.

이후 실행 명령은 Text 명령과 동일하다.

- 명령 : Dtext(typping) → Enter↵
  (풀다운 메뉴에서 그리기(D) → Click → 문자(X) → 단일행 문자(S) → Click)
- 현재문자 유형 : "Standard" 문자 높이 : 20(문자 유형에 환경 설정한 것만 나타냄)
- 문자의 시작점 지정 또는 [자리맞추기(J)/유형(S)/] : 점P1(문자 기입 지점) → Click
- 문자 높이 지정 : 2.5(typping, 문자 크기에 따라 지정 숫자) → Enter↵
- 문자의 회전 각도 지정〈0〉 : 0(필요한 각도를 typping) → Enter↵
- 문자 입력 : 필요한 문자를 기입한 후 Enter↵

※ 이때 마우스키를 이동하여 문자 기입할 다른 장소에 점P2를 선택하여 Click 한다.

– 문자입력 : 필요한 문자를 기입 완료한 후에 [Enter↵] → [Enter↵]

※ 여러 가지 문자 기입할 때 반복적으로 실행한다.

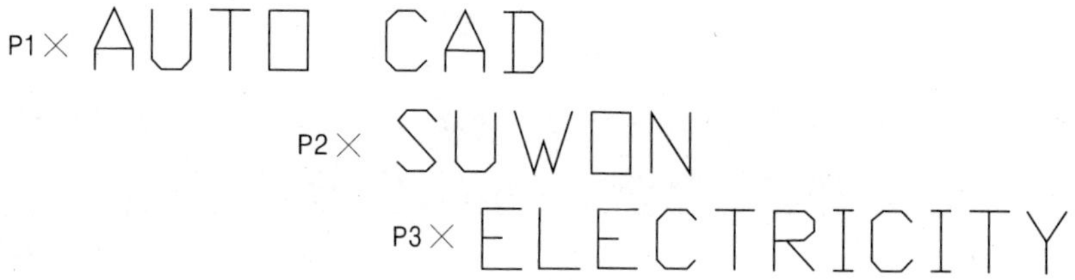

▫ 효율적인 TEXT 연습

문자유형 결정한 후에 다음과 같이 실행한다.

– 명령 : Dtext(typping) → [Enter↵]

– 현재 문자 유형 : “Standard” 문자 높이 : 20

– 문자의 시작점 지정 또는 [자리 맞추기(J)/유형(S)] : 점P1 → [Click]

– 문자 입력 : AutoCAD(typping) → [Enter↵]

※ AutoCAD의 글씨가 적게 보일 것 같으면 2배로 확대하고 싶을 때 다음과 같이 실행한다.

– 명령 : Scale(typping) → [Enter↵](Tool Bar의 ▣(축척) → [Click])

– 객체선택 : AutoCAD문자를 선택을 점P1에 [Click] 한 후 점P2에서 [Click] 한다(점선으로 나타냄).

– 객체선택 : [Enter↵]

– 기준점 지정 : 필요한 장소에 지정(마우스키 이동)한 후 점P3에 [Click] 한다.

– 축척 비율 지정 또는 [참조(R)] : 2(typping) → [Enter↵](확대 축소를 자유자제로 할 수 있다.)

□ 문자 수정하기(DDEDIT)

작성되어 있는 문자의 내용은 Ddedit 명령으로 변경할 수 있다. 그러나 문자의 색상, 크기, 글꼴 등 문자의 성질은 Ddmodfify 명령에 의하여 변경한다. Ddmodfify 명령은 문장의 내용을 변경할 수도 있으나 한 문장만 가능하며, Ddedit 명령은 여러 문장을 연속하여 수정할 수 있는 장점이 있다.

Command	Ddedit(typping) → Enter↵
풀다운 메뉴	수정(M) → Click → 문자 → Click
Tool bar	→ Click

– 명령어 선택은 다음 중 하나만 선택하면 된다.

– 주석 객체 선택 또는 [명령취소(U)] : "ACAD" 글자 선택 Click 한다.

· 다음과 같이 "문자 편집" 대화창이 나온다.

· 위의 대화창에 ACAD를 ←키로 지우고 AutoCAD라고 기입하다.

· 수정 기입 완료한 후, "확인"에 Click 하고 난 뒤에 Enter↵ 한다.

문자연습

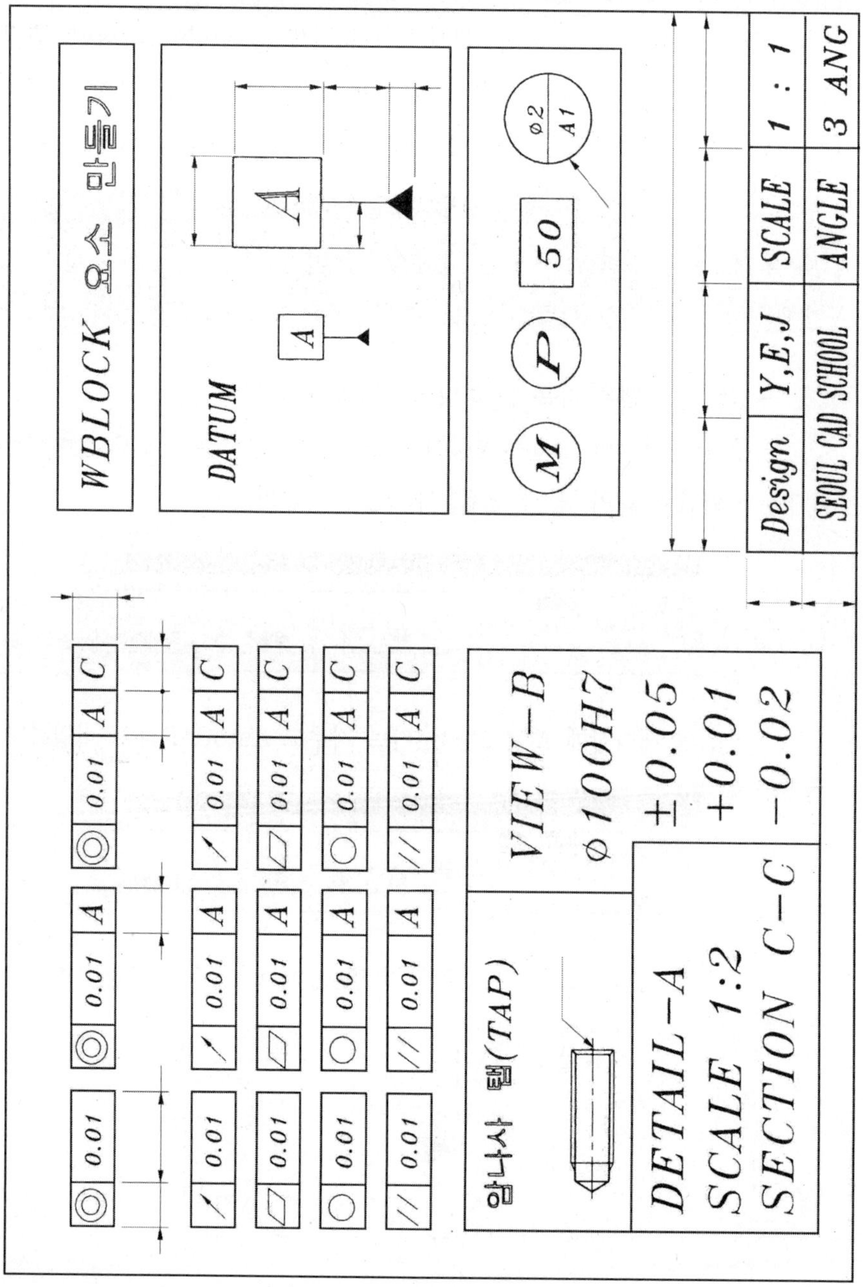
WBLOCK 요소 만들기
DATUM
A
A
M
P
50
φ2
A1
Design
Y,E,J
SCALE
1 : 1
SEOUL CAD SCHOOL
ANGLE
3 ANG
0.01
0.01 A
0.01 A C
암나사 탭(TAP)
VIEW-B
φ100H7
±0.05
+0.01
-0.02
DETAIL-A
SCALE 1:2
SECTION C-C

1.8 표제란 그리기

제도하기 위해 A3용지 크기를 이용하여 도면 그리기를 하기로 한다.

1.8.1 명령 : DdunitDdunits(typping) → Enter↵(도면 단위의 대화창이 나온다. 여기서 십진, 정밀도, 도면단위 mm, 십진도수 등 설정)

1.8.2 명령 : Limitss(typping) → Enter↵(모형 공간 한계 재설정)

□ 왼쪽 아래 구석 지정 : 0,0(typping) → Enter↵

□ 오른쪽 위 구석 지정 : 420,297(typping) → Enter↵

1.8.3 명령 : Zoom(typping) → Enter↵

□ 윈도우 구석을 지정 : All(typping) → Enter↵

1.8.4 명령 : Rectangle(typping) → Enter↵(Tool Bar에서 □ → Click)

※ 직사각형 외각선을 그리기 위한 작업이다.

□ 첫번째 구석점 지정 : 0,0(typping)

□ 다른쪽 구석점 지정 : 420,297(typping)

1.8.5 명령 : Offset(typping) → Enter↵(Tool Bar의 ⌂ → Click)

※ 외각선 내부에 직사각형 그리기 위한 작업이다.

□ 간격 띄우기 거리〈1.000〉 : 10(typping)

□ 간격 띄우기 할 객체 선택 : 마우스키 이동하여 외각선 일부 지정(지정된 외각선이 점선으로 표시됨)

□ 간격 띄우기 할 쪽으로 점 지정 : 마우스키를 외각선 안쪽으로 이동하여 적당한 곳에서 Click 하면 다음과 같은 그림으로 대화창에 나타낸다.

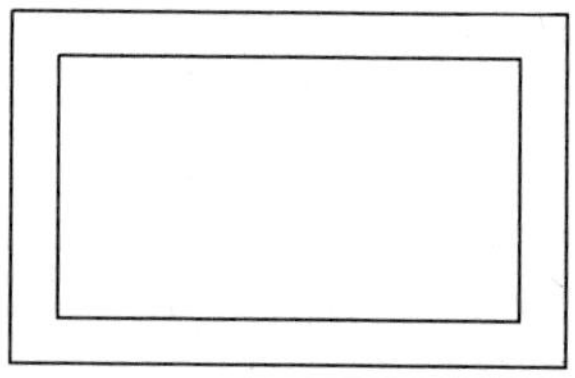

1.8.6 명령 : Osnap(typping) → Enter↵(제도 설정값 대화창이 나와 여기서 중간점을 설정한 후 확인 → Click

1.8.7 명령 : Line(typping) → Enter↵(도면 중심선 그리기)

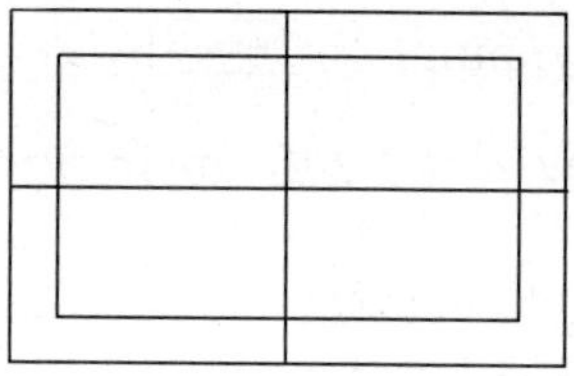

1.8.8 명령 : Trim(typping) → Enter↵(필요치 않는 선을 제거한다.)

□ 절단 모서리 선택 : 마우스키를 이동하여 내각선 일부분의한 점에 Click 한다.

□ 이때 대각선이 점선으로 나타냄. 다시 Enter↵ 한다.

□ 객체 선택 : 내각선 내부에 있는 모든 선을 차례대로 Click 하면, 지정된 선이 제거된다.

□ 제거 작업이 완료되면 Enter↵ 한다.

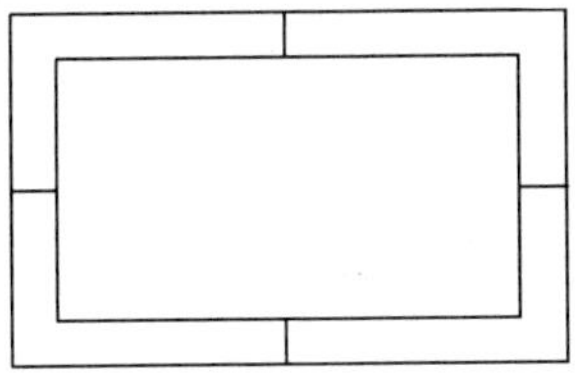

1.8.9 명령 : Explode(typping) → Enter↵

□ 객체 선택 : 마우스키를 이동하여 도면 왼쪽 아래 지점에 Click 한 후 도면 오른쪽 위 지점에 Click 한다.

※ 객체를 분해하기 위한 것이다.

1.8.10 명령 : Offset(typping) → Enter↵

□ 간격 띄우기 거리〈0〉 : 10(typping) → Enter↵

□ 간격 띄우기 할 객체 선택 : 내각선 아래 부분선을 선정한 후 Click(점선으로 나타냄)

□ 간격 띄우기 할 쪽으로 점 지정 : 마우스키를 점선 위쪽으로 이동하여 Click 하면, 간격 10만큼 띄워 복사된다.

위의 같은 방법으로 3번 실행 하면 다음과 같은 그림으로 나타낸다. 작업 완료되면 Enter↵

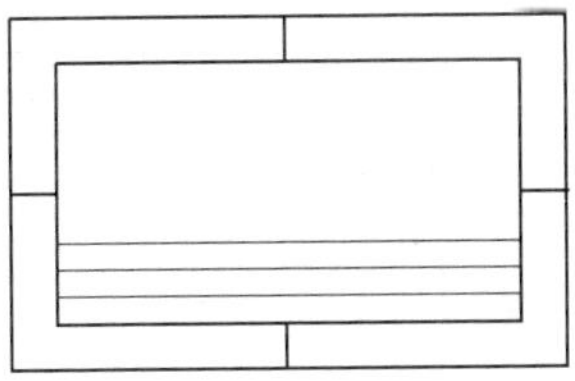

1.8.11 명령 : Offset(typping) → Enter↵

□ 간격 띄우기 거리〈10.000〉 : 120(typping) → Enter↵

□ 간격 띄우기 할 객체 선택 : 내각선의 오른쪽 선 선택 Click(점선으로 나타냄)

□ 간격 띄우기 할 쪽으로 점 지정 : 마우스키를 내각선 안쪽으로 이동한 후 Click 한다.

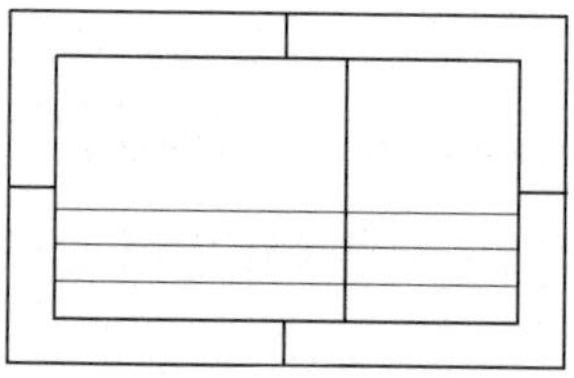

1.8.12 명령 : Trim(typping) → Enter↵

□ 절단 모서리 선택 : '카'에서 그려진 선을 선택 Click(점선이 나타냄) 다시 Enter↵ 한다.

□ 자르기할 객체 선택 : 자르기 위한 선을 차례대로 ⓐ, ⓑ, ⓒ 선택 Click 하면 소거된다. 다시 Enter↵ 하면 작업 완료됩니다.

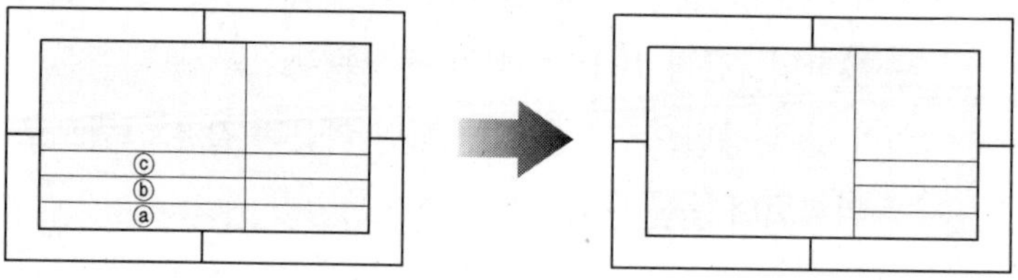

1.8.13 명령 : Trim(typping) → Enter↵

□ 절단 모서리 선택 : '1.8.12'의 그림 중에 ⓓ를 지정하여 Click 하면 점선이 되며, 다시 Enter↵ 한다.

□ 자르기할 객체 선택 : ⓔ를 선택 Enter↵하면 선이 제거된다.

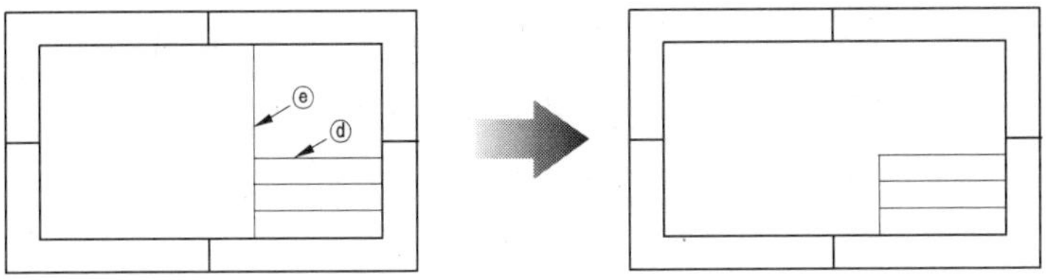

1.8.14 명령 : OFFSET(typping) → [Enter↵]

□ 간격 띄우기 거리 〈120〉 : 20(typping) → [Enter↵]

□ 간격 띄우기 할 객체선택 : ⓕ선을 선택(점선) → [Click]

□ 간격 띄우기 할 쪽으로 점 지정 : ⓕ선에서 오른쪽으로 마우스키를 순차적 5번 이동하면서 [Click] 한다. 그림이 완료되면 [Enter↵] 한다.

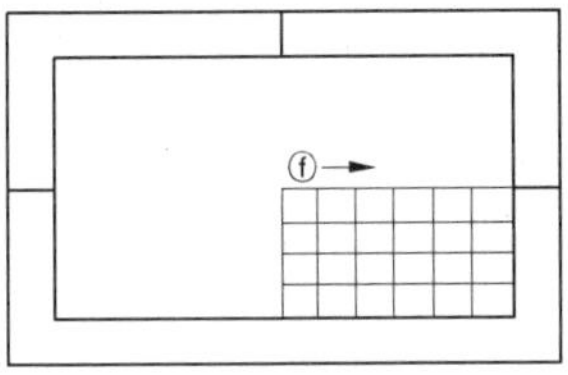

1.8.15 명령 : Zoom(typping) → [Enter↵]

□ 윈도우 구석을 지정 : W(typping) → [Enter↵]

※ '하'번에 완료된 그림을 오른쪽 아래 그림을 확대

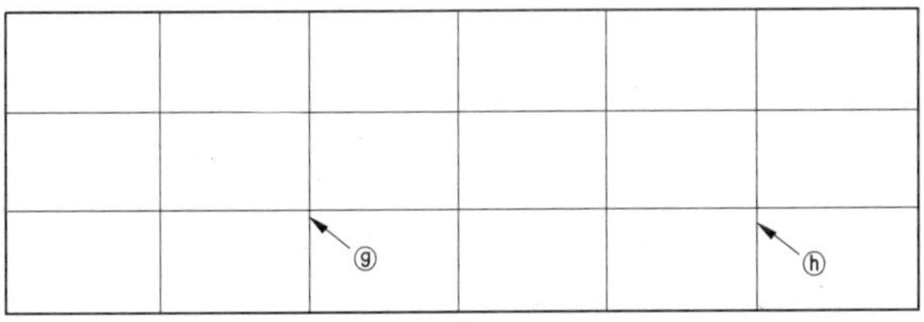

1.8.16 명령 : Erase(typping) → [Enter↵]

□ '1.8.15'에서 확대된 그림에서 ⓖ, ⓗ 선을 제거하기 위한 것이다.

– 객체선택 : ⓖ → Click

– 객체선택 : ⓗ → Click 한 후 Enter↵

1.8.17 명령 : Style(typping) → Enter↵(풀다운 메뉴에서 형식(O) 선택 Click)

문자 유형의 대화창이 나온다. 여기서, Standard, @굴림체, 높이 3로 기입한 후 "적용" → Click → "닫기" → Click

1.8.18 명령 : Dtext(typping) → Enter↵

- 현재 문자 유형, "Standard", 문자 높이 : 3, 문자의 시작점 지정 : 도면의 적당한 위치에 찾아서 Click 한다.
- 문자의 회전각도 지정〈0〉 : 0(typping) → Enter↵
- 문자입력 : 명칭(typping) → Enter↵ → Enter↵

1.8.19 명령 : Move(typping) → Enter↵

- 객체 선택 : 명칭 문자에 Click(이때 문자가 흐리게 변함)
- 기준점 또는 변위 지정 : 기준점은 적당한 곳에 Click 한 후 마우스키를 이동하여 양식에 기입 장소에서 Click → Enter↵ 한다.
- '1.8.18'과 '1.8.19'의 방법에 의하여 다음과 같이 양식 기입 완료한다.

명칭		학번	
날자		성명	
도번		검사	

1.8.20 명령 : Tool Bar에서 를 선택 Click 하면 전체 도면 나타낸다. Enter↵ 하면 모든 작업이 완료된다.

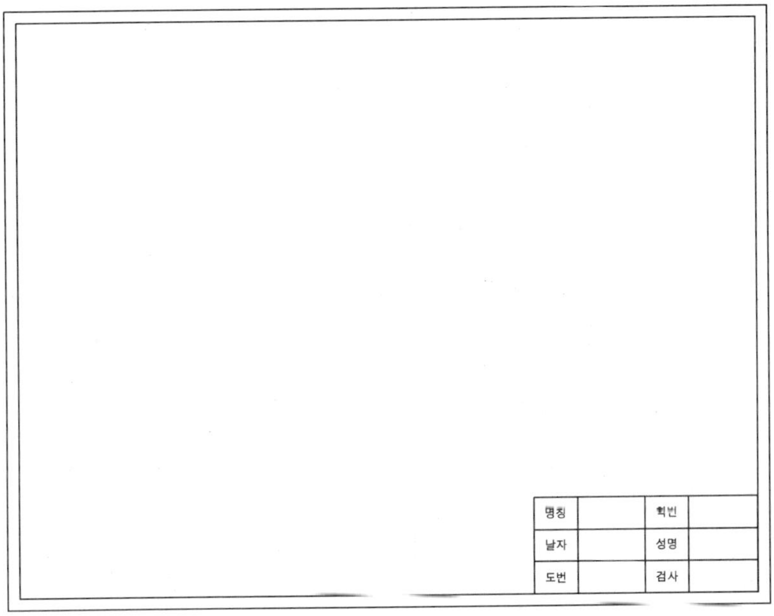

한글쓰기

부품, 표제란 그리기

- Style : 문자종류 선택지점
- Style/Font Style : ROMANS, HBRGO (고딕체)
  ROMANS, HBRGO (고딕체)
  ROMANS, HBRGO (고딕체)
- Dtext/왼쪽 Shift키+Space키 : 한글, 영문 전환키
- Dtext/오른쪽 Shift키+Space키 : 한글, 한자 전환키(방향키로 한자종류 선택)

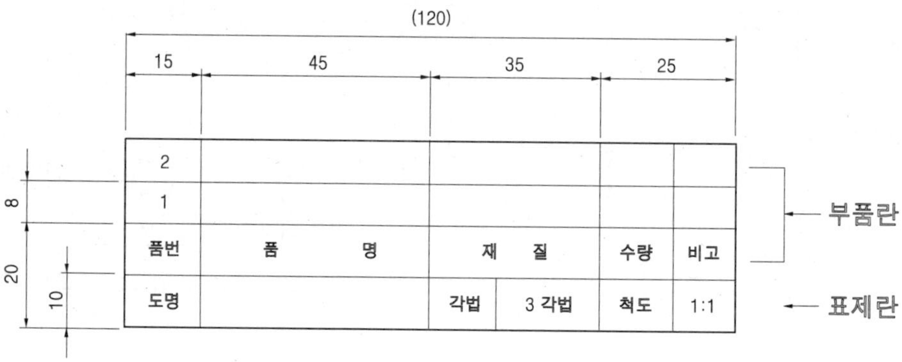

1.9 그 밖의 명령어

1.9.1 도면층 관리(LAYER)

CAD와 제도의 다른 점은 CAD는 도면층을 사용자화 하여 관리할 수 있다.
즉, CAD는 한 개의 파일에서 작업을 하지만 각각의 도면층은 투명 필름을 겹쳐 놓은 것과 같다고 생각하면 된다.
이렇게 하면 레이어 별로 색상과 선 유형을 관리하여 출력 시 선의 굵기를 조정할 수도 있으며 특정 레이어를 보이지 않게 하거나 편집기능을 잠궈 놓을 수 있다.

❑ Command : Layer

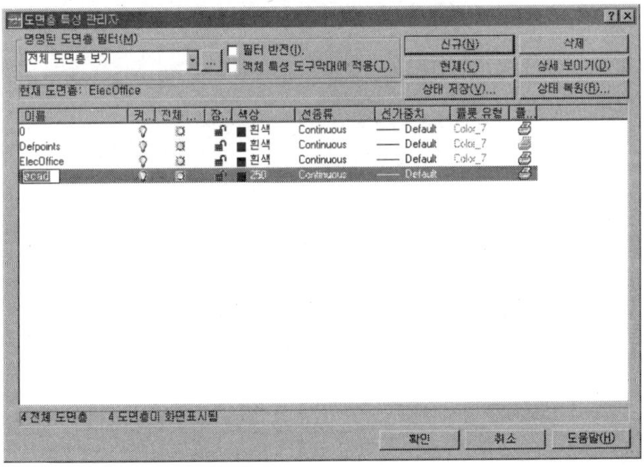

□ 켜기(ON/OFF) : 해당 레이어의 내용을 화면에 표시하거나 안 보이게 할 수 있다. OFF된 레이어는 출력이 안 된다.
□ 잠금(Lock/UnLock) : 해당 레이어가 화면에는 표시되지만 Lock인 경우 편집을 할 수 없다.
□ 동결(Thaw/ Freeze) : 해당 레이어의 내용을 화면에 표시하거나 안 보이게 할 수가 있으며 동결된 레이어는 출력이 안 된다.

□ Layer “끄기(Off)”와 “동결(Freeze)”는 차이점은 ZOOM 또는 REGEN을 할 때 동결된 도면의 요소는 재생성되지 않기 때문에 도면 재생성 시간을 단축할 수 있다.

□ 현재 레이어는 끄기(OFF)는 할 수 있으나 동결(Freeze)시킬 수는 없다.

□ 신규 레이어 만들기

① 신규를 선택한다.

② 이름을 “Ecad”로 한다. 레이어 이름을 수정할 때는 레이어 이름을 더블 클릭한 후 수정한다.

③ 색상(color)을 선택하여 사용할 색상을 선택한다.

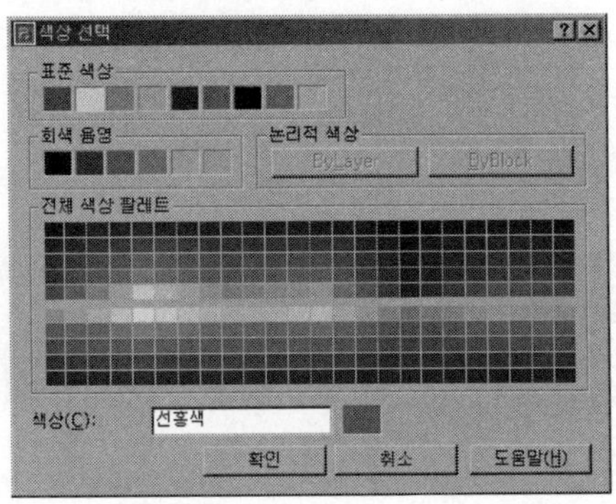

– Color의 구분은 도면 출력 시 선의 굵기를 구분하기 위함이며, Layer구분의 기준이 된다.

④ 선 종류 : 선의 형태를 선택한다. – 천정은폐, 천정노출, 바닥은폐 등.

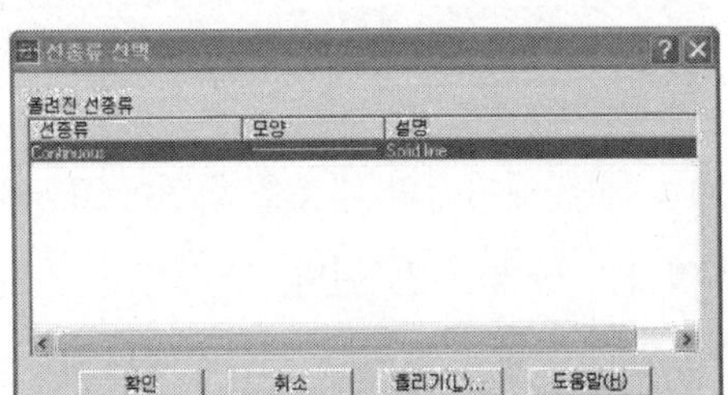

– 올리기 : 현재의 창에 사용할 선종류가 없는 경우 선의 종류를 불러옴

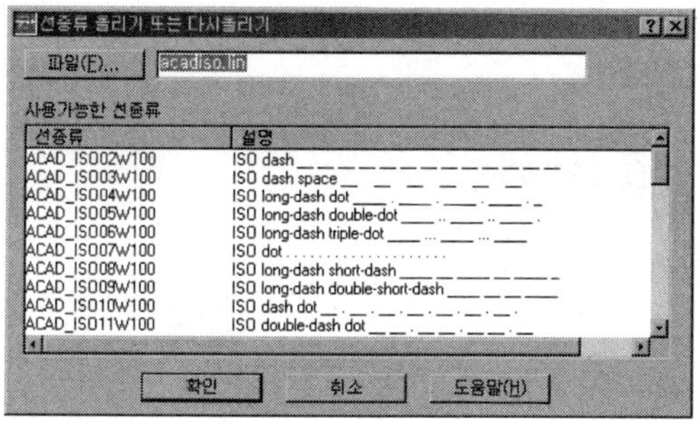

– 사용할 선의 종류를 선택한 다음 확인을 선택하면 된다.

⑤ 선가중치 : 출력 시 선의 굵기를 설정한다.

⑥ 설정을 완료하였으면 작업화면에서 객체특성 도구막대에서 신규로 만든 레이어 "Ecad"를 확인한다.

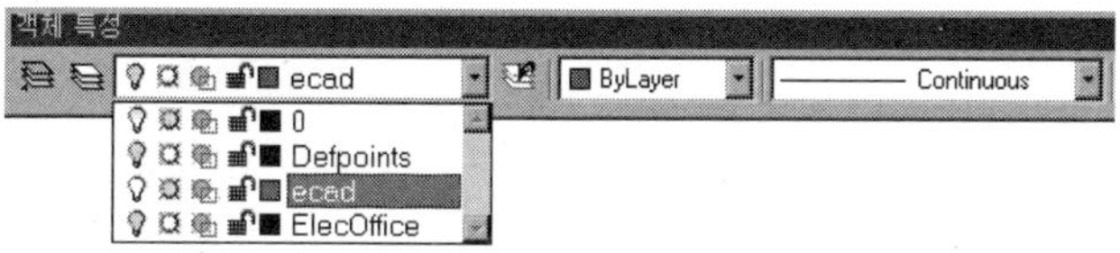

1.9.2 Point 활용

❑ POINT

▫ 화면상에 점찍기(주로 포인트는 특정한 지점을 표시할 때 사용)

▫ Command : POINT

① 현재 점 모드 : PDMODE = 3 PDSIZE = 20

– PDMODE = 3 : Point 형태의 번호를 나타낸다. - DDPTYPE참조

– PDSIZE = 20 : Point의 크기를 나타낸다.

② 점 지정 : 선택을 하면 "DDPTYPE"에 설정된 포인트의 모양이 삽입된다.

– 새로운 포인트 모양을 삽입할 때는 DDPTYPE에서 포인트 모양을 선정한다.

– Point간의 연결은 Osnap모드 중 Node를 이용하여야만 한다.

❑ DDPTYPE

▫ 새로운 포인트를 설정할 때 사용한다. - 점 유형 대화상자로 나타내어 준다.

▫ Command : DDPTYPE

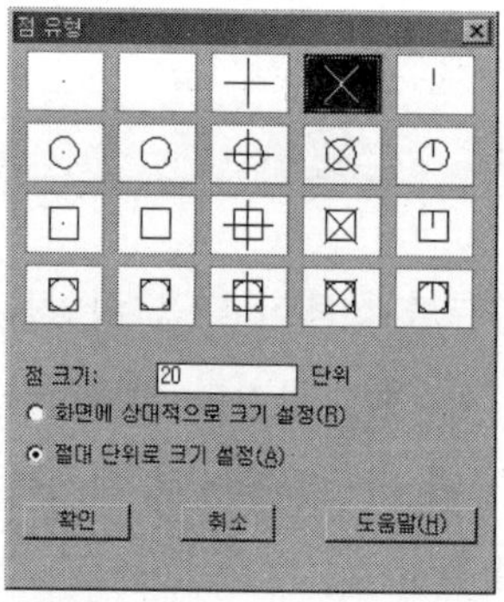

① 원하는 점 유형을 선택한다.

② 점 크기를 조정한다.

- 위의 명령 전에 찍은 점에 적용하려면 Regen해 준다.

1.9.3 DIVIDE

▫ 도면요소를 원하는 수로 분할(나누는 지점마다 포인트 삽입)

▫ Command : DIVIDE

▫ 포인트 형태 : 2, 점 크기 : 20

① 등분할 객체 선택 : P1 Click

② 세그먼트의 개수 입력 또는 [블록(B)] : “5” 입력 후 Enter↵

- DDPTYPE에서 Point형태를 선택한 후 작업을 한다.

1.9.4 MEASURE

□ 도면요소를 원하는 길이 값으로 분할

□ Command : MEASURE

□ 포인트 형태 : 2, 점 크기 : 20

① 길이분할 객체 선택 : P1 Click

② 세그먼트의 길이 지정 또는 [블록(B)] : "100"입력 후 Enter↵

1.9.5 BHATCH(Boundary hatch)

□ Command : BHATCH

□ 풀다운 메뉴 : 그리기 → 해치

□ Tool Bar : 

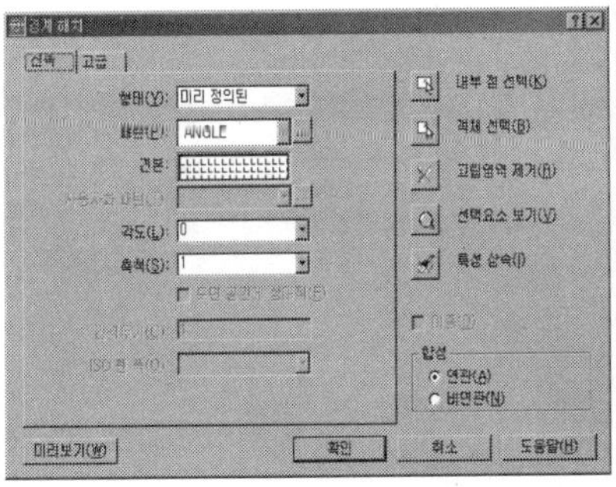

신속화면

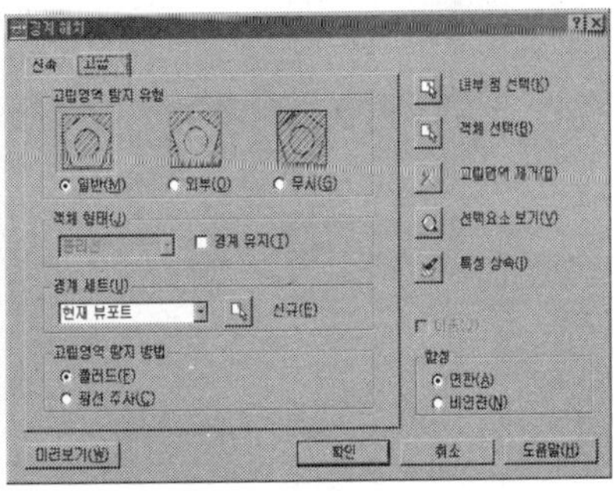

고급화면

① 패턴 : Hatching style을 선택한다.

② 축척 : 값이 적을수록 간격이 좁아진다.

③ 내부 점 선택 : P1 Click - 부분 해치인 경우 사용
④ 객체선택 : P1 Click P2 Click - 범위를 잡아서 할 때 사용
⑤ 미리 보기 : 해치를 실행하기 전에 미리 보고 확인할 수가 있다.

□ 일반적인 해치 방법

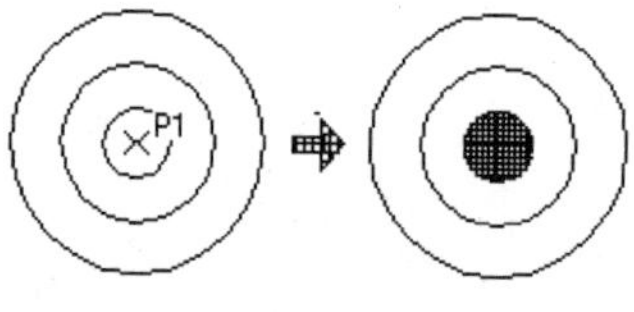

내부점 선택 방법

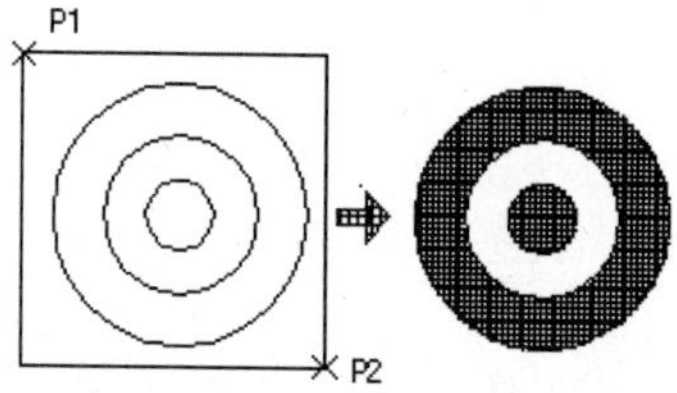

영역 선택 방법

1.9.6 Block과 WBlock(블록 만들기)

□ Block : 현 파일에서만 사용가능 새로운 파일에서는 사용 불가능
□ Wblock(Write Block) : 파일 형태(000.dwg)로 만들어지므로 현재 파일 및 다른 파일에서도 불러서 사용할 수가 있다.
□ Command : WBlock 또는 Block

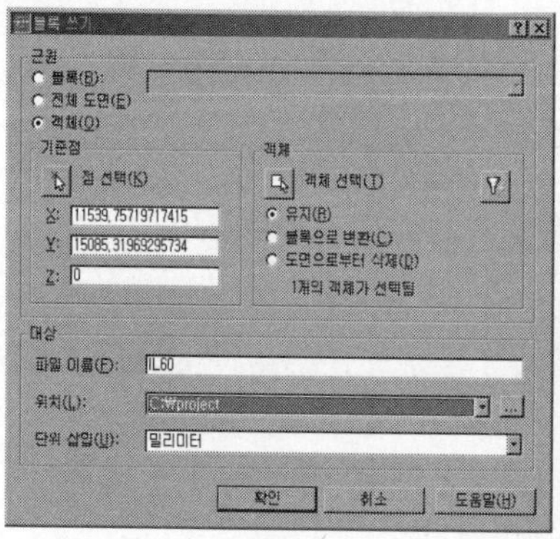

WBlock 화면

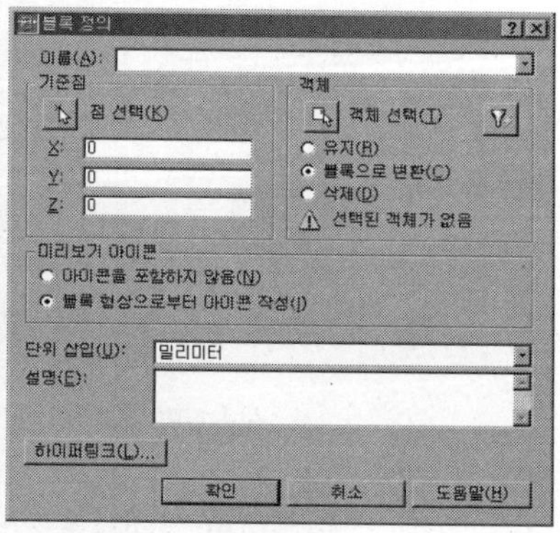

Block 화면

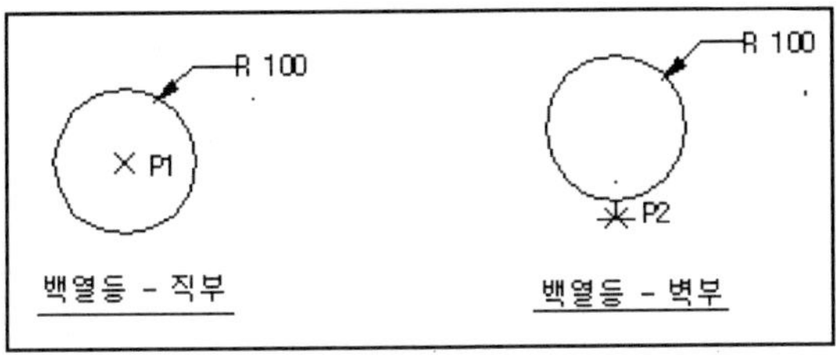

① 기준점 선택 : P1 Click 또는 P2 Click 선택 - 블록 삽입 시 기준점을 선택

② 객체선택 : 블록으로 만들 객체를 선택한다.

③ 파일이름 : 블록이름을 입력한다. - 블록이름은 가능한 블록과 유사한 이름으로 한다. 예) 백열등 직부 - IL60, 벽열등 벽부 - IL60B

④ 위치 : 블록을 저장할 경로를 선택 후 확인을 한다.

※ 근원 - 블록을 설정하는 방법

· 블록(Block) : 현 파일에 있는 block 리스트를 선택하여 WBlock으로 변환

· 전체도면(Entire Drawing) : 현 파일전체를 WBlock으로 변환

· 객체(Object) : WBlock으로 만들 도면요소와 삽입 기준점을 지정하는 방법으로 가장 일반적인 방법이다. - Block만드는 방법도 동일하다.

※ Block과 WBlock의 다른 점은 WBlock은 저장위치를 지정하여야만 한다.

1.9.7 INSERT(삽입)

□ Block 또는 WBLOCK으로 만든 객체를 도면에 삽입할 때 사용

□ Command : INSERT

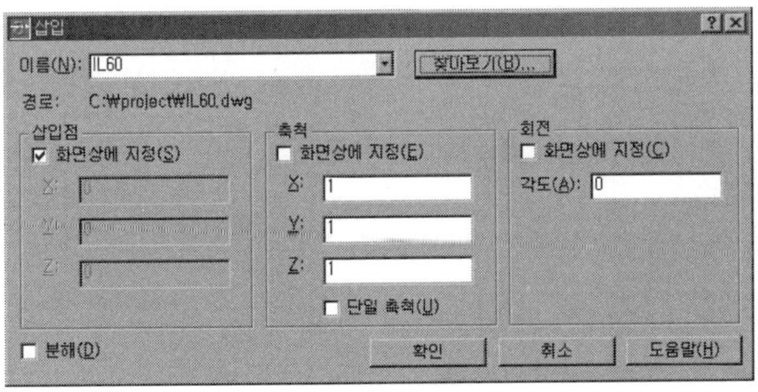

① 이름(N) : 항목 또 찾아보기를 이용하여 블록을 찾는다.

② 삽입점(Insertion point) : 좌표값을 입력한다. - X,Y,Z의 좌표값이 비 활성화된 상태에서는 사용자가 심벌을 임의로 삽입할 수가 있다.

③ 축척(Scale) : 블록을 삽입하면서 줄이거나 늘릴 수가 있다.

④ 회전(Rotate) : 블록을 삽입하면서 회전시킬 수가 있다.

⑤ 분해(Explode) : 블록을 각각의 개별요소로 분해하여 삽입한다.

※ "화면상에 지정"(Specify On-Screen)을 "Check"를 하면

· 삽입 : 사용자가 지정한 장소에 블록을 직접 삽입한다.

· 축척 : 사용자가 축척값을 변화 시키면서 삽입한다.

· 회전 : 회전각도를 변경하면서 삽입한다.

1.9.8 Xref(External Reference) - 외부도면 참조

□ 현재 도면에 외부도면이 필요한 경우 공유하는 기능

□ Command : Xref

❑ 부착(Attach) - 외부도면을 첨부

아래 그림과 같이 "전기" 및 "설비" 도면을 저장 한 후 "전기" 파일을 열어놓고 외부참조 명령(Xref)을 실행한다.

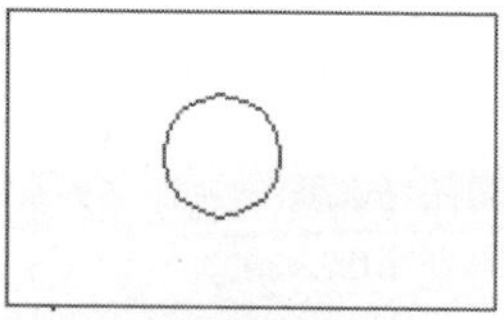

파일명 : 전기

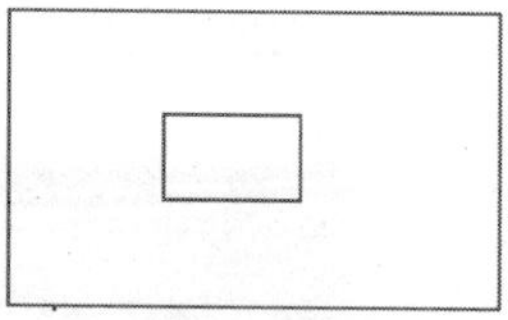

파일명 : 설비

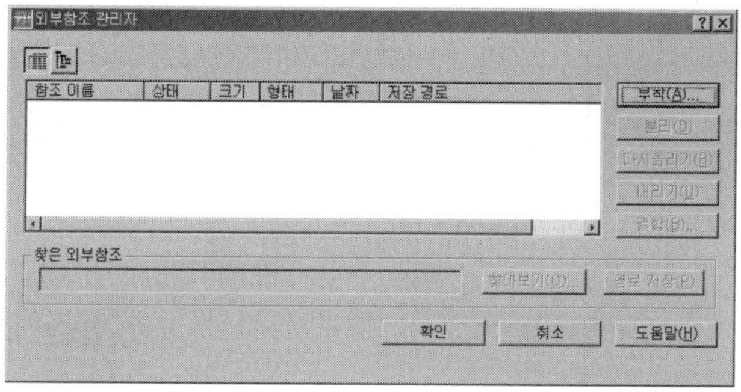

① 부착을 선택한다.

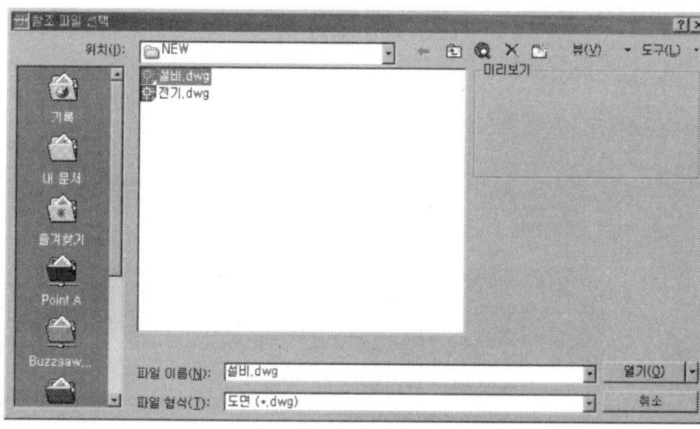

② 참조파일 선택 창에서 부착할 “설비”파일을 열기를 한다.

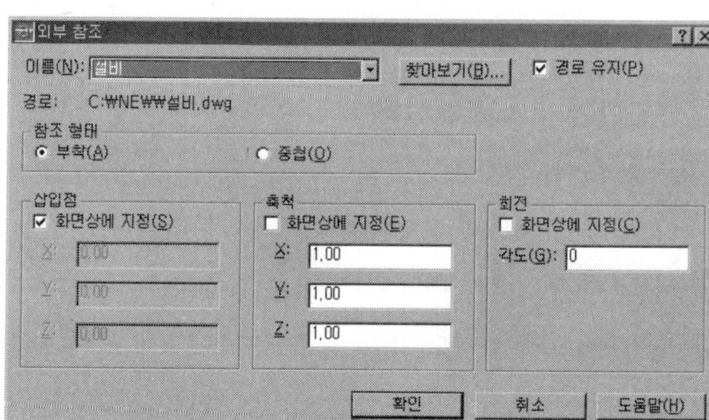

③ 이름을 재확인 후 확인을 선택하면 아래 좌측 그림과 같이 설비파일이 화면에 나타난다. - 삽입점, 축척, 회전은 삽입(Insert) 명령을 참조한다.

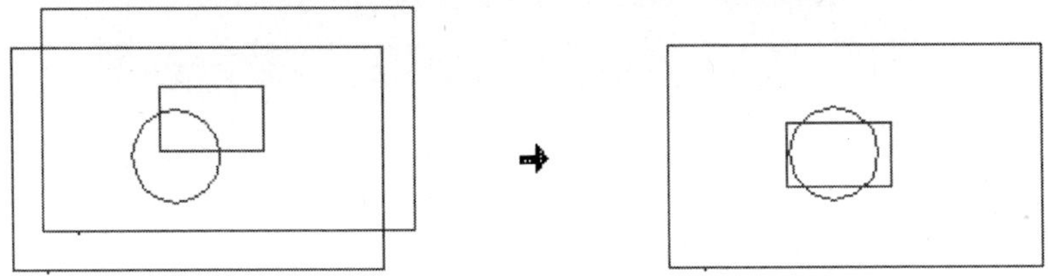

Xref되기 전 도면 　　　　　　　　　　 Xref가 완료된 도면

④ 첨부시킬 도면과 기준점을 맞춘 후 도면을 삽입한다.

– 도면이 서로 일치하지 않으면 첨부 도면을 옆에 삽입한 다음 이동(Move) 명령을 이용하여 일치를 시킨다.

❑ 분리 및 결합

외부 참조를 이용하여 부착된 도면을 분리 또는 결합한다.

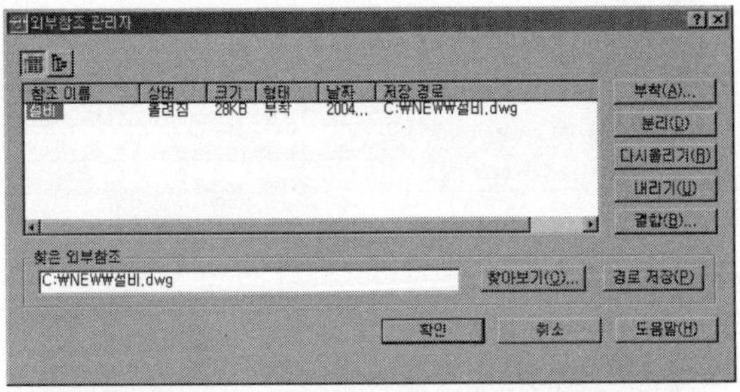

분리 또는 결합할 참조이름을 선택한 후 아래 사항을 참조하여 작업할 방법을 선택한 후 확인을 한다.

- 분리(Detach) : 현재도면과 부착된 도면을 분리한다.
- 결합(Bind) : 현재도면과 부착된 도면을 합친다.
- 다시 올리기(Reload) : 내리기한 참조도면을 다시 올린다.
- 내리기(Unload) : 참조도면을 화면에서만 안보이게 한다.

※ Xref로 된 도면은 외부참조된 도면이 꼭 있어야 하므로 준공된 후 최종 납품을 할 때는 결합을 시키는 게 바람직하다.

※ 외부참조된 도면을 결합하지 않고 삭제한 경우는 아래와 같이 도면 좌측 하단에 "외부참조 c:₩000.dwg"라고 문자가 나타난다.

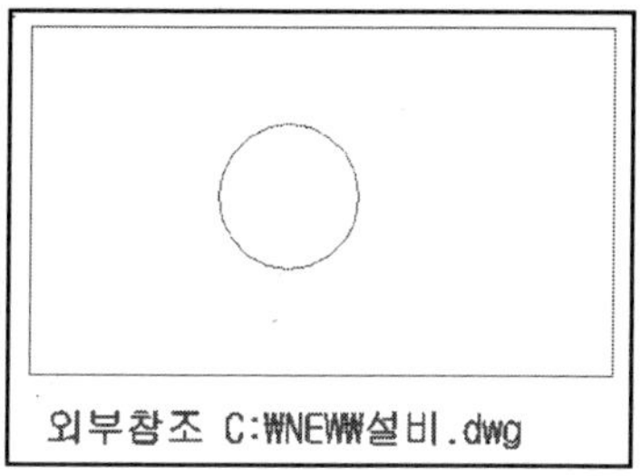

1.9.9 도면 출력(PLOT)

□ 도면을 출력하는 명령

□ 풀다운메뉴 : 파일 → 플롯

□ Command : PLOT 또는 PRINT

□ Tool Bar :

도면 출력 시 고려할 사항 및 순서는 다음과 같다.

- PLOT 또는 PRINT 기종 설정
- 플롯 유형 테이블 지정 - 펜 지정
- 출력 용지의 설정 - A0, A1, A2, A3, A4 등등
- 단위 및 용지 방향 설정
- 플롯(인쇄)영역 설정
- 도면의 축척(SCALE) 설정 : 꼭 맞게, 1/100, 1/200, 1/300, 1/400 등
- 출력을 반복하여 할 경우 "페이지설정 이름"의 〈이전 플롯〉을 선택하면 바로 전에 출력한 기본값으로 출력이 된다.

❑ 플로터 장치 부분

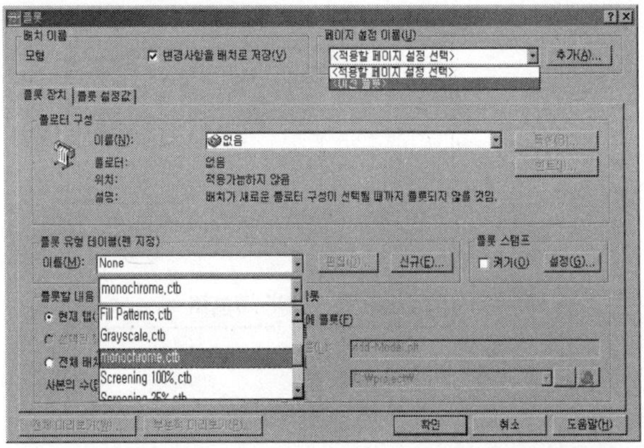

① "플로터 구성"에서 출력 할 플로터 또는 프린트를 설정한다.

② "플로터 유형 테이블(펜지정)"을 지정한다.

- 인쇄를 흑백으로 할 경우는 "Monochrome.ctb"를 선택한다.
- 흑백 프린트에서 None로 설정하면 레이어 색상이 칼라인 경우 도면이 흐리게 출력이 된다.

③ 새로운 플로터 유형을 만들 때는 신규로 유형을 만든 다음 아래 그림에서 편집하면 된다.

- 선가중치를 이용하여 도면에 그려질 선의 두께를 조정한다.

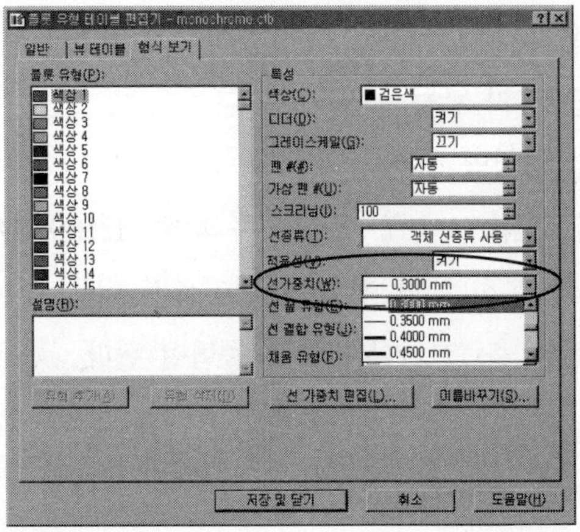

❑ 플로터 설정값 부분

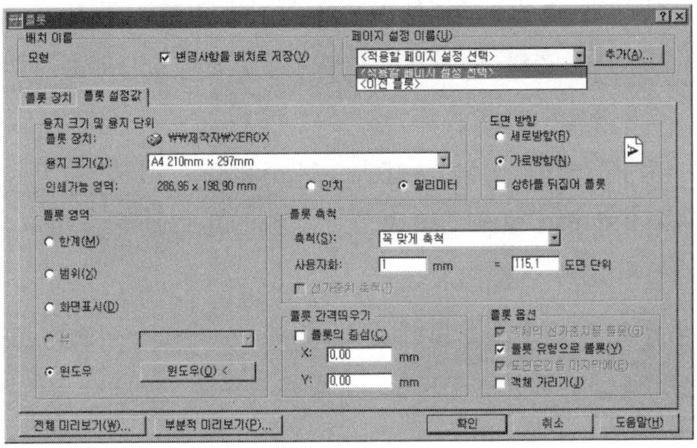

① 출력할 용지를 설정한다.

② 단위를 설정한다. : 인치, 밀리미터 중 밀리미터를 선택한다.

③ 도면 방향을 설정한다. : 세로방향, 가로방향 중 선택한다.

④ 플롯 영역을 설정한다.

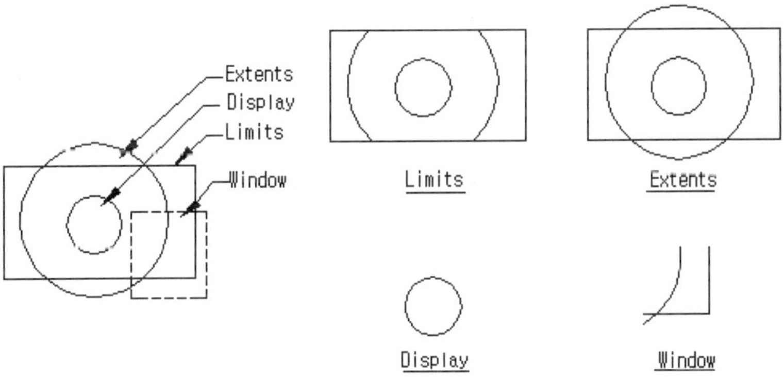

- 한계(Limits) : Limits로 설정된 영역에 존재하는 도면 요소를 출력
- 범위(Extents) : 현 작업도면의 모든 요소를 출력
- 화면표시(Display) : 현재 화면에 보이는 요소만 출력
- 윈도우(Window) : Window로 선택한 영역의 요소만 출력
- 뷰(View) : View명령을 사용한 경우 그 View상태로 출력

⑤ 플롯 축척을 설정한다.

- 꼭 맞게 축척 : 출력할 도면을 용지에 강제로 꼭 맞게 출력한다. 견적용 도면으로 출력 할 경우는 도면단위를 실제 값으로 환산할 수 있는 값으로 적용하여야 한다.

  예 89 → 100, 137 → 150, 178 → 200

- 사용자 화 : 도면 출력 용지의 축척 값을 알고 있을 때는 도면단위에 축척 값을 직접 입력한다.

⑥ 플롯 간격 띄우기 : 도면 출력 시 가로, 세로의 여백을 조정할 수가 있다.

⑦ 플롯중심을 체크하면 도면요소가 출력용지 가운데로 꼭 맞게 출력이 된다.

⑧ 전체 미리보기 : 용지에 도면이 출력될 모습과 똑같이 보여준다.

⑨ 부분적 미리보기 : 용지상의 유효도면 영역을 그림으로 보여준다.

제2장 전기설계CAD

2.1 전기설계CAD 설정

2.1.1 CAD 디자인 설정

- ❑ 명령 : ECadDwgSizeSetup
- ❑ 작업할 도면의 기본적인 Data값을 설정

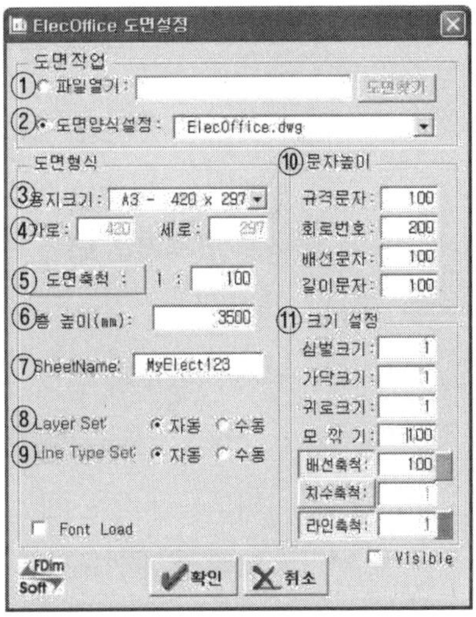

도면 작업(① 또는 ② 중 1개를 선택한다)

① 작업 도면과 도면 양식을 동시에 불러와서 작업 – 거의 사용하지 않음

② 도면 양식을 미리 만들어 놓은 다음 사용한다. – 일반적으로 사용(양식 등록은 CAD지원파일 설정의 도면파일 '경로 설정법'을 참조한다)

③ 용지크기를 설정한다. – A5~A0까지 설정할 수가 있다(user를 선택하면 사용자 임의 크기로 설정할 수가 있다).

④ 설정된 용지의 크기를 나타내준다.

⑤ 도면 축적값을 입력한다. – 도면 축척을 선택하면 나타나는 아래 DCL 화면에 값을 미리 설정해 놓고 사용하면 편리하다.

– 용지를 입력한 후 data를 미리 설정(밑의 설명 참조) 후 사용할 수 있다.

- 설명 : 용지 크기(size)를 입력한다.
- 축척 : 도면의 축척을 입력한다.
- 심벌 : 심벌 삽입 시 SCALE값을 지정한다(본래 크기를 1로 본다).
- 가닥수 : 전선 가닥수 모양의 SCALE값을 나타낸다.

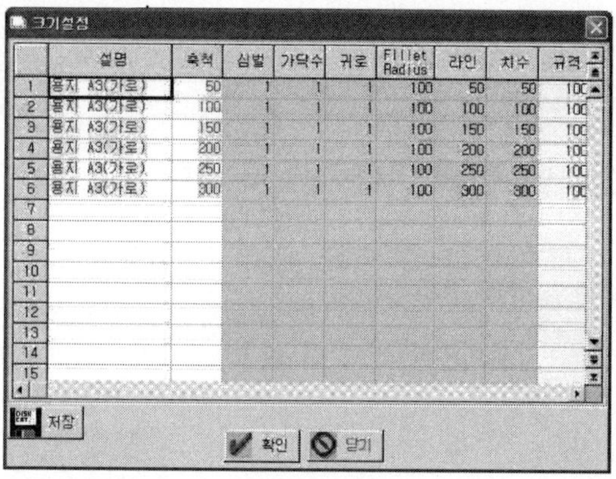

- 귀로 : 분전반 귀로 표시 '화살표'의 크기를 나타낸다(기본값은 1).
- Fillet Radius(모깎기) : 배관의 모깎기 값을 나타낸다.
- 라인(배선축척) : 바닥은폐 배선과 같은 점선 사이의 간격 값을 나타낸다.
- 치수(치수축척) : 치수(Dimension)문자의 높이를 나타낸다.
- 규격 : 기구 type별 산출 등의 규격문자 높이를 나타낸다.
- 회로문자 : 분전반 귀로표시 때 '회로문자'의 높이를 나타낸다.
- 배선 : 배선규격표시 문자 높이를 나타낸다.
- 길이 : 배선 길이값 문자의 높이를 나타낸다.

– Data 입력을 완료한 후 '저장'을 선택하면 data가 저장이 된다.
– 작업을 할 때는 해당용지를 선택한 후 확인을 선택한다.

⑥ 층 높이를 입력한다. – 작업할 도면의 층 높이를 입력한다.
⑦ 용지의 이름을 나타낸다.
⑧ Layer를 설정한다(기본값은 자동으로 설정되어 있다 → 권장).
⑨ Line Type을 설정한다(기본값은 자동으로 설정되어 있다 → 권장).
⑩ 문자 입력에 대한 높이 값을 설정한다(아래 그림설명 참조).
⑪ 심벌 및 배선 등에 대한 크기 값을 설정한다(아래 그림설명 참조).

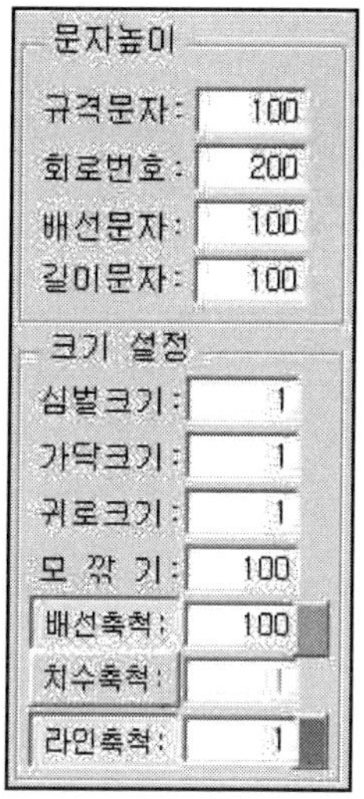

기구 type별 산출 등의 규격문자 높이 설정.
분전반 귀로표시의 회로문자 및 심벌기호 표시의 높이값 설정
배선 규격 문자 높이값 설정
배선 길이 값 문자의 높이값 설정

심벌 삽입 시 크기(Scale)값을 설정(원본을 1로 본다.)
전선 가닥수 크기값 설정
분전반 귀로 표시 '화살표'의 크기 설정
배관의 모깎기값 설정
바닥은폐 배선과 같은 점선 사이의 간격 값 설정(celtscale)
치수(Dimension)문자의 높이 설정 - 축척값과 같게 한다.
바닥은폐 배선에서 점선 사이의 간격 값(ltscale)

- Visible – 도면의 0,0지점에 도면 기본 데이터 값이 표시된다(기본값은 check되어 있지 않다 → 권장).

2.1.2 단축키 설정

❑ 명령 : ECadHotKey

❑ 명령실행을 단축키를 이용하여 사용할 때 사용한다.

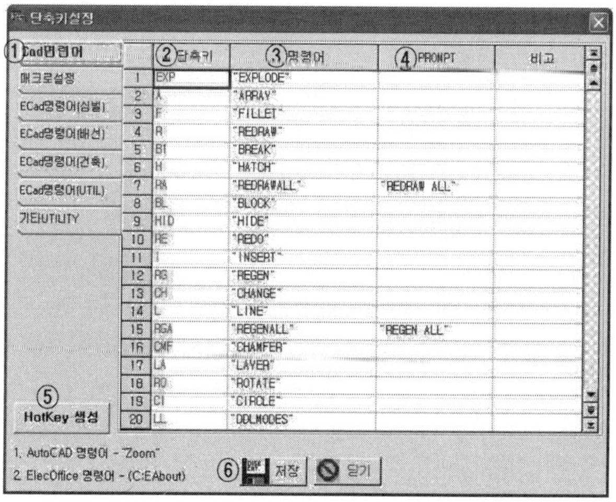

① 단축키 설정의 항목을 나타낸다.

② 사용할 단축키의 명령을 입력한다.

③ CAD명령어를 입력한다('Command bar'에서 복사하여 사용한다).

④ 명령행에 나타낼 이름을 입력한다(생략해도 됨).

⑤ 단축키 입력이 끝났으면 저장을 한다.

⑥ 'HOTKEY 생성'을 선택하여야만 단축키 명령을 사용할 수가 있다.

※ 단축키 명령이 중복되어서는 안 된다(위에서 작성한 단축키가 가장 우선한다). 기존 단축키를 수정하여 사용할 수도 있다.

2.1.3 지원파일 경로 설정

❑ 명령 : ECadDwgPath

❑ 도면 Sheet 및 각종 지원 경로를 설정한다.

① 사용자 도면양식의 경로를 설정한다.

(새로운 Sheet를 만들 때는 양식 크기를 273×184로 한다.)

② 심벌, 폰트 등 작업에 필요한 경로를 설정한다.

③ & ④ 경로를 추가로 설정할 때는 대화 창에서 선택

▶ 경로 설정 방법

- Sheet 및 심벌, 폰트 등의 등록할 위치를 지정한 다음 경로를 선택
- Sheet 및 심벌, 폰트가 있는 위치를 찾아 파일 또는 폴더를 선택한다.

2.1.4 범례집 설정

❏ 명령 : ECadBumLayerSetup

❏ 조명기구, 일반, 수 변전, 배관의 범례집에 대한 세부 분류를 만든다.

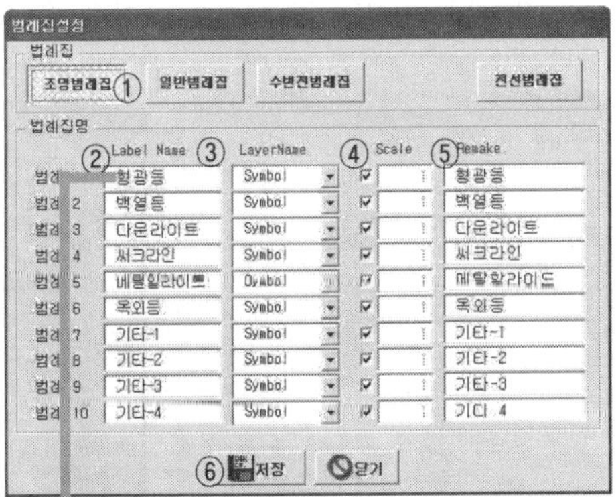

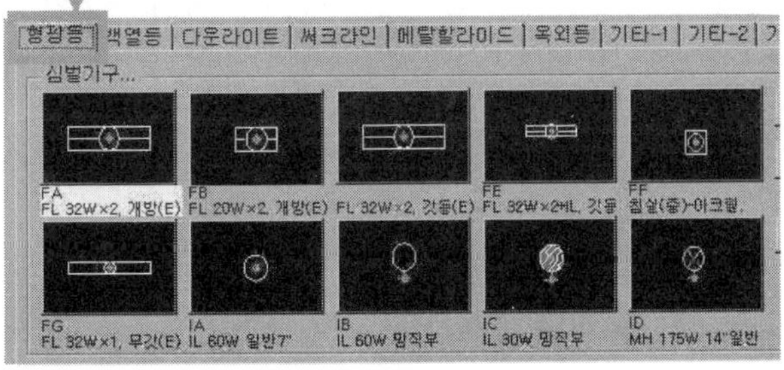

① 조명, 일반, 수 변전, 전선범례집에서 해당 항목을 선택한다.

② 해당 범례집 안에서의 범례를 나타내며 수정이 가능하다.

③ 해당범례에 대한 Layer를 설정한다. 예 symbol, wire 등

④ 도면에서 심벌 삽입 시 크기를 수정한다.

Check하게 되면 심벌의 크기는 기본 설정값대로 적용된다.

예 심벌의 크기를 사용자화 할 때는 Check 표시를 해제 후 SCALE 값을 조정한다.

⑤ 분류를 상세히 나타낼 때 사용한다.

⑥ 설정을 변경한 후에는 저장을 한 후 사용한다.

2.1.5 심벌 분류코드 설정

❑ 명령 : ECadCreateSetup

❑ 범례집을 작성할 때 선택심벌의 자재코드를 쉽게 연결하기 위하여 사용한다.

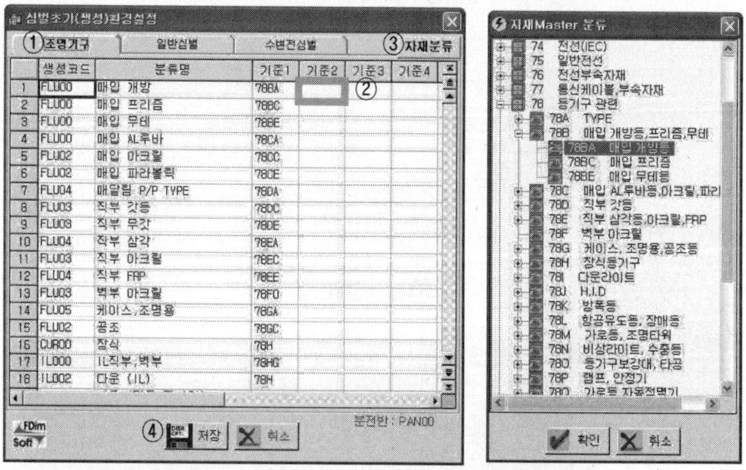

① 등록할 심벌범례집(조명기구, 일반, 수변전관련 심벌)을 선택한다.

② 자재분류코드를 입력할 위치를 지정한다.

③ 자재분류를 선택하여 나타나는 자재Master분류 창에서 등록할 자재분류를 선택한다.

④ 등록이 완료되었으면 저장을 한다.

2.1.6 배선 분류코드 설정

❑ 명령 : ECadWireSetup

❑ 배관 및 배선에 대한 자재코드 및 색상을 설정한다.

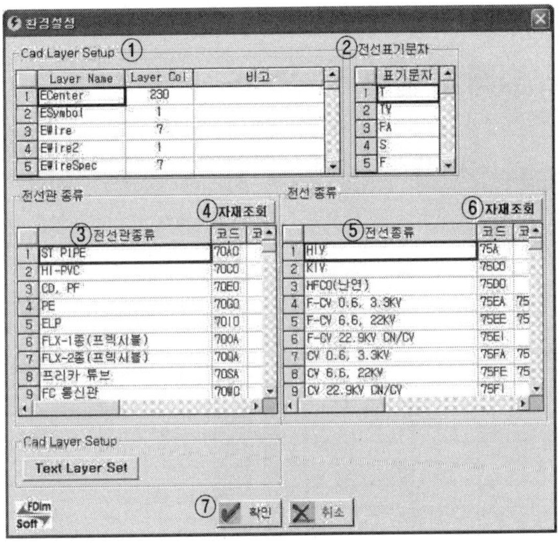

① Layer에 대한 이름 및 Color를 설정한다.

② 배선에 삽입할 문자를 입력하여 사용할 수가 있다.

③ & ④ 초기배선 범례집을 등록할 때 전선관관련 자재를 쉽게 찾기 위하여 자재조회를 선택하여 자재 코드를 등록한다.

⑤ & ⑥ 초기배선 범례집을 등록할 때 전선관련 자재를 쉽게 찾기 위하여 자재조회를 선택하여 자재코드를 등록한다.

– 자재코드 등록방법은 심벌분류코드 설정방법을 참고한다.

⑦ CAD에 삽입할 각종 문자에 대한 색상 및 레이어값 등을 설정한다.

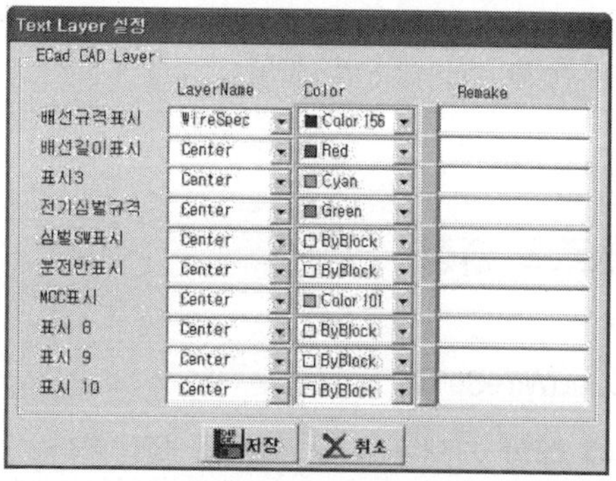

2.1.7 상세도 범례집 설정 및 상세도 분류 설정

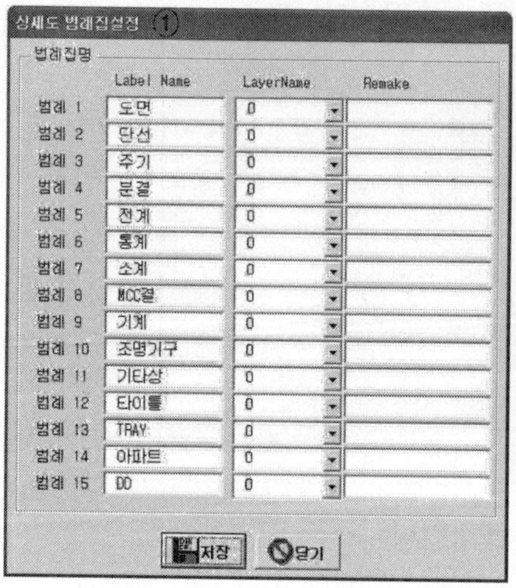

상세도 범례집 설정 화면　　　　상세도 분류 설정 화면

① 분류이름을 사용자화 할 수 있어 수정 또는 새로 만들어 사용할 수도 있다.

② 각 분류별 상세도의 세부 분류사항을 만들어 사용한다.

2.1.8 배선 기초값 설정

❑ 명령 : ECadWireSet

❑ 배선, 배관 및 귀로 표시에 대한 값을 설정한다.

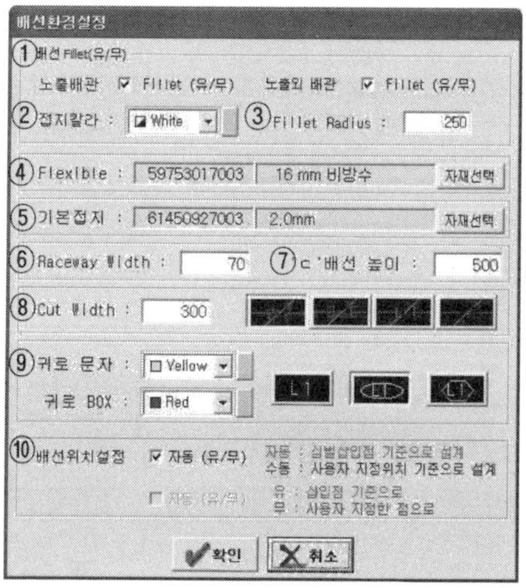

① 배관을 그릴 때 fillet(모깎기) 유, 무를 설정한다. (Check : 유)

② 접지선 가닥 수 표시의 색상을 설정한다.

③ 배관의 fillet(모깎기)의 반지름 값을 설정한다.

④ & ⑤ Flexible 및 접지선을 설정한다. - 사용하지 않음.
(후렉시블 값 설정을 참고한다.)

⑥ Raceway 배관의 폭을 설정한다.

⑦ 배선을 할 때 'ㄷ'자 형태 배관의 높이를 설정한다.

⑧ 배선과 배선이 교차할 때 끊는 폭(Cut width) 및 형태를 설정한다.

⑨ 각종 회로표시의 모양 및 칼라를 설정한다.

⑩ 배선 가닥수의 위치를 자동 및 수동으로 설정한다.

2.1.9 후렉시블 값 설정

❑ 명령 : ECadSymAddWireSetup

❑ 후렉시블 사용에 대한 전선 및 전선관의 길이를 자동으로 계산할 때 사용한다(범례집 작성 때 부속 자재란에 적용된다).

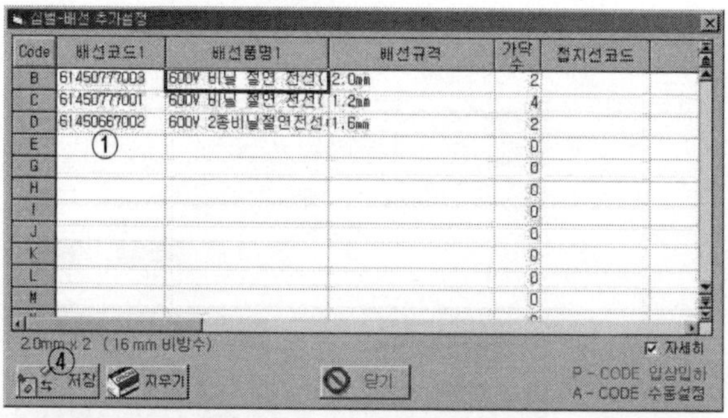

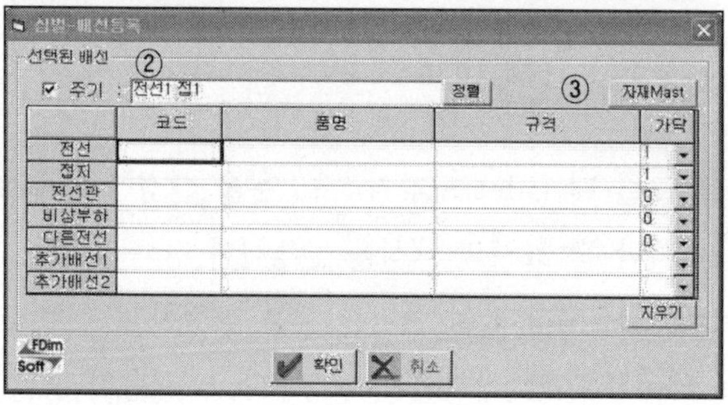

① 등록할 항목을 더블 클릭한다.

② 해당 항목에 대학 약어를 입력한다. – 예 전등, 감지기, 스피커

③ 전선 및 전선관과 가닥수를 입력한다. – 자재등록은 전선범례집 작성 참조

④ 등록을 완료하였으면 저장을 한다.

2.1.10 치수 유형관리

❑ 명령 : ECADDimStyle

❑ 치수에 대한 기본적인 사항을 설정할 수가 있다.

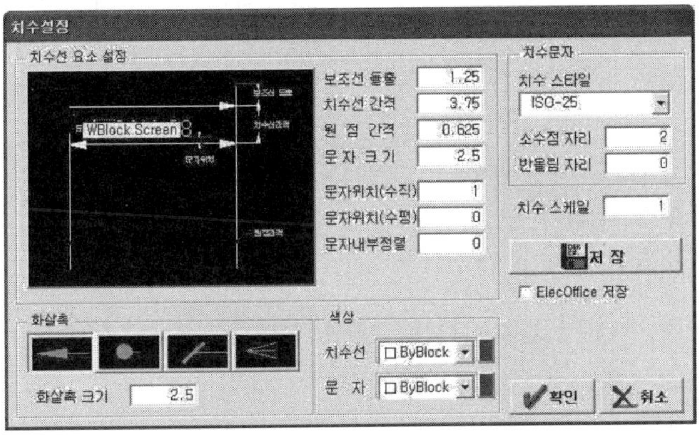

① 치수선의 기본값을 나타낸다.

② 치수 스타일을 선택하여 사용할 수가 있다. 예 ISO-25, ElecOffice 등

③ 기본값을 설정한 후 치수스타일에 저장하여 사용한다.

④ 필요한 값을 입력 또는 치수 스타일을 선택한 후 확인을 선택하여 사용을 한다.

2.1.11 CAD 시스템 변수 관리

❑ 명령 : ECADSystemSetup

❑ CAD시스템의 각종 변수에 대한 값을 설정

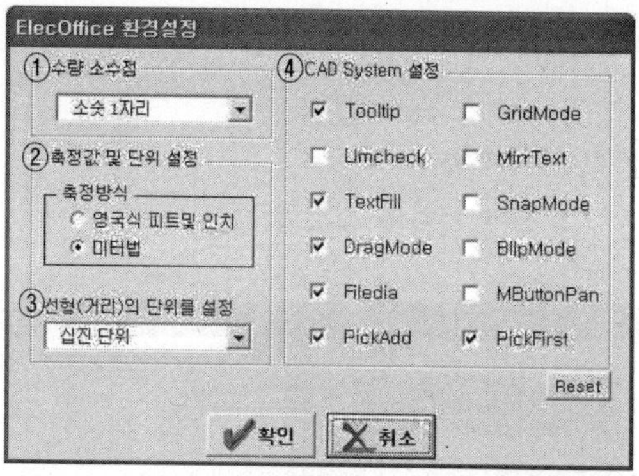

① 소수점 자리 수를 나타낸다.

② 단위설정 방범을 나타낸다(기본미터법).

③ 선형(거리)의 단위 설정을 나타낸다(기본 십진단위).

④ CAD System (변수)설정값을 나타낸다.

- Tooltip : 아이콘 내용 설명 설정
- Limcheck : 도면 한계 외부에서의 객체 작성 조정
- TextFill : 문자내부를 채우기를 설정
- DragMode : DragMod를 설정
- Filedia : 명령행과 대화상자 선택 설정
- PickAdd : 객체를 선택하는 방법 설정
- MirrText : 문자의 Mirror 설정
- SnapMode : 제도 설정값 설정
- BlipMode : 작업 포인트 표시 설정
- MButtonPan : 마우스의 휠을 Osanp 또는 Pan으로 설정
- PickFirst : 객체선택 방법 설정

2.2 전기설계CAD 심벌

2.2.1 조명심벌 범례집

❑ 명령 : ECadSym01Bum

❑ 조명기구 심벌을 배치할 때 사용한다.

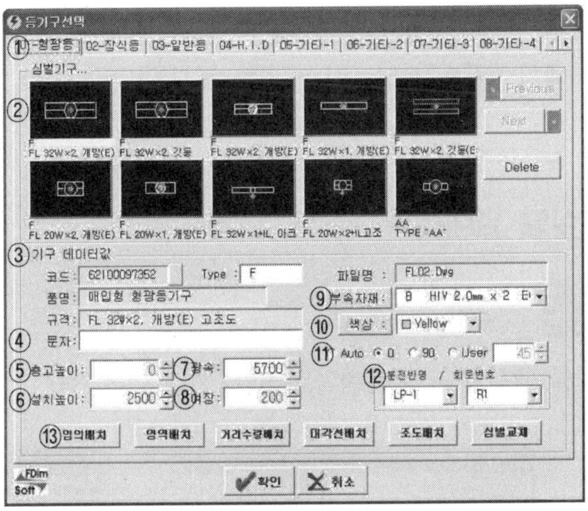

① 배치할 심벌의 항목을 선택한다.

(항목을 사용자화 하여 사용할 수도 있다 ; 범례집 Layer설정 참조)

② 배치할 심벌을 선택한다.

③ 심벌에 대한 각종 사양을 나타낸다.

④ 심벌 배치 때 삽입할 문자를 입력한다.

⑤ 층 높이를 입력한다(CAD 디자인 설정 시 입력된 값이 나타난다).

⑥ 기구의 설치 높이를 입력한다.

⑦ 기구의 광속값을 입력한다.

⑧ 심벌에 대한 전선의 여유길이를 입력한다.

⑨ 심벌에 대한 부속자재를 입력한다(후렉시블에 대한 값).

⑩ 심벌에 대한 색상을 입력한다.

⑪ 심벌에 대한 삽입각도를 입력한다.

- Auto - 심벌을 배치하면서 설치방향을 조정 - 주로 벽 쪽에 심벌을 배치할 때 사용(전열, 전화, TV, 분전반 등)
- 0, 90 - 심벌을 0도 또는 90도로 배치할 때 사용.
- User - 사용자가 배치각도를 임의로 설정하여 배치한다.

⑫ 심벌에 대한 분전반 명 및 회로 값을 입력하여 배치한다.
(값을 입력 후 배치하면 물량산출 때 별도지정을 하지 않아도 된다.)

⑬ 각종 배치방법을 선택하여 배치한다(배치방법 참조).

2.2.2 일반심벌 범례집

❑ 명령 : ECadSym02Bum

❑ 일반심벌을 배치할 때 사용한다(분전반, 전열, 전화 등).

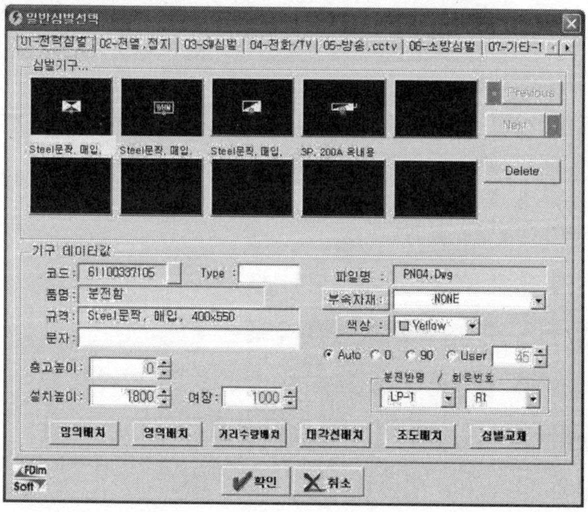

※ 사용방법은 조명기구 범례집과 동일하며 참조한다.

2.2.3 범례집 작성

❑ 명령 : ECadECadBumList

❑ 조명심벌 범례집, 일반심벌 범례집 및 수변전 심벌 범례집을 작성한다.

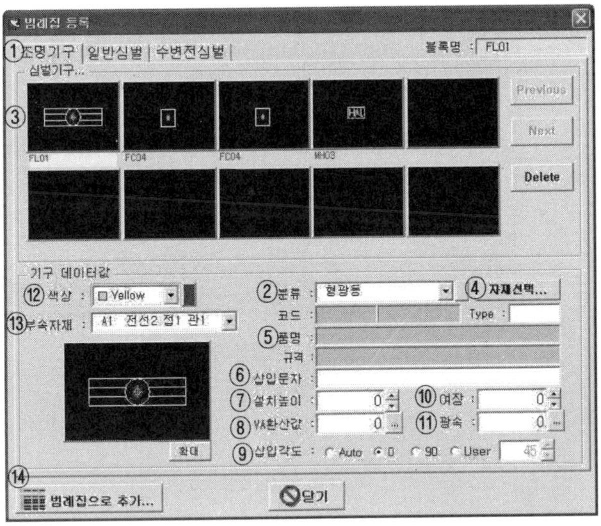

① 등록할 심벌의 항목을 선택한다(전등, 일반, 수변전 심벌).

② 심벌의 분류를 선택한다.

③ 범례집에 등록할 심벌을 선택한다.

④ 사용할 자재를 찾아 입력한다(2.2.4. 자재 선택방법 참조).

⑤ 선택한 자재에 대한 상세 사항을 나타낸다.

⑥ 심벌 배치 시 삽입할 문자를 입력한다.

⑦ 심벌의 설치 높이를 입력한다.

⑧ VA환산 값을 선택 입력한다. - 계산서에서 필요한 값

⑨ 심벌 배치 시 각도를 입력한다.

⑩ 심벌에 대한 전선의 여유길이 값을 입력한다.

⑪ 심벌에 대한 광속 값을 입력한다. - 조도배치를 할 때 사용

⑫ 심벌의 색상을 선택한다.

⑬ 심벌에 대한 Flexible 전선관 및 전선을 선택한다.
(자재를 변경할 때는 E-설정의 후렉시블값 설정을 수정하면 된다.)

⑭ 설정을 완료 후 범례집 추가를 선택하면 아래와 같이 범례집 화면이 나타난다.

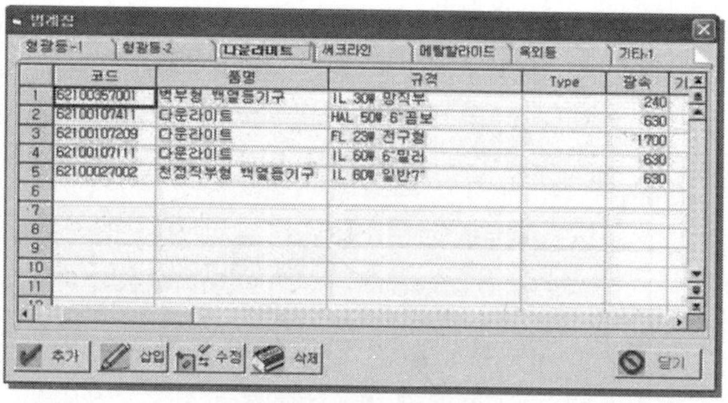

전등 범례집 등록 화면

– 등록할 심벌의 분류를 선택한 후 아래 방법을 참고하여 등록을 한다.

- 추가 - 순서의 마지막에 삽입된다.
- 삽입 - 선택된 항목의 위로 삽입된다.
- 수정 - 선택된 항목에 덮어씌운다.
- 삭제 - 선택된 심벌을 삭제한다.

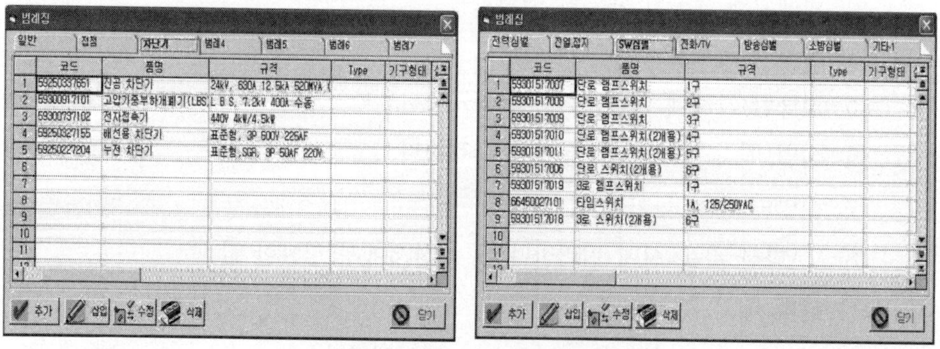

일반심벌 범례집(좌)과 수변전심벌 범례집(우)

2.2.4 자재 선택방법(자재코드 입력방법)

❑ 심벌에 대한 자재 코드를 자재Master에서 찾아 입력하는 방법이다.

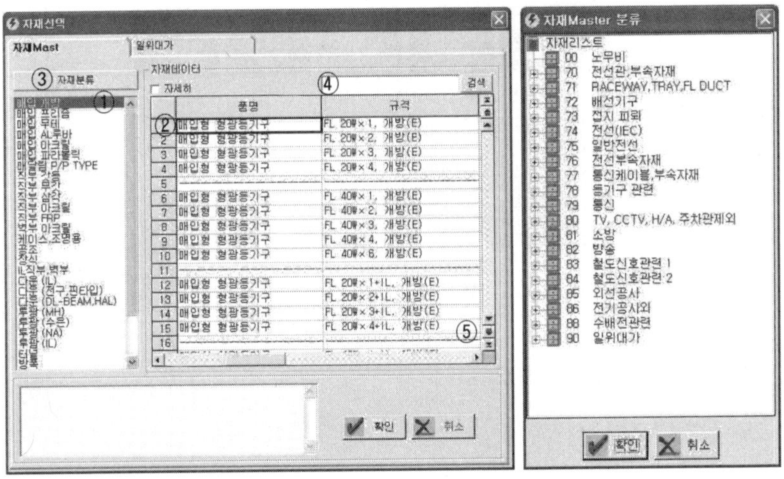

① 심벌의 분류를 선택한다.

② 해당 자재를 찾아 선택한 후 확인을 선택한다.

③ 해당 자재가 없을 때는 자재분류를 선택하여 자재Master 분류 화면에서 찾아 등록을 할 때 사용한다.

④ 자재의 품명을 입력하여 해당 자재를 찾을 때 사용한다.

⑤ 버튼을 이용하여 자재를 찾을 때 사용한다.

2.2.5 상세도 범례집

❑ 명령 : ECadDetailBum

❑ 각종 상세도를 도면에 배치할 때 사용한다.

① 배치할 상세도의 목록을 선택한다.

② 상세도의 세부분류를 선택한다.

③ 배치할 상세도를 선택한다.

④ 삽입각도를 설정한다.

⑤ 삽입크기 및 색상을 선택한다.

⑥ 임의배치를 이용하여 배치를 완료한다.

2.2.6 심벌 블록 만들기

❑ 명령 :  ECadSymbolCreate

❑ 새로운 심벌을 만들어서 추가할 때 사용한다.

① 새로운 심벌을 만들 때 사용한다(기본값).

② 기존 심벌을 이용할 때 사용한다.

③ 새로운 심벌을 저장할 위치를 정한다(탐색기 창이 나타난다).

④ 심벌의 삽입 점을 선택한다.

⑤ 삽입 포인트 기호 크기를 입력한다(기본값 0.3).

⑥ 기준점의 좌표 값을 나타낸다.

⑦ 블록으로 만들 심벌을 선택한다.

⑧ 슬라이드 크기를 조정한다. - 체크를 하면 크기를 자동으로 만든다.

⑨ 블록을 만들면서 심벌을 삭제할 경우 체크 표시를 한다.

⑩ 체크를 하면 심벌의 고유 칼라를 무시하고 저장 - 일반적인 방법 (체크를 하지 않으면 심벌 고유색상으로 저장이 된다.)

⑪ 새로운 심벌의 블록이름을 나타낸다.

⑫ 등록할 심벌의 분류를 선택한다.

⑬ 심벌 구분을 선택한다.

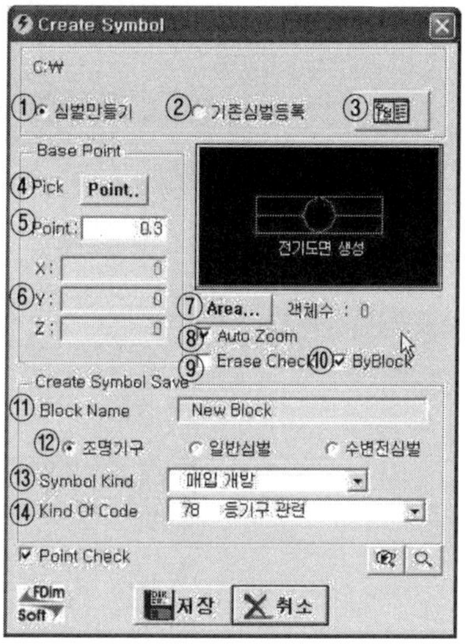

⑭ 심벌의 중분류 자재를 선택한다(심벌등록 시 자재찾기가 쉽다).

⑮ 포인트 객체를 포함할 경우 체크를 한다.

▶ 심벌 블록을 만드는 방법

등록할 심벌(형광등 FL 2/32W)을 만든 후 심벌만들기 명령을 실행한다.

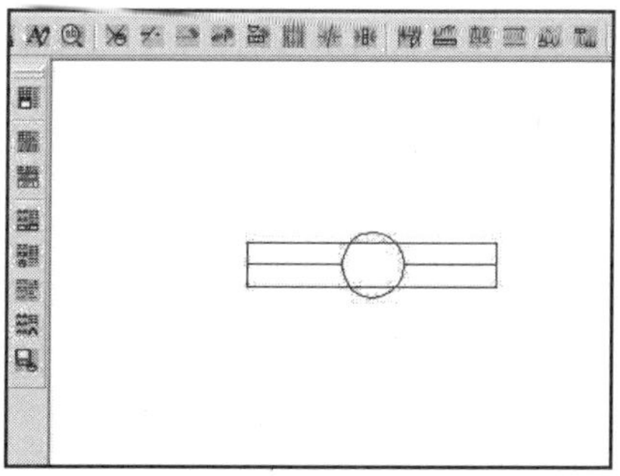

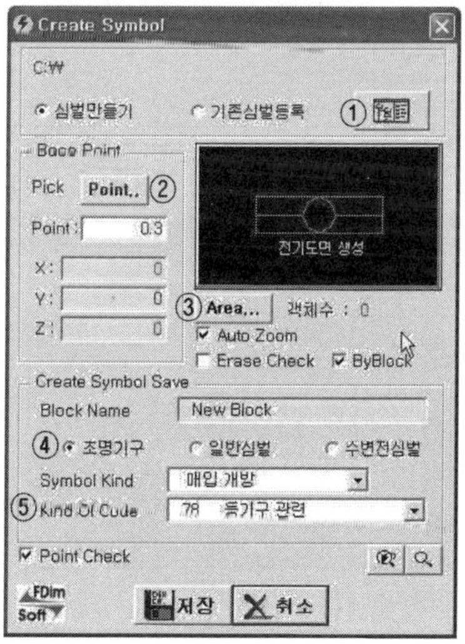

① 새로운 심벌을 저장할 방을 선택하여 파일이름(블록이름)을 입력한 후 저장한다.

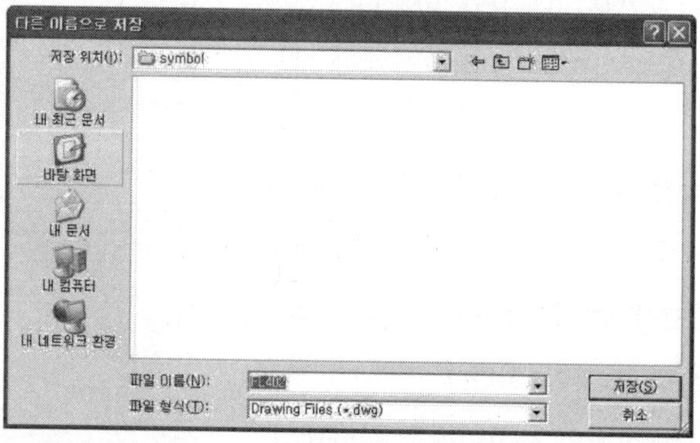

- 블록 저장위치는 일반적으로 c:\Elecoffice\Mycad\User에 저장한다.
- 사용자화된 폴더에 저장할 경우는 E 설정의 지원파일 경로설정에 폴더를 등록 해야만 만든 심벌을 사용할 수가 있다.

② Base Point(심벌의 삽입점)를 선택한다.

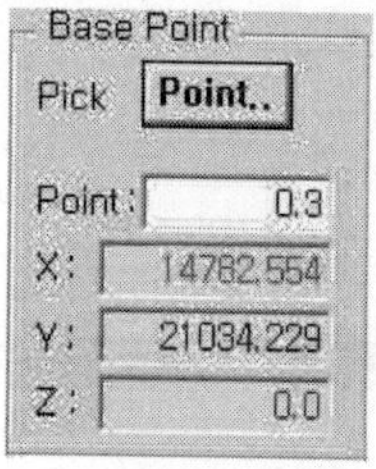

→ 블록을 만들 심벌의 삽입점을 선택한다(Osnap 이용).

→ 삽입점 Point의 크기를 나타낸다.

→ 삽입점의 좌표를 나타낸다.

③ 심벌을 만들 객체를 선택한다.

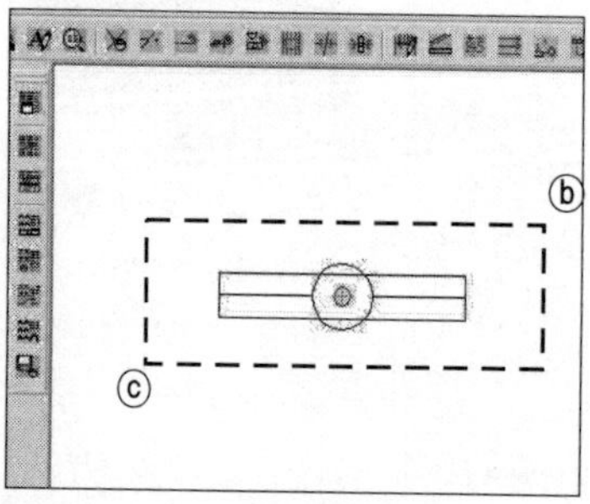

ⓑ & ⓒ 객체를 선택한다.

④ 만든 심벌을 범례집에 등록하기 위하여 분류한다.

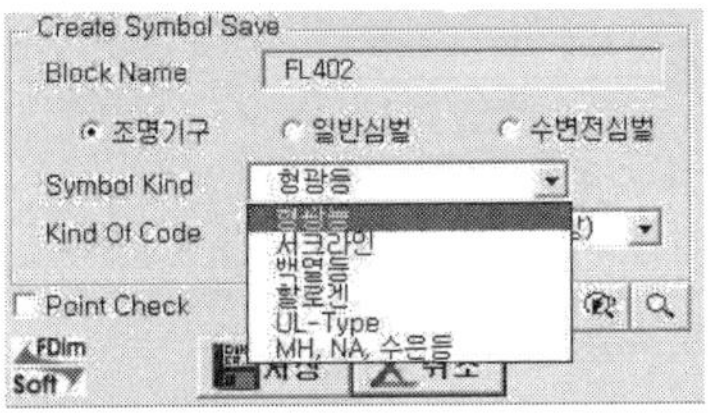

- 심벌을 저장할 범례집 위치를 선택한다.
  - 조명기구 : 각종 조명기구 관련 심벌을 저장한다.
  - 일반심벌 : 분전반, 콘센트, 감지기 등의 일반심벌을 저장한다.
  - 수변전심벌 : 전기 기호 관련 심벌을 저장한다.
- 심벌 분류를 선택한다(심벌을 종류별로 분류한다).
- 심벌의 Code를 선택한다(심벌에 대한 자재코드를 쉽게 등록할 수가 있다).

⑤ 심벌 블록 만들기가 완료되었으면 저장을 한다.

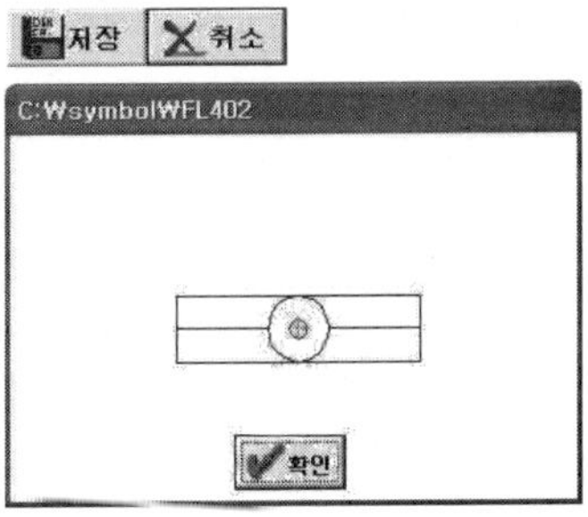

※ **심벌등록 화면이 나타나면 '확인'을 선택한다.**

⑥ 범례집 작성에서 만든 심벌이 등록되었는지를 확인한다.
(등록한 심벌이 안 나타날 경우는 블록을 만든 폴더를 E 설정 → 지원파일 경로설정의 지원검색 경로에 폴더를 등록한 후 다시 확인을 해야 한다.)

2.2.7 상세도 블록 만들기

❑ 명령 : ECadAreaCreate

❑ 각종 상세도를 등록하여 사용할 수가 있다.

※ 심벌의 삽입 점 선택 및 객체선택(Area)까지는 심벌 블록 만들기 참조

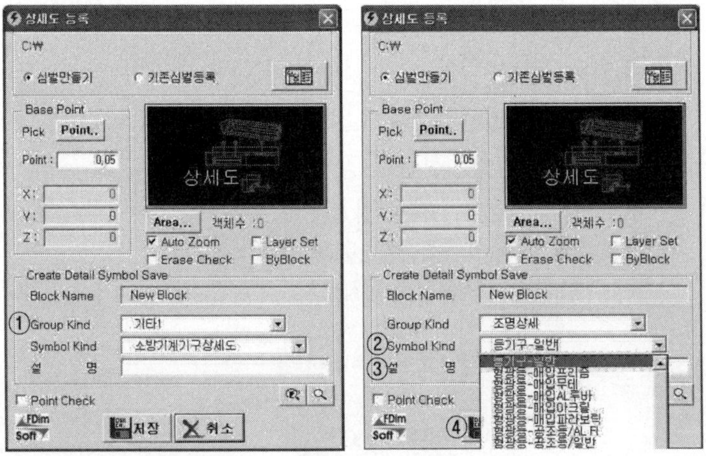

① Group Kind를 선택한다. - 대분류

② Symbol Kind를 선택한다. - 중분류

③ 상세도에 대한 설명을 입력할 때 사용한다.

④ 저장을 선택하면 상세도 등록이 완료된다.

2.2.8 심벌배치 방법

범례집의 배치방법을 이용하여 심벌을 배치를 하고 동일한 심벌을 반복해서 배치할 때는 범례집을 선택하지 않고 각종 배치방법 명령을 이용하여 배치를 한다.

1) 영역배치

❑ 명령 : ECadSymAreaArray

❑ 사각형인 형태의 영역에 심벌을 일괄 배치할 때 사용

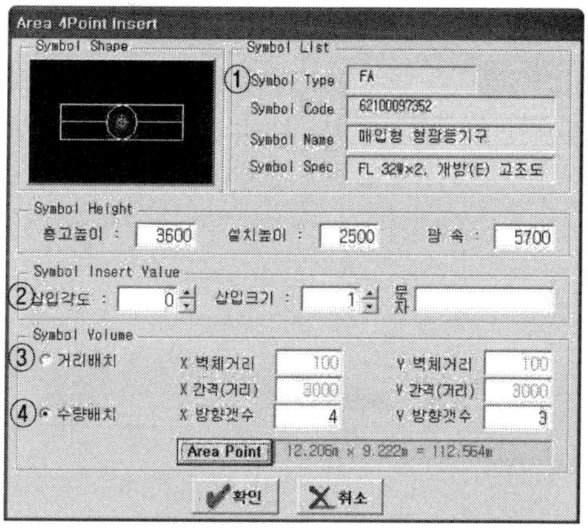

① 심벌에 대한 기본값을 나타낸다.

② 삽입각도 및 크기를 수정하여 배치할 때 사용한다.

③ 거리배치 : 심벌설치 간격을 입력하여 배치를 한다.

④ 수량배치 : X, Y방향에 필요수량을 입력하여 배치한다(일반적인 방법).

▫ 심벌을 배치할 영역을 선택하면 위와 같은 화면이 나타난다.

※ 영역배치 중 수량배치의 예

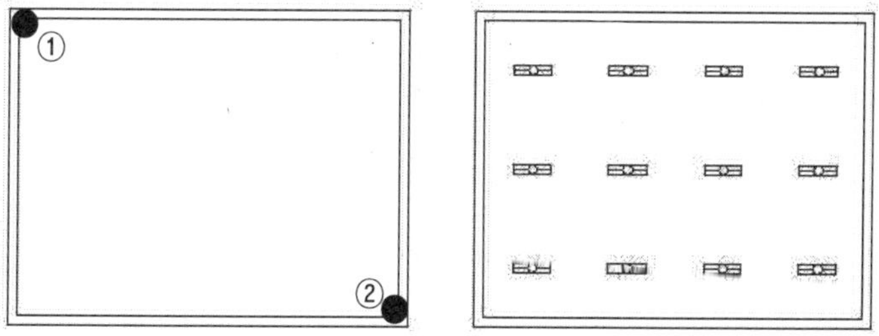

배치할 심벌을 선택 후 영역배치 명령을 실행한다.

- 심벌 삽입 영역을 선택한다. – ① Click 후 ② Click 한다.
- 영역배치 화면에 X방향 : 4, Y방향 : 3을 입력 후 확인을 하면 심벌이 배치된다.

2) 임의배치

❑ 명령 : ECadSymOne

❑ 심벌을 한 개씩 각각 배치할 때 사용(콘센트, 분전반 등)

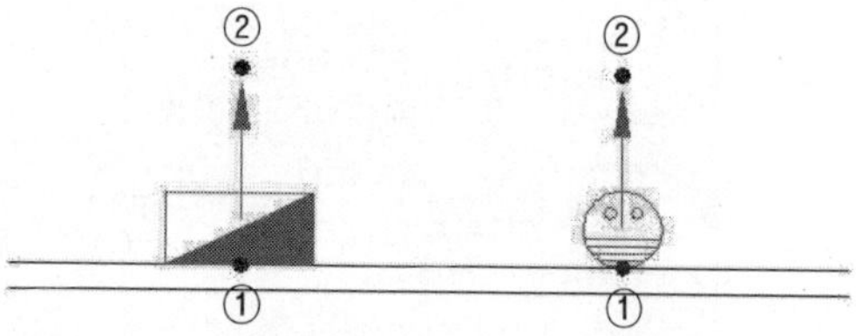

▫ 위의 방법은 심벌배치 각도가 Auto인 경우이며 0, 90, user인 경우는 심벌 배치 후 방향을 선택할 필요가 없다.

① 심벌 배치할 지점 : ① Click

② 방향 : ② Click

3) 조도배치

❑ 명령 : ECadSymLuxCalcinsert

❑ 작업영역에 조도계산을 하면서 심벌을 배치한다.

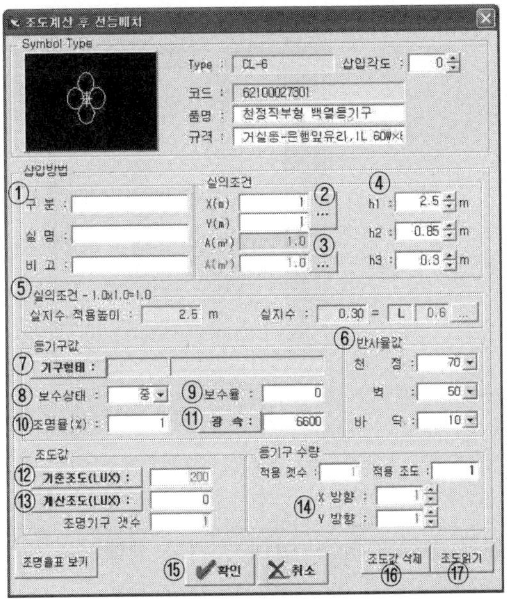

① 구분 및 실명을 기입한다. - 1층, 사무실 등

② 배치할 영역을 선택한다.

③ 배치할 영역이 사각형이 아닌 경우에 사용한다.
(배치방법은 아래 (A) 실의 형태가 사각형이 아닌 장소 배치방법을 참고)

④ 실지수 계산의 높이 선정에 대한 높이 값 입력
- h1 : 심벌설치 높이
- h2 : 작업 면 높이
- h3 : 조명기구가 P.P Type인 경우의 Pipe길이

⑤ 실지수 값을 보여주며, 실지수 값 옆의 버턴을 선택하면 아래와 같은 실지수 값표가 나타난다.

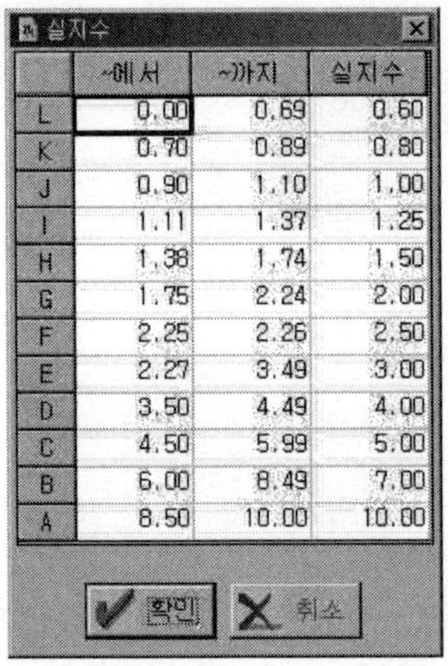

	~에서	~까지	실지수
L	0.00	0.69	0.60
K	0.70	0.89	0.80
J	0.90	1.10	1.00
I	1.11	1.37	1.25
H	1.38	1.74	1.50
G	1.75	2.24	2.00
F	2.25	2.26	2.50
E	2.27	3.49	3.00
D	3.50	4.49	4.00
C	4.50	5.99	5.00
B	6.00	8.49	7.00
A	8.50	10.00	10.00

⑥ 반사율 값을 설정한다. - 기본값은 일반 사무실로 설정되어 있음.

⑦ 기구형태를 선택한다. - 아래 등기구 형태 선택창에서 기구를 선택하면 조명율값 및 보수율값이 자동으로 입력된다.

⑧ 보수상태를 설정하여 보수율 값을 수정할 수도 있다.

⑨ 위의 ⑦번 기구형태를 설정하면 보수율 값이 자동으로 입력된다.

⑩ 기구 형태를 선택하면 조명율 값이 자동으로 입력이 된다.

⑪ 조명기구의 광속 값을 나타낸다. - 심벌범례집을 등록할 때 광속값을 함께 등록하면 편리하다. 광속값을 직접 입력할 경우는 광속을 선택하면 나타나는 아래 광속 MASTER 표를 참고하여 입력한다.

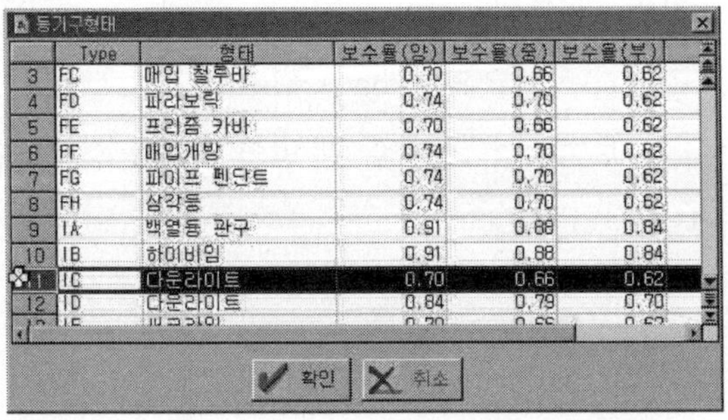

	Type	형태	보수율(양)	보수율(중)	보수율(부)
3	FC	매입 철루바	0.70	0.66	0.62
4	FD	파라보릭	0.74	0.70	0.62
5	FE	프리즘 카바	0.70	0.66	0.62
6	FF	매입개방	0.74	0.70	0.62
7	FG	파이프 펜단트	0.74	0.70	0.62
8	FH	삼각등	0.74	0.70	0.62
9	IA	백열등 관구	0.91	0.88	0.84
10	IB	하이비임	0.91	0.88	0.84
11	IC	다운라이트	0.70	0.66	0.62
12	ID	다운라이트	0.84	0.79	0.70

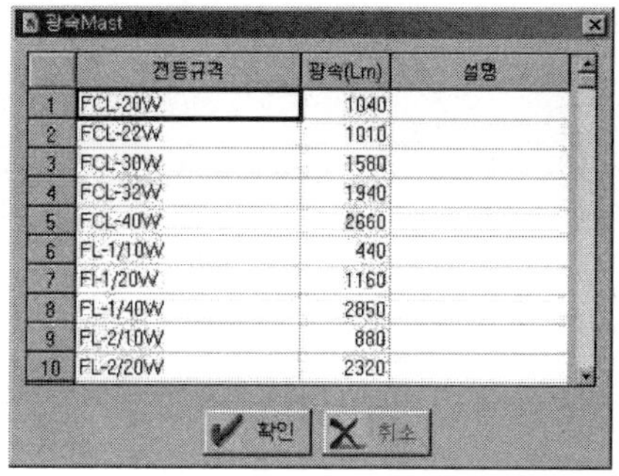

⑫ 직접입력 또는 기준조도를 선택하면 나타나는 아래 조도값표를 이용하여 입력

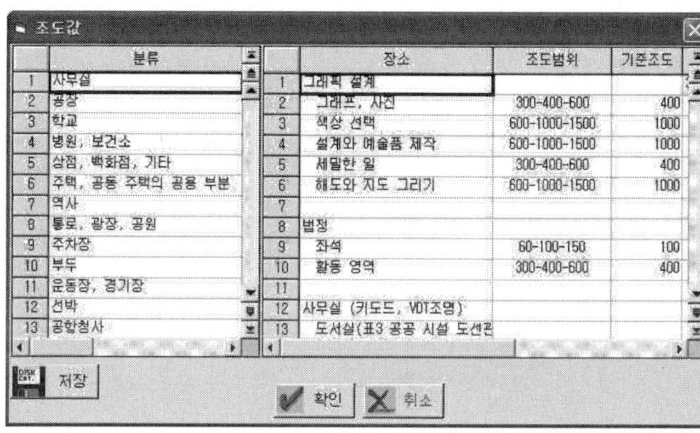

⑬ 계산조도를 선택하면 ⑭의 조명기구 갯수가 자동으로 산성이 된다.

⑭ 계산조도에 의해 산출된 수량을 X, Y에 분배하여 수량을 입력한 후 실제 배치할 수량 및 조도 값을 확인 후 '확인'하면 심벌이 배치된다.

⑮ 조도값 DATA를 삭제한다.

⑯ 조도값을 읽는다.

조명률 표

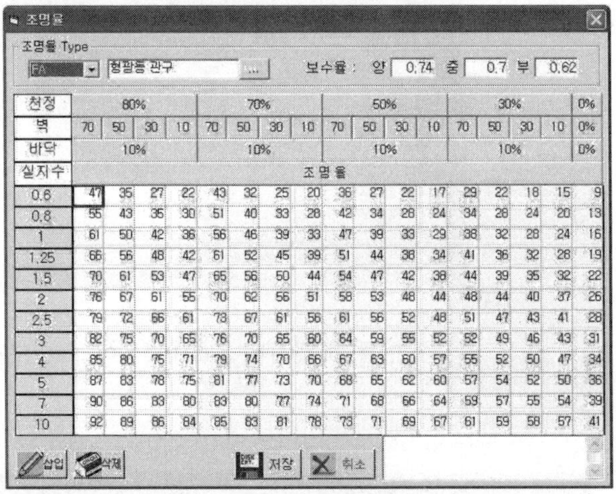

조명율

조명율 Type

FA 형광등 관구 ... 보수율 : 양 0.74 중 0.7 부 0.62

천정	80%				70%				50%				30%				0%
벽	70	50	30	10	70	50	30	10	70	50	30	10	70	50	30	10	0%
바닥	10%				10%				10%				10%				0%
실지수	조명율																
0.6	47	35	27	22	43	32	25	20	36	27	22	17	29	22	18	15	9
0.8	55	43	35	30	51	40	33	28	42	34	28	24	34	28	24	20	13
1	61	50	42	36	56	46	39	33	47	39	33	29	38	32	28	24	16
1.25	66	56	48	42	61	52	45	39	51	44	38	34	41	36	32	28	19
1.5	70	61	53	47	65	56	50	44	54	47	42	38	44	39	35	32	22
2	76	67	61	55	70	62	56	51	58	53	48	44	48	44	40	37	26
2.5	79	72	66	61	73	67	61	56	61	56	52	48	51	47	43	41	28
3	82	75	70	65	76	70	65	60	64	59	55	52	52	49	46	43	31
4	85	80	75	71	79	74	70	66	67	63	60	57	55	52	50	47	34
5	87	83	78	75	81	77	73	70	68	65	62	60	57	54	52	50	36
7	90	86	83	80	83	80	77	74	71	68	66	64	59	57	55	54	39
10	92	89	86	84	85	83	81	78	73	71	69	67	61	59	58	57	41

삽입 삭제 저장 취소

a) 실의 형태가 사각형이 아닌 경우 조도 배치하는 방법

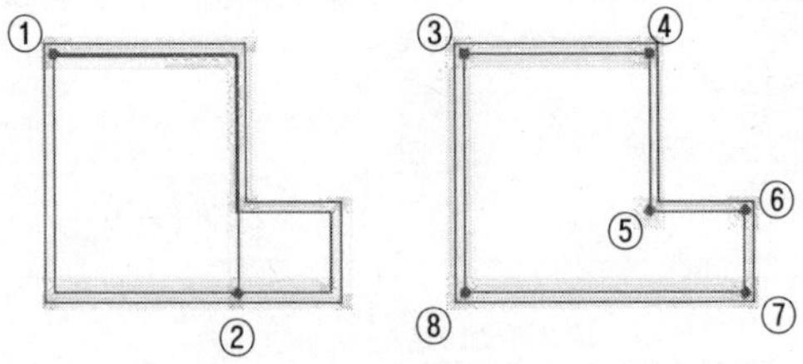

ⓐ 위 그림과 같이 ①번 Click 후 ②번을 Click – 실지수 값이 계산된다.

ⓑ 실 전체 면적을 구하기 위하여 위의 그림과 같이 ③번부터 차례대로 Click 선택순서는 ③ → ④ → ⑤ → ⑥ → ⑦ → ⑧ → ③

ⓒ 등기구 타입 및 조도값 등을 입력한 후 심벌을 배치한다.

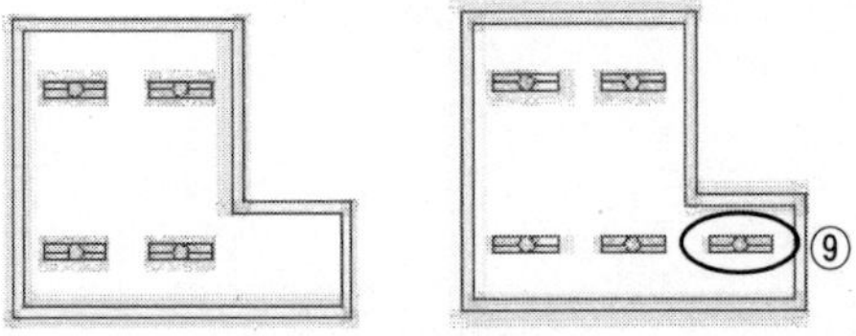

ⓓ 심벌을 복사하여 심벌 배치를 완료한다. - 위의 그림 우측 ⑨번

ⓔ 조도계산서 인쇄를 열기를 한 후 아래 그림과 같이 적용수량을 전체 배치된 수량으로 수정을 한다.

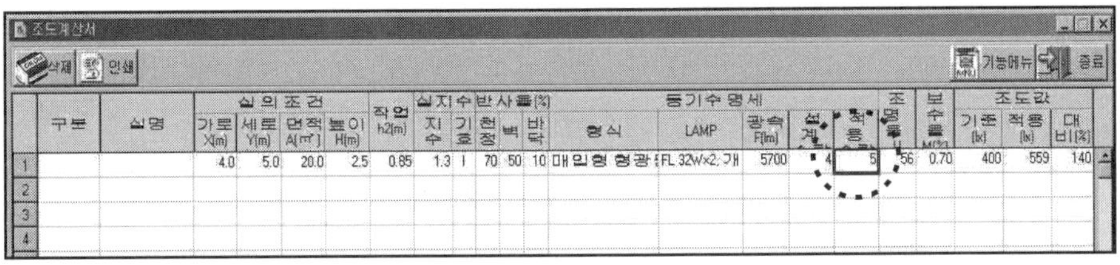

b) 조도계산서 인쇄

❑ 명령 : ECadSymLuxCalcPrinter

❑ 작성된 조도계산서를 출력한다.

4) 면적배치

❑ 명령 : ECadSymAreaWidth

❑ 심벌에 소요되는 면적을 입력한 다음 심벌을 배치한다(감지기, 스피커 등).

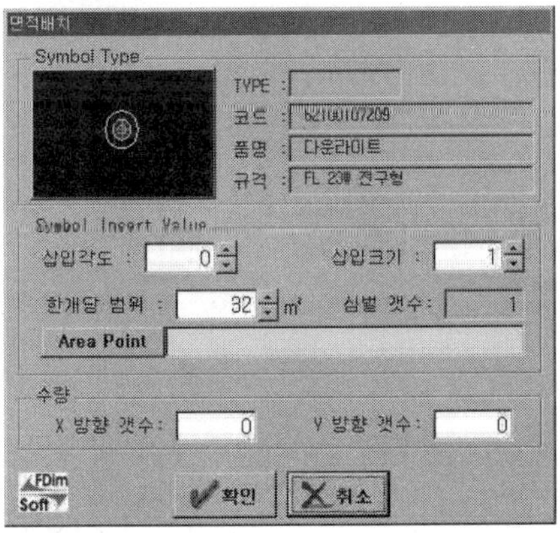

① 심벌을 설치할 구역을 선택한다.

② 배치할 심벌의 각도 및 삽입크기를 설정한다(일반적으로 그냥 둔다).

③ 심벌 한 개의 소요면적을 입력한다.

예 차동식 감지기 4M 미만에 설치되는 경우 60mm^2

④ 심벌 개수가 자동으로 계산이 된다.

⑤ 자동으로 계산된 심벌개수를 X,Y 방향 개수에 분배하여 입력한다.

⑥ 확인을 하게 되면 심벌이 배치된다.

Area Point - 면적배치를 연속으로 배치할 때 선택하여 사용한다.

5) 대각선 배치

❑ 명령 : ECadSymDiagonalArray

❑ 심벌을 대각선 형태의 장소에 배치 시 사용한다.

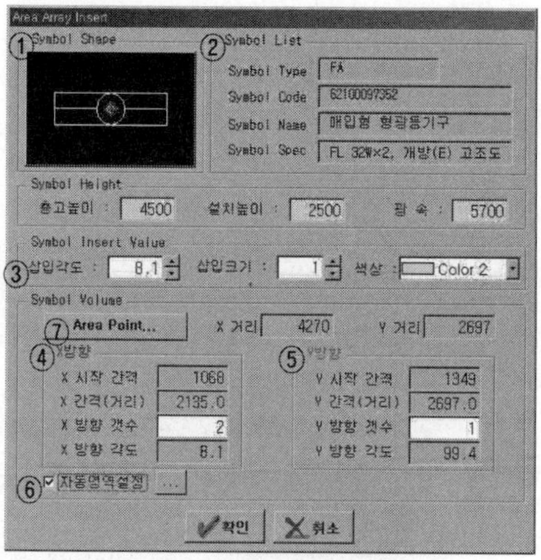

① & ② 심벌에 대한 기본값을 나타낸다.

③ 삽입각도는 ④번 X방향 각도 값을 입력한다.

④ & ⑤ X, Y방향에 대한 값을 입력하여 배치를 한다.

⑥ 체크 시에는 수량을 기준으로 영역배치 형태로 심벌을 배치한다.

⑦ 대각선 배치를 연속으로 할 때 선택하여 사용한다.

□ 대각선 배치 사용법

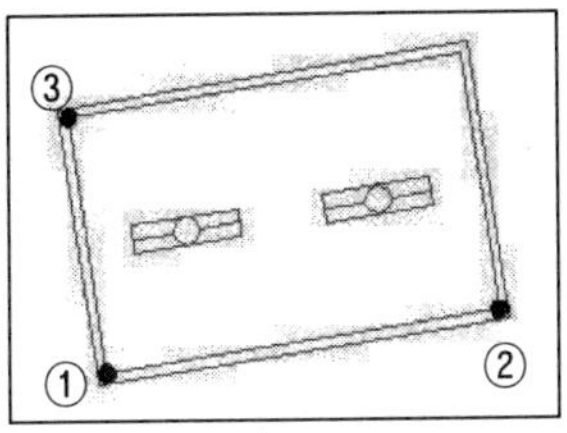

① 명령을 실행한다.

② 첫 번째 지정을 선택한다. : 그림의 ①번 Click

③ X축 방향을 선택한다. : 그림의 ②번 Click

④ Y축 방향을 선택한다. : 그림의 ③번 Click

⑤ 삽입각도를 입력한다(X방향의 각도 값을 입력한다).

⑥ X방향 및 Y방향에 설치수량을 입력한다.

⑦ 자동영역을 체크하면 '영역배치' 형태로 배치가 완료된다.

6) 선상배치

❑ 명령 : ECadSymARCArray

❑ 원 또는 호 형태의 장소에 심벌을 거리 또는 수량을 입력하여 배치한다.

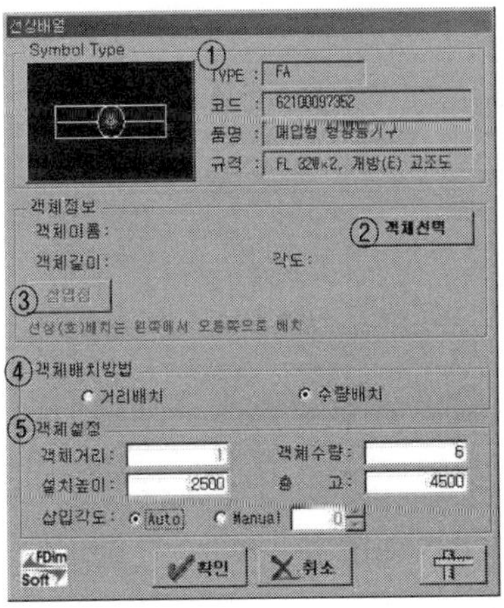

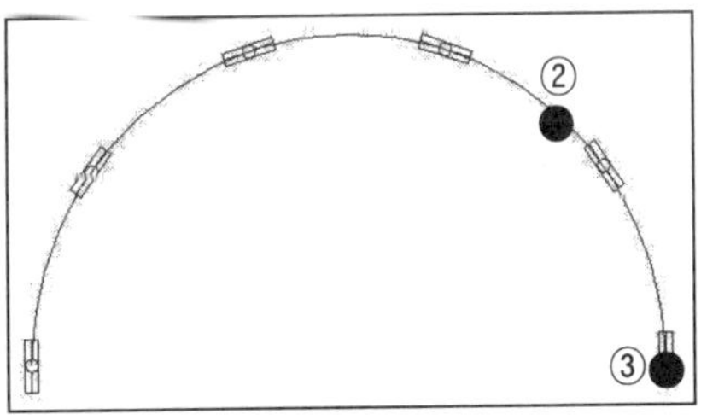

ㅁ 조명기구 범례집에서 배치할 심벌을 선택되어 있어야 한다.

① 심벌에 대한 상세사항을 나타낸다.

② & ③ 심벌을 배치할 객체를 선택한 후 심벌이 설치될 삽입점을 선택한다.

④ 배치 방법을 선택한다.

- 거리배치 : 설치간격을 입력하여 심벌을 배치한다.
- 수량배치 : 수량을 입력하여 심벌을 배치한다.

⑤ 배치할 심벌에 대한 값을 입력한다.

7) 원형배치

❑ 명령 : ECadSymCircleArray

❑ 심벌을 원형으로 배치할 때 사용한다.

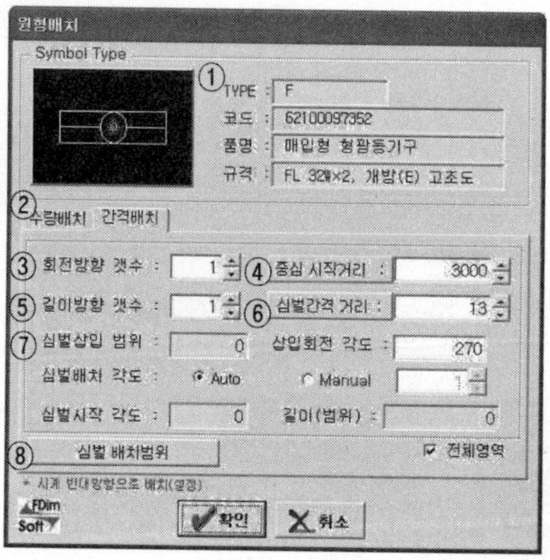

① 심벌의 기본값을 나타낸다.

② 심벌의 배치방법을 나타낸다. - 수량배치 및 간격배치 방법 참조

③ 심벌의 회전방향 및 길이방향의 수량을 설정한다.

④ 설치시 거리 값을 입력한다.

⑤ 심벌의 삽입범위를 설정한다. - 항의 심벌배치범위 및 길이를 이용한다.

⑥ 삽입 회전각도를 설정한다. - 항의 심벌배치범위 및 길이를 이용한다.

⑦ 심벌의 배치각도 및 시작각도를 설정한다.

⑧ 심벌의 항의 삽입범위 및 항의 삽입회전 각도를 입력할 때 사용한다.

a) 수량배치

심벌을 수량으로 배치한다.

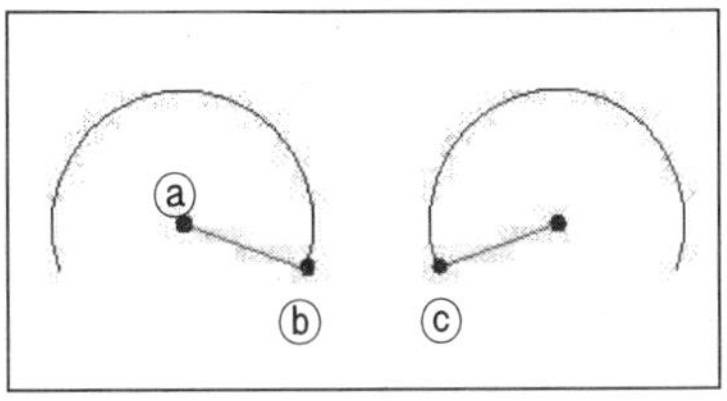

① 회전 방향 갯수를 입력한다.

② 길이 방향 갯수를 입력한다.

③ 심벌시작 각도 및 길이를 선택하여 삽입 범위 및 회전각도(끝점)를 입력한다. ⓐ지섬 Click(Osnap Center) 후 ⓑ지점 Click(Osnap End)하고, 마지막으로 ⓒ지점 Click(Osnap Center)한다.
입력이 완료되었으면 확인을 선택한다.

b) 간격배치

심벌을 길이방향으로 간격 배치한다.

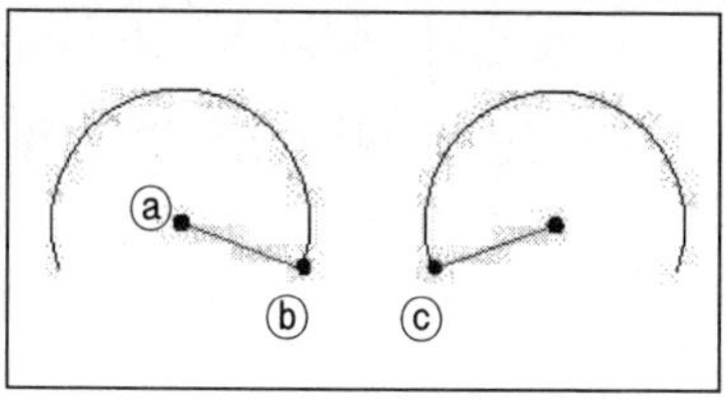

① 회전방향 갯수를 입력한다.

② 길이방향 갯수를 입력한다.

③ 중심에서 길이방향 첫 번째 심벌까지 거리를 입력한다.

④ 심벌의 길이 방향 간격을 입력한다.

⑤ 심벌시작 각도 및 길이를 선택하여 심벌 삽입 범위(시작점) 및 회전 각도(끝점)를 입력한다. - ⓐ Click(Osnap Center) 후 ⓑ Click(Osnap End)하고 마지막으로 ⓒ Click(Osnap Center)한다.

⑥ 입력이 완료되었으면 확인을 선택한다.

※ 전체 영역의 체크표시가 된 상태에서 심벌이 균등하게 배치가 되면 체크표시를 없애고 배치를 하면 심벌이 시작점부터 배치가 된다.

8) 부분거리 배치

❑ 명령 : ECadSymDistInsert

❑ 거리값을 입력하면서 심벌을 배치한다.

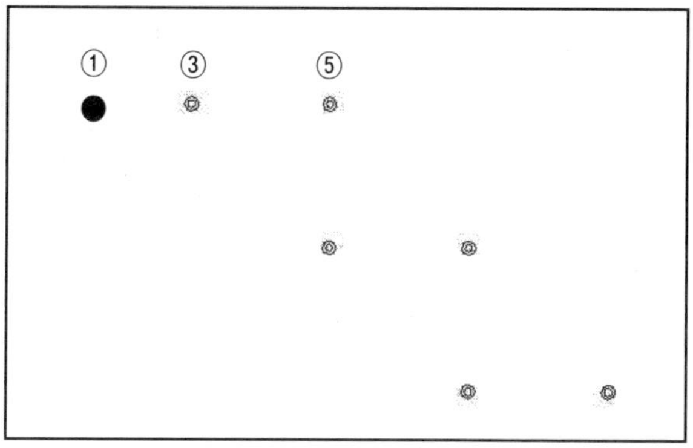

① Start Point : 배치할 지점을 선택한다.

② Next Distance 〈1500.0〉 : 1000 입력 후 엔터 - 배치 간격을 입력한다.

③ Next Point : 배치할 지점을 선택한다.

④ Next Distance 〈1000.0〉 : 엔터

⑤ Next Point : 배치할 지점을 선택한다.

⑥ Next Distance 〈1000.0〉 : 엔터

⑦ 나머지도 위와 같은 방법으로 배치를 완료한다.

9) 거리 및 수량 배치

❑ 명령 : FCadSymLineArray

❑ 거리 또는 수량을 입력하여 심벌을 배치한다.

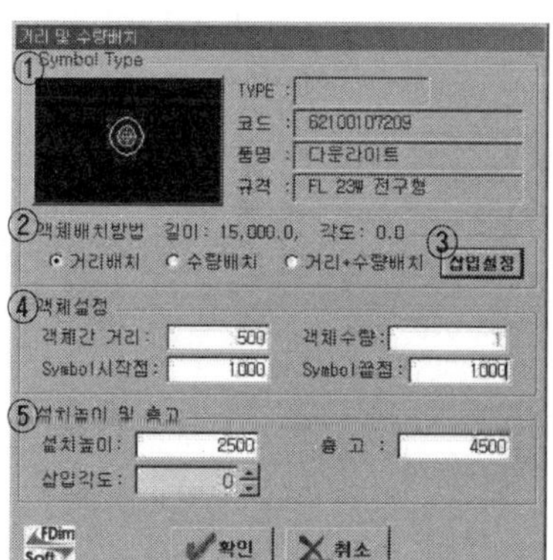

□ 배치할 심벌을 범례집에서 선택한 후 작업을 한다.

□ 3가지의 배치 방법을 A, B, C로 구분하였다

① 배치 심벌에 대한 내용을 보여준다.

② 배치방법을 설정한다.

③ 배치하고자 하는 부분을 선택한다.

④ 심벌 배치 간격 및 수량을 입력한다.

⑤ 심벌의 설치 높이, 층고, 삽입각도를 설정한다.

a) 거리배치

· 심벌간의 거리를 입력하여 배치한다.

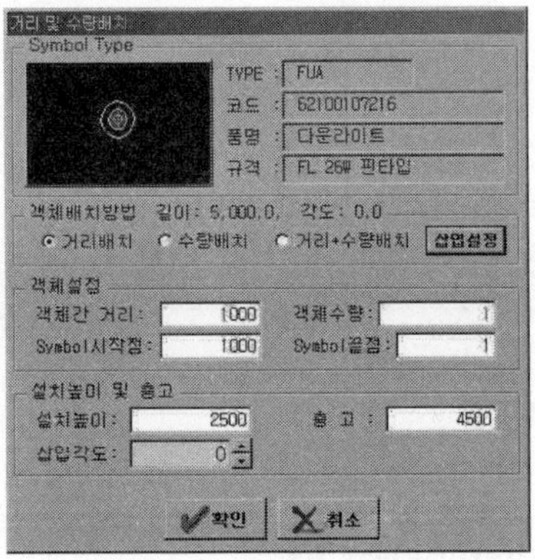

① 명령을 실행한다.

② 거리배치를 선택 후 삽입설정을 선택한다.

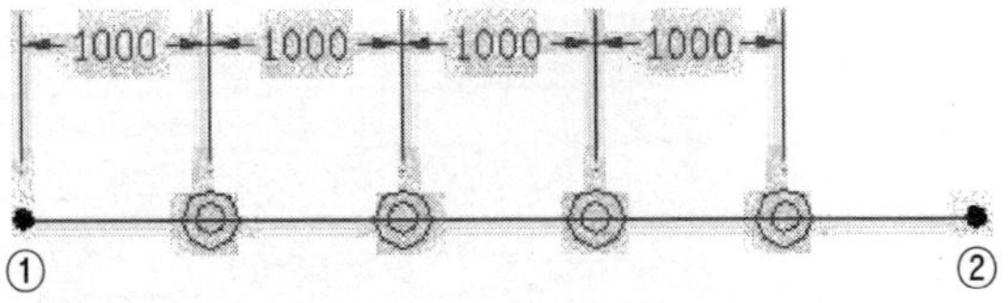

③ 시작점 ①번 Click 후 끝점 ②번 Click

④ 객체간의 거리 및 심벌 시작점을 1000으로 입력 후 확인을 선택하면 배치가

완료된다.

b) 수량배치

심벌의 수량을 입력하여 배치한다.

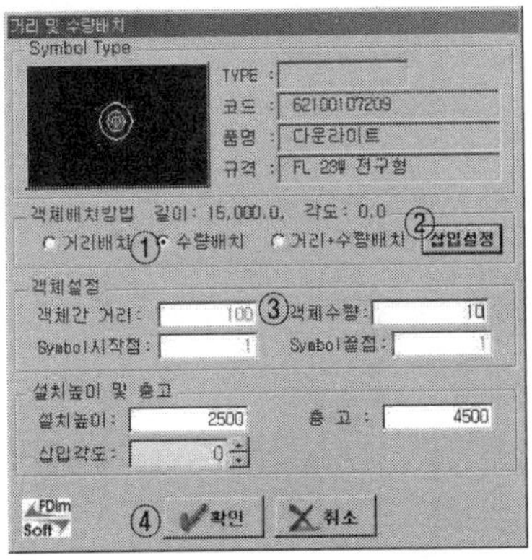

① 수량배치를 선택한다.

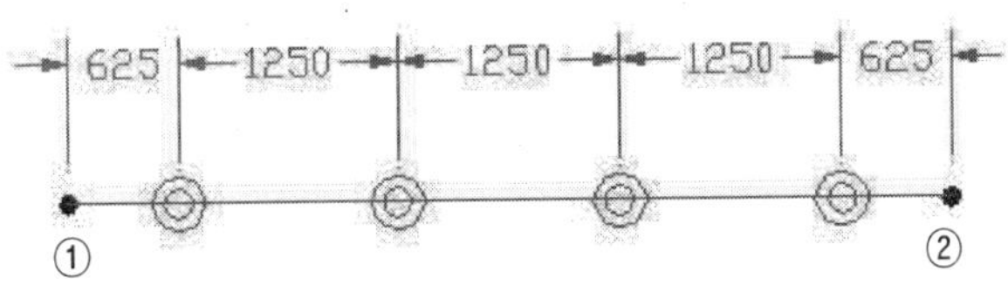

② 삽입설정을 선택한 후 배치하고자 하는 지점 ①번 Click 후 ②번 Click 한다.

③ & ④ 설치 수량을 입력한 후 확인을 하면 균등하게 심벌배치가 완료된다.

c) 거리+수량배치

배치할 심벌을 범례집에서 선택한 후 작업을 한다.

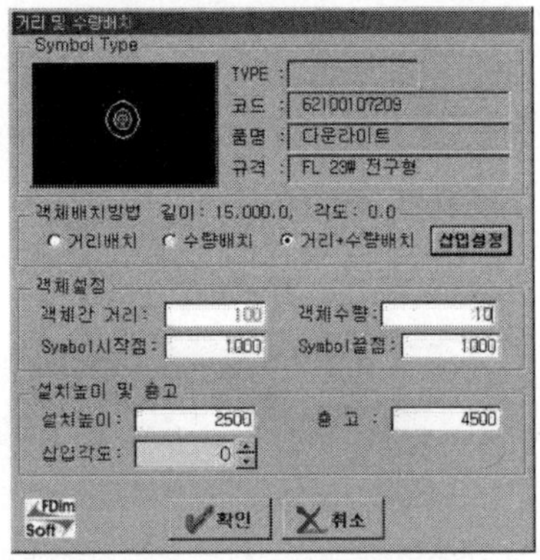

① 배치방법 중 거리+수량배치를 선택한다.

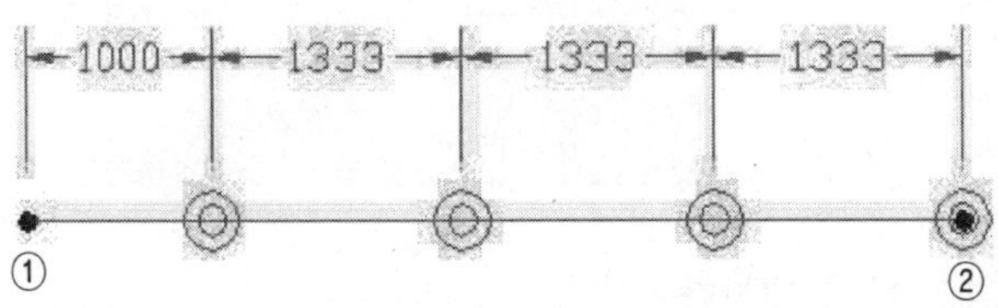

② 삽입설정을 선택한 후 배치하고자 하는 지점 ①번 Click 후 ②번 Click 한다.

③ & ④ 설치수량 (4개) 및 시작점(1000)을 입력 후 확인을 하면 심벌배치가 완료된다.

10) 임의 배치 및 배선

❏ 명령 : ECadOneSymWireCnt

❏ 심벌을 배치하면서 배관 및 배선을 동시에 작도한다.

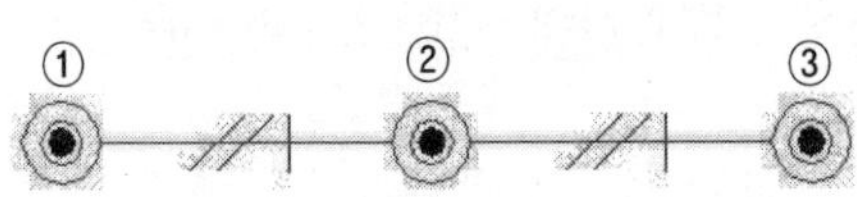

▫ 심벌 범례집에서 배치할 심벌을 선택한다(삽입각도를 0 또는 90으로 한다).

▫ 배선 범례집에서 사용할 배관 및 배선을 선택한다.

□ 앞과 같이 배치할 심벌 및 배관, 배선을 먼저 선택해놓은 다음 작도를 한다.

① 심벌을 배치할 지점을 선택한다. : 1번 Click

② 다음 배치할 지점을 선택한다. : 2, 3번 Click

2.2.9 입상 · 입하표시

❑ 명령 : ECadPassInpOut

❑ 전선관 배관의 입상 및 입하 등을 표시할 때 사용한다.

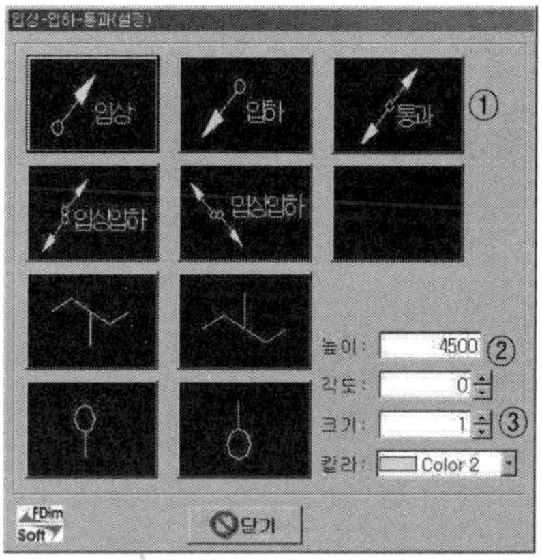

① 배치할 심벌을 선택한다.

② 연결될 심벌과의 거리 값을 입력한다 (입상 또는 입하 중 한쪽 값을 입력).

③ 삽입 각도 및 크기, 칼라를 설정한다.

2.2.10 심벌회전 – 90도

❑ 명령 : ECadSymRot90

❑ 심벌을 90도로 회전시킬 때 사용한다.

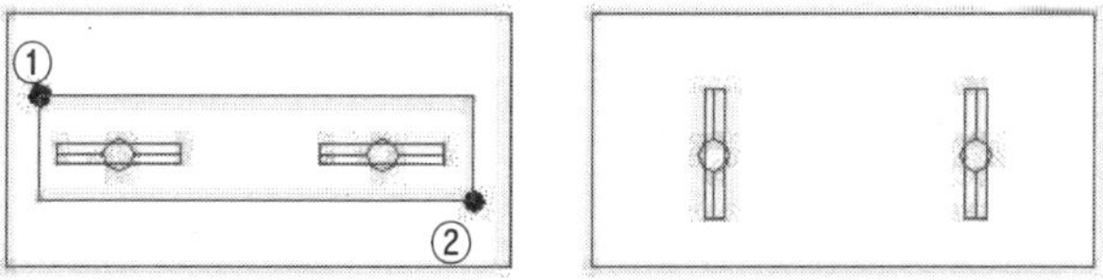

변경 전 변경 후

① 회전시킬 심벌을 선택한다(그림의 ①번 Click 후 ②번 Click).

② 선택이 완료되었으면 Enter↵

※ 180도 및 270도 회전 명령도 위 명령과 동일하다.

2.2.11 심벌회전 – 임의각도

❏ 명령 : ECadSymRotManual

❏ 심벌을 사용자가 정한 임의 각도로 회전시킨다.

① 회전각도를 입력한 후 확인을 한다.

② 회전시킬 심벌을 선택한 후 엔터를 하면 심벌이 회전한다.

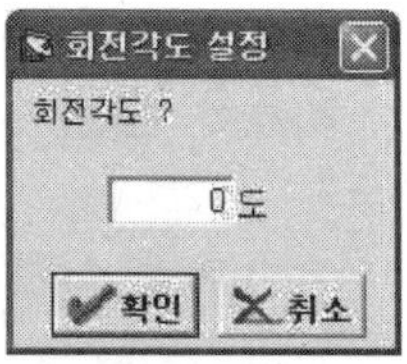

2.2.12 심벌 기호 표시

❏ 명령 : ECadSymSWTxtInt

❏ 심벌에 스위치 번호와 같은 기호를 표시할 때 사용한다.

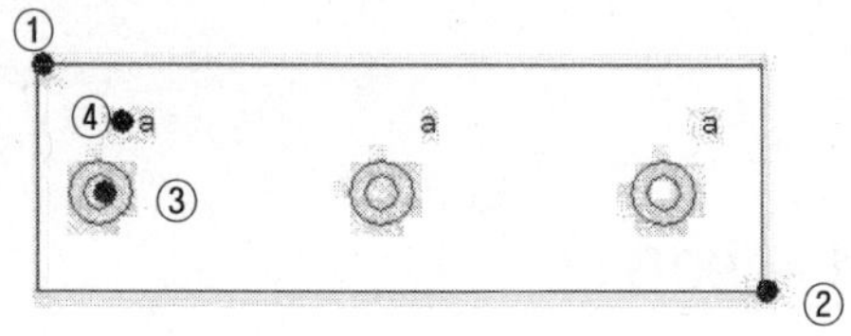

① 기호를 입력할 심벌 그룹의 첫 번째 지점 : ① Click

② 두 번째 지점 : ② Click

③ 스위치 표시 문자를 입력한다. – a, b 등의 기호를 입력한다.

④ 표시한 심벌을 선택한다. : ③ Click

⑤ 기호를 삽입할 위치를 지정한다. : ④ Click

2.2.13 심벌교체

❏ 명령 : ECadSymAlter

❏ Block으로 만들어진 심벌을 교체할 때 사용한다.

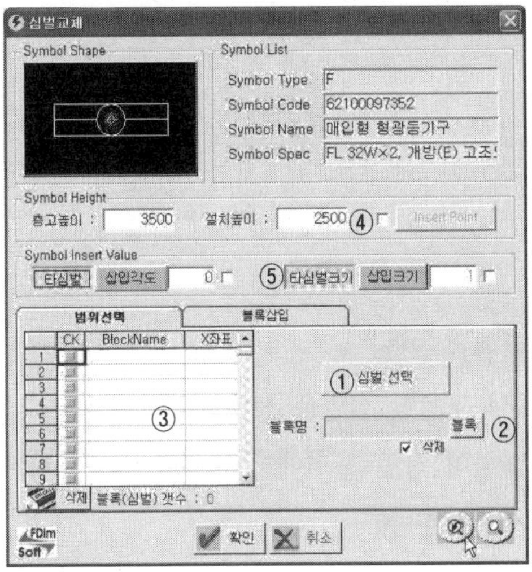

□ 심벌 범례집에서 교체할 심벌이 먼저 선택되어 있어야 한다.

① 교체할 심벌을 선택한다. - 작업도면에서 교체할 심벌을 선택 후 엔터한다.

② 여러 종류의 심벌 중 심벌을 선택하여 교체할 때 사용을 한다.

③ 선택한 심벌의 블록명이 나타난다.

④ 교체할 심벌의 삽입점을 사용자화 하여 심벌을 교체할 때 사용을 한다.

⑤ 교체할 심벌의 크기를 조정할 때 사용한다.

1) 심벌을 일괄 교체하는 방법

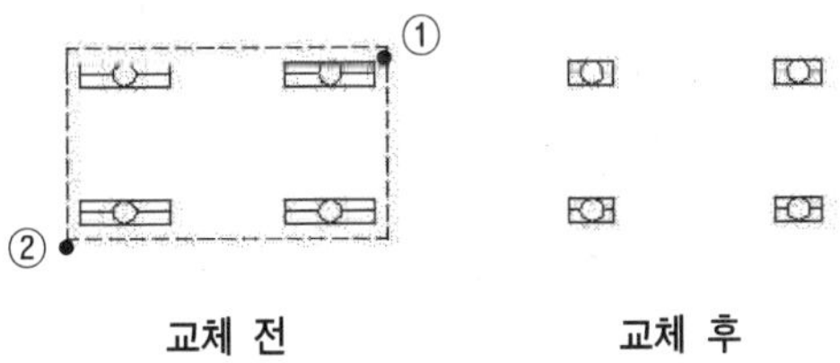

① 심벌선택 버턴을 Click

② 작업화면에서 교체할 심벌을 선택한 후 Enter↵ - ① Click 후 ② Click

③ 확인을 선택하면 선택된 심벌이 교체된다.

2) 심벌을 구분하여 교체하는 방법

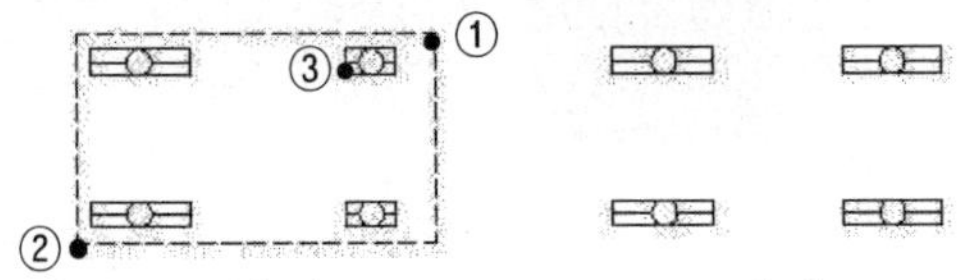

교체 전　　　　교체 후

① 심벌선택 버턴을 Click

② 작업화면에서 교체할 심벌을 선택한 후 Enter↵ – ① Click 후 ② Click

③ 블록을 선택하여 작업 도면에서 교체할 심벌 그룹 중에서 대표심벌 1개를 선택한다. – ③ Click

④ 블록명에 교체할 심벌의 블록명이 나타나면 확인을 선택한다.

3) 삽입점이 서로 다른 심벌을 교체하는 방법

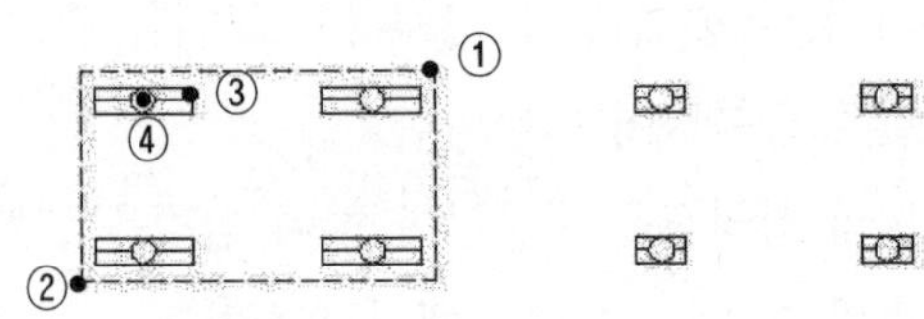

교체 전　　　　교체 후

① 심벌선택 버턴을 Click

② 작업화면에서 교체할 심벌을 선택한 후 Enter↵ – ① Click 후 ② Click

③ 심벌교체화면의 Insert Point를 체크한 후 Insert Point 버턴을 Click

④ 교체할 심벌 중 대표 심벌을 선택한다. – ③ Click(선택된 심벌의 삽입점이 자동으로 선택된다.)

⑤ 선택한 심벌에 새로운 삽입점을 선택한다. – ④ Click

⑥ 확인을 선택한다.

2.2.14 단일 객체 → 블록으로 교체

❑ 명령 : ECadASymToESym

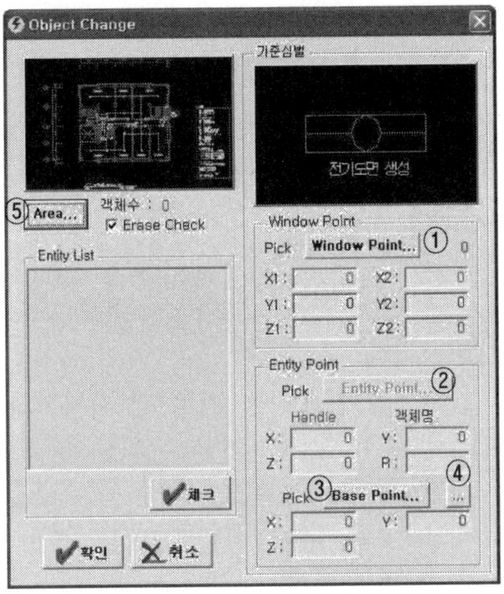

① 교체할 객체를 선택한다.

② 심벌의 객체 중 대표적인 객체를 선택한다(Circle이 가장 좋음).

③ 심벌의 삽입점을 선택한다.

④ 버턴을 선택하게 되면 삽입점이 Center일 때는 ③번 삽입점을 선택하지 않아도 삽입점이 선택된다.

⑤ 심벌을 교체할 영역을 선택한다.

□ 사용방법은 나음(형광등을 다운라이트 등으로 변경하는 법)을 참조한다.

▶ 단일 객체를 블록으로 교체 방법(형광등을 다운라이트 등으로 변경)

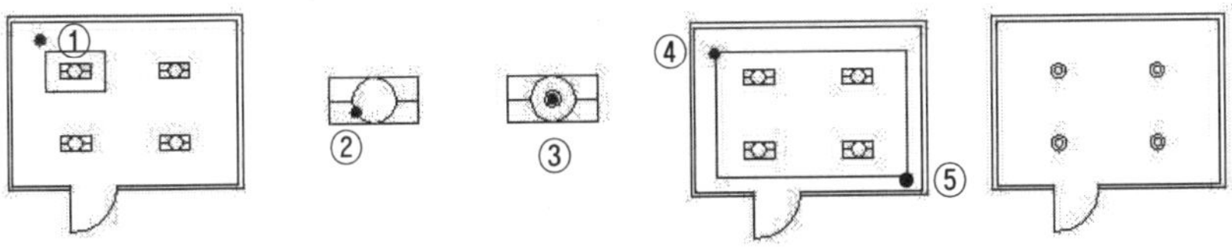

Window point Entity point Base point Area 결과

① 교체할 심벌 중 1개를 선택한다.

② 선택된 심벌의 객체 중에서 단독 특징을 가진 객체를 선택한다(Circle 형태를 선택하는 게 좋다).

③ 심벌의 삽입 기준점을 선택한다(Osnap을 이용한다).

④ & ⑤ 교체할 대상 전체를 선택한 후 확인하면 심벌이 교체된다.

6.2.15 심벌규격 교체

❑ 명령 : ECadSymSpecChange

❑ 블록명(이름)이 같은 심벌의 규격을 바꿀 때 사용한다.

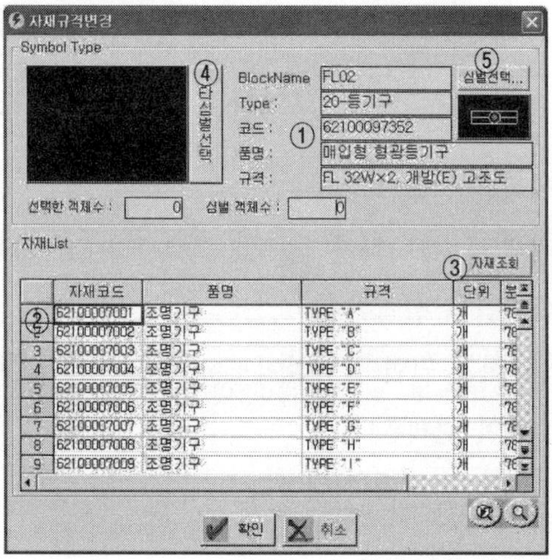

▫ 명령을 실행한 후 교체할 심벌 중 한 개를 선택한다.

① 선택된 심벌의 내용이 표시된다.

② 규격을 바꿀 항목을 선택한다. - 선택한 심벌만을 교체할 때는 확인을 선택한다.

③ 자재가 없을 때는 자재조회를 이용하여 자재를 찾아서 교체한다.

④ 교체를 원하는 심벌 전체를 선택한다. - 범위를 지정하여 교체할 경우

⑤ 계속해서 다른 심벌을 교체를 할 경우 심벌선택을 선택 한 후 ①~⑤사이의 단계를 재실행한다.

2.2.16 심벌 Utility

❑ 명령 : ECadSymEdit

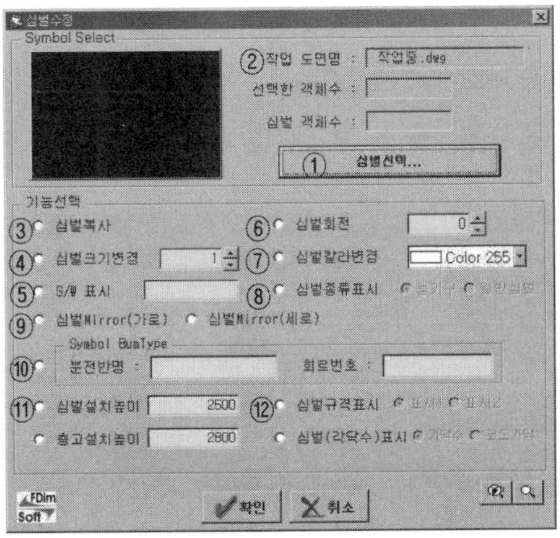

① 수정할 대상을 선택한 후 아래 사항을 참조하여 선택한 후 확인을 한다.

② 선택된 심벌의 내용을 나타낸다.

③ 심벌을 복사한다.

④ 심벌크기를 확대 또는 축소 값을 설정한다.

⑤ 심벌 기호 표시 값을 설정한다.

⑥ 심벌 회전각도 값을 설정한다.

⑦ 심벌의 색상 값을 변경한다.

⑧ 심벌의 종류 표시를 설정한다.

⑨ 심벌의 Mirror(대칭)를 설정한다. – (가로, 세로)

⑩ 분전반 명과 회로번호를 변경한다.

⑪ 심벌의 설치 높이 및 실(Room)의 높이를 변경한다.

⑫ 심벌의 규격표시 및 심벌의 가닥 수 표시를 설정한다.

2.3 전기설계CAD 배선

2.3.1 배선 범례집

❑ 명령 : ECadWireBum

❑ 배관, 배선 규격을 선택한 후 배선방법을 설정하여 도면을 그린다.

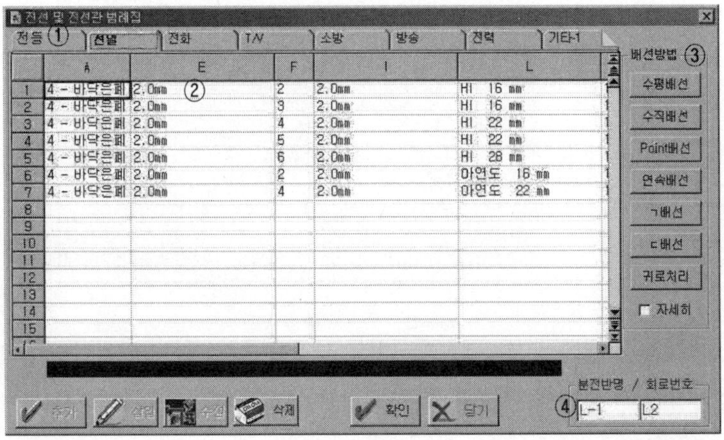

① 작업할 공종을 선택한다. - 공종은 범례집 설정에서 사용자화할 수도 있다.

② 배관방법 및 배관, 배선자재를 선택한다.

③ 배선방법을 선택하여 배선을 한다. - 배선방법 상세 설명 참조

④ 분전반 및 회로명을 입력한다. - 데이터 분류 때 하므로 생략해도 됨.

2.3.2 범례집 작성

❑ 명령 : Ecadwirecreate

❑ 배선 범례집에 사용할 배관, 배선이 없어 새로 만들 때 사용한다.

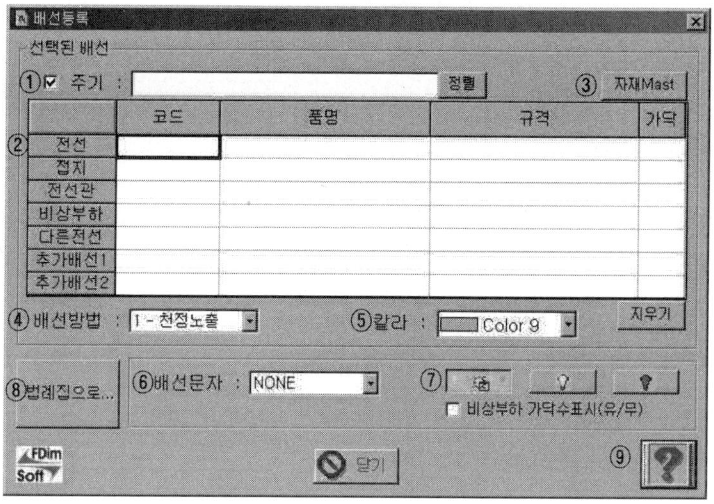

① 배관, 배선을 약식으로 표현 때 사용(주기의 체크를 없애면 직접입력이 가능하다.)

② 등록할 전선 및 전선관의 해당항목을 선택한다. - 항목을 더블클릭해도 자재마스터 창이 열린다.

③ 자재Master를 선택하여 자재를 등록한다(A. 자재 Master를 이용하여 자재등록법 참조).

④ 배선방법을 선택한다(천정노출, 천정은폐, 바닥노출, 바닥은폐 등).

⑤ 배관 및 배선에 대한 색상을 선택한다.

⑥ 배관 및 배선에 삽입할 문자를 선택한다(T, TV, FA 등으로 표시한다).

⑦ 전선 가닥수 표시 여부를 선택한다.

⑧ 자재설정이 완료되었으면 범례집으로 보낸다(B. 전선, 전선관 범례집 등록 참조).

⑨ 전선관 굵기 표를 참고 하여 범례집을 만들 수가 있다.

1) 자재Master를 이용하여 자재 등록법

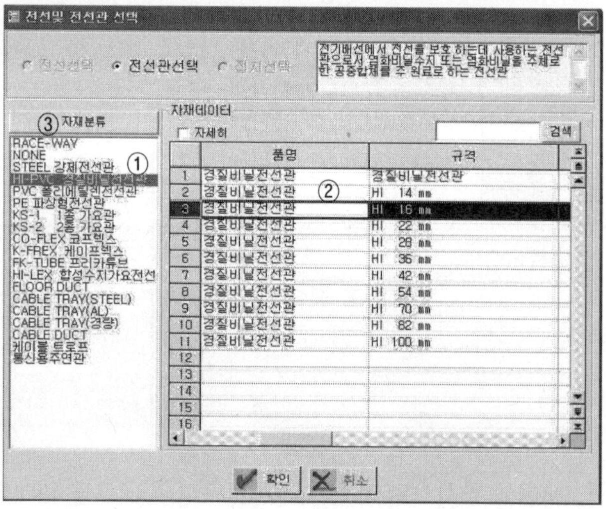

① 자재 항목을 선택한 후 더블클릭 한다.

② 해당자재를 선택 후 확인을 선택하면 자재가 등록된다.

③ 찾는 자재가 항목에 없는 때는 자재분류를 선택하여 등록한다.

2) 전선, 전선관 범례집 등록

① 자재를 등록할 분류를 선택한다. - (전등, 전열, 전화 등등)

② 아래 방법을 이용하여 등록을 한다.

- 추가 : 맨 아래쪽에 등록
- 삽입 : 선택된 자재 위에 등록
- 수정 : 선택된 자재를 덮어씌운다.
- 삭제 : 선택된 자재를 삭제

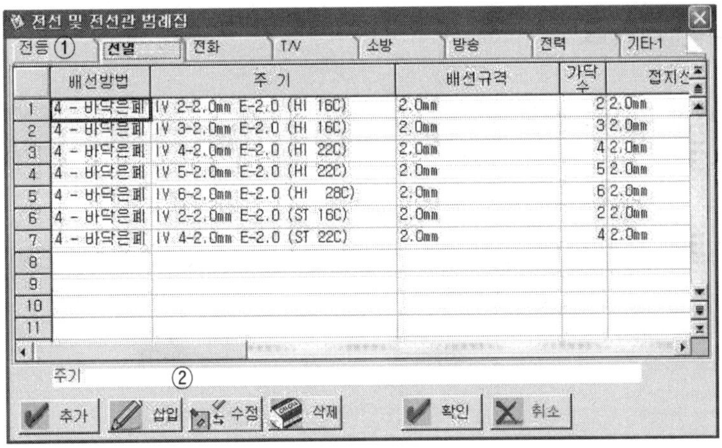

3) 전선 및 전선관 범례집 화면에서 약식으로 수정방법

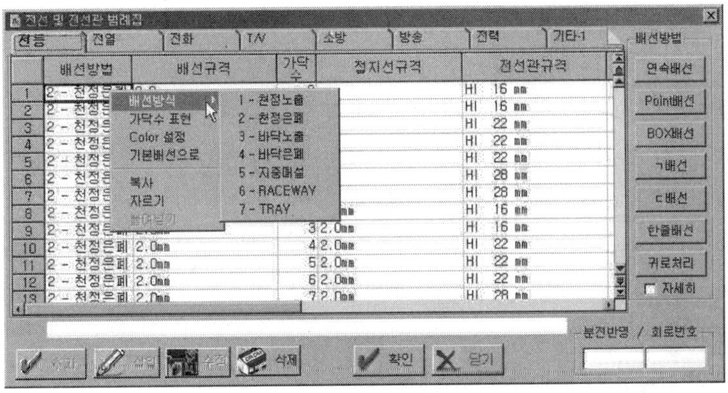

① 이미 등록된 항목에 대하여 공사방법, 가닥 수 표현, 색상 등을 바꾼다.

② 수정할 항목을 선택한 후 마우스 우측을 선택한다.

③ 수정 세부사항은 아래 내용을 참고한다.

- 배선방식 : 천정노출, 바닥은폐, 지중매설 등
- 가닥수 표현 : 일반배선은 3가닥부터 도면에 가닥수를 표현함
- Color 설정 : 색상을 변경할 때 사용
- 기본배선으로 한다.
- 복사, 자르기, 붙여넣기 : 선택한 자재를 수정하여 사용할 때 사용

2.3.3 배선방법

1) 배선 Point 지정

❑ 명령 : ECadWirePntAuto

❑ 심벌에 대한 배관 및 배선의 위치를 자동 또는 수동으로 설정한다.

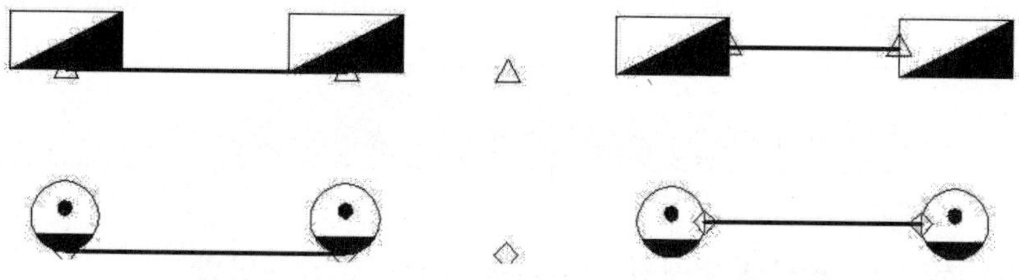

자동 설정　　　　　　　　　　수동 설정

▫ 자동설정 : 심벌의 삽입점을 기준으로 배선이 된다.
수동설정 : 사용자가 선택한 곳에 배선이 된다.

▫ 벽에 설치하는 심벌은 수동으로 설정 후 배선을 한다. - 콘센트, 전화, TV, 벽 브라켓 등기구 등

2) 수평배선

❑ 명령 : ECadWireFBoxLeft

❑ 수평방향으로 배선을 할 때 사용을 한다.

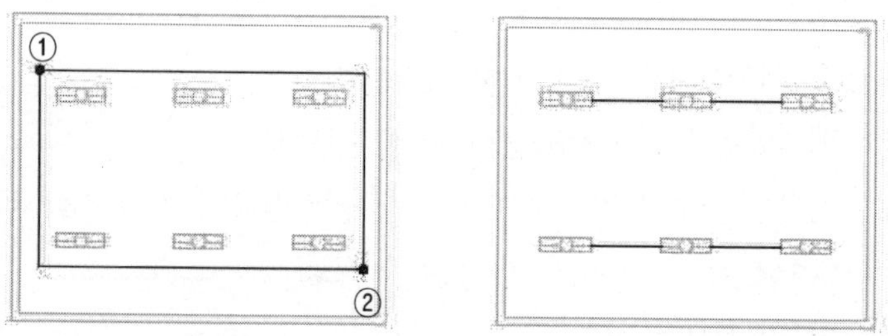

①번 Click 후 ②번 지점을 Click 하면 수평으로 배선이 된다.

3) 수직배선

❑ 명령 : ECadWireFBoxTop

❑ 수직방향으로 배선을 할 때 사용을 한다.

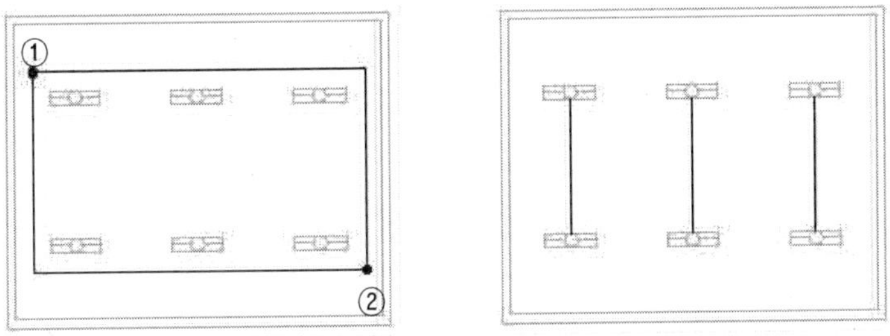

①번 Click 후 ②번 지점을 Click 하면 수직으로 배선이 된다.

4) 연속배선

❑ 명령 : ECadWireFConti

❑ 심벌간의 배선을 연속으로 할 때 사용을 한다.

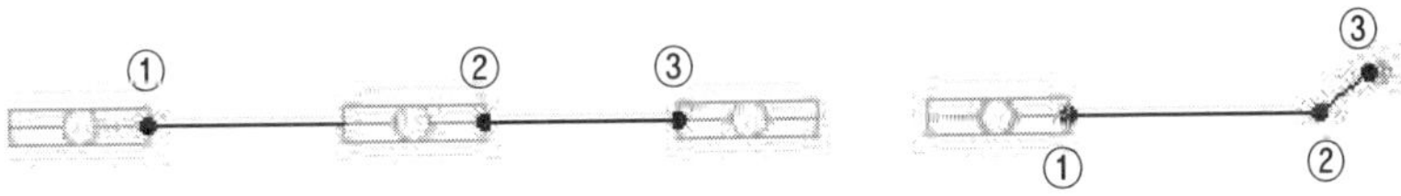

▫ 시작점 ①번 Click 한 후 연속해서 ②, ③번 순서로 Click 하면 배선이 완료된다.

▫ 벽에 배치된 심벌은 배선 Point지정을 수동으로 한 후 배선을 한다.

5) 레이스웨이(Raceway) 배관

❑ 명령 : ECadWireRway

❑ 레이스웨이(Raceway) 배관 표시를 할 때 사용한다.

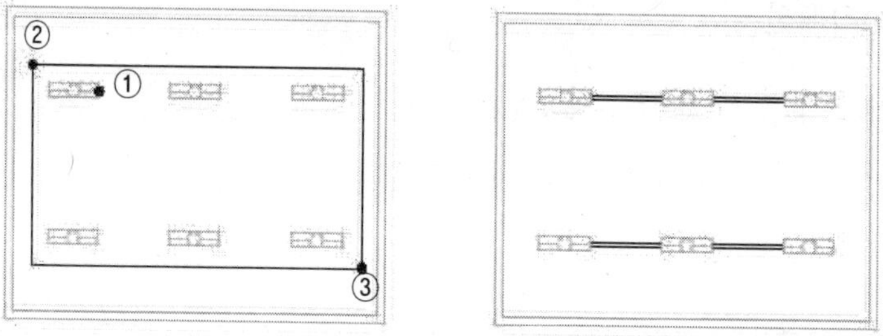

① 배관할 방향을 선택한다. : ①번 Click
② 배관할 영역을 ②번 Click 후 ③번 Click

6) 'ㄱ' 배선

❑ 명령 : ECadWireFVertical
❑ 'ㄱ' 또는 'ㄴ' 형태의 배선을 할 때 사용을 한다.

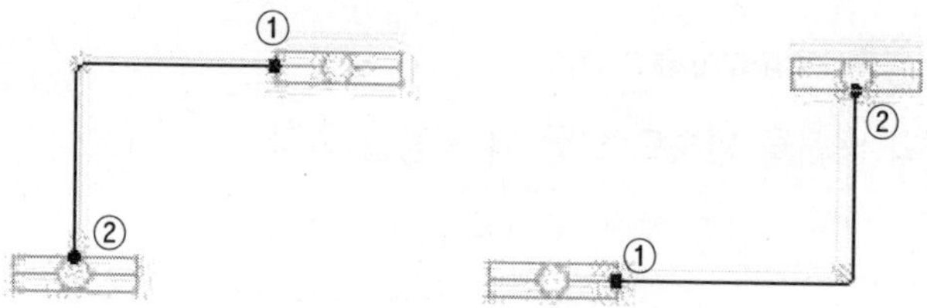

▫ 수평배선의 선상에 있는 심벌의 ① Click 한 다음 수직배선 선상에 있는 심벌의 ②쪽 Click 한다.
▫ 연속해서 'ㄱ'배선을 할 경우는 명령을 종료하지 않고 계속 배선을 하면 된다.

7) 'ㄷ' 배선

❑ 명령 : ECadWireFDLine
❑ 'ㄷ' 형태로 배선을 할 경우에 사용한다.

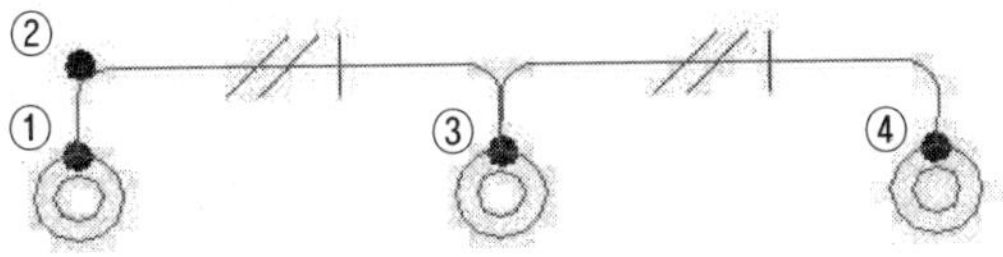

① 시작 심벌을 선택한다. : ①번 Click

② 'ㄷ'형태의 배선방향을 선택한다. : ②번 Click

③ & ④심벌을 연속해서 선택하면 'ㄷ'모양 배선이 그려진다.

8) 귀로 처리

❑ 명령 : ECadWireFShort

❑ 분전반, 전화단자함 등의 귀로처리 표시를 할 때 사용한다.

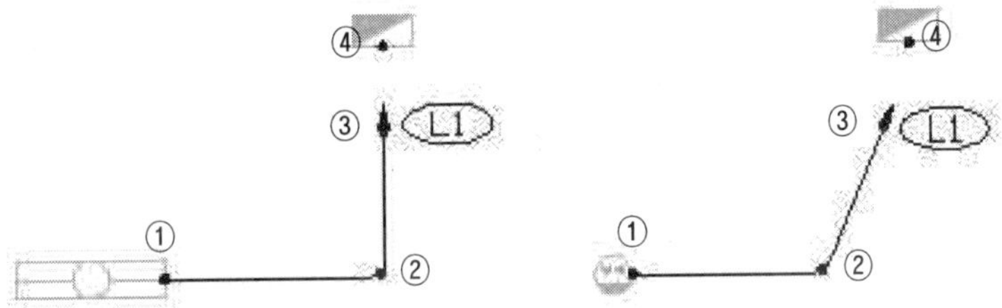

① ①②③번호 순서대로 선택을 한다.

② 분전반을 선택한 후 명령창에 회로번호(L1, R1 등)를 입력한 후 Enter↵
2회로인 경우는 두 번째 회로번호 입력 후 Enter↵ Enter↵

※ 분전반을 선택하기 직전 점에 귀로표시(화살표)가 생긴다.

9) '무' 배선

❑ 명령 : ECadWireNone

❑ 심벌과 심벌이 아닌 객체 사이에 배선을 할 때 사용한다.

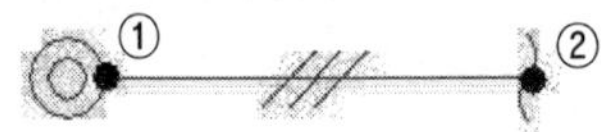

① 시작 심벌을 선택한다. : ①번 Click

② 심벌이 아닌 객체 ②번 Click 후 Enter↵

③ 높이 설정 입력 창에 배관의 설치 높이를 입력한 후 확인을 선택한다.

2.3.4 배선 가닥수 교체

❑ 명령 : ECadWireEaChange

❑ 전선의 가닥수를 교체할 때 사용한다.

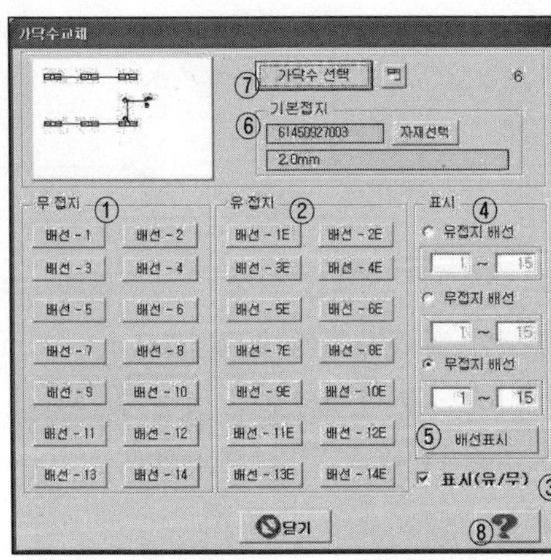

▫ 명령을 실행 후 교체할 전선 가닥수를 선택하면 위와 같은 화면이 나타난다.

① & ② 무접지(접지가 없는 경우) 또는 유접지(접지가 있는 경우) 중에서 해당가닥수를 선택하면 교체가 된다.

③ 체크표시를 없애면 가닥수 표시가 되질 않는다.

④ & ⑤ 도면에 가닥수 표시를 없앤 경우 다시 나타나게 한다.

⑥ 접지를 바꿀 경우 자재선택을 하여 교체할 수가 있다.

⑦ 가닥수 교체를 연속해서 할 때 가닥수 선택을 이용한다.

⑧ 전선에 대한 전선관 굵기 선정을 참조한다.

2.3.5 배선 Utility

❑ 명령 : ECadWireLineEdit

❑ 배선에 대한 각종 Data를 수정 또는 표시할 때 사용한다.

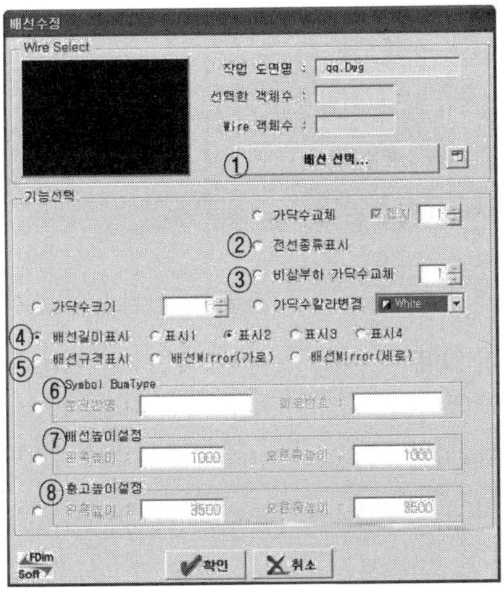

① 해당 심벌을 선택한다.

② 전선 및 전선의 내용을 표시 : 예 Ⅳ 2-2.0mm E-2.0(HI 16C)

③ 비상부하 가닥수 교체 : 비상부하 회로에 대하여 가닥수를 교체한다.

④ 배선길이 표시 : 심벌간의 길이값을 표시한다.

- 표시1 : 심벌간의 전체길이를 나열하여 보여준다.
- 표시2 : 실제 배관만의 길이를 보여준다(실제 적용).
- 표시3 : 심벌간의 최단거리 값을 보여준다.
- 표시4 : 후렉시블을 포함한 합한 길이 값을 보여준다.

⑤ 배선의 규격을 표시한다.

⑥ 분전반 이름 및 회로번호를 수정한다.

⑦ & ⑧ 전선관 설치 높이 및 층고를 수정한다.

2.3.6 배선 데이터 - ON

❑ 명령 : ECadWireOn

❑ OFF 시킨 배선 가닥을 '□' 형태의 데이터로 표시한다.

2.3.7 배선 데이터 - OFF

❑ 명령 : ECadWireOff

❑ '□' 형태의 배선 데이터를 안 보이게 한다.

2.3.8 배선 가닥 ON

❑ 명령 : ECadWireShowOn

□ 보이지 않는 전선 가닥수 표시를 보이게 한다.

□ 가닥수 표시를 보이게 할 영역을 선택한 후 엔터를 치면 OFF된 배선 가닥 표시가 나타난다.

2.3.9 배선 가닥 OFF

❑ 명령 : ECadWireShowOff

□ 표시된 전선 가닥수를 안 보이게(OFF) 한다.

□ OFF 할 영역을 선택 후 엔터를 치면 표시된 가닥수가 없어진다.
(가닥수 표시를 삭제한 것이 아니고 안 보이게 하는 것이며 가닥수 자리에 '•' 형태로 데이터 표시가 된다.)

2.4 전기설계CAD 물량 산출

2.4.1 데이터 분류

- ❑ 명령 : EcadBomCheck
- ❑ 견적서 및 계산서를 작성하기 위하여 회로별로 데이터를 분류한다.

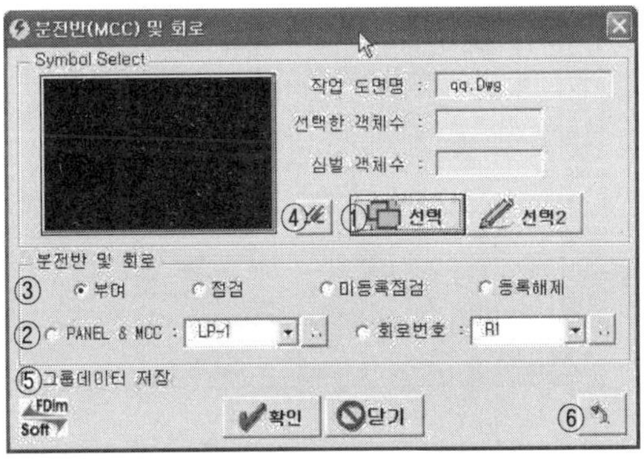

① 객체를 선택한다. - 선택2를 이용하면 부분 선택도 할 수가 있다.

② Panel 또는 단자함의 이름 및 회로번호를 설정 - 미리 저장해 놓고 사용가능하다.

③ 작업할 방법을 선택한다. - 기본값은 회로부여이다.

- 부여 : 도면에 작성된 심벌들을 회로별로 선택하여 회로부여를 한다.
- 점검 : 회로부여된 심벌들을 회로별로 다시 찾을 때 사용한다.
- 미등록 점검 : 도면전체를 선택하면 누락된 심벌에 '√' 체크표시가 나타난다. 이때 '√' 체크 표시된 심벌만 회로부여를 다시 하면 된다.
- 등록해제 : 부여된 회로번호를 초기화 한다.

④ 회로부여 후 표시된 '√' 체크표시를 삭제할 때 사용한다.
(체크표시의 해제는 물량 체크표시 삭제를 이용해도 된다.)

⑤ '√'를 하면 그룹만들기 기능에 부여된 회로가 등록이 된다.

⑥ 그룹만들기 기능 화면으로 바로 갈 수가 있다. - 그룹만들기 기능

2.4.2 데이터 내보내기(BOM)

❑ 명령 : ECadDwgDataOutput

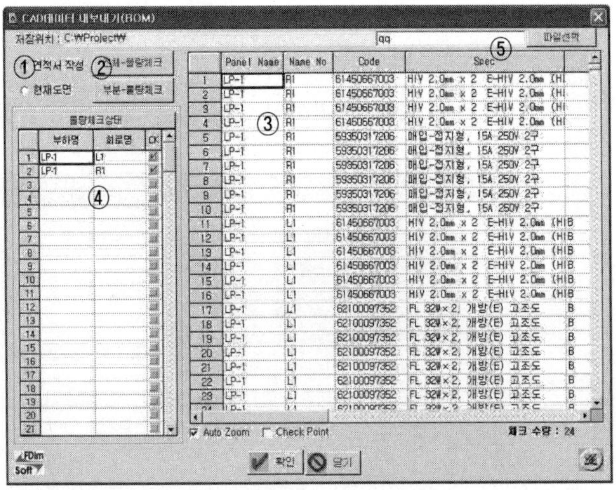

① 견적서 및 현재도면에서 볼 수 있는 데이터로 만든다.

- 견적서 : 외부 견적프로그램을 이용하여 공사금액을 산출한다.
- 현재도면 현 도면에서 작성된 물량을 볼 때 사용한다.

② 회로 부여된 데이터를 전체 또는 부분으로 나타낸다.

③ 작성된 데이터를 보여주며 분전반 및 회로번호가 없는 항목은 데이터분류를 다시 해야 한다.

④ Panel 및 회로 별로 구분하여 데이터를 저장하여, 견적서에서 사용할 때 사용하며 '√' 체크(CK) 표시를 한 회로만 저장이 된다. - 견적서 작성만 해당

- 주로 같은 도면에 그려진 데이터를 분류하여 견적서에서 등록할 때 사용

⑤ 현재 도면이름으로 저장되며 수정도 할 수가 있고, 파일선택을 하여 다른 폴더에도 저장을 할 수가 있다.

⑥ 파일명을 입력 후 확인을 선택하면 "oo.CWG"로 저장이 된다.

2.4.3 물량 산출

데이터 내보내기의 “현재도면”만 적용된다.

1) 산출조서

❑ 명령 : ECadBomOutputList

❑ 산출된 수량 및 길이값을 세분화해서 회로별로 나타낸다.

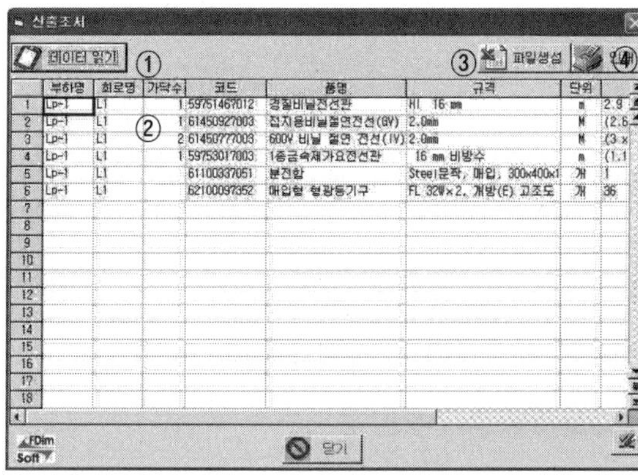

① 데이터 읽기를 선택하면 작성된 데이터를 불러온다.

② 도면에서 산출된 자재에 대한 수량이 길이 값이 나타난다.

③ 산출조서를 Excel로 전환하여 사용할 때 사용할 수도 있다.

④ 산출소서를 인쇄한다.

2) 물량집계(회로별)

❑ 도면에서 산출된 자재의 판넬별 및 회로별 집계 현황을 나타낸다.

❑ 명령 : ECadBomAreaList

① 작성된 데이터를 불러온다.

② 작성된 물량집계가 나타난다.

③ Excel로 전환할 수도 있다.

④ 물량집계를 인쇄한다.

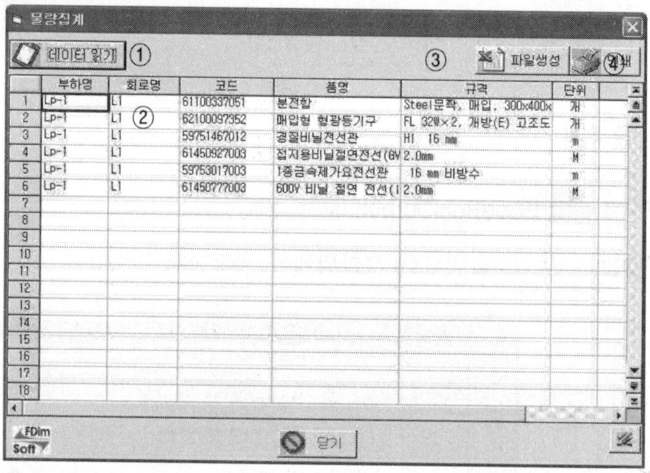

3) 물량집계(전체)

❑ 도면에서 산출된 자재의 전체 집계를 나타낸다.

❑ 명령 : ECadBomALLOutList

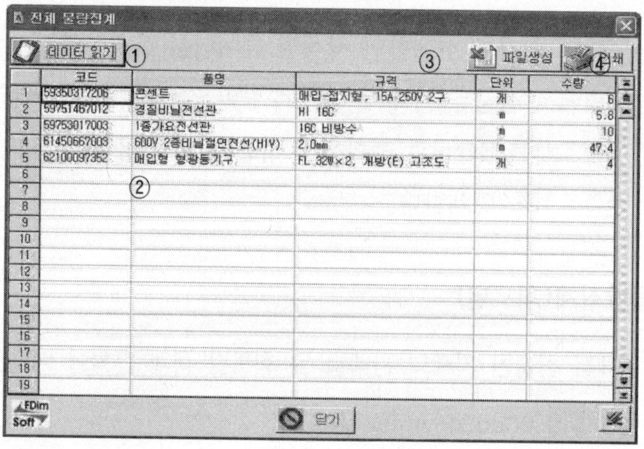

① 작성된 데이터를 불러온다.

② 작성된 물량집계가 나타난다.

③ Excel로 전환할 수도 있다.

④ 물량집계를 인쇄한다.

2.4.4 물량체크 표시 삭제

❑ 명령 : ECadBomCheckDelete

▫ 회로지정을 한 후 심벌에 √ 표시된 기호를 없앨 때 사용한다.

▫ 명령을 실행하게 되면 √ 표시가 없어진다.

2.4.5 심벌데이터 변경

❑ 명령 : ECadSymDataEdit

❑ 배치된 심벌에 대한 각종 Data를 수정한다.

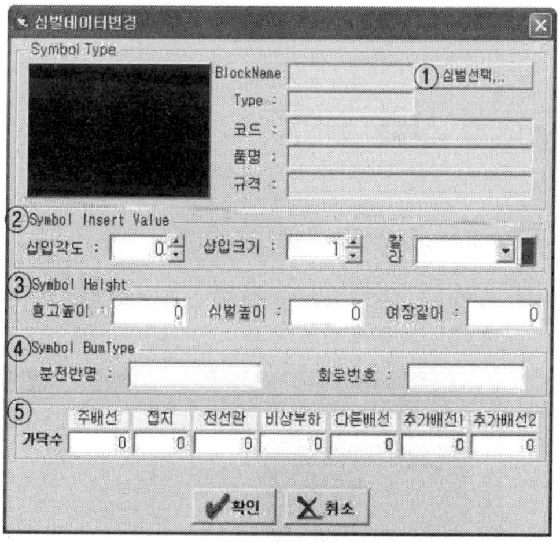

① 수정할 심벌을 선택한다.

② & ③ & ④ & ⑤ 심벌에 대한 각종 Data를 변경한 후 확인을 신댁하면 Data가 변경된다.

2.4.6 규격표시

❑ 명령 : ECadSpecTextinsert

❑ 지시선을 이용하여 사용자가 지정하는 지점에 문자를 입력한다.

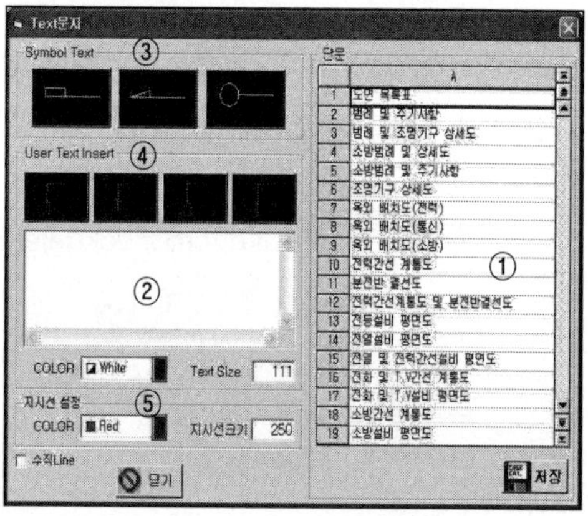

① 미리 등록된 항목의 번호를 더블 클릭하면 번 문자 입력 창에 입력이 된다.

② 문자를 입력하여 사용하는 창이며 수작업으로도 입력이 가능하다.

③ 심벌에 대한 내용을 도면에 입력할 수가 있다.

④ 사용자가 지정하는 지점에 리드선의 모양을 설정하여 사용한다.

⑤ 입력문자 및 지시선의 색상 및 문자크기를 설정한다.

2.4.7 기구 Type별 산출

❑ 명령 : ECadDwgDataEaList

❑ 도면에 그려진 심벌의 수량 및 규격을 도면에 표시해준다.

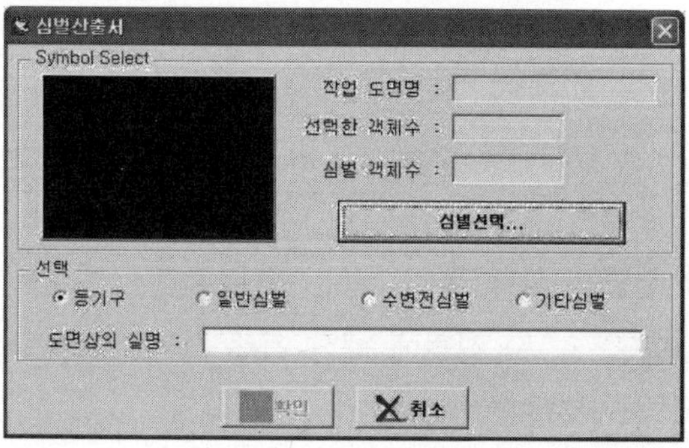

① 심벌선택을 선택한 후 표시할 심벌을 도면에서 선택한다.

② 심벌의 구분을 선택과 실명을 입력하고 확인을 한다.

③ 도면에서 표시할 부분을 선택하면 실명 및 수량이 입력된다.

2.4.8 범례집 그리기

❑ 명령 : ECadSymCreate

❑ 작성된 Project에 대한 일반 범례집을 작성해 준다.

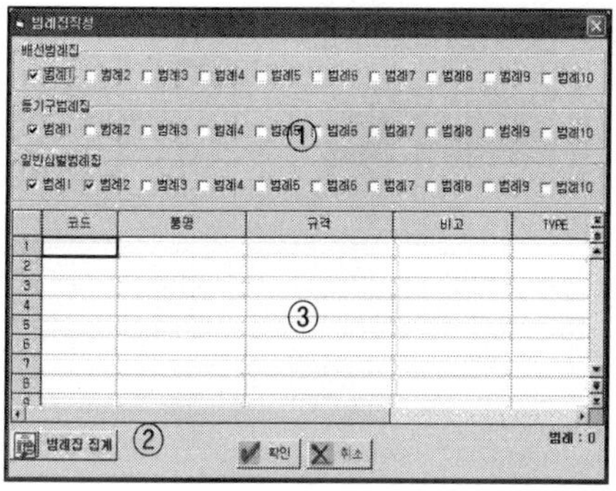

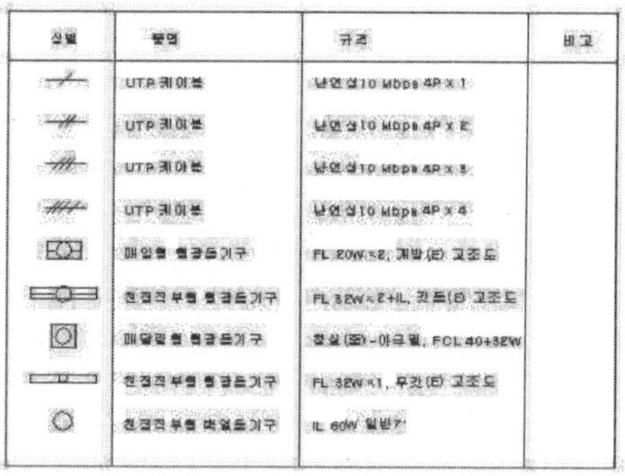

① & ② 작도할 범례집을 선택 후 범례집 집계를 선택한다.

③ 내용을 짐김 후 확인을 선택하여 도면을 작성한다.

2.4.9 그룹 만들기

❑ 명령 : ECadAddEntityShow

❑ 도면에 그려진 내용들을 영역을 지정하여 Layer형태로 ON/OFF할 수 있다.

① 만든 영역을 선택한 후 부하명 및 회로번호를 입력하고 저장한다.

② 등록된 회로를 체크한 후 ON하면 도면에서 보이고 OFF하면 안 보인다.

▫ 주로 데이터분류와 연관해서 물량산출을 할 때 사용을 하면 된다.

2.5 전기설계CAD 시퀀스

2.5.1 시퀀스 심벌 범례집

❑ 명령 : ECadSym03Bum

❑ 수변전설비 및 일반 회로도면을 작성할 때 사용한다.

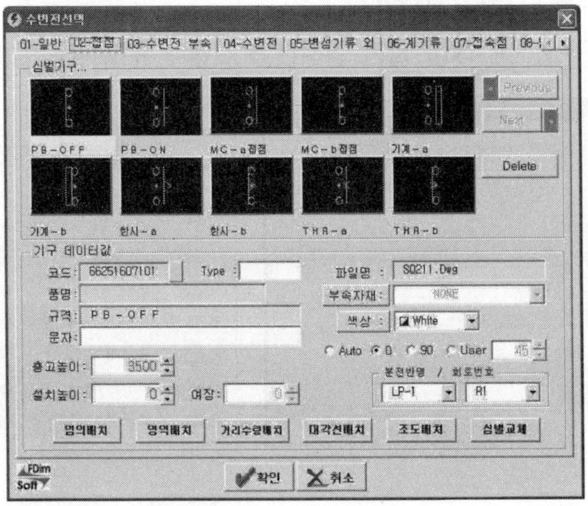

① 5-6 기호라인 그리기를 이용하여 보조선을 그린 후 작도를 하면 편리하다.

② 심벌 삽입 각도

- Auto : 심벌을 삽입 후 설치방향을 선택한다.
- 0, 90 : 심벌을 삽입하면 곧바로 삽입이 된다. - 일반적인 방법
- User : 삽입각도를 사용자화 하여 삽입을 한다.

※ 기타 사용방법은 조명심벌 및 일반심벌 범례집을 참조한다.

2.5.2 임의배치

❑ 명령 : ECadSymOne

❑ 심벌을 한 개씩 각각 배치할 때 사용하며 아래 방법은 삽입각도를 Auto로 한 경우의 예제이다.

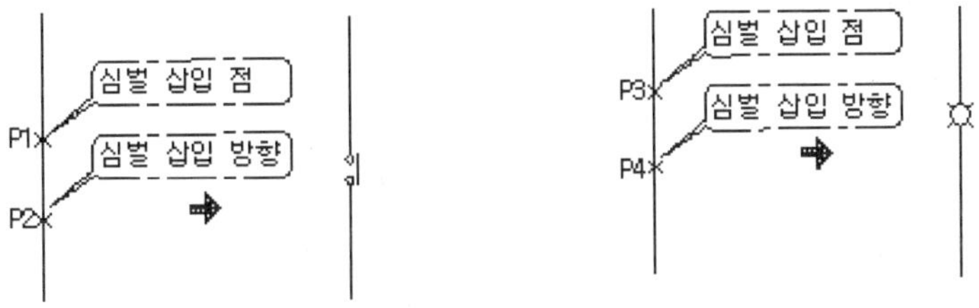

① 범례집에서 심벌을 선택 후 배치할 지점을 선택한다. - P1 또는 P3 Click

② 방향을 선택하면 보조선을 끊으면서 심벌이 삽입된다. - P2 또는 P4 Click

※ 0, 90도로 배치할 경우는 심벌 삽입 후 설치방향을 선택할 필요가 없다.

2.5.3 다중복사

❑ 명령 : EMCopy

❑ 객체를 복사하여 연속으로 배치한다.

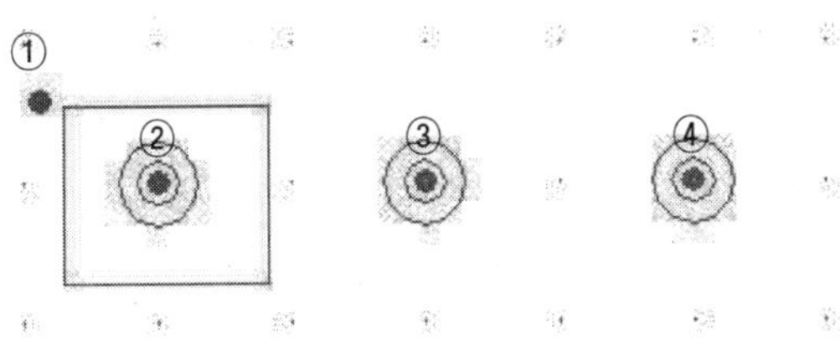

① 복사할 객체를 선택한다.

② 복사할 객체의 기준점을 선택한다.

③ & ④복사한 객체를 연속으로 배치한다.

2.5.4 'ㄱ' Line

❏ 명령 : ECadLineVerti

❏ 객체와 객체 사이를 'ㄱ'자로 연결한다.

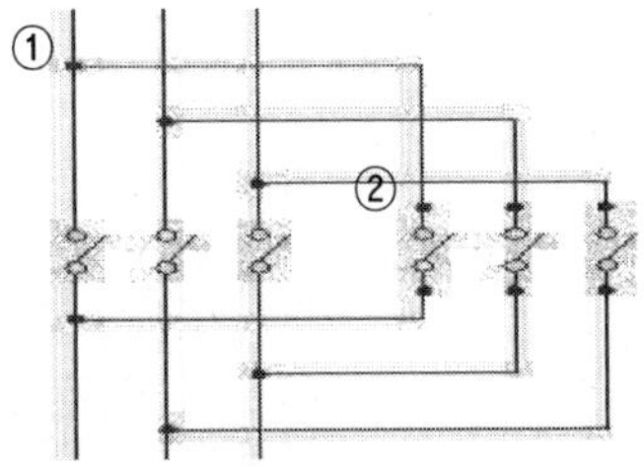

① 시작점(수평 점)을 선택한다. - ①번 Click

② 끝점(수직 점)을 선택한다. - ②번 Click

③ 반복하여 나머지 부분도 완성한다.

2.5.5 다중 Line

❏ 명령 : MTLine

❏ 다중 Line을 그릴 때 사용한다.

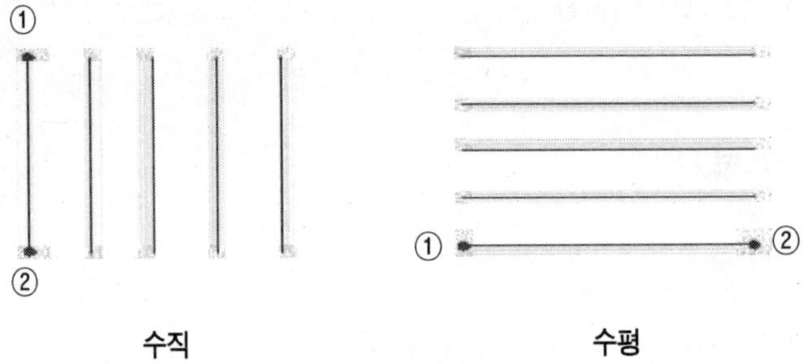

① 다중 Line의 수를 입력한다. : 5 Enter↵

② Line 간격을 입력한다. : 600 Enter↵

③ 수직 또는 수평으로 ① Click 후 ② Click 하면 다중선이 그려진다.

2.5.6 CAD 그리드, 스냅 설정

❏ 명령 : ECadDwgGridSnap

❏ 각종 회로도를 작성할 때 편리하게 사용할 수 있다.

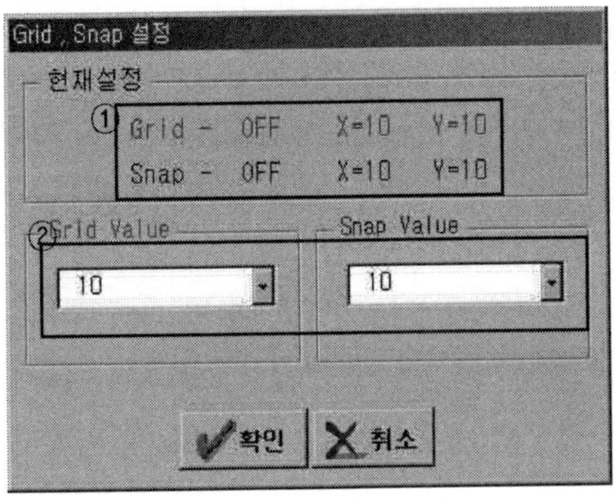

① 현재 상태의 Grid 및 Snap값을 나타낸다.

② Grid 및 Snap값을 입력한다.

2.6 전기설계CAD 편집

2.6.1 건축도면 그리기

1) 중심선 그리기

❑ 명령 : ECadSym01Bum

❑ 도면의 중심선을 그릴 때 사용한다.

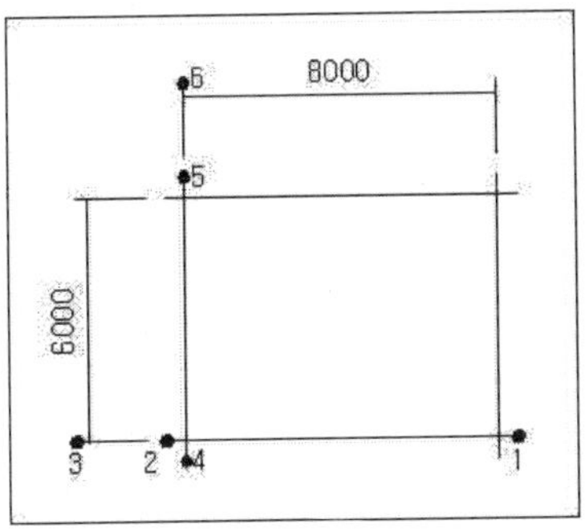

a) 가로선의 경우

① 중심선의 시작점 : 1번 [Click]

② 중심선의 끝점 : 2번 [Click]

③ 치수선의 위치 점 : 3번 [Click]

④ 다음 중심선까지의 거리 : 6000 입력 후 [Enter↵]

⑤ 다음 중심선까지의 거리 : [Enter↵] – 중심선이 두 개 이상인 경우는 전체 길이 값이 자동으로 입력된다.

b) 세로선의 경우

① 세로선의 경우와 같은 방식으로 4, 5 그리고 6을 차례로 [Click]

② 다음 중심선까지의 거리 : 6000을 입력 후 [Enter↵]

2) 사면벽체

❑ 명령 : ECadSym01Bum

❑ 도면의 외곽 벽체를 그릴 때 사용한다.

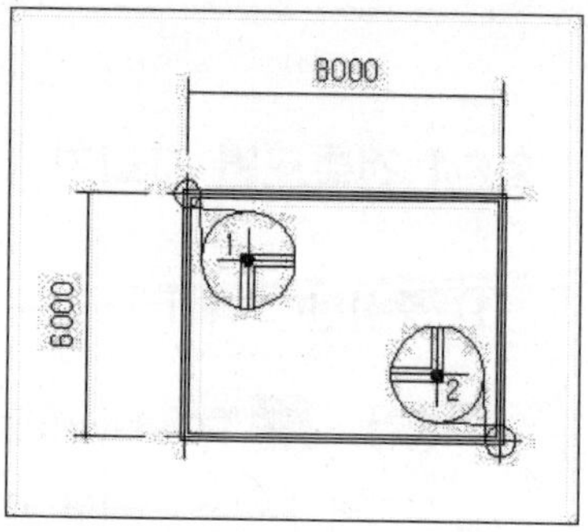

① 벽체 폭을 입력 : 200 입력 후 [Enter↵]

② 첫 번째 코너(교차점 클릭) 1번 [Click]

③ 두 번째 코너(교차점 클릭) 2번 [Click] 하면 벽체가 그려진다.

3) 연속 벽체 그리기

❑ 명령 : ECadSym01Bum

❑ 일반 벽체를 그릴 때 사용하며 연속해서도 그릴 수가 있다.

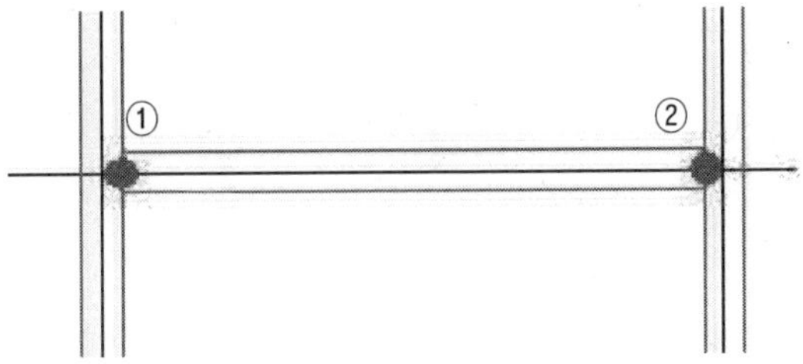

① 벽체 폭 : 200 - 벽의 두께를 입력한 후 [Enter↵]

② 첫 번째 벽체의 안쪽(교차점 클릭)을 선택한다. - ①번 [Click]

③ 다음 벽체의 안쪽(교차점 또는 수직 점)을 선택한다. - ②번 [Click]

□ 연속해서 벽체를 그릴 경우는 그리고자 하는 지점을 연속해서 [Click] [Enter↵] 하면 된다.

4) 외 여닫이문 – 한쪽 문

❑ 명령 : ECadSym01Bum

❑ 외 여닫이문을 그릴 때 사용한다.

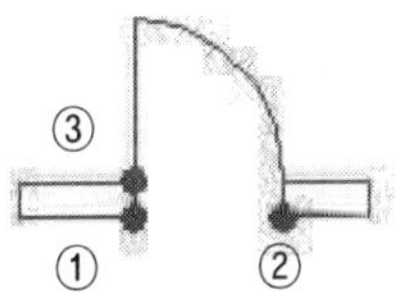

① 문폭을 입력 : 900 [Enter↵]

② 문틀 삽입 점을 선택 : ①번 지점(문을 미는 쪽) [Click]

③ 문틀의 삽입방향 : ②번 지점(손잡이 부분) [Click]

④ 문이 열리는 방향의 선위점 : ③번 지점(문틀 삽입점 반대편 벽체) [Click]

5) 쌍 여닫이문 – 두쪽 문

❑ 명령 : ECadSym01Bum

❑ 쌍 여닫이 문을 그릴 때 사용한다.

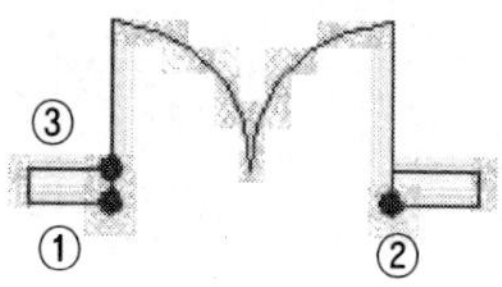

① 쌍 여닫이문의 폭을 입력 : 1800(전체 문폭) Enter↵
② 문틀 삽입 점을 선택 : ①번 지점(문을 미는 쪽) Click
③ 문틀의 삽입방향 : ②번 지점(손잡이 부분) Click
④ 문이 열리는 방향의 선위점 : ③번 지점(문틀 삽입점 반대편 벽체) Click

6) 창 문

❑ 명령 : ECadSym01Bum
❑ 창문을 그릴 때 사용한다.

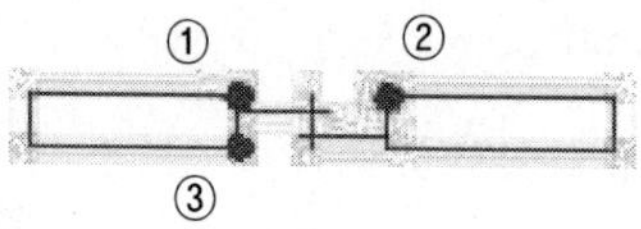

① 창문의 폭을 입력한 후 Enter↵
② 창문의 삽입 점을 선택한다. - ①번 지점 Click
③ 창문이 열리 방향을 선택한다. - ②번 지점 Click
④ 창문 삽입점 반대편 벽체를 선택한다. - ③번 지점 Click

7) 벽체 끊기

❑ 명령 : ECadSym01Bum
❑ 벽체를 끊을 때 사용한다.

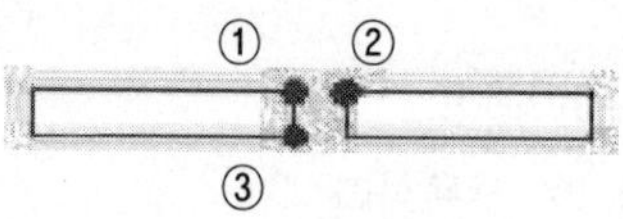

① 끊기 할 벽체의 폭을 입력한 후 Enter↵

② 끊기 할 벽체의 첫 번째 점을 입력한다. – ①번 지점 Click

③ 두 번째 점을 선택한다. – ②번 지점 Click

④ 첫 번째 점의 반대편 벽을 선택한다. – ③번 지점 Click

8) 계 단

❑ 명령 : ECadSym01Bum

❑ 계단을 그릴 때 사용한다.

① 계단의 폭을 입력한 후 Enter↵

② 계단의 시작점을 선택한다. – ①번 지점 Click

③ 계단의 끝점을 선택한다. – ②번 지점 Click

9) 개구부

❑ 명령 : ECadSym01Bum

❑ 점검구, PIT, ELEV 등의 개구부 표시를 할 때 사용한다.

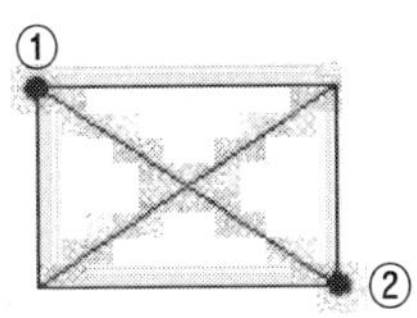

① 개구부의 시작점을 선택한다. – ①번 지점 Click

② 끝점을 선택한다. – ②번 지점 Click

2.6.2 Layer 관리

1) 전체 레이어 - ON

❏ 명령 : LASO

❏ 레이어 전체를 ON 할 때 사용한다.

2) 전체 레이어 - OFF

❏ 명령 : LASF

❏ 레이어 전체를 OFF 할 때 사용한다.

3) 선택된 레이어 - OFF

❏ 명령 : LASSF

❏ 선택된 레이어만을 OFF 할 때 사용한다.

4) 선택된 레이어 ON, 나머지 OFF

❏ 명령 : LASSO

❏ 선택된 레이어는 ON 하고 나머지 레이어는 OFF 할 때 사용한다.

5) 선택된 레이어 OFF, 나머지 On

❏ 명령 : LAFSON

❏ 선택된 레이어는 OFF 하고 나머지 레이어는 ON 할 때 사용한다.

6) 전체 레이어 Lock

❏ 명령 : LALSO

❏ 전체 레이어를 잠글 때 사용한다.

7) 전체 레이어 UnLock

❑ 명령 : LALF

❑ 전체 레이어의 잠금을 해제할 때 사용한다.

8) 선택된 레이어 Lock

❑ 명령 : LALSO

❑ 선택된 레이어만을 잠글 때 사용한다.

9) 선택된 레이어 UnLock

❑ 명령 : LALSF

❑ 선택된 레이어의 잠금을 해제할 때 사용한다.

10) 레이어 삭제, 교체, 색상변경

❑ 명령 : LaySE, LayAC, LACH

❑ LaySE : 도면층을 삭제한다.

❑ LayAC : 현재도면층으로 바꾼다.

❑ LACH : 도면층 색상을 바꾼다.

11) 선택된 레이어로 변경

❑ 명령 : LASet

❑ 사용하고자 하는 레이어로 설정 후 작업을 하면 도면층이 바뀌지 않고 작업을 할 수 있다.

2.6.3 문자관리

1) 특수문자

❑ 명령 : ECadSpecialText

❑ 특수문자를 삽입할 때 사용한다.

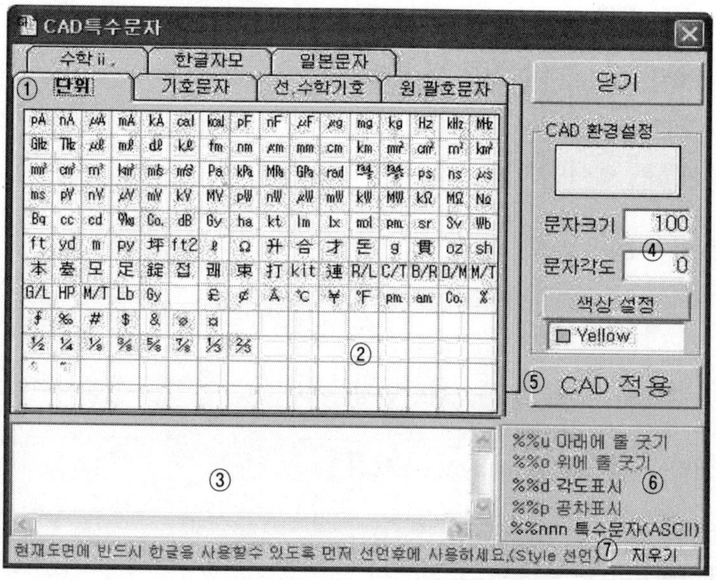

□ Style 명령을 이용하여 도면에 사용할 한글 글꼴을 설정 후 사용한다.

① 입력할 문자의 분류를 선택한다.

② 삽입할 문자를 선택한 후 더블 클릭한다.

③ 문자 입력창에 삽입될 문자가 나타난다. - 삽입할 문자를 직접 입력 가능

④ 삽입될 문자의 크기, 각도, 색상을 설정한다.

⑤ CAD적용을 선택 후 도면에서 문자가 삽입될 위치를 지정하면 문자가 삽입된다.

□ 참고사항

⑥ 줄긋기, 각도표시 등을 하는 방법을 나타낸다.

⑦ 문자 입력

창에 있는 문자를 삭제한다.

2) 문장 입력

❑ 명령 : Ecadaddstring

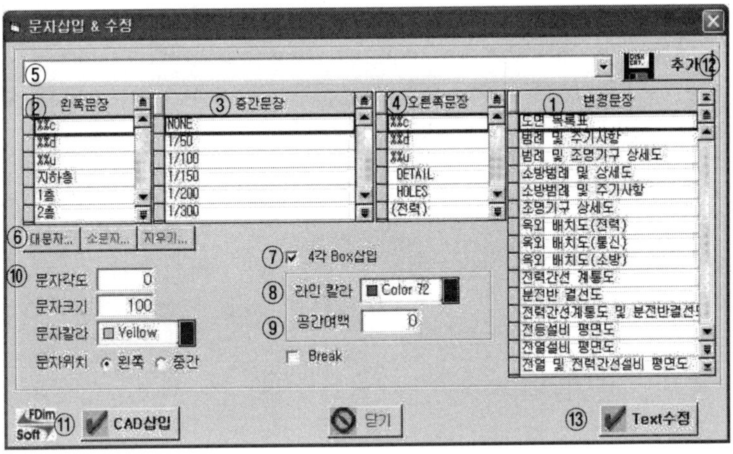

① 입력할 문장을 선택한 후 더블클릭 하면 ⑤번 문자입력 창에 입력된다.

② 왼쪽 문장을 입력한다.

③ 중간문장을 입력한다.

④ 오른쪽 문장을 입력한다.

⑤ 입력할 문자가 표시되는 창

⑥ 문자를 대문자 또는 소문자로 바꾼다.

⑦ 문자에 사각박스 입력 여부를 결정한다.

⑧ 라인 칼라를 설정한다.

⑨ 공간여백을 설정한다.

⑩ 문사의 크기, 색상, 위치 등을 설정한다.

⑪ 입력할 문장이 완료되었으면 CAD 삽입을 선택하여 도면에 삽입을 한다.

⑫ 새로운 문장을 등록하여 사용할 수가 있다.

⑬ Text수정을 선택하여 도면에 작성된 문자를 수정할 수도 있다.

3) 문자 교체

❑ 명령 : ECadTextReplace

❑ 수정할 문자를 찾아서 편집할 때 사용한다.

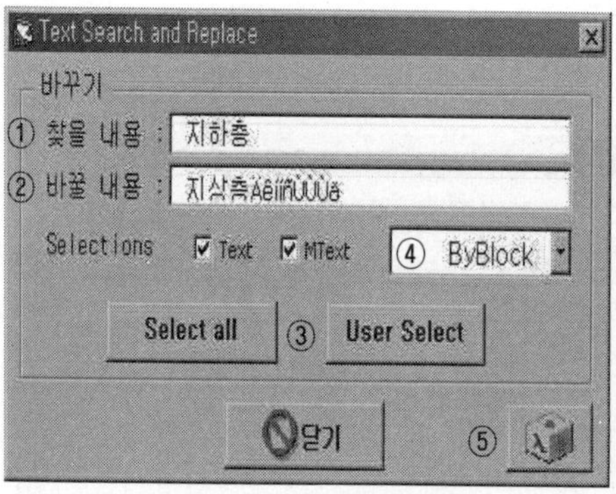

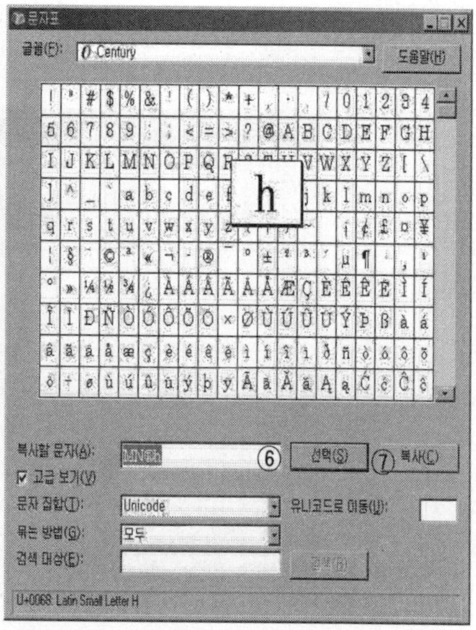

① 수정할 문자를 입력한다.

② 바꿀 내용을 입력한다.

③ Select all → 도면 전체, User Select → 선택한 영역에서 찾아서 수정한다.

④ 색상을 바꿀 때 사용한다.

⑤ 특수문자로 바꿀 경우 선택을 하면 우측 특수문자 창이 나타난다.

⑥ & ⑦ 입력할 문자를 선택하여 복사를 선택한 후 ②번의 바꿀 내용에 붙여넣기(Ctrl+V)를 하여 사용한다.

4) 문자 삭제

❑ 명령 : ECadTxtDelete

❑ 도면의 전체 객체 중에서 문자만 삭제하고자 할 때 사용한다.

5) 문자 외곽박스

❑ 명령 : ECadRectangleTextBox

❑ 문자외곽에 박스를 만들 때 사용을 한다.

6) 문장 병합

❑ 명령 : ECadRectangleTextBox

❑ 서로 다른 문장을 하나의 문장으로 병합할 때 사용한다.

7) 문자 Edit

❑ 명령 : ECadSpecialText

❑ 도면에 있는 문자를 전체적으로 관리(편집)하는 기능

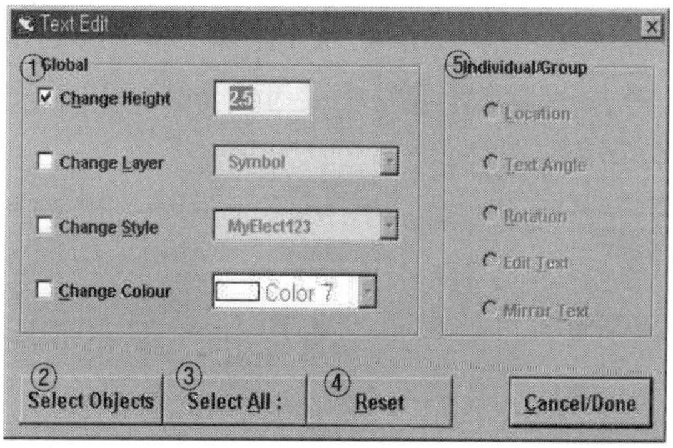

① 수정할 문자의 높이, Layer, Style, Color를 설정한다.

② 선택한 문자만 수정한다.

③ 작업 도면의 전체 문자를 수정한다.

④ 초기값으로 하며 ⑤번과 연계하여 사용한다.

8) 문자 수정

❑ 명령 : ECadStringEdit

❑ 여러 개의 문장을 일괄 변경할 때 주로 사용한다.

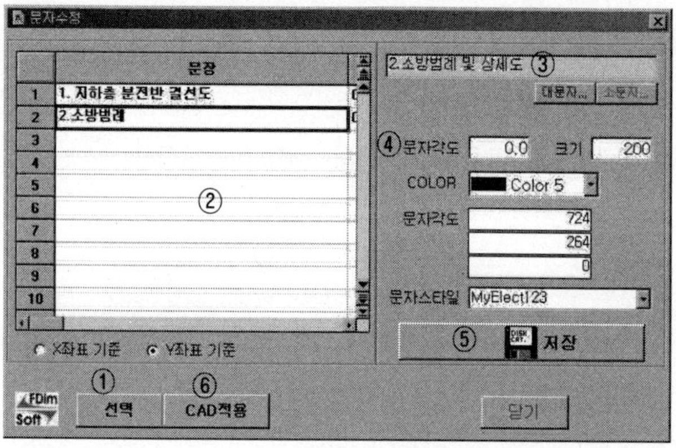

① 수정할 문장을 선택한다. - 여러 문장을 반복하여 선택해도 된다.

② 수정할 항목을 선택하면 ③번 수정 창에 나타난다.

③ 문장을 수정한다.

④ 수정할 문자의 각도, 크기, 스타일 등을 설정한다.

⑤ 수정을 완료한 후 저장을 선택하면 ②번의 선택된 항목이 수정이 된다.

⑥ CAD적용을 선택하면 문자가 수정이 완료된다.

수정 전

수정 후

2.6.4 편집관리

1) 심벌 삭제

❑ 명령 : ECadSymDelete

❑ 도면에서 심벌만 삭제할 때 사용을 한다.

2) 배선 Line삭제

❑ 명령 : ECadWireDelete

❏ 배선관련 Line 및 가닥 수 표시를 삭제할 때 사용한다.

3) 배선 교차라인 끊기

❏ 명령 : ECadwireDelete

❏ 교차된 배선을 끊기 한다.

❏ 끊기할 배선을 먼저 선택한 후 교차한 배선을 선택한다.

4) 심벌 교차라인 끊기

❏ 명령 : ECadSymWireCut

❏ 심벌과 배선이 교차한 경우 배선을 끊기 한다.

❏ 끊기할 배선을 먼저 선택한 후 심벌을 선택한다.

5) LINE, ARC 삭제

❏ 명령 : ECadLineDelete

❏ 일반 Line 및 Arc를 삭제할 때 사용한다.

6) 다중복사

❏ 명령 : EMCopy

❏ 객체를 복사하여 연속으로 배치한다.

7) 연속 라인

❏ 명령 : ECadCADLineCnt

❏ Line을 Fillet과 조합하여 그린다.

❏ 시작점(수평 쪽) 객체를 먼저 선택하고 Line 그릴 방향을 선택한 후 끝점은 수직 쪽의 객체를 선택한다.

8) 연속간격 띄우기

❑ 명령 : EMOffSet

❑ 간격 띄우기(Offset)명령과 같으나 이 명령은 값을 입력 후 Line을 선택하면 선택한 객체를 기준으로 양쪽 방향으로 Line이 그려진다.

9) 2줄 Line

❑ 명령 : ECadMLine

❑ 폭 값을 입력하여 복선(2줄)을 그릴 때 사용한다.

10) 기호 연속 Line

❑ 명령 : ECadLineConti

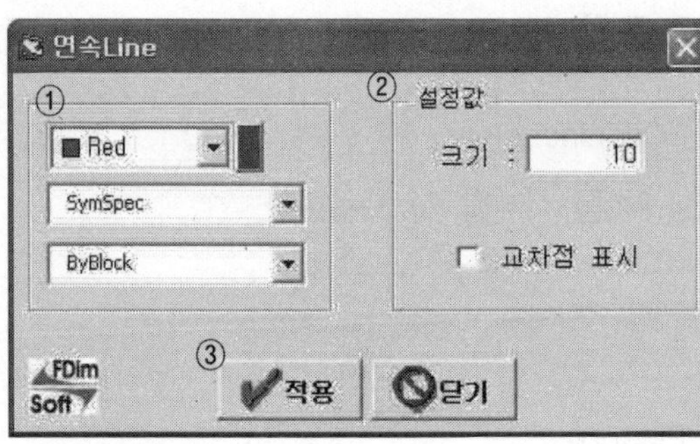

① Line의 칼라 및 형태를 설정한다.

② 기호의 크기를 설정하고 교차점 표시를 체크 후 Line을 그리면 시작점에 Donut 형태의 기호가 나타난다.

③ 설정 완료 후 적용을 선택한 후 Line을 그린다.

11) 길이계산

❑ 명령 : ECadDistCalc

❑ 작성된 도면 객체의 길이를 계산한다.

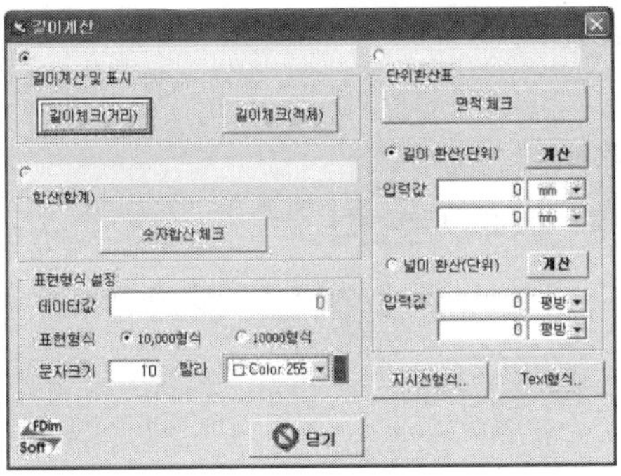

※ 길이 및 면적을 체크하여 도면에 표시도 가능하다.

12) E-CAD 계산기

❑ 명령 : ECadElecCalc

❑ 작업 중 계산기 기능을 이용할 때 사용한다.

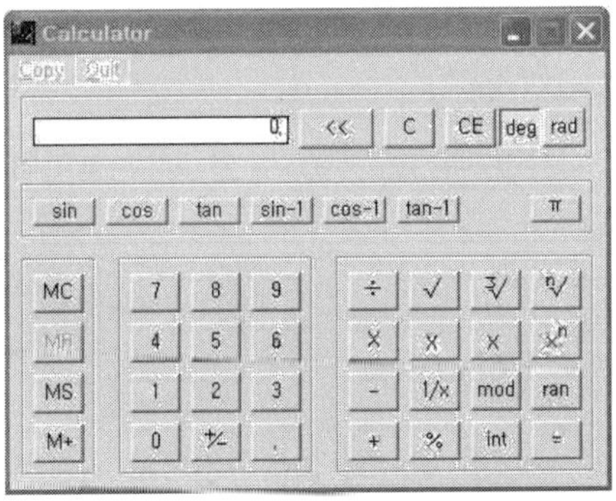

13) 사각 자르기

❑ 명령 : ECadCut

❑ 라인과 라인 사이 부분을 사각으로 잘라버리는 기능

14) 스케치(Sketch)

❑ 명령 :  sketch

❑ 도면에 스케치를 할 때 사용한다.

▫ Sketch 레코드 증분이 '0'에 가까울수록 스케치가 부드럽게 된다.

2.6.5 기타 편집

1) Block 연장

❑ 명령 :  ECadXTend

❑ 블록과 라인을 연결할 때 사용하며 먼저 블록을 선택 후 연장할 라인을 선택한다.

2) Block 자르기

❑ 명령 :  ECadXTrim

❑ 블록과 라인이 교차된 라인을 자르기 할 때 사용하며 블록을 선택 후 자르기 할 라인을 선택한다.

3) Line, Arc → PolyLine

❑ 서로 다른 Line과 Arc를 하나의 폴리라인으로 만들어준다.

4) PolyLine VertexChange

❑ 폴리라인의 시작점을 지정할 때 사용한다.

5) PolyLine Measure

❑ 폴리라인을 Measure할 때 사용한다.

6) PolyLine 번호매기기

❑ 폴리라인을 입력한 거리만큼 Measure하면서 Measure부분에 번호를 입력한다.

7) Point 삭제

❑ 폴리라인의 Measure한 부분에 표시된 기호를 없앨 때 사용한다.

8) 전체 객체 소거 - Purge

❑ 사용하지 않는 Layer를 소거할 때 사용한다.

9) Copy to Rotata

❑ 객체를 복사하여 회전시키면서 배치를 할 수가 있다.

10) Copy to Move

❑ 객체를 옮기면서 회전시킬 사용한다.

11) Dimension Erase

❑ 치수값만 삭제할 때 사용한다.

12) PolyLine Erase

❑ 폴리라인만 삭제할 때 사용한다.

13) 2Point Break

❑ 원하는 부분을 선택하여 끊기를 한다.

14) Mult Trim

❑ 여러 개의 객체를 자르기 할 때 범위를 지정하여 한꺼번에 자를 수 있다.

15) Mult Extend

❑ 여러 개의 객체를 연장할 때 범위를 지정하여 한꺼번에 연장할 수 있다.

16) 전체 객체 선축척 바꾸기

❑ 라인전체에 대한 축척 값(Dimscale)을 바꿀 때 사용한다.

17) 선택하여 선축척 바꾸기

❑ 선택한 라인만 축척값을 바꿀 때 사용한다.

18) 전체 블록명 바꾸기

❑ 전체 블록이름을 바꿀 때 사용한다.

2.7 전기설계CAD 따라하기

예제 1. 전등설비 – 1 따라하기

1.1 CAD 디자인 설정

① Pop Up Menu의 파일 → CAD디자인 설정

② 도면양식 설정 : ElecOffice.dwg

③ 용지 크기를 선택 : A4

④ 도면 축척 입력 : 100

⑤ 층높이(Slab Height) 입력 : 3600

⑥ 치수축척 : 100 입력 후 확인

1.1.1 중심선 그리기

건축설계 Tool Bar 

중  선택하여 아래 순서에 따라 중심선을 그린다.

1) 가로선의 경우

① 중심선의 시작점 : ① Click

② 중심선의 끝점 : ② Click

③ 치수의 끝점 : ③ Click

④ 다음 중심선까지의 거리 6000 입력 후 Enter↵

⑤ 다음 중심선까지의 거리 Enter↵

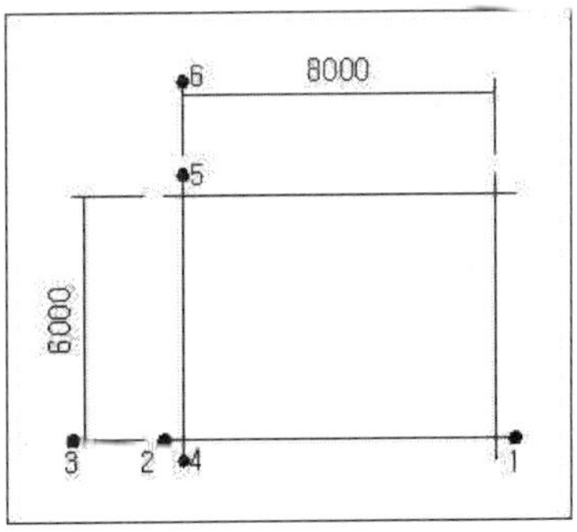

2) 세로선의 경우

① 가로선의 경우와 같은 방식으로 4, 5 그리고 6을 차례대로 [Click]

② 거리 입력란에 8000을 입력한 후 [Enter↵]

③ 거리를 입력하지 않고 [Click] 를 치면 합계 치수를 나타내어 준다.

1.1.2 사면벽체 그리기

건축설계 Tool Bar에서 [□] 을 선택한다.

건축도에서 영역 형태의 사면벽체 골조도를 그릴 경우 사용한다.

아래 순서에 따라 벽체를 그린다.

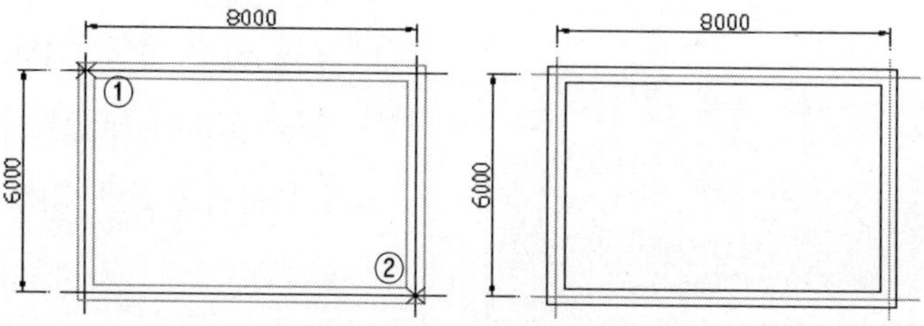

① 벽체 폭(벽의 두께 입력)은 〈200〉 300 입력 후 [Enter↵]

② 첫 번째 코너(osnap 교차점) [Click]

③ 두 번째 코너(osnap 교차점) [Click]

1.1.3 건축설계 Tool Bar에서 [아이콘] 또는 [아이콘] 을 선택한다.

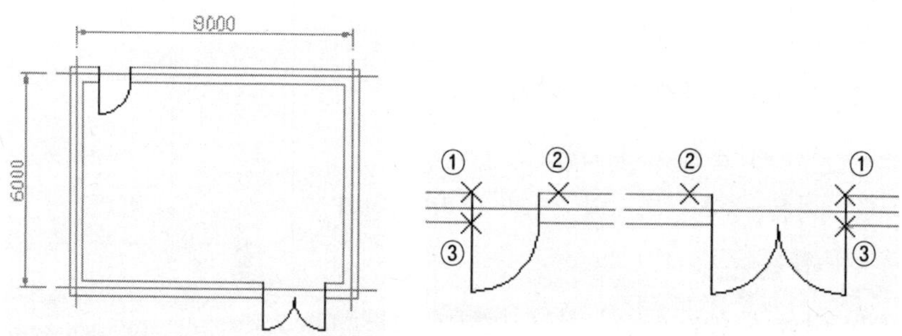

1) 외 여닫이 문 그리기

① 문틀의 크기(크기 입력) 〈900〉 : 900 입력 혹은 그냥 Enter↵

② 문틀의 삽입점 : '1' Click

③ 문틀의 삽입방향 : '2' Click

④ 문이 열리는 방향 : '3' Click

2) 쌍 여닫이 문 그리기

① 문틀의 크기(전체 문폭 입력) 〈900〉 : 1800 입력 Enter↵

② 문틀의 삽입점 : '4' Click

③ 문틀의 삽입방향 : '5' Click

④ 문이 열리는 방향 : '6' Click

1.2 심벌배치

1.2.1 조명기구 심벌의 영역 배치

1) 범례 Tool Bar에서 을 선택한다.

- 화면에서 배치하고자 하는 심벌을 선택한다.
- 기구 데이터 값 창에 심벌의 속성이 표시된다.
- 각도, 높이, 색상은 수정가능하다.
- 심벌배치 방법은 현재 화면에서 직접 선택 또는 Tool Bar에 있는 배치방법을 이용한다.

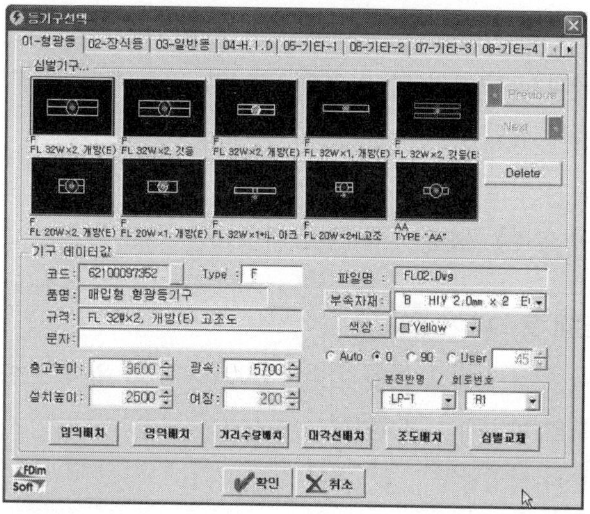

2) 아래 순서대로 배치를 한다.

① 앞의 조명기구 선택 DCL 화면에서 배치 할 심벌을 선택한다.

② 심벌배치 방법 중 영역 배치를 선택한 후 '확인'을 한다.

③ 마우스로 1번 코너 그리고 2번 코너 **Click**

④ 오른쪽과 같은 DCL 화면이 나타나면,

- X, Y 방향개수를 2개씩 입력한다.
- 확인 버튼 **Click** – 심벌배치가 완료된다.

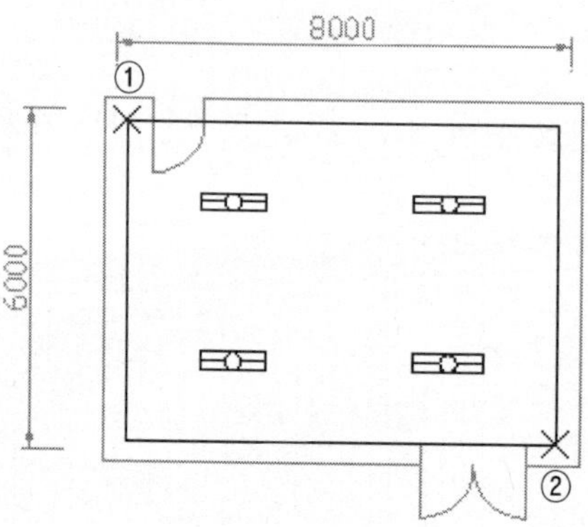

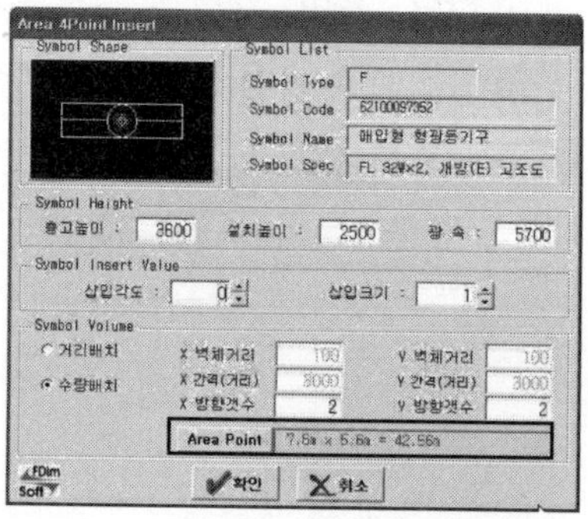

1.2.2 일반심벌의 임의배치

1) 범례 Tool Bar에서 [icon] 을 선택한다.

□ 화면에서 배치하고자 하는 심벌을 선택한다.

□ 기구 데이터 값 창에 심벌의 속성이 표시된다.

□ 각도, 높이, 색상은 수정가능하다.

□ 심벌배치 방1법은 현재 화면에서 직접 선택 또는 Tool Bar에 있는 배치방법을 이용한다.

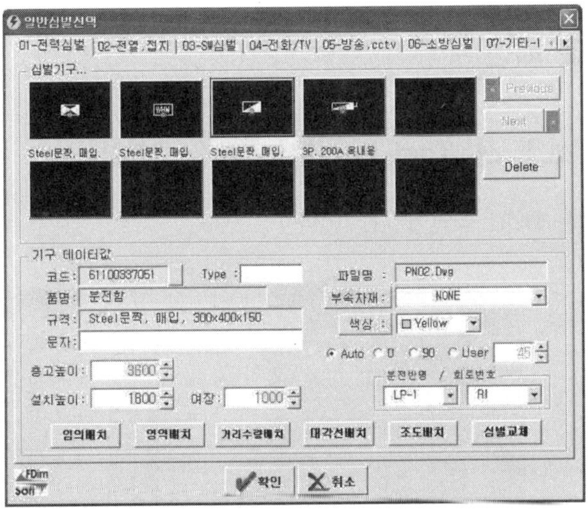

2) 아래 순서대로 배치를 한다.

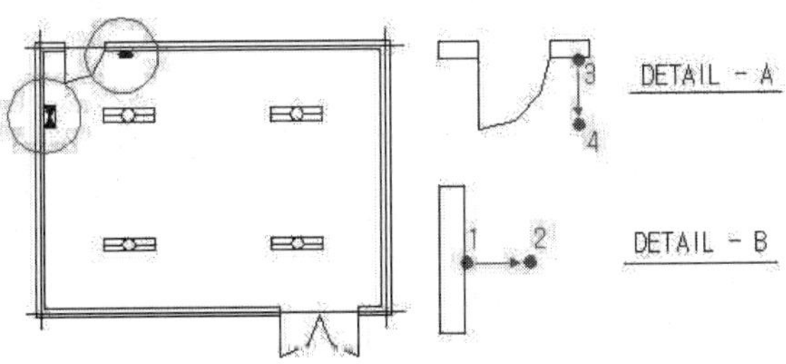

a) 분전반 배치

① 앞의 일반심벌 선택 DCL 화면에서 '분전반' 심벌을 선택한다.

② 심벌배치 방법 중 임의배치를 선택한다.

③ 배치할 지점을 선택한다. : 위의 그림과 같이 1번 Click 후 2번 Click

b) 스위치 배치

① 일반심벌 범례집에서 '2구용 스위치'를 선택 후 임의배치를 선택한다.

② 배치할 지점을 선택한다. : 위의 그림과 같이 3번 Click 후 4번 Click

1.3 배관 및 배선

1.3.1 '배선 도구1' Tool Bar에서 을 클릭한다.

아래와 같은 DCL 화면이 나타난다.

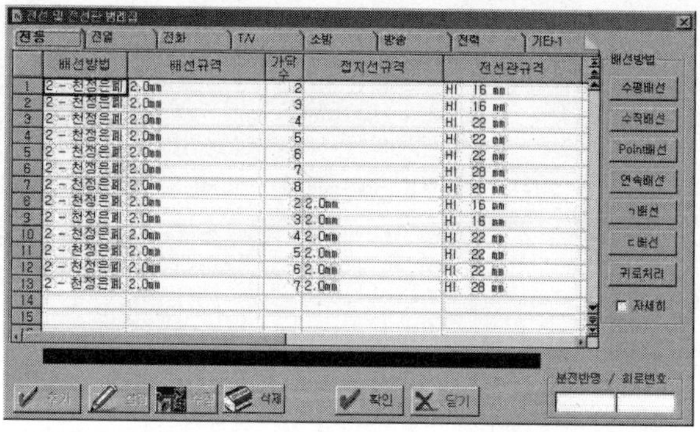

1.3.2 자주 사용하는 배관 및 배선은 전선 범례집에 등록해 놓으면 새로운 Project를 시작할 때 유용하게 사용할 수 있다.

1.3.3 수평(가로)배선과 연속배선

① 전선관 범례집에서 배선할 전선을 선택한 후 '수평배선'을 선택한다.

② 우측 그림과 같이 1번 Click 후 2번 Click 하면 배선이 완료된다. – 수직배선 도 동일하다.

– 반복하여 배선을 할 경우는 배선 방식 Icon 중 수평배선 아이콘 을 이용한다.

③ 배선 방식 Icon 중에서 연속배선 아이콘 을 선택한다.

④ 우측 그림과 같이 1번 Click 후 2번 Click 하면 배선이 완료된다.

1.3.4 연속 배선 : 스위치에 연속배선 하기

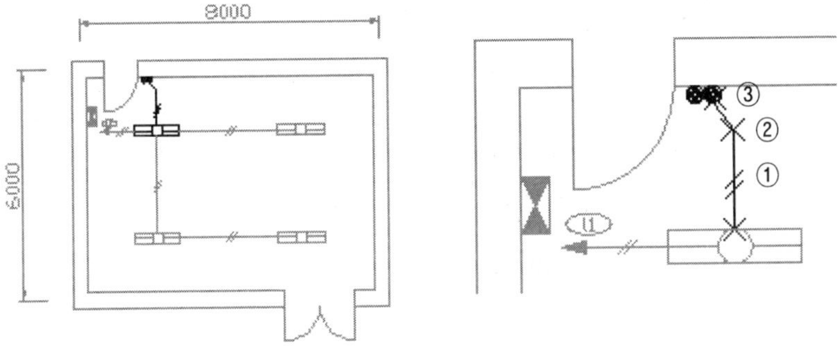

① 배선 도구막대의 연속배선 아이콘 을 선택한다.

② 1번을 선택한 후 배선을 꺾이는 지점인 2번 선택 후 3번 Click

1.3.5 분전반 귀로표시 하기

① 배선 방식 Icon 중에서 을 선택한다.

② 1, 2번을 선택한 후 3번 분전반을 선택하면 화살표가 생긴다(분전반을 선택 하기 전 지점에 화살표가 생긴다).

③ 회로번호 : L1을 입력

④ 회로번호 : Enter↵ – 또 다른 회로가 있으면 회로번호를 입력하면 된다.

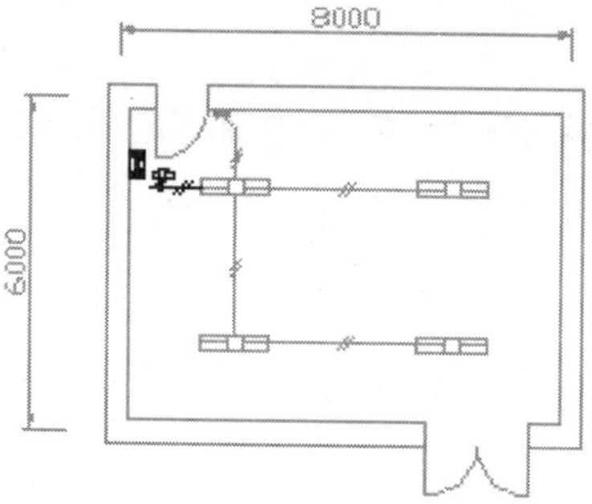

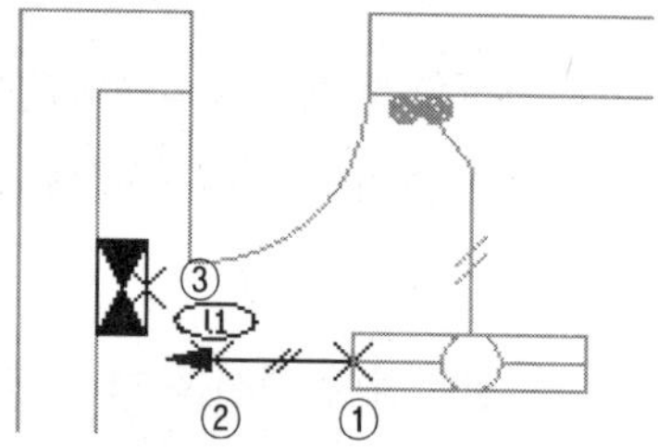

1.4 Data 분류 및 물량산출

1.4.1 '물량산출1' Tool Bar 에서 Data 분류 아이콘 을 선택한다.

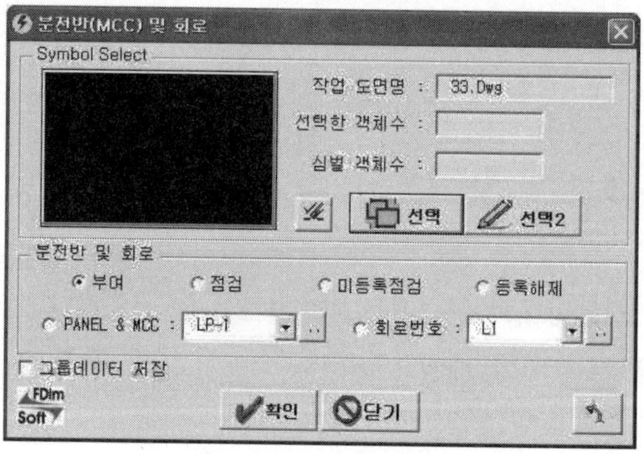

① 분전반 명칭을 지정한다. : LP-1을 선택 또는 직접 입력을 한다.

② 회로 번호를 지정한다. : L1을 선택 또는 직접 입력을 한다.

③ 선택 버튼 클릭한 후 도면에서 L1회로를 선택한다. - 1번과 2번 지점 Click

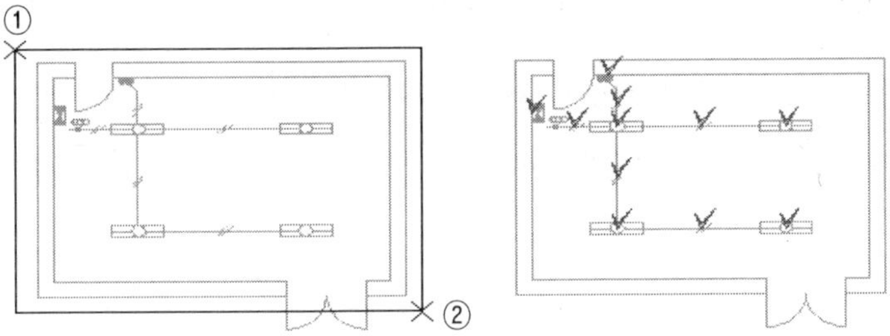

④ 화면에서 심벌을 모두 선택하였으면 Enter↵ 후 '확인' Click

⑤ 선택된 심벌에는 위의 그림과 같이 √ 표시가 나타난다.

⑥ 데이터 분류작업이 완료되었으면 닫기를 한다.

1.4.2 도면 데이터 작성

'물량산출1' Tool Bar에서 [아이콘] 을 클릭한다.

□ 견적서 작성 또는 현재도면을 선택한다.
현재도면을 선택한다.

□ 전체 물량체크를 선택한다.

□ 산출된 데이터가 표시가 된다.

□ 데이터를 확인 후 확인을 선택한다.

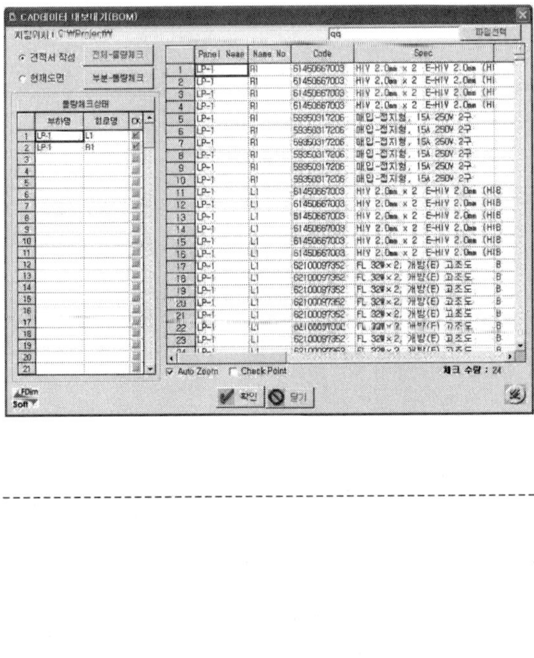

1.4.3 산출조서, 물량집계, 전체물량집계

- 물량산출1 Tool Bar에서 해당 아이콘을 선택한다.
- 산출조서 , 분전반별 물량집계 , 전체물량집계 을 선택한다.
- 데이터 읽기 버턴을 선택한다. - 집계화면이 나타난다.
- Excel로도 전환하여 사용할 수도 있다.

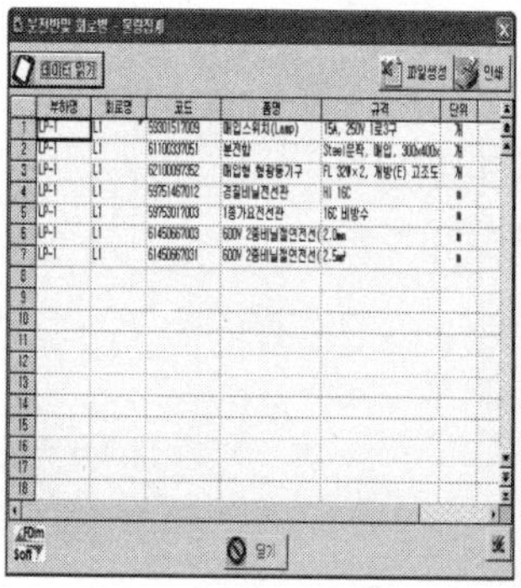
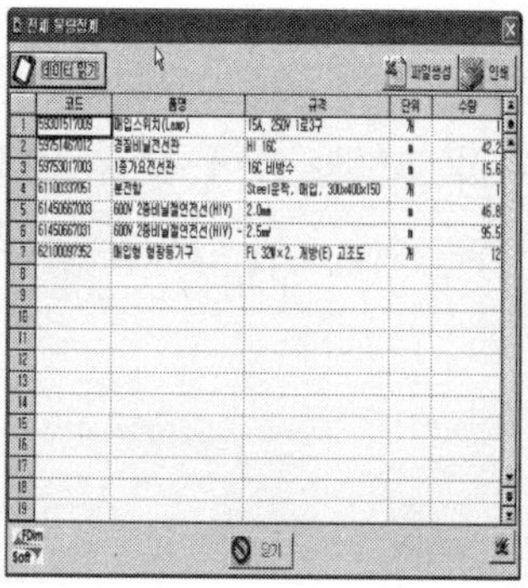
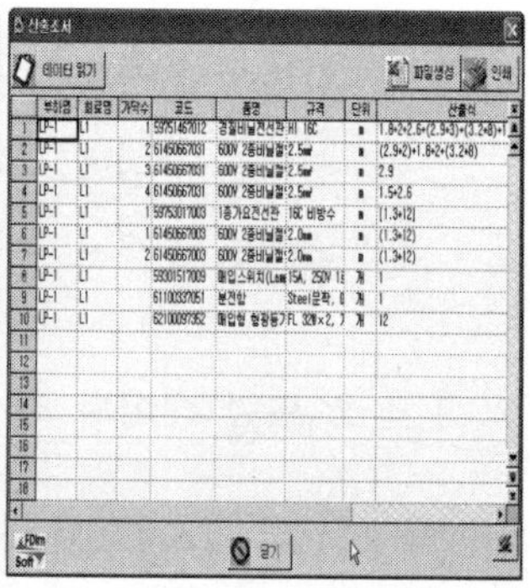

예제 2. 전등설비 – 2 따라하기

2.1 CAD 디자인 설정

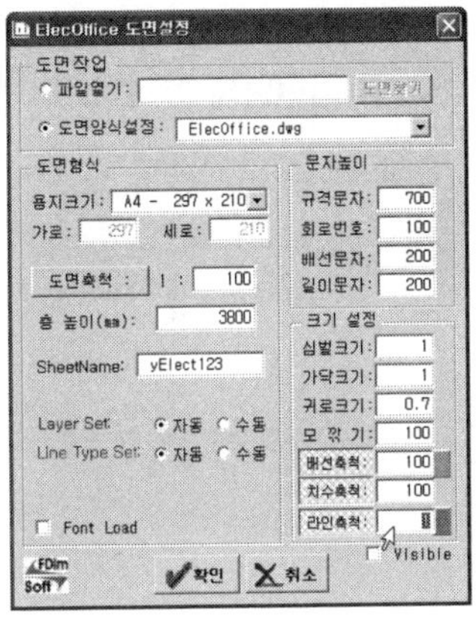

① Pop Up Menu의 파일 → CAD디자인 설정

② 도면양식 설정 : ElecOffice.dwg

③ 용지 크기를 선택 : A4

④ 도면 축척 입력 : 100

⑤ 층높이(Slab Height) 입력 : 3600

⑥ 치수축척 : 100 입력 후 확인

2.1.1 중심선 그리기

건축설계 Tool Bar  중  선택

아래 순서에 따라 중심선을 그린다.

1) 가로선의 경우

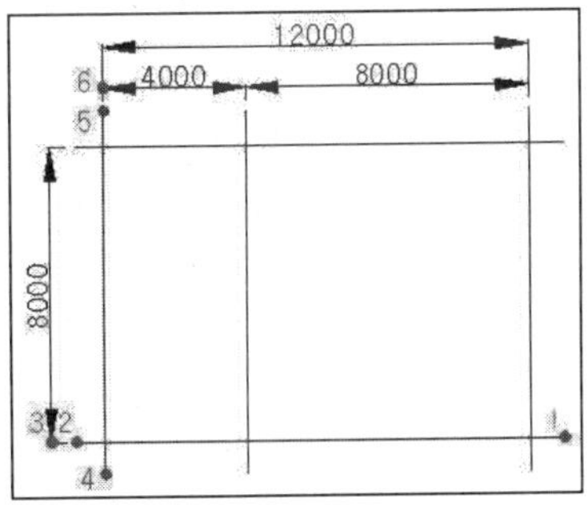

① 중심선의 시작점 : ① Click

② 중심선의 끝점 : ② Click

③ 치수의 끝점 : ③ Click

④ 다음 중심선까지의 거리 8000 Enter↵

⑤ 다음 중심선까지의 거리 Enter↵

2) 세로선의 경우

① 가로선의 경우와 같은 방식으로 4, 5 그리고 6을 차례로 Click

② 커맨드의 거리 입력란에 4000을 입력한 후 Enter↵

③ 다음 중심선까지의 거리 : 8000 Enter↵

④ 다음 중심선까지의 거리 Enter↵

2.1.2 사면벽체 및 연속벽체그리기

건축설계 Tool Bar에서 사면벽체  와 연속벽체  을 선택한다.

1) 사면벽체 그리기 – 건축도에서 사면형태의 벽체를 그릴 경우 사용한다.

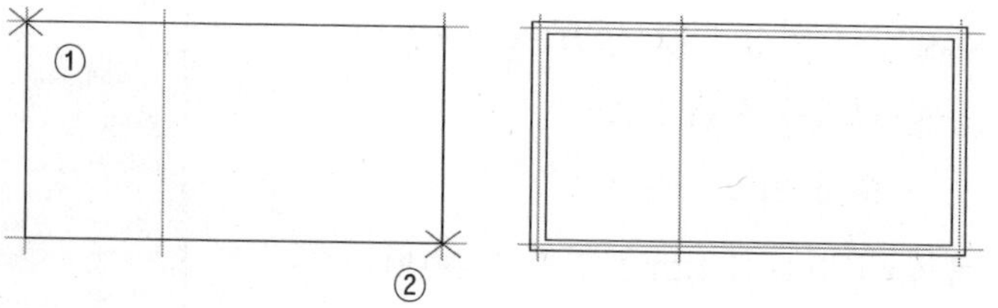

① 벽체 폭(벽의 두께 입력)은 ⟨200⟩ … 400입력 후 [Enter↵]

② 첫 번째 코너 1번 [Click] 후 두 번째 코너 2번 [Click]

2) 연속벽체 그리기

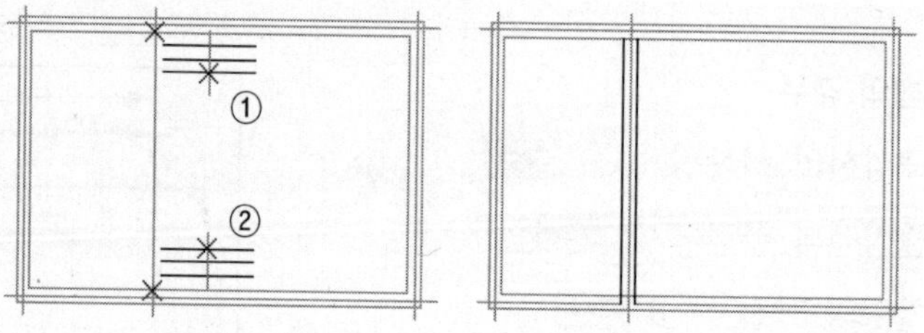

① 벽체 폭(벽의 두께 입력)은 ⟨200⟩ … 400입력 후 [Enter↵]

② 첫 번째 코너 1번 [Click] 후 두 번째 코너 2번 [Click] [Enter↵]

2.2 심벌배치

2.2.1 범례 Tool Bar에서 을 선택한다.

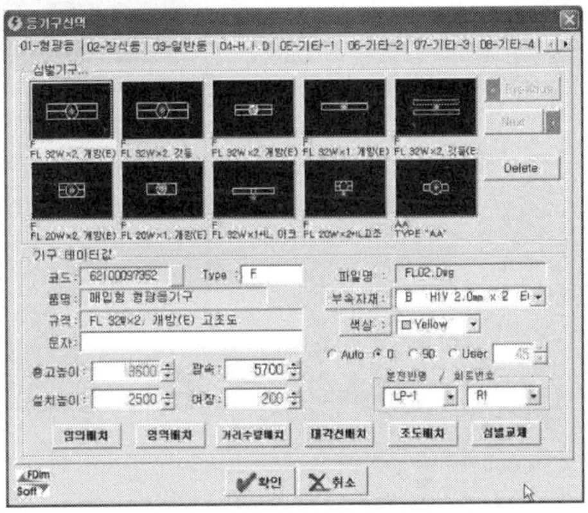

□ 화면에서 배치하고자 하는 심벌을 선택한다.

□ 기구데이터에 심벌속성이 표시된다.

□ 각도, 높이, 색상은 수정가능하다.

□ 심벌배치 방법은 현재 화면에서 직접 선택 또는 Tool Bar에 있는 배치방법을 이용한다.

2.2.2 조명기구 심벌의 영역(1) 배치

① 앞의 조명기구 선택 DCL 화면에서 형광등 심벌을 선택한다.

② 심벌배치 방법 중 영역 배치를 선택한 후 '확인'을 한다.

③ 마우스로 1번 코너 Click 2번 코너 Click

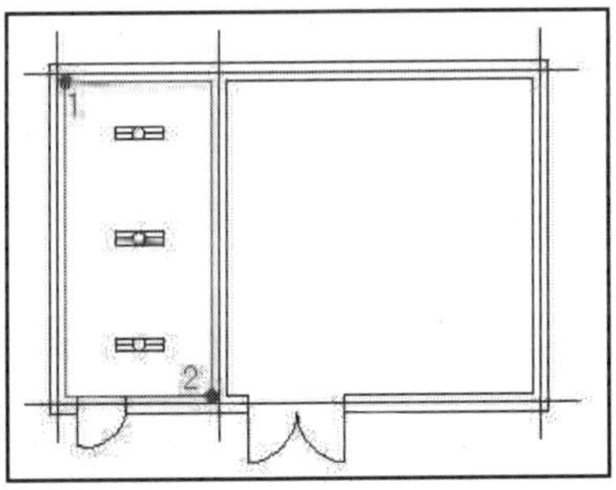

아래와 같은 DCL 화면이 나타나면,

④ X 방향 갯수 1, Y 방향 갯수 3을 입력

⑤ 확인 Click 하면 심벌배치가 완료된다.

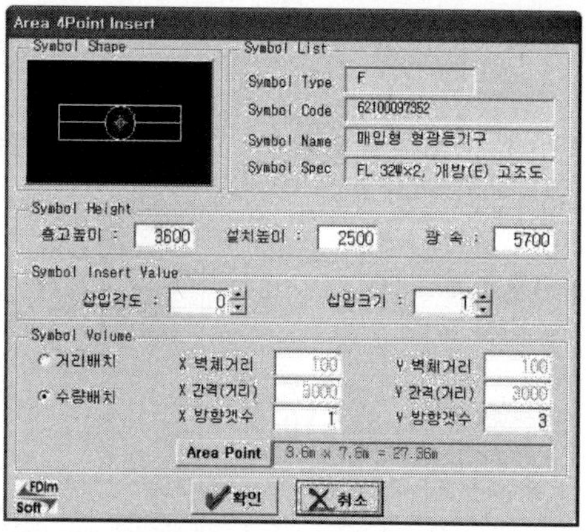

2.2.3 등기구 심벌의 영역(2) 배치

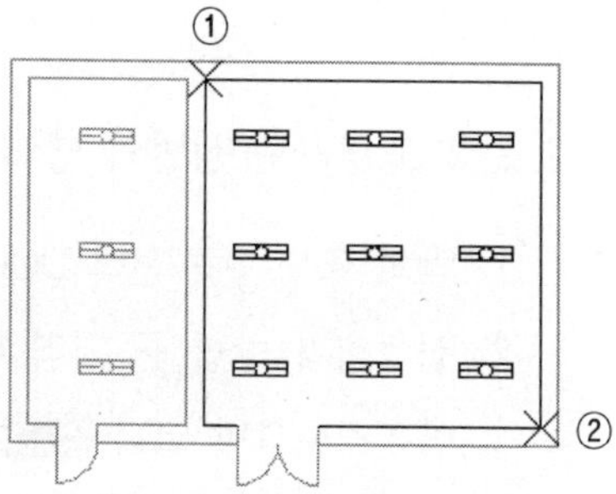

① 심벌1 도구막대의 [아이콘] 를 선택한다.

② 영역 배치를 선택한 후 확인을 한다.

③ 마우스로 3번 코너 Click 4번 코너 Click

④ X방향 3개, Y방향 3개를 입력 후 확인을 선택하면 기구 배치가 완료된다.

2.2.4 범례 Tool Bar에서 [아이콘] 을 클릭한다.

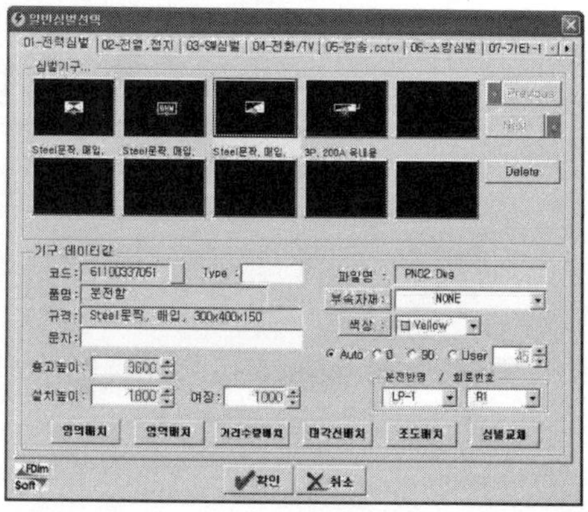

- 화면에서 배치하고자 하는 심벌을 선택한다.
- 기구 데이터에 심벌속성이 표시된다.
- 각도, 높이, 색상은 수정가능하다.
- 심벌배치 방법은 현재 화면에서 직접 선택 또는 Tool Bar에 있는 배치방법을 이용한다.

2.2.5 일반심벌의 임의 배치

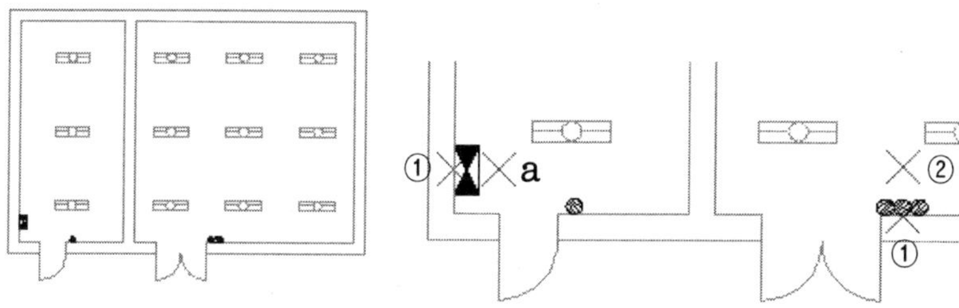

① 일반심벌 범례집에서 분전반을 선택하고 임의 배치를 선택 후 확인한다.

② 배치할 지점 1번 선택 후 2번을 선택하면 배치가 완료된다.

③ 심벌선택 화면에서 '3구용 스위치'를 선택 후 확인한다.

④ 배치할 지점 1번 선택 후 2번을 선택하면 배치가 완료된다.

⑤ 1구짜리 스위치도 위의 방법과 동일하다.

2.3 배관 및 배선

2.3.1 '배선 도구1' Tool Bar에서 [icon] 을 클릭한다.

아래와 같이 배선 범례집이 나타난다.

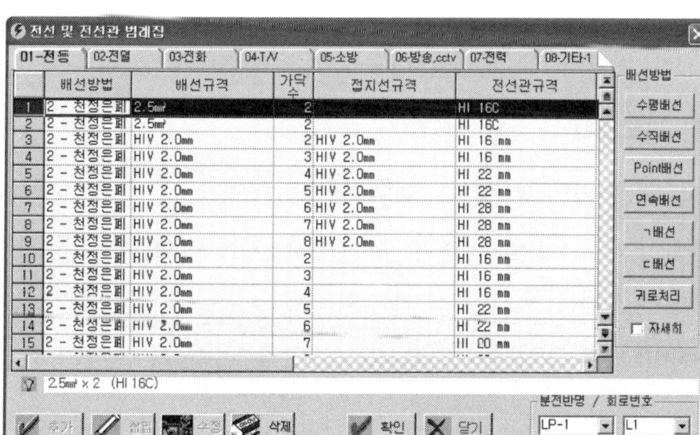

2.3.2 수평배선 및 수직배선

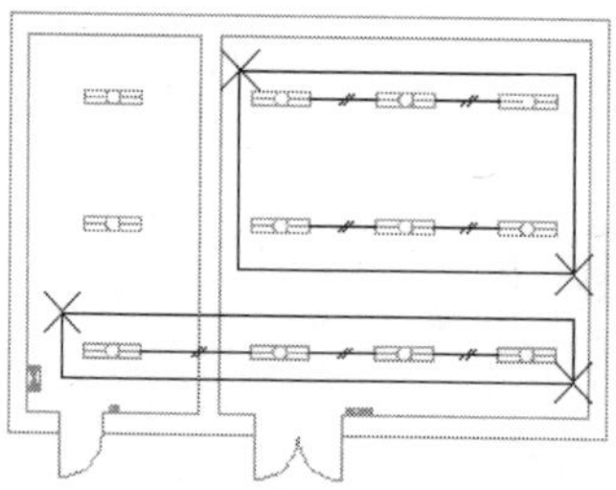

수평배선

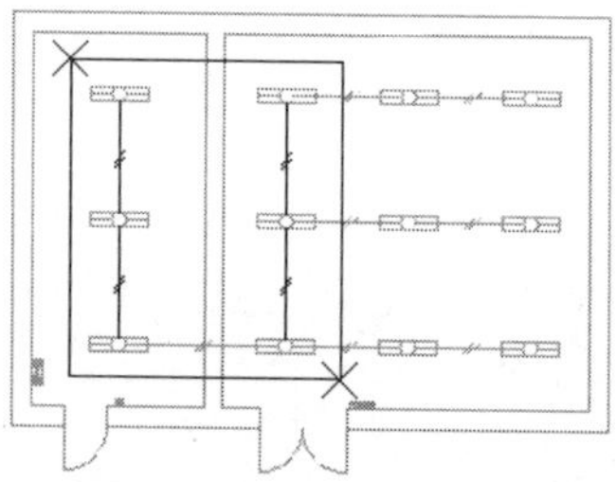

수직배선

① 범례집에서 천정은폐 2.5mm^2 -2HI16C를 선택 후 수평배선을 선택한다.

② 위 그림과 같이 배치할 영역을 두 번 반복해서 선택하면 배선이 완료된다.

③ 수직배선은 배선범례집에서 배선을 선택할 필요없이 선택한다.

④ 위 그림과 같이 영역은 선택하면 배선이 완료된다.

2.3.3 연속 배선 및 분전반 귀로표시 하기

1) 연속배선

① 연속배선 아이콘 을 선택한다.

② Detail B 의 1번을 선택한 후 배선을 꺾을 지점에서 2번을 마지막으로 3번을 선택한다. - 이때 배선포인트는 수동으로 되어 있어야 한다(1구용 스위치의 위와 같은 방법으로 배선을 완료한다).

2) 분전반 귀로표시

③ 귀로배선 아이콘 을 선택한다.

④ Detail A의 1번을 선택한 후 배선을 꺾을 지점에서 2번, 3번을 마지막으로 4번 분전반을 선택한다.

⑤ 분전반 회로 번호를 입력한다. : L1을 입력 후 Enter↵

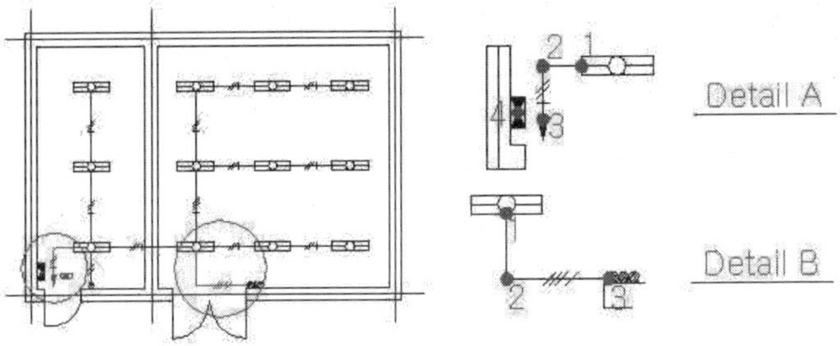

2.4 Data 분류 및 물량산출

2.4.1 '물량산출1' Tool Bar에서 Data 분류 아이콘 을 클릭한다.

① 분전반 명칭을 지정한다. : LP-1

② 회로 번호를 지정한다. : L1

③ 심벌선택 버튼 클릭한 후 아래와 같이 영역을 선택한다.

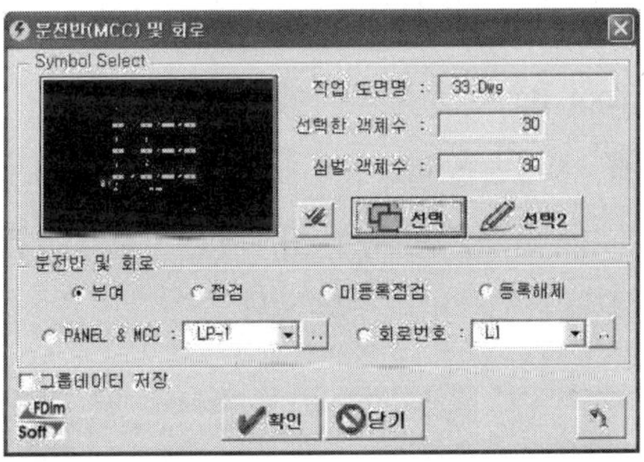

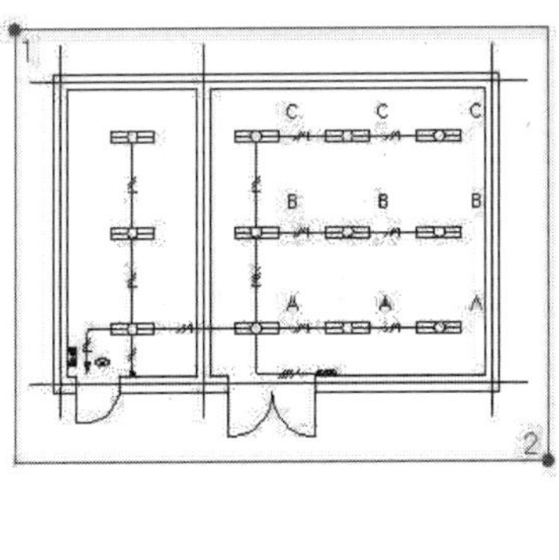

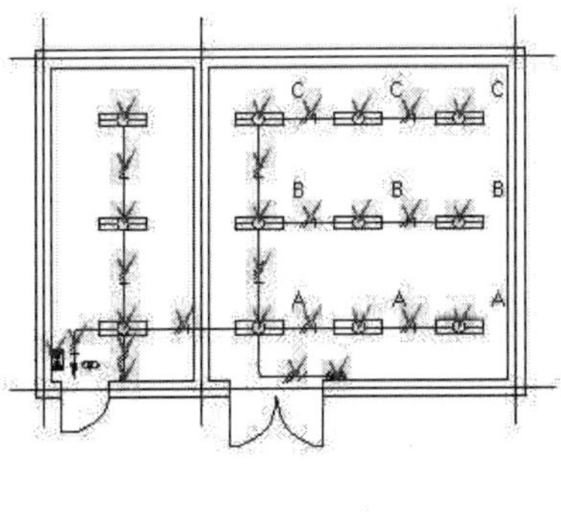

④ 캐드화면에서 심벌 선택이 완료 후 '확인'을 선택한다.

⑤ 선택된 심벌에는 위의 그림과 같이 √ 표시가 나타난다.

⑥ 닫기를 한 후 물량산출을 하면 된다.

2.4.2 도면 데이터 작성

1) 물량산출1 Tool Bar에서 을 클릭한다.

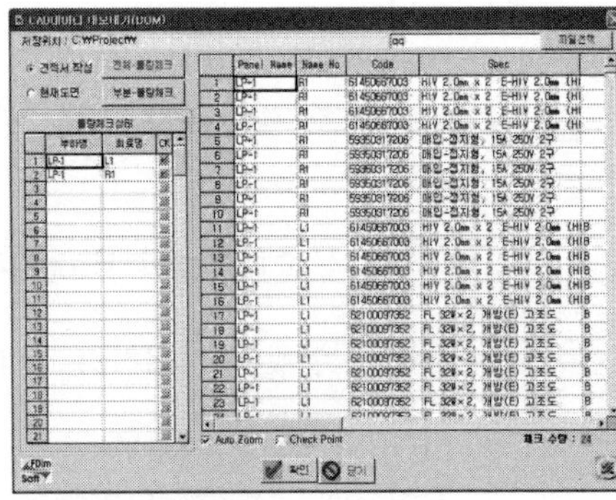

- 견적서 작성 또는 현재도면을 선택한다.
  현재도면을 선택한다.
- 전체 물량체크를 선택한다.
- 산출된 데이터가 표시가 된다.
- 데이터를 확인 후 확인을 선택한다.

2) 산출조서, 물량집계, 전체물량집계

- 물량산출1 Tool Bar에서 해당 아이콘을 선택한다.
- 산출조서 , 분전반별 물량집계 , 전체물량집계 을 선택한다.
- 데이터 읽기 버턴을 선택한다. - 집계화면이 나타난다.
- Excel로도 전환하여 사용할 수도 있다.

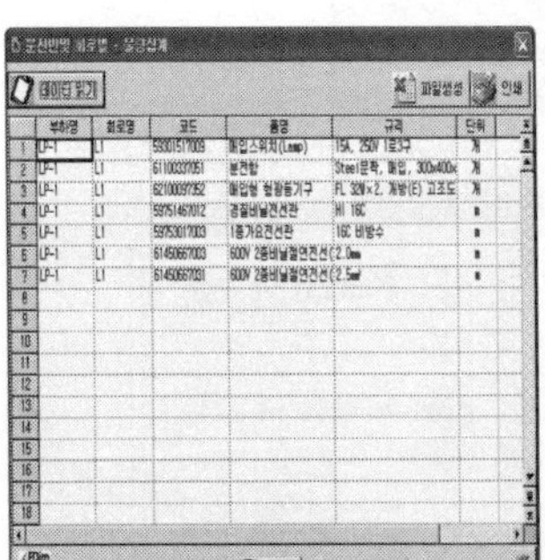
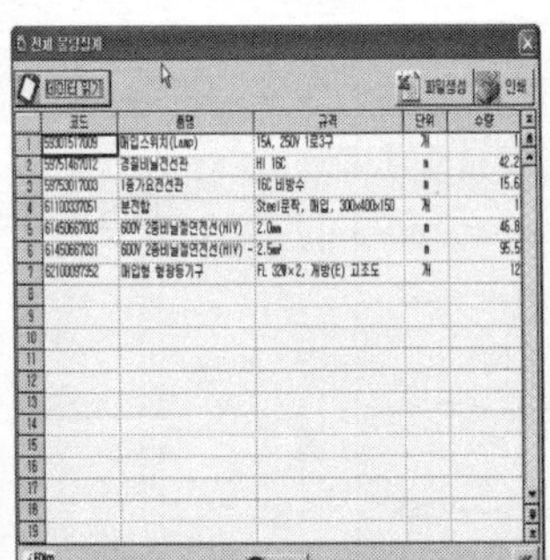
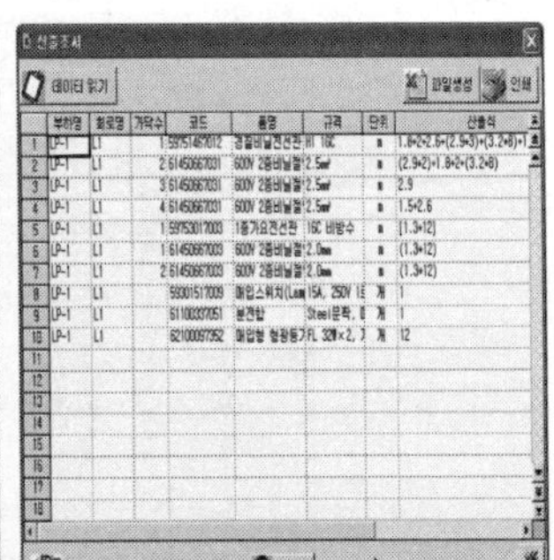

예제 3. 전열설비 따라하기

3.1 심벌배치

3.1.1 범례 Tool Bar에서 을 선택한다.

□ 화면에서 배치하고자 하는 심벌을 선택한다.

□ 기구 데이터 값 창에 심벌의 속성이 표시된다.

□ 각도, 높이, 색상은 수정가능하다.

□ 심벌배치 방법은 현재 화면에서 직접 선택 또는 Tool Bar에 있는 배치방법을 이용한다.

3.1.2 일반기구 심벌의 임의 배치

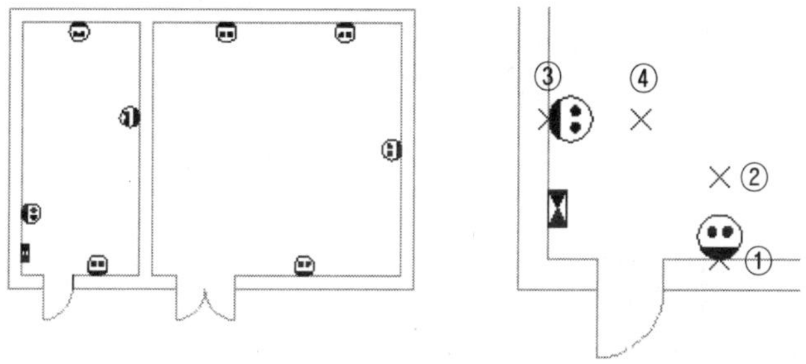

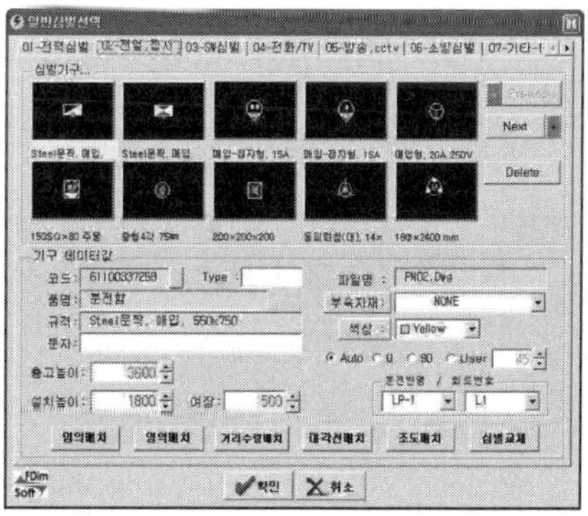

① 범례집에서 매입 접지용 2구 콘센트를 선택하고 임의배치를 선택 후 확인한다.

② 배치할 지점을 선택한다. : 1번 지점 선택 후 2번 지점을 선택 - 심벌이 배치된다.

③ 연속해서 3번 지점 선택 후 4번 지점 선택 : 심벌이 배치된다.

④ 위와 같은 방법으로 배치를 완료한다.

3.2 배관 및 배선

3.2.1 '배선 도구1' Tool Bar에서  을 선택한다. – 02- 전열탭을 선택한다. 콘센트와 같이 벽에 설치하는 심벌에 배선시는 '배선1' Tool Bar에서 배선 Point 지정  을 수동으로 전환하고 Osnap 모드를 사분점으로 설정한 후 배선해야 한다.

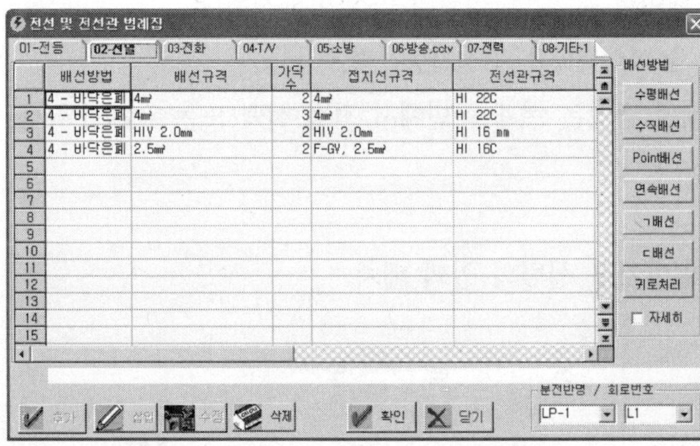

3.2.2 'ㄱ 배선' 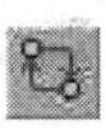

① 범례집에서 HIV 4mm^2-2 접지 4mm^2 HI16C를 선택 후 'ㄱ'배선을 선택한다.

② 배선 방식 Icon 중에서 ??을 선택

③ 배선의 수평위치에 있는 심벌을 먼저 선택 후 수직에 위치할 심벌선택한다.

④ Detail A의 1번을 선택 후 다음 심벌 위치 2번을 선택한다.

⑤ 연속해서 Detail B 의 3번을 선택 후 다음 심벌 위치 4번을 선택하면 배선이 된다.

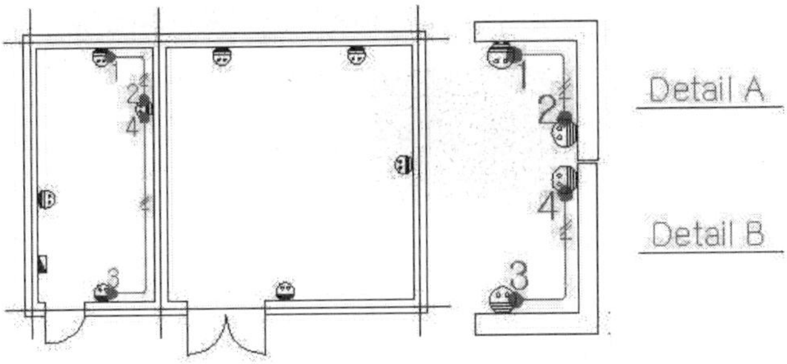

3.2.3 '귀로 배선'

① 배선 방식 Icon 중에서 을 선택한다.

(배선 종류는 이미 선택되어 있어야 한다.)

② R1 회로의 1번, 2번, 3번을 차례로 Click 후 LP-1 선택한다.

회로번호는 R1을 입력 후 Enter↵ Enter↵

③ R2 회로의 4번, 5번, 6번 Click 후 LP-1선택한다.

회로번호는 R2을 입력 후

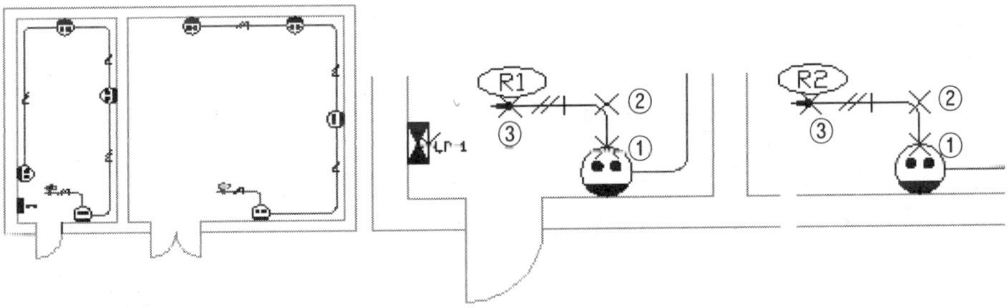

3.3 Data 분류 및 물량산출

3.3.1 '물량산출1' Tool Bar에서 Data 분류 아이콘 을 선택한다.

2회로 이므로 분류 작업을 두 번 해야 한다.

① 분전반 명칭을 지정한다. : LP-1 Click

② 회로 번호를 지정한다. : R1 Click

③ 심벌선택 버튼 Click 한 후 아래와 같이 도면의 R1영역을 선택한다.

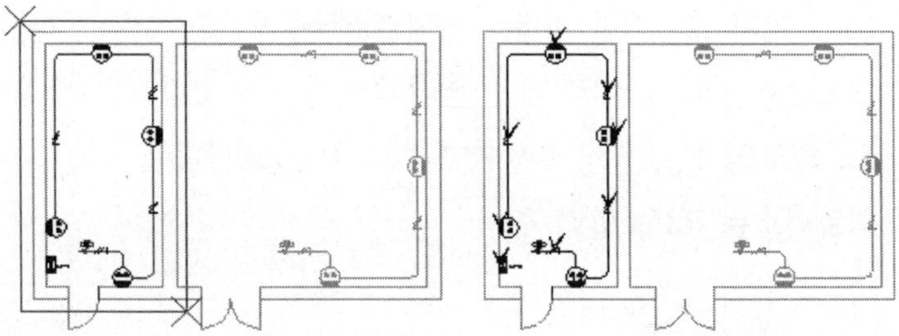

④ 화면에서 심벌을 모두 선택하였으면 Enter↵ 후 '확인'을 선택한다.
선택된 심벌에는 위의 그림과 같이 √ 표시가 나타난다.

⑤ 다시 회로 번호를 지정한다. : R2

⑥ 심벌선택 버튼 Click 한 후 아래와 같이 도면의 1번과 2번 Click

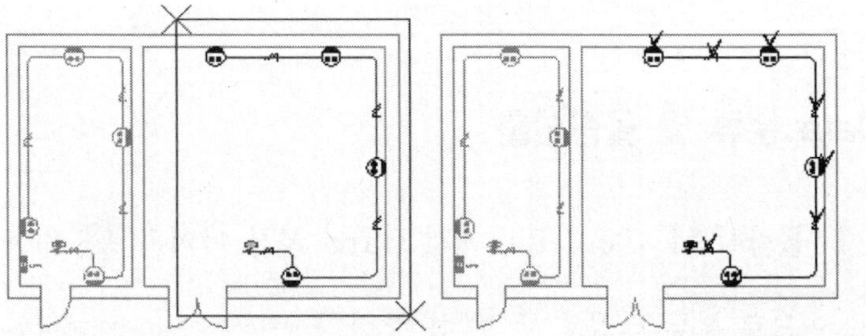

⑦ 화면에서 심벌을 모두 선택하였으면 Enter↵ 후 '확인'을 선택한다.

⑧ 선택된 심벌에는 위의 그림과 같이 √ 표시가 나타난다.

⑨ 닫기를 선택 후 물량산출을 한다. Click

3.3.2 도면 데이터 작성

'물량산출1' Tool Bar에서 을 클릭한다.

- 견적서 작성 또는 현재도면을 선택한다.
- 현재도면을 선택한다.
- 전체 물량체크를 선택한다.
- 산출된 데이터가 표시가 된다.
- 데이터를 확인 후 확인을 선택한다.

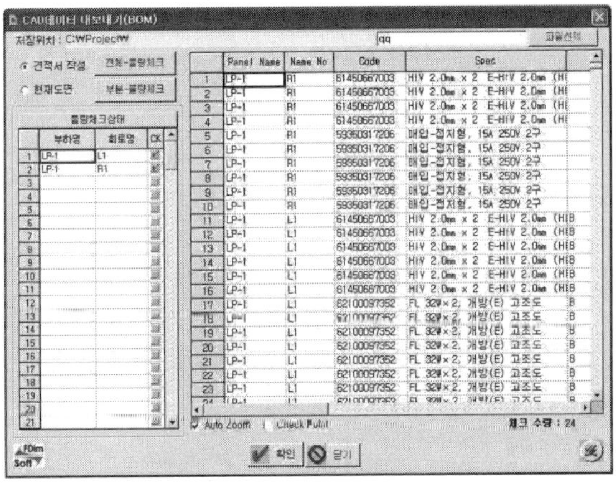

Click

3.3.3 산출조서, 물량집계, 전체물량집계

- 물량산출1 Tool Bar에서 해당 아이콘을 선택한다.
- 산출조서 , 분전반별 물량집계 , 전체물량집계 을 선택한다.
- 데이터 읽기 버턴을 선택한다. - 집계화면이 나타난다.
- Excel로도 전환하여 사용할 수도 있다.

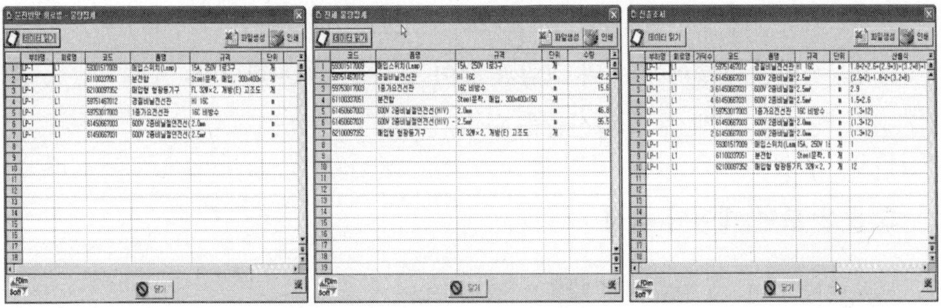

예제 4. 전화설비 따라하기

4.1 심벌배치

4.1.1 범례 Tool Bar에서 을 선택한다.

□ 화면에서 배치하고자 하는 심벌을 선택한다.

□ 기구 데이터에 심벌속성이 표시된다.

□ 각도, 높이, 색상은 수정가능하다.

□ 심벌배치 방법은 현재 화면에서 직접 선택 또는 Tool Bar에 있는 배치방법을 이용한다.

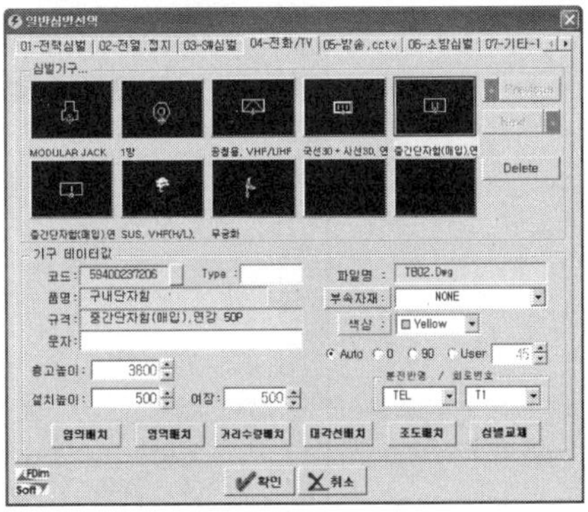

4.1.2 일반기구 심벌의 임의 배치

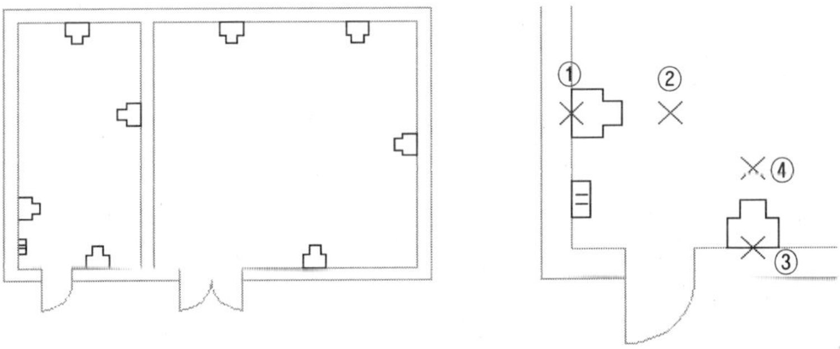

① 범례집에서 전화콘센트 모듈라잭을 선택하고 임의배치를 선택 후 확인한다.

② 배치할 지점을 선택한다. : 1번 지점 선택 후 2번 지점을 선택 – 심벌이 배치된다.

③ 연속해서 3번 지점 선택 후 4번 지섬 선낵 : 심빌이 배치된다.

④ 위와 같은 방법으로 배치를 완료한다.

4.2 배관 및 배선

4.2.1 '배선 도구1' Tool Bar에서 을 선택한다. - 03 전화탭을 선택한다.

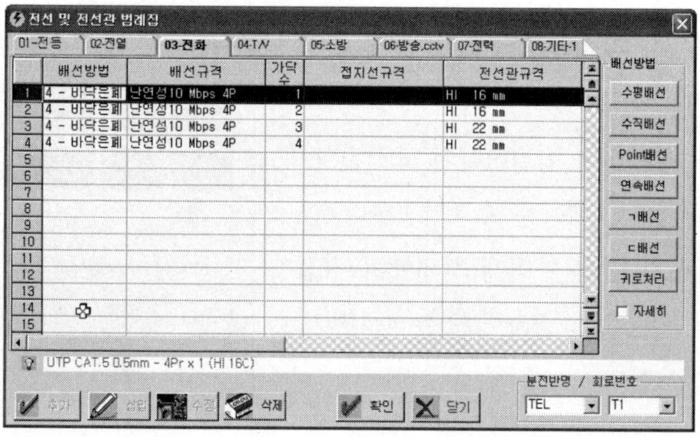

콘센트와 같이 벽에 설치하는 심벌에 배선시는 '배선1' Tool Bar에서 배선 Point 지정 을 수동으로 전환하고 Osnap 모드를 사분점으로 설정한 후 배선해야 한다.

4.2.2 'ㄱ 배선'

① 범례집에서 바닥은폐 4P - HI16C를 선택 후 'ㄱ' 배선을 선택한다.

② 배선 방식 Icon 중에서 을 선택

③ 배선의 수평위치에 있는 심벌을 먼저 선택 후 수직에 위치할 심벌선택한다.

④ 1번을 선택 후 다음 심벌 위치 2번을 선택한다.

⑤ 연속해서 심벌을 선택하여 배선을 완료한다.

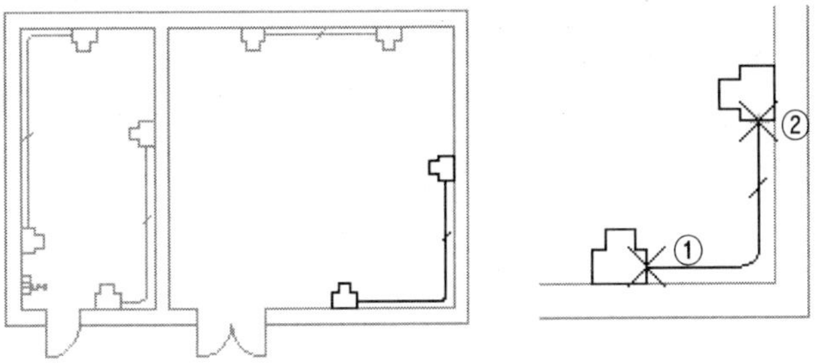

4.2.3 귀로 배선

① 배선 방식 Icon 중에서 을 선택한다.

② T1 회로의 1번, 2번, 3번을 차례로 Click 후 4번 TEL-1을 선택한다. 회로번호는 T1을 입력 후 Enter↵ Enter↵

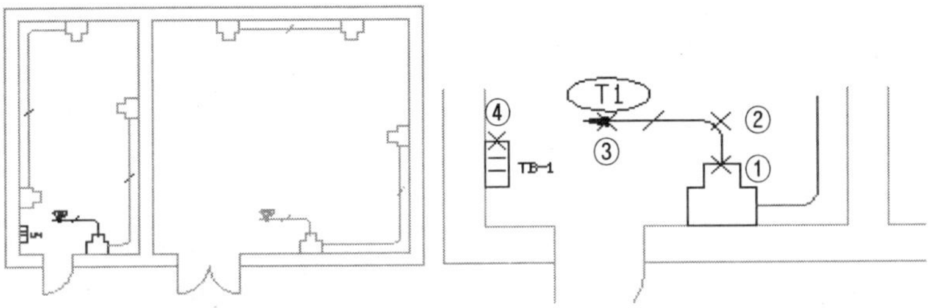

4.2.3 배선 가닥수 교체

① '배선 도구1' Tool Bar에서 을 선택한다.

② 교체할 전선 가닥수 전체를 선택 후 Enter↵

③ 가닥수 교체 창에서 무접지 2가닥을 선택하면 가닥수가 교체된다.

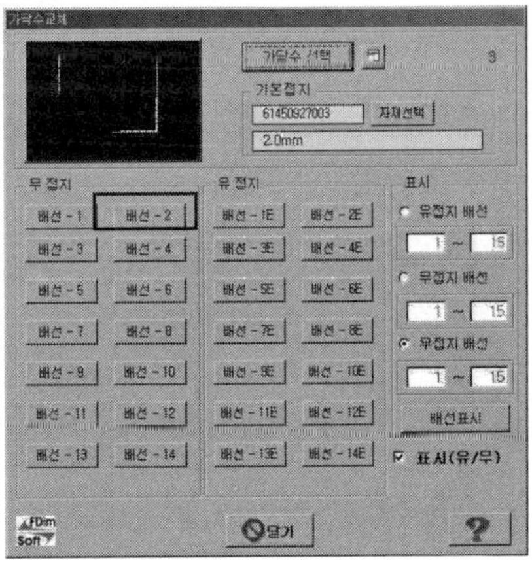

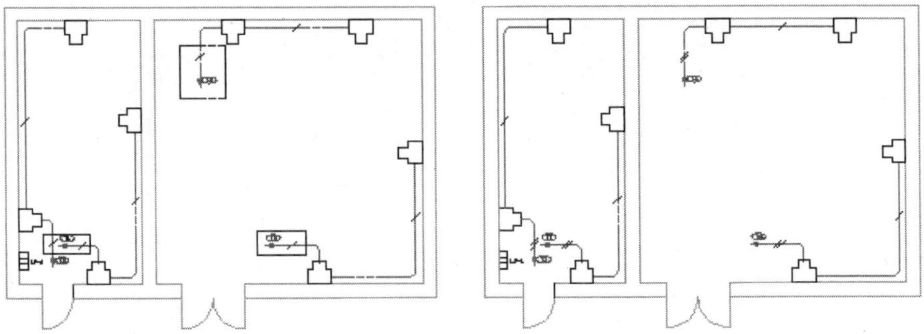

4.3 Data 분류 및 물량산출

4.3.1 '물량산출1' Tool Bar에서 Data 분류 아이콘 을 Click

회로수가 많은 경우는 첫 번째 회로부여를 할 때 도면전체를 선택한다. 혹 부여시 누락된 심벌이 있어도 이미 부여가 되었으므로 물량산출이 된다. 중복선택이 되어도 심벌은 맨 마지막에 부여 받은 회로번호만을 기억한다.

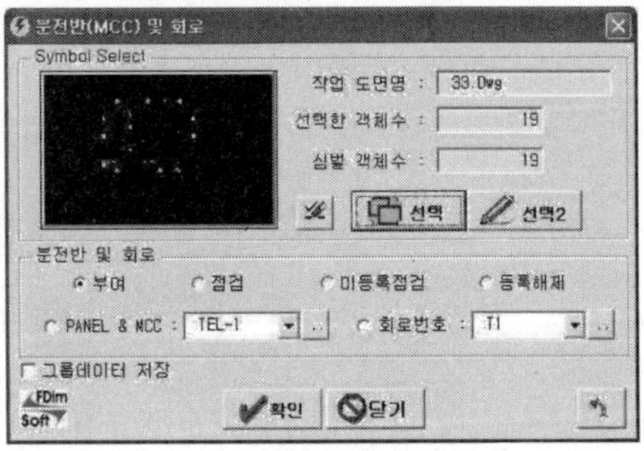

① 분전반 명칭을 지정한다. : TEL-1
② 회로 번호를 지정한다. : T1
③ 심벌선택 버튼 클릭한 후 아래와 같이 도면전체영역 1번과 2번 지점을 선택한다.
④ 확인을 선택하면 전체가 체크된다.
⑤ 체크해제를 한 후 나머지 부분의 회로도 회로부여를 한다.

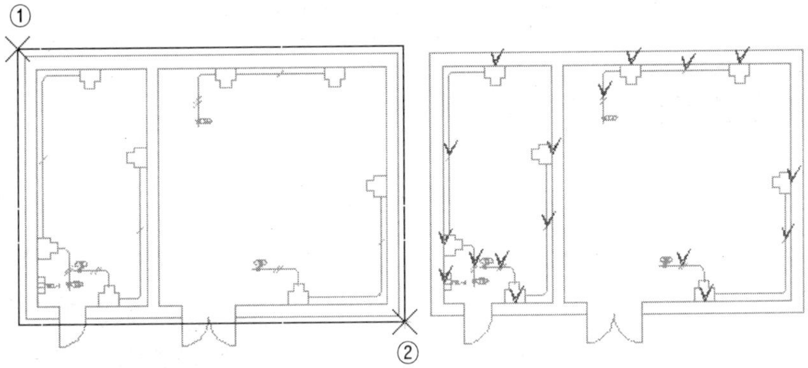

※ 데이터 내보내기 및 물량집계는 전등 및 전열 설비 그리기를 참조한다.

예제 5. 소방설비 따라하기

5.1 심벌배치

5.1.1 범례 Tool Bar에서 을 선택한다.

- 화면에서 배치하고자 하는 심벌을 선택한다.
- 기구 데이터에 심벌속성이 표시된다.
- 각도, 높이, 색상은 수정가능하다.
- 심벌배치 방법은 현재 화면에서 직접 선택 또는 Tool Bar에 있는 배치방법을 이용한다.

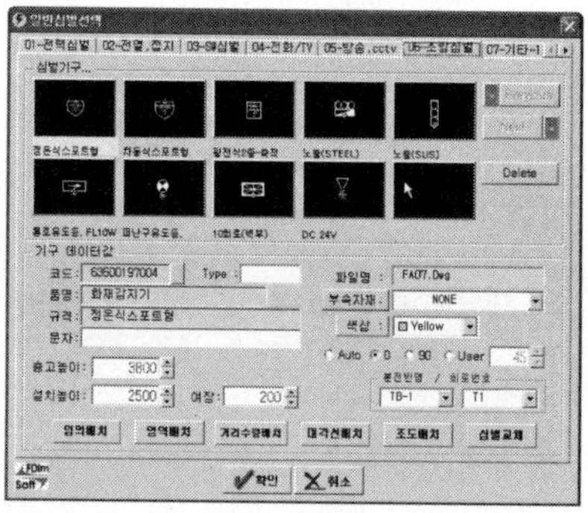

5.1.2 감지기의 면적배치 및 소화전함의 임의배치

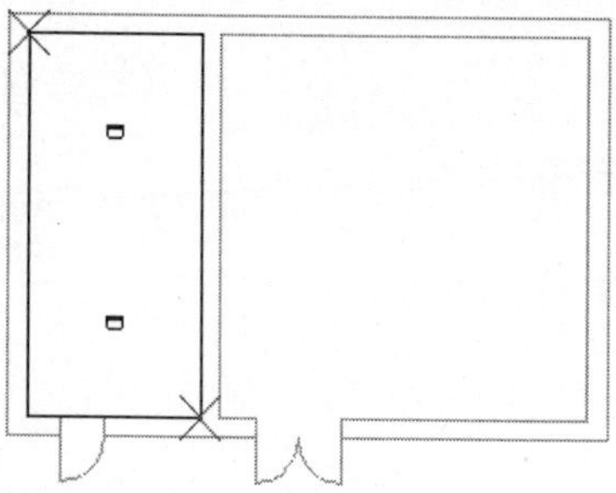

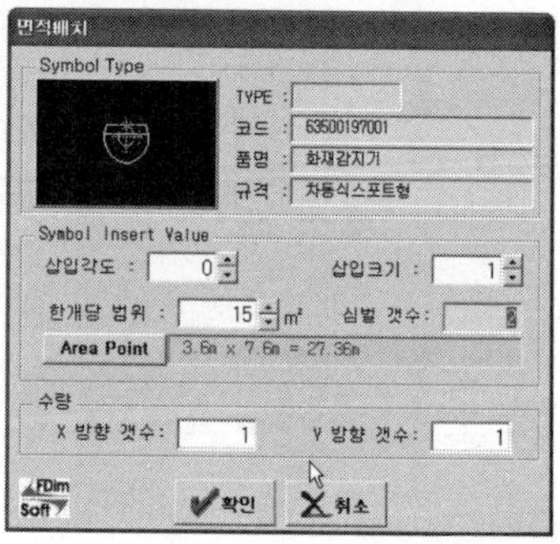

① 범례집에서 차동식감지기를 선택 후 심벌2 도구막대의 면적배치 를 선택

② 배치할 영역을 선택하면 나타나는 화면에서 한 개당 범위 값을 입력하면 설치할 수량이 나타난다.

③ 설치수량을 X 방향 1, Y방향 2로 한 다음 확인을 선택하면 배치가 된다.

④ 위와 같은 방법으로 우측 구역도 배치를 완료한다.

※ 소화전함은 임의 배치로 배치를 한다.

5.2 배관 및 배선

5.2.1 '배선 도구1' Tool Bar에서 을 선택한다. - 05 소방탭을 선택한다.

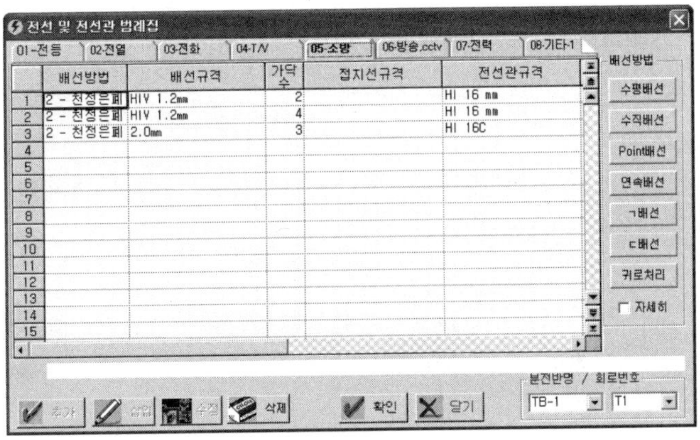

5.2.2 수평배선 및 수직배선

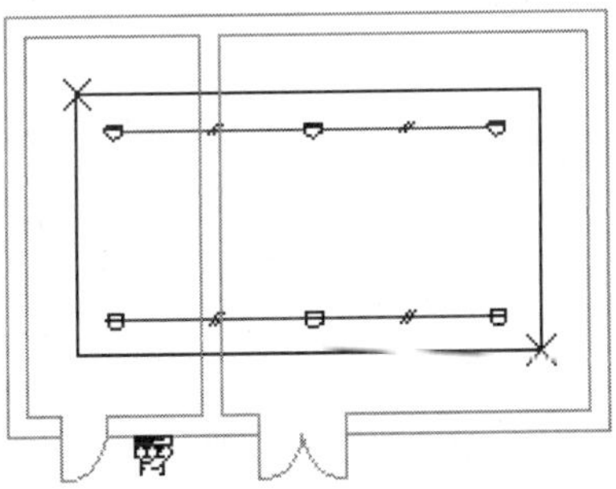

수평배선

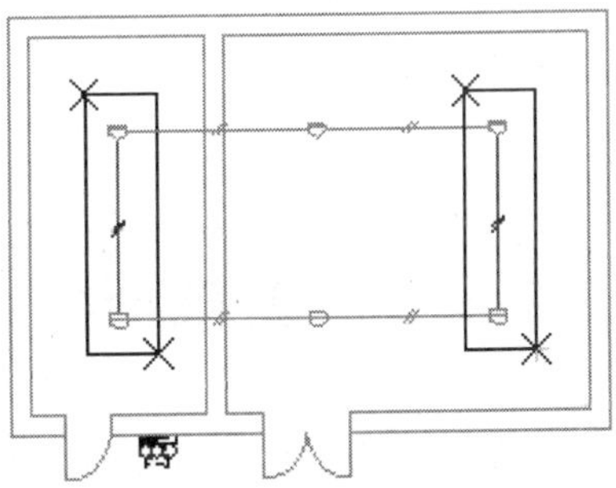

수직배선

① 범례집에서 배선할 전선 및 전선관을 선택한 후 수평배선을 선택한다.

② 위 그림과 같이 배치할 영역을 선택하면 배선이 완료된다.

③ 수직배선은 배선범례집에서 배선을 선택할 필요없이 선택힌다.

④ 위 그림과 같이 영역을 연속해서 선택하면 배선이 완료된다.

5.2.3 소화전함의 'ㄱ' 배선

① 배선 방식 Icon 중에서 을 선택

② 배선의 수평위치에 있는 심벌을 먼저 선택 후 수직에 위치할 심벌선택한다.

③ 1번을 선택 후 다음 심벌 위치 2번을 선택한다.

④ 연속해서 심벌을 선택하여 배선을 완료한다.

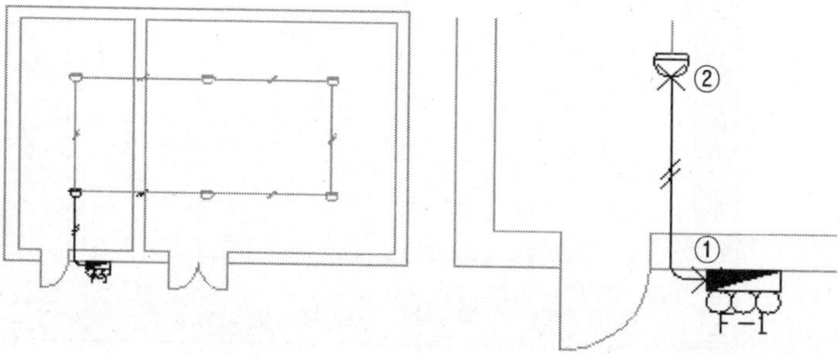

5.2.4 배선 가닥수 교체

'배선 도구1' Tool Bar에서 을 이용하여 소화전함으로 오는 배선 2가닥을 4가닥으로 교체한다.

5.3 Data 분류 및 물량산출

5.3.1 '물량산출1' Tool Bar에서 Data 분류 아이콘 을 Click

회로수가 많은 경우는 첫번째 회로부여를 할 때 도면전체를 선택한다. 혹 부여시 누락된 심벌이 있어도 이미 부여가 되었으므로 물량산출이 된다. 중복선택이 되어도 심벌은 맨 마지막에 부여 받은 회로번호만을 기억한다.

① 분전반 명칭을 지정한다. : F-1

② 회로 번호를 지정한다. : F1

③ 심벌선택 버튼 클릭 한 후 아래와 같이 도면전체영역 1번과 2번 지점을 선

택한다.

④ 확인을 선택하면 전체가 체크가 된다.

⑤ 닫기를 한 후 물량산출을 한다.

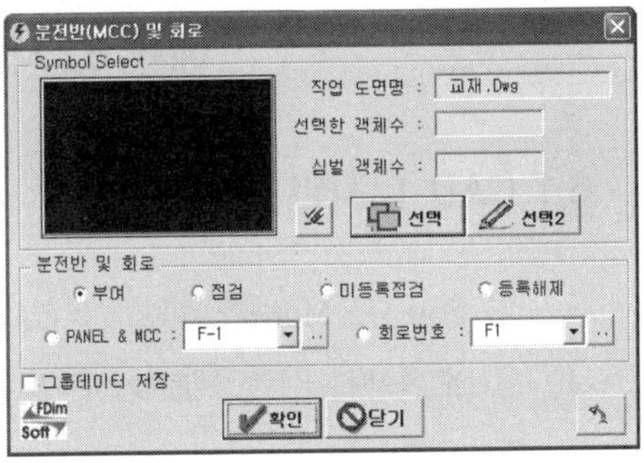

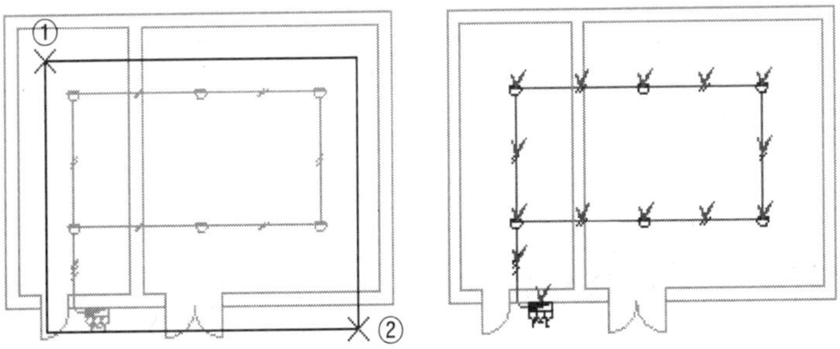

※ 데이터 내보내기 및 물량집계는 전등 및 전열 설비 그리기를 참조한다.

예제 6. 시퀀스도 따라하기

6.1 CAD 디자인 설정

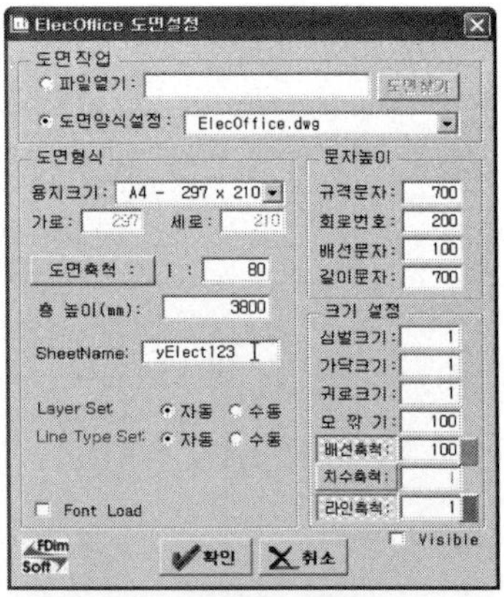

① Pop Up Menu의 파일 → CAD디자인 설정

② 도면양식 설정 : ElecOffice.dwg

③ 용지 크기를 선택 : A4

④ 도면축척 : 80

⑤ 확인을 선택한다.

⑥ 저장 파일이름은 SEQ-1로 한다.

6.2 그리드, 스냅 설정(F7, F9)

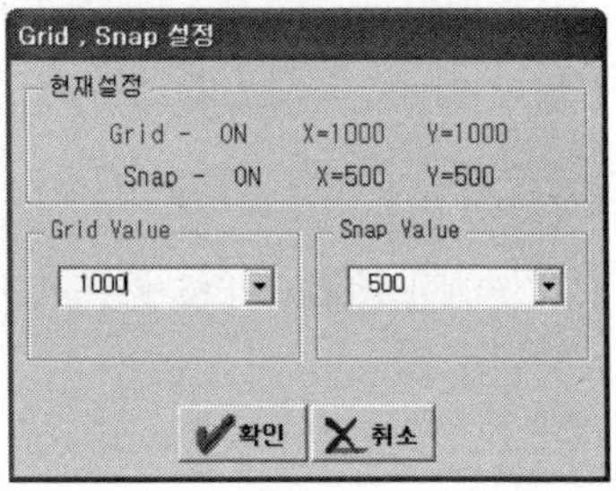

① 시퀀스 Tool Bar에서 [아이콘] 을 선택한다.

② 그리드와 스냅 간격을 500으로 설정 후 확인한다.

6.3 보조선 그리기

6.3.1 시퀀스 Tool Bar에서 [아이콘] 을 선택하여 보조선을 그린다.

보조선에 심벌을 삽입하면 선이 잘리면서 삽입이 된다.

6.3.2 명령창에 아래의 순서로 입력한다.

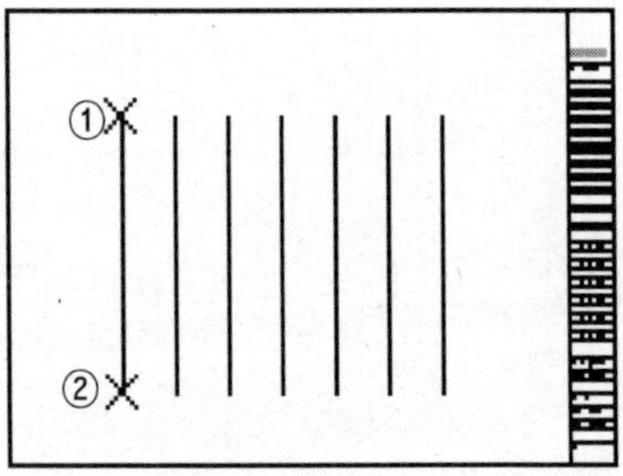

① TLine 라인 수 〈2〉 : 7 Enter↵

② 라인 간격 〈500〉 : 2000 Enter↵

③ 라인 시작점 : 1번 선택

④ 라인의 끝점 : 2번 선택

⑤ 그림과 같이 선이 그려진다.

6.4 시퀀스 심벌 삽입하기

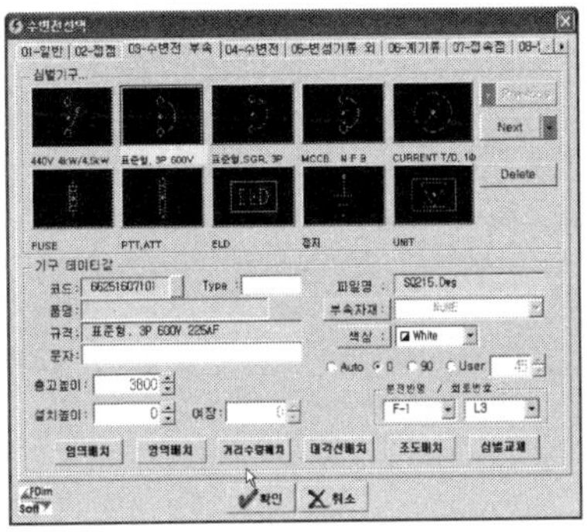

1) 시퀀스 Tool Bar에서 을 Click
2) MCCB 심벌을 선택 후 임의배치를 선택한다.
3) 삽입각도를 0도로 하고 기본정보를 설정이 완료되었으면 확인을 선택한다.
4) 삽입할 보조선 위를 선택한다. : 1번 지점
5) 범례집에서 MC 심벌을 선택 후
6) 임의배치로 삽입한다. : 2번 지점
7) THR, MOTOR심벌도 위와 같은 방법으로 배치를 한다.
8) 아래 같이 배치가 완료되면 편집을 한다.

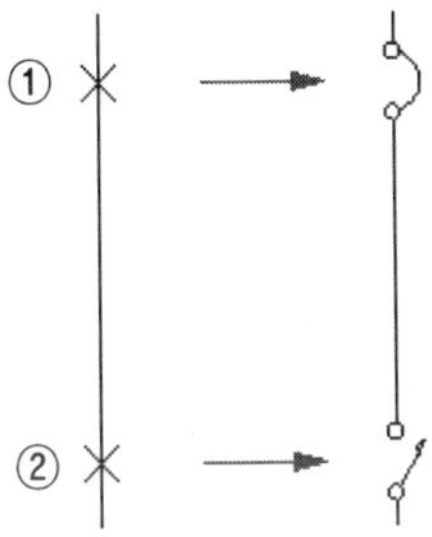

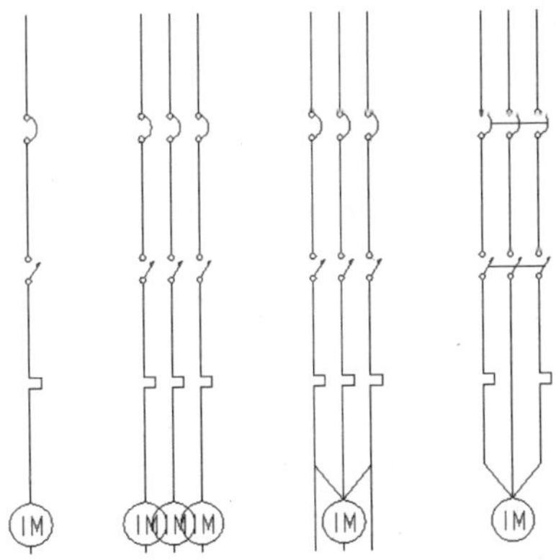

① ② ③ ④

① 완성된 단선도 형태의 심벌배치도를 나타낸다.

② 다중복사 를 이용하여 복선도 형태로 만든다. : 간격은 500으로 한다.

③ 모타부분을 선그리기(Line) 및 자르기(Trim) 명령을 이용하여 편집을 한다.

④ MCCB 및 MC 부분을 선그리기로 연결하여 복선도를 완성한다.

9) 나머지 부분의 심벌을 아래와 같이 배치를 완료한다.

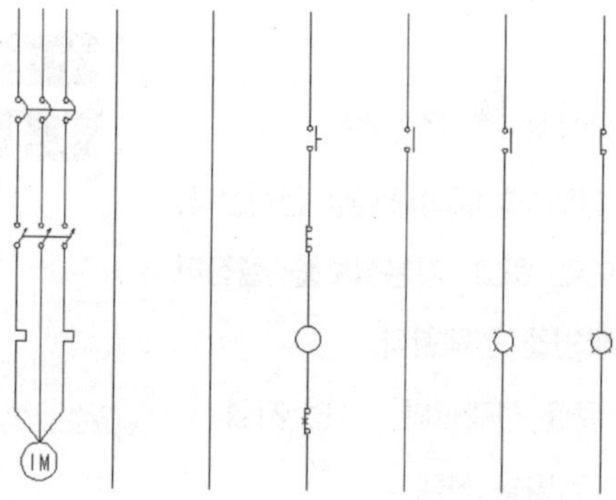

10) 회로도 형태를 완성시킨다.

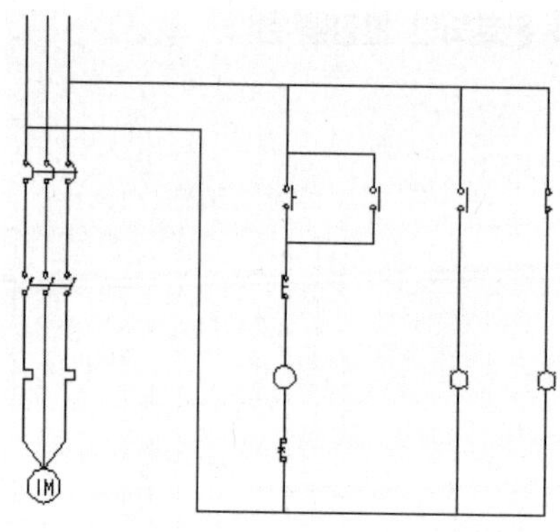

6.5 TEXT 입력하기

① TEXT 명령을 이용하여 문자를 기입한다. - 높이는 250

② 먼저 MC를 입력 후 전체 심벌에 복사하여 붙여넣기를 한다.

③ 수정하기 명령을 이용하여 문자를 수정한다.

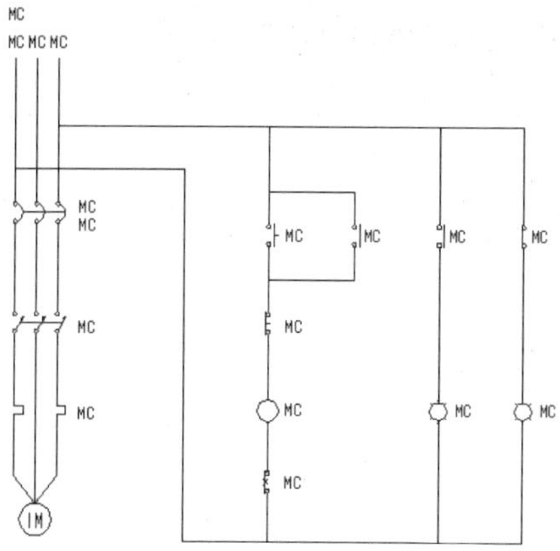

수정 전

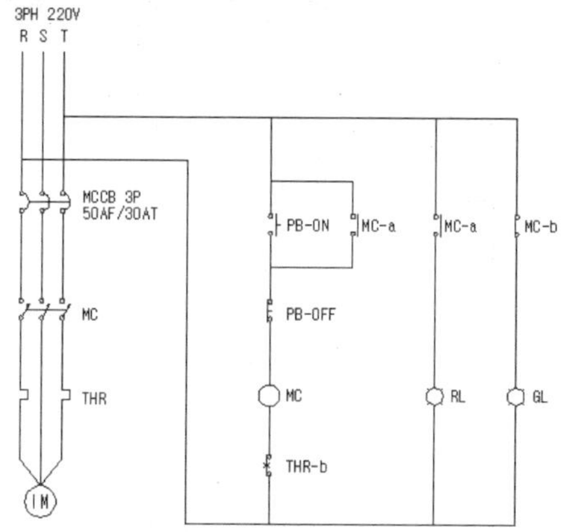

수정 후

6.6 접속점 그리기

1) 시퀀스 Tool Bar에서  을 선택한다.

2) 회로와 회로의 교차점에 접속점 심벌을 삽입한다.

① 명령 : DONUT

② 도넛의 내접원 지름〈0.0000〉 : 0

③ 도넛의 외접원 지름〈200.0000〉 : 150

④ 도넛의 중심점 지정 : 각각 배선의 접속점(교차점)을 선택한다.

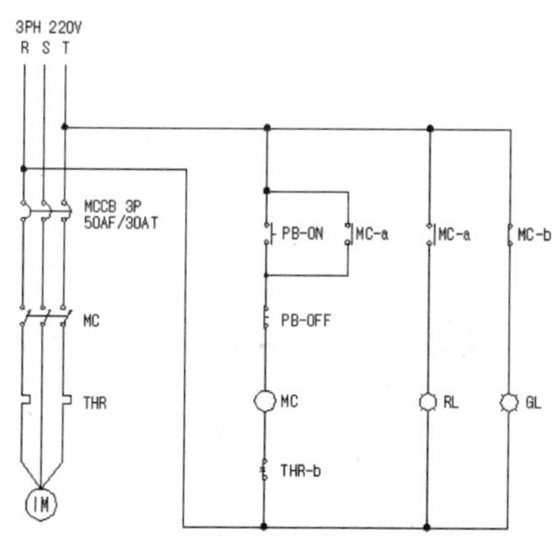

예제 7. 전기설계CAD 따라하기 예제 도면

전등설비, 전열설비 평면도

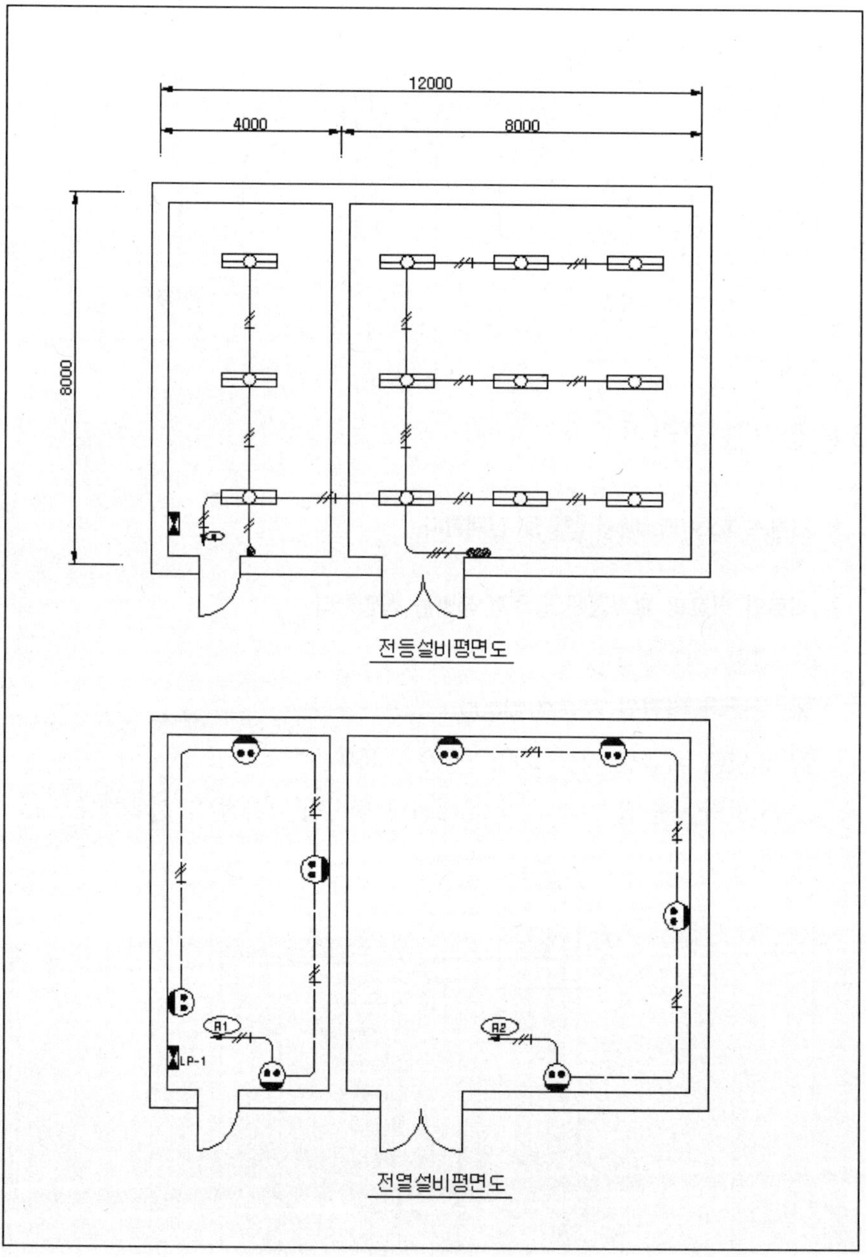

전화설비, 소방설비 평면도

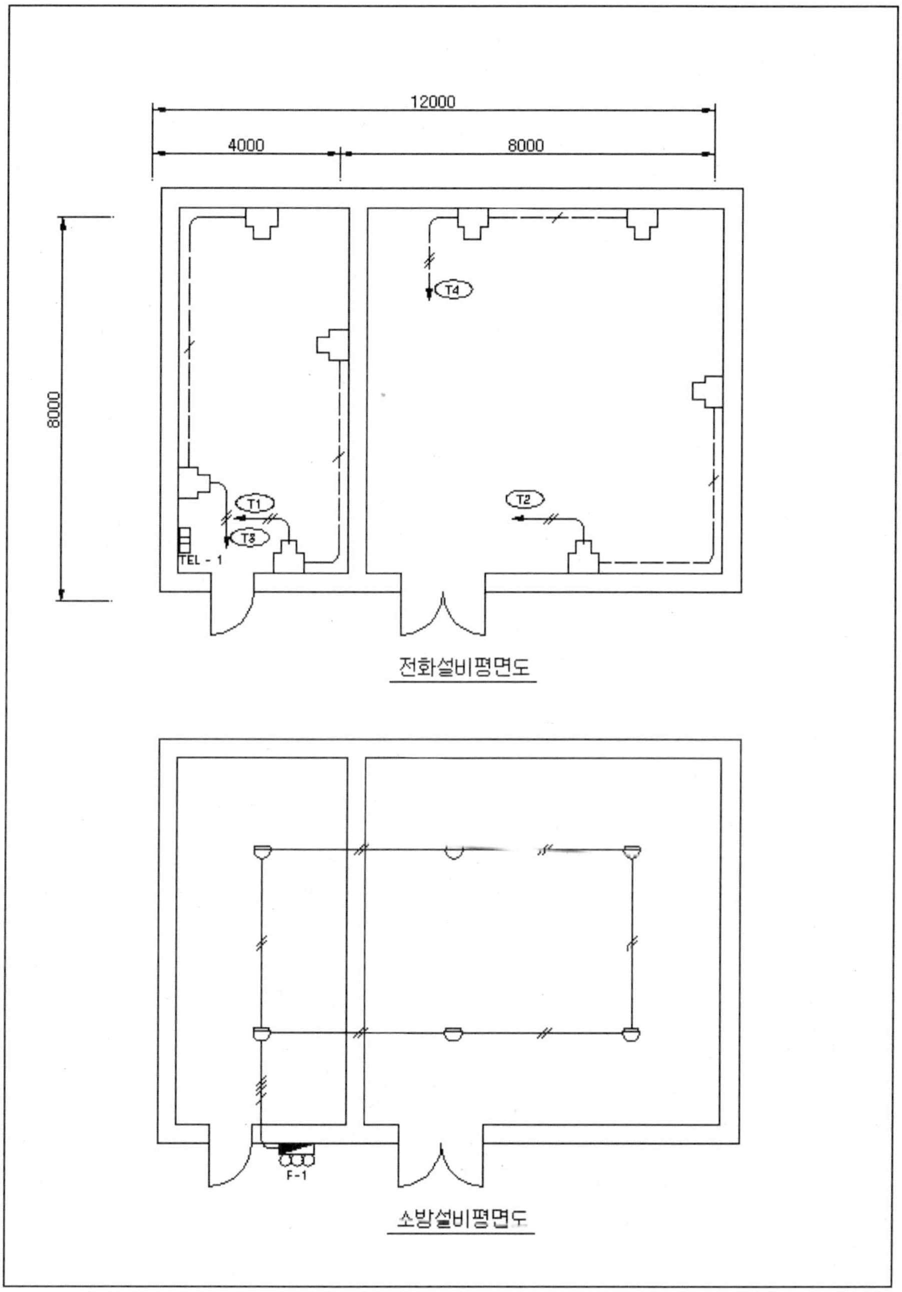

예제 8. 실무도면 응용하기

응용 도면 원본은 Elect-CAD의 Sample₩mycad₩8 E-CAD실무를 참조 또는 4차원 소프트 홈페이지 www.ecad.or.kr 자료실의 E-CAD실무도면을 참조.

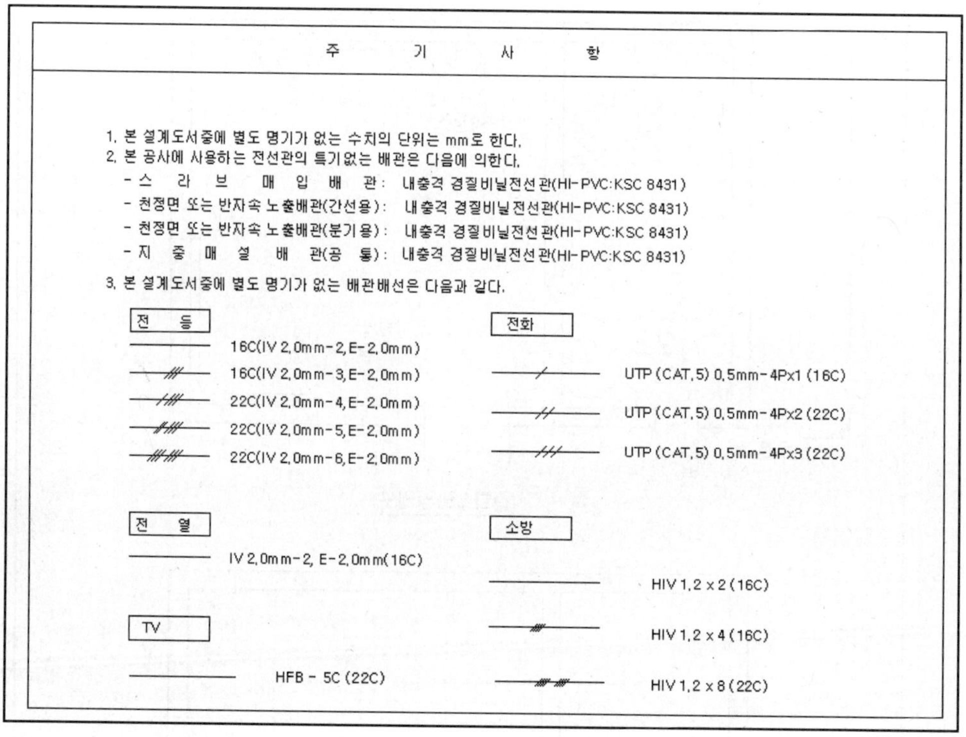

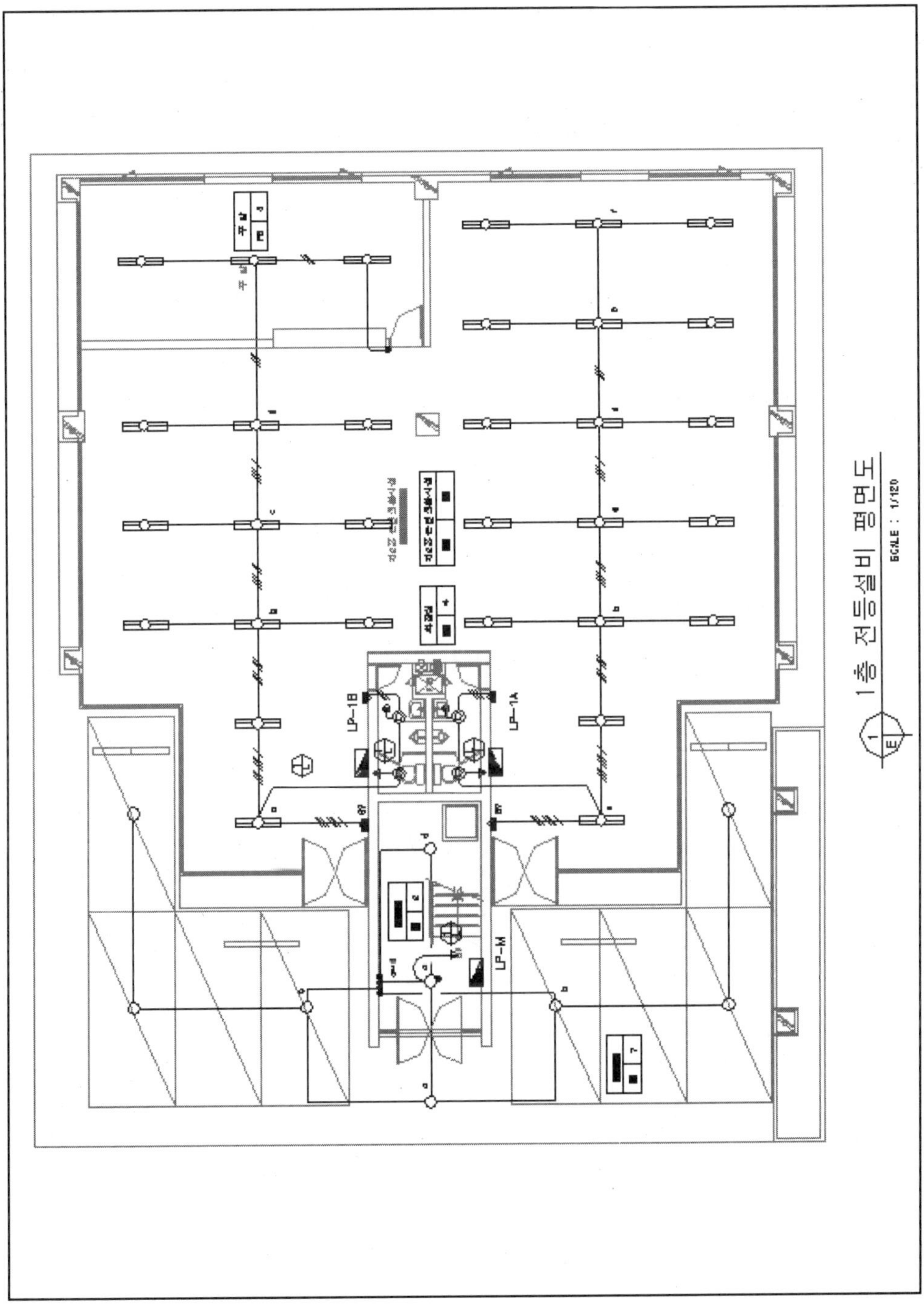
1층 전등설비 평면도
SCALE : 1/120
LP-1B
LP-1A
LP-M

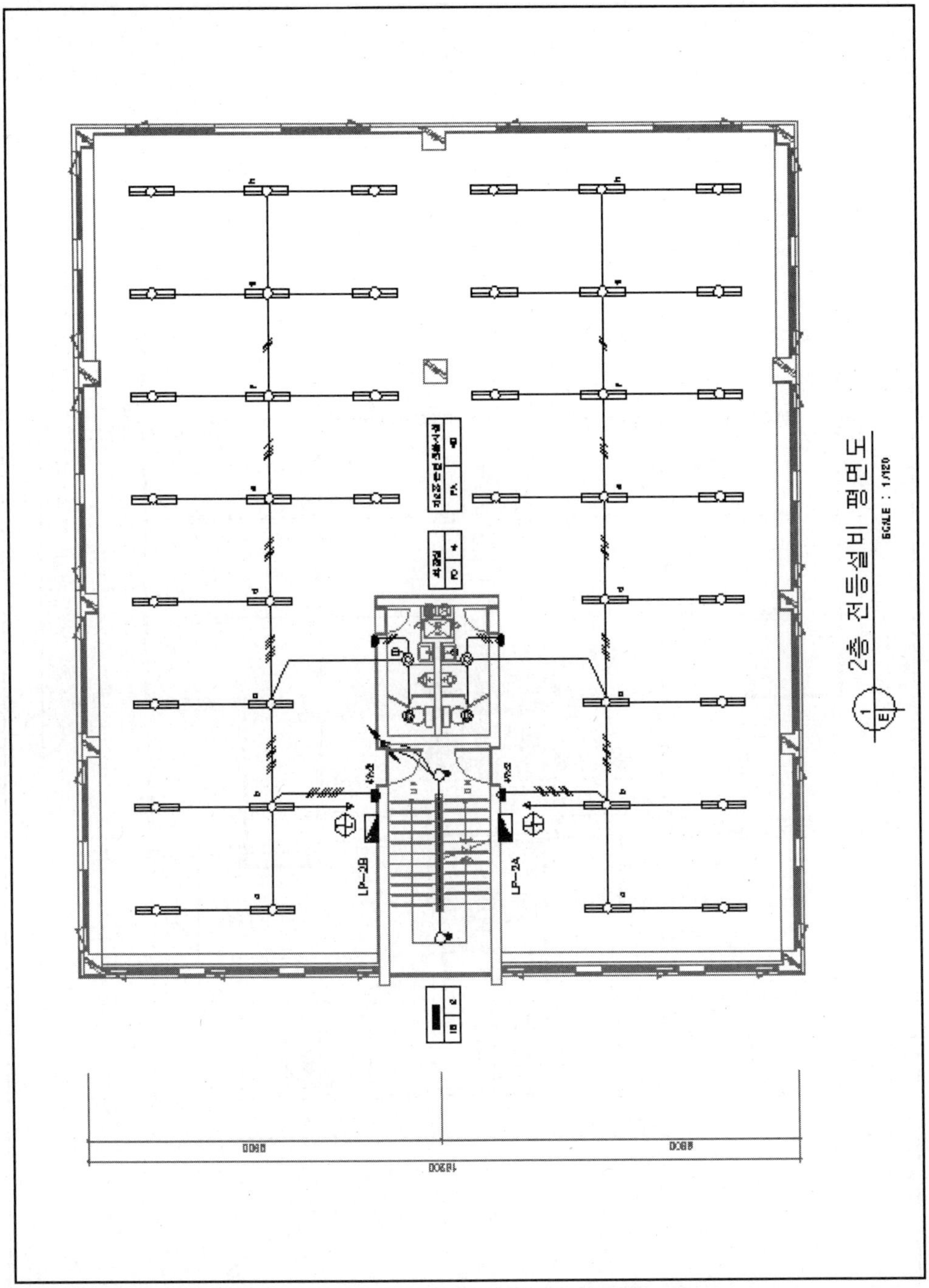
2층 전등설비 평면도
SCALE : 1/120
LP-2A
LP-2B

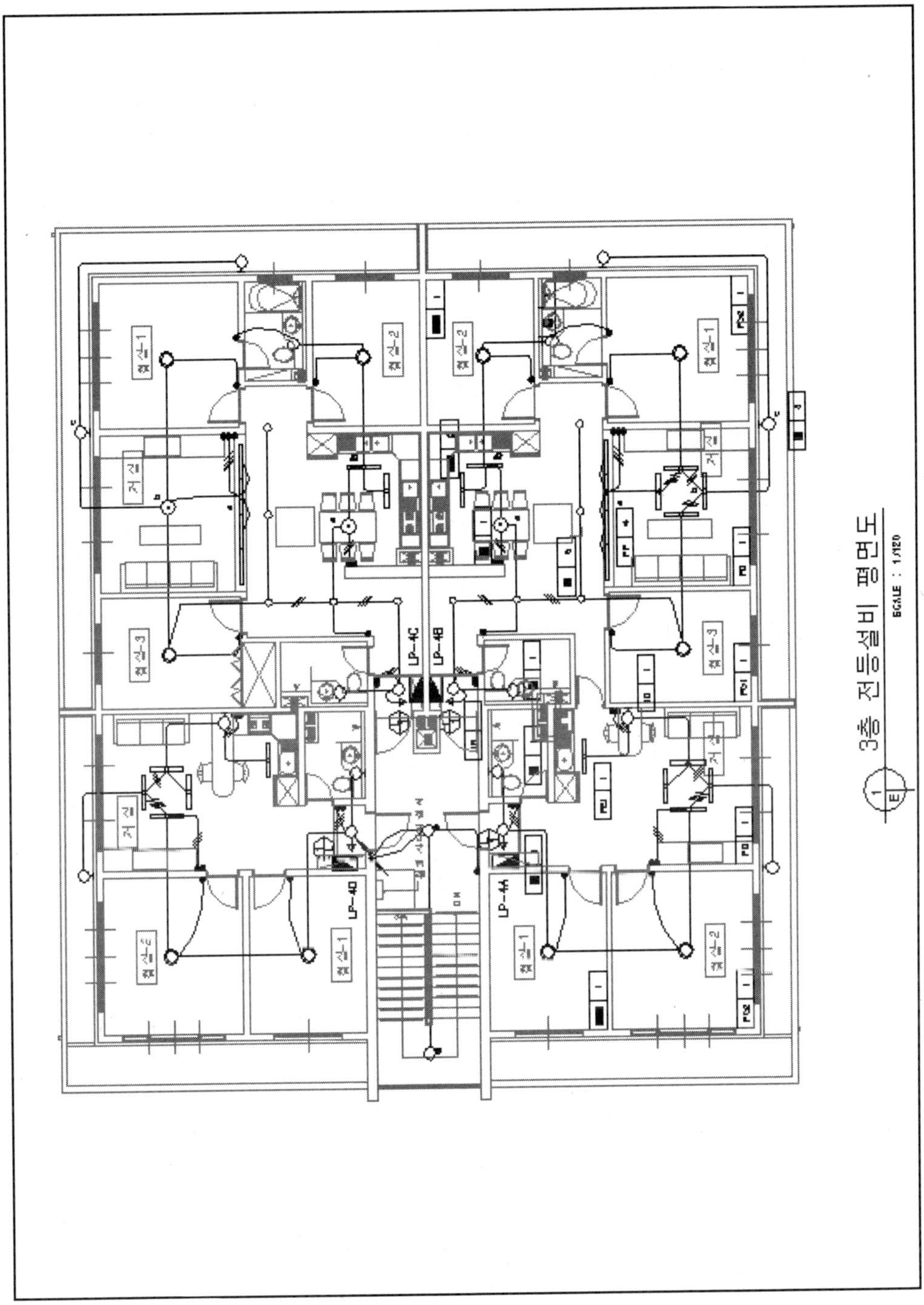
3층 전등설비 평면도
SCALE : 1/120
LP-4C
LP-4B
LP-4D
LP-4A

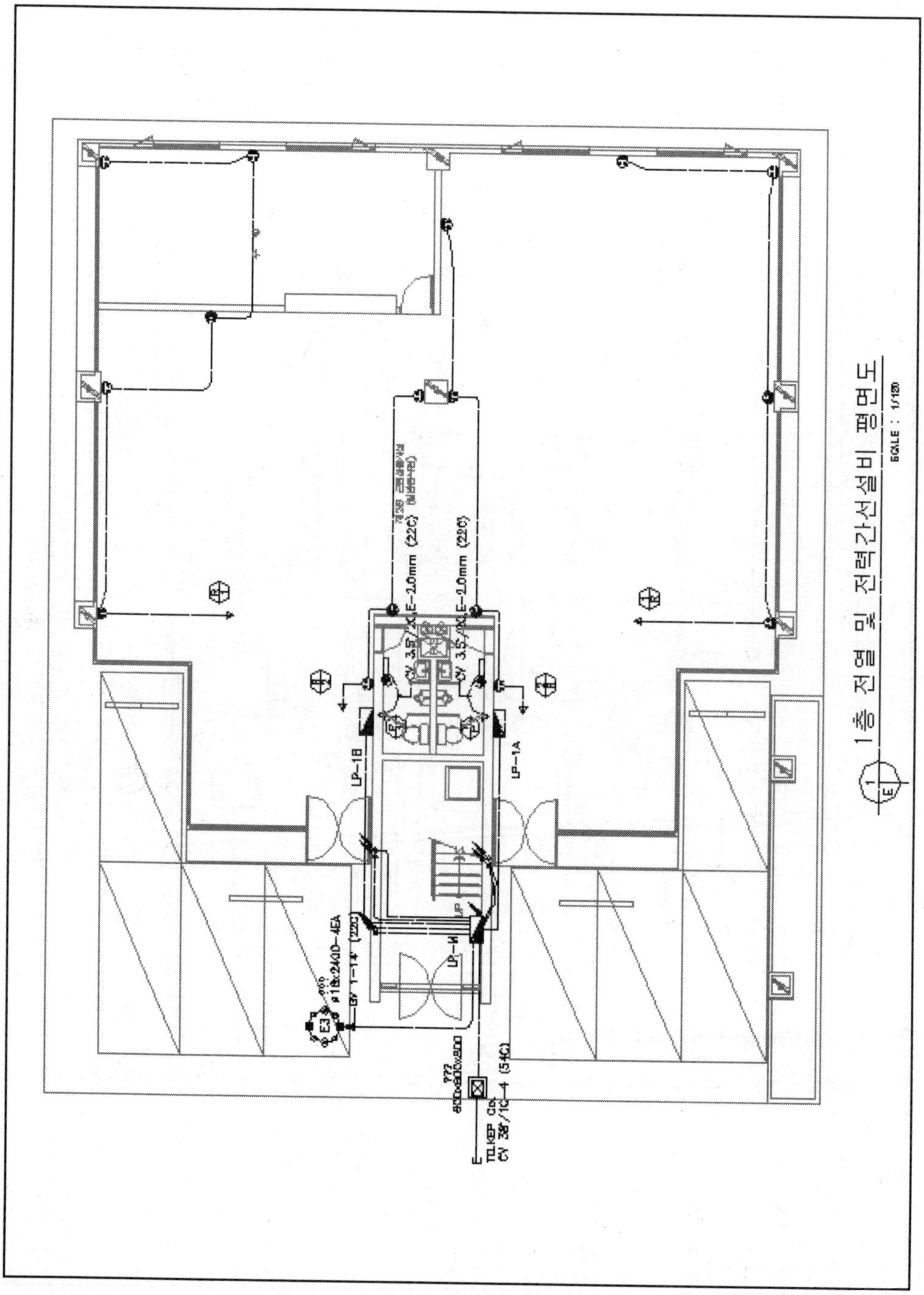
1층 전열 및 전력간선설비 평면도
SCALE : 1/100

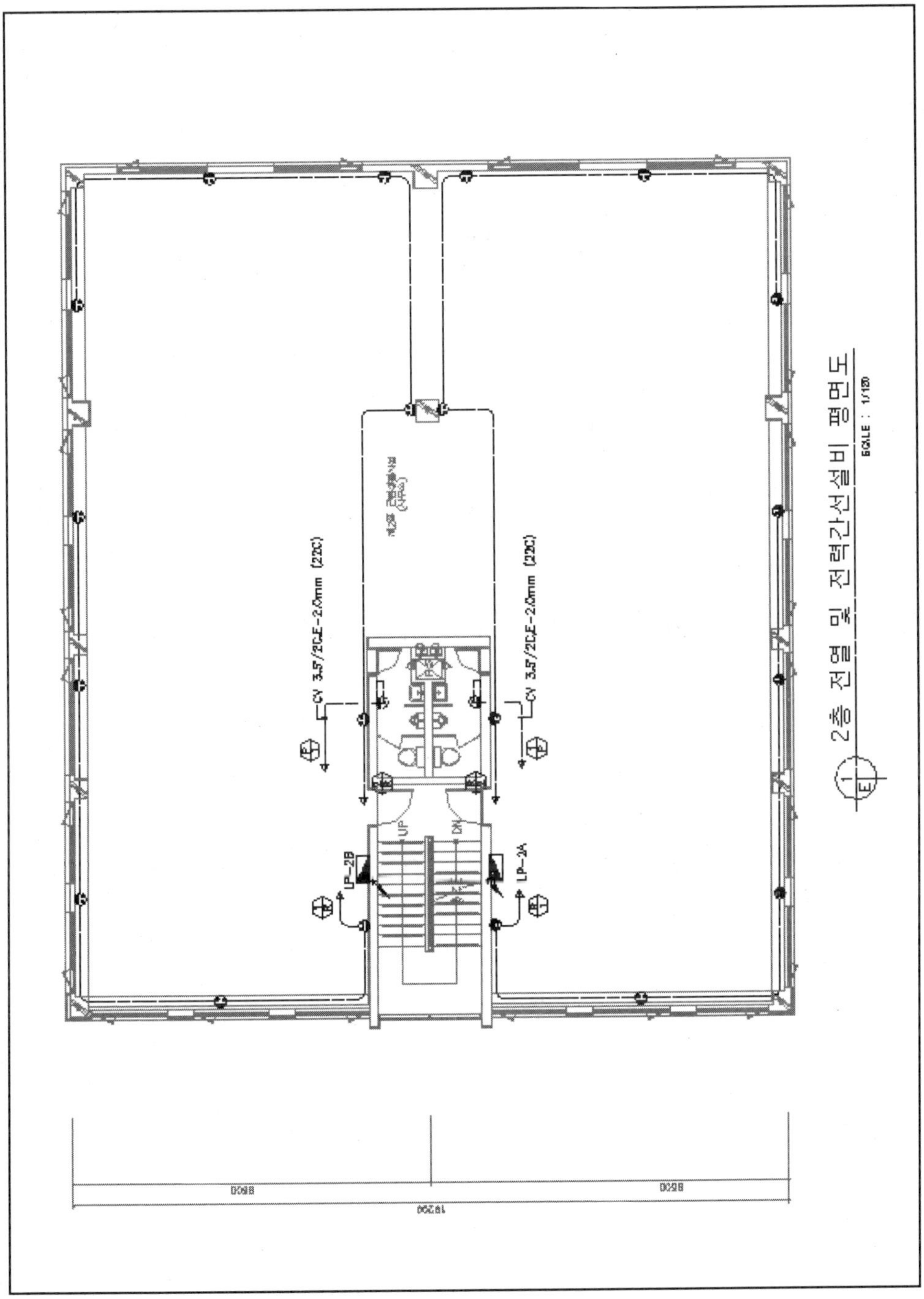
2층 전열 및 전력간선설비 평면도
LP-2A
LP-2B
UP
DN

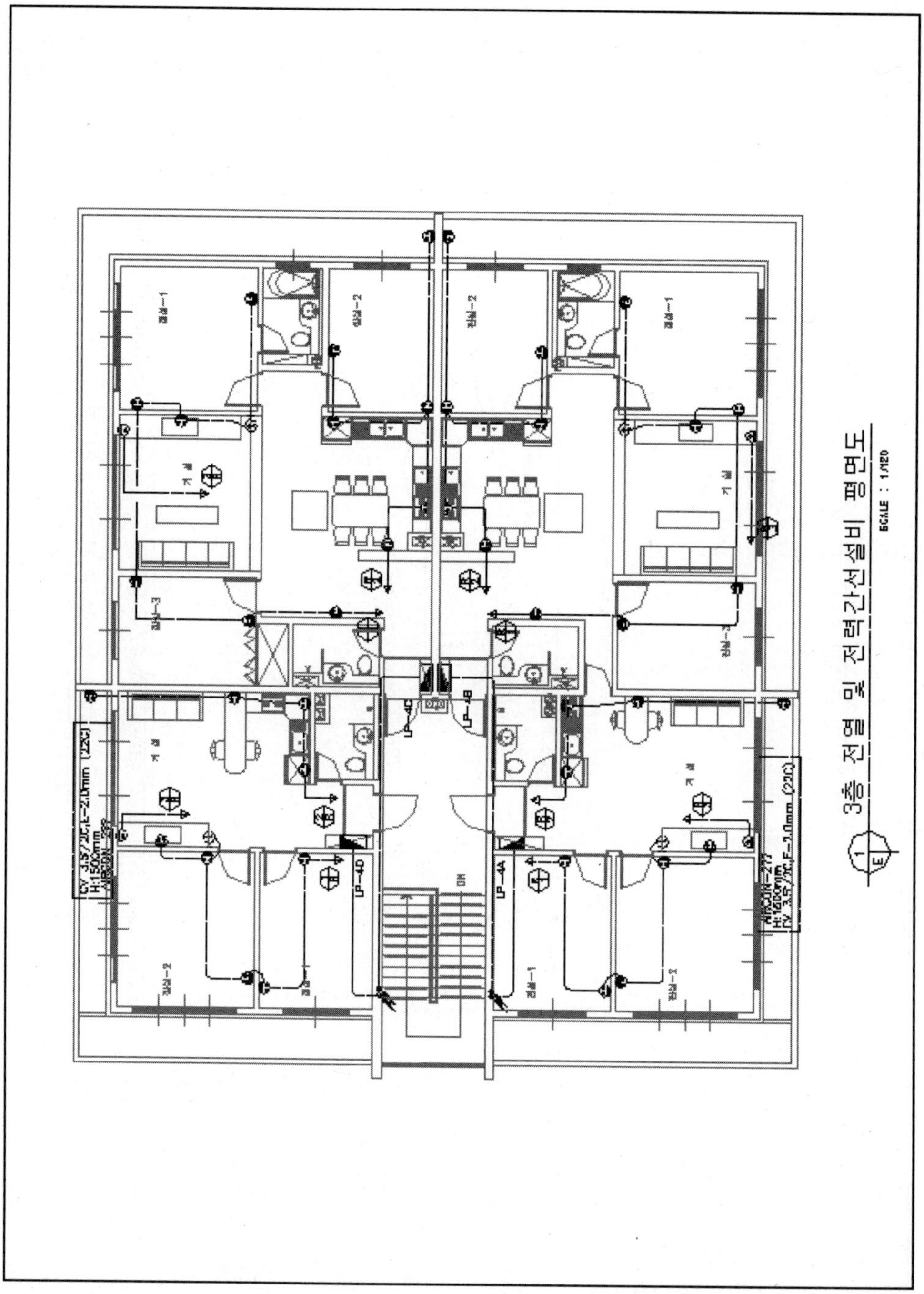
3층 전열 및 전력간선설비 평면도
SCALE : 1/120

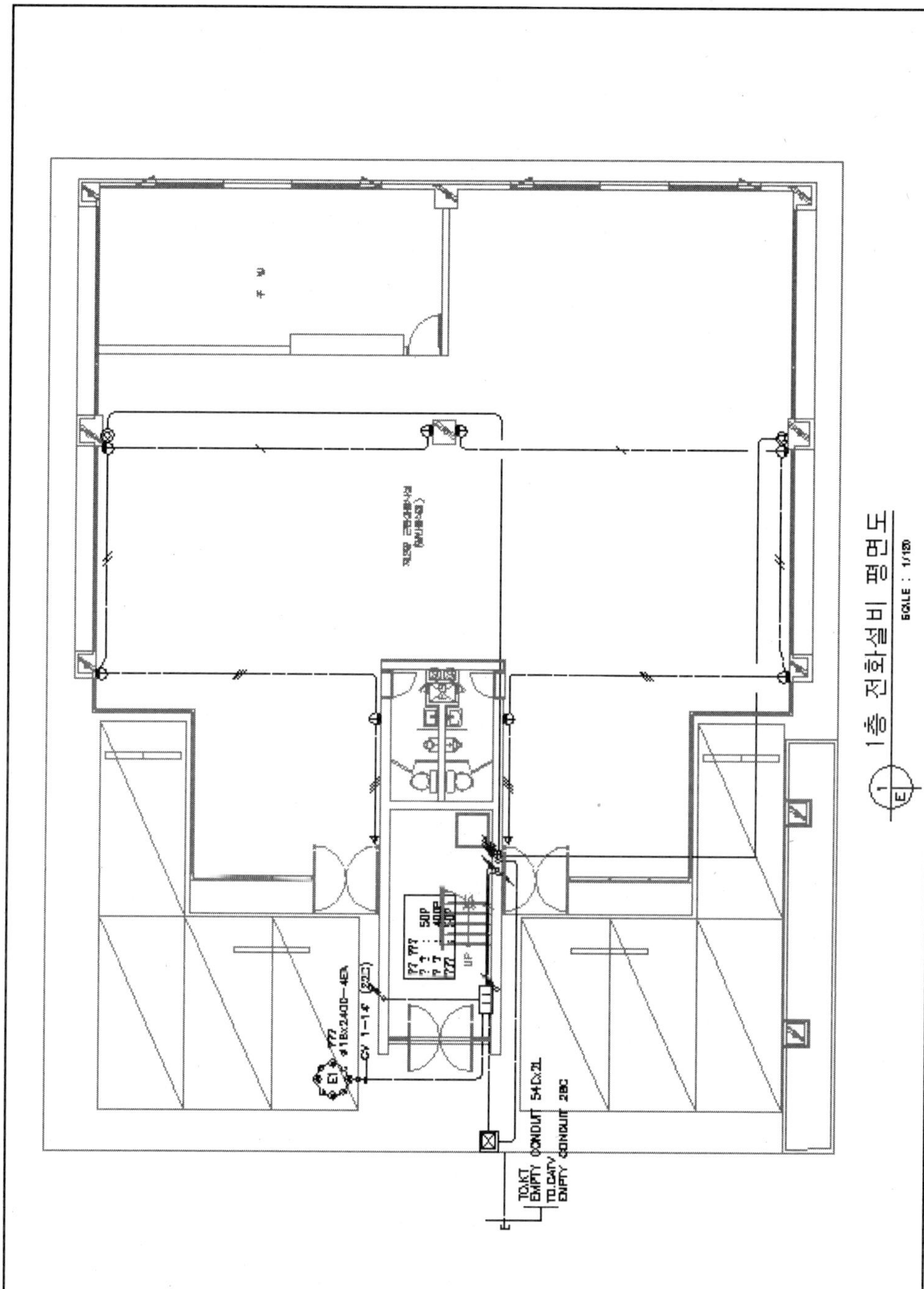
1층 전화설비 평면도
SCALE : 1/120

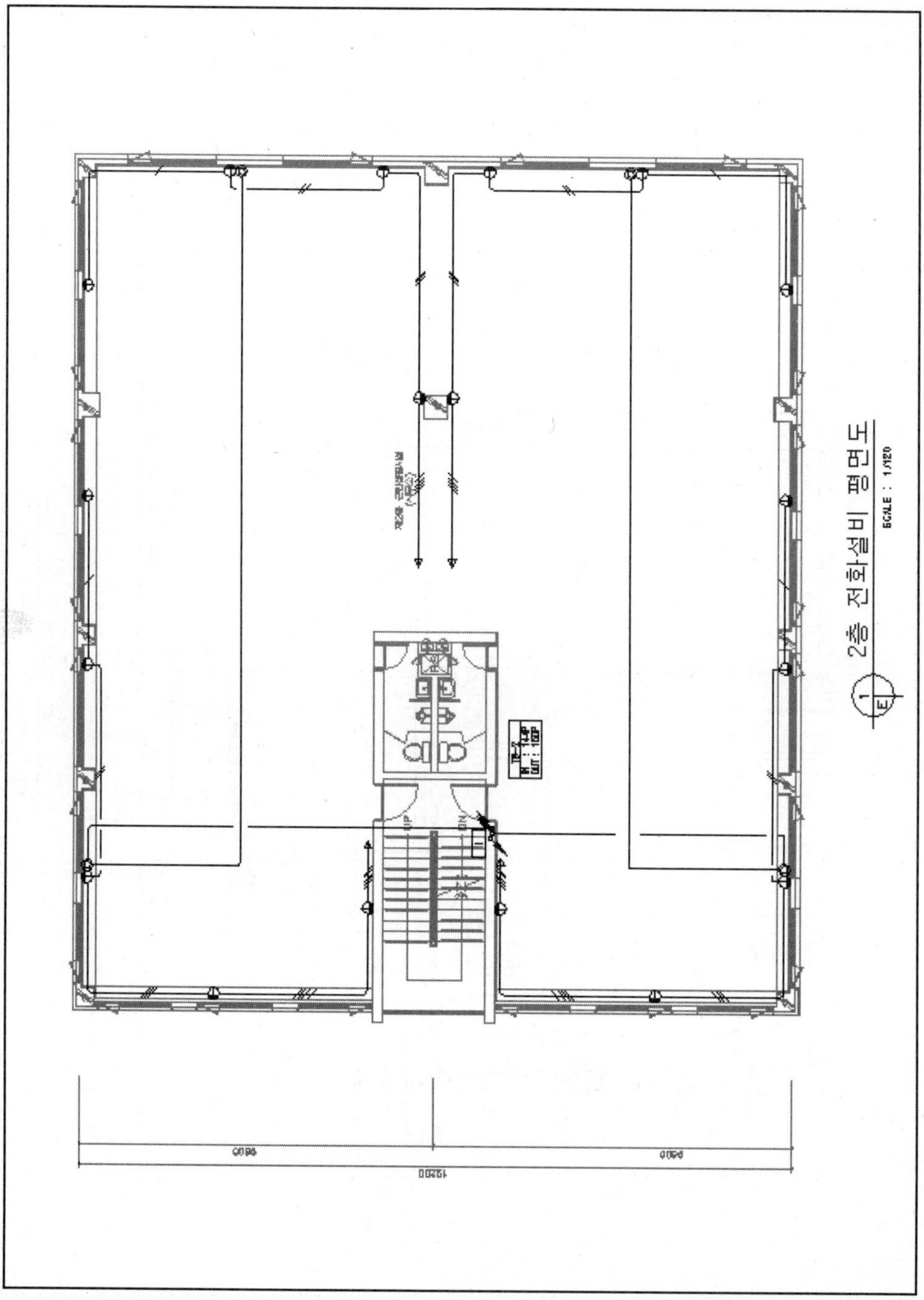
2층 전화설비 평면도
SCALE : 1/120

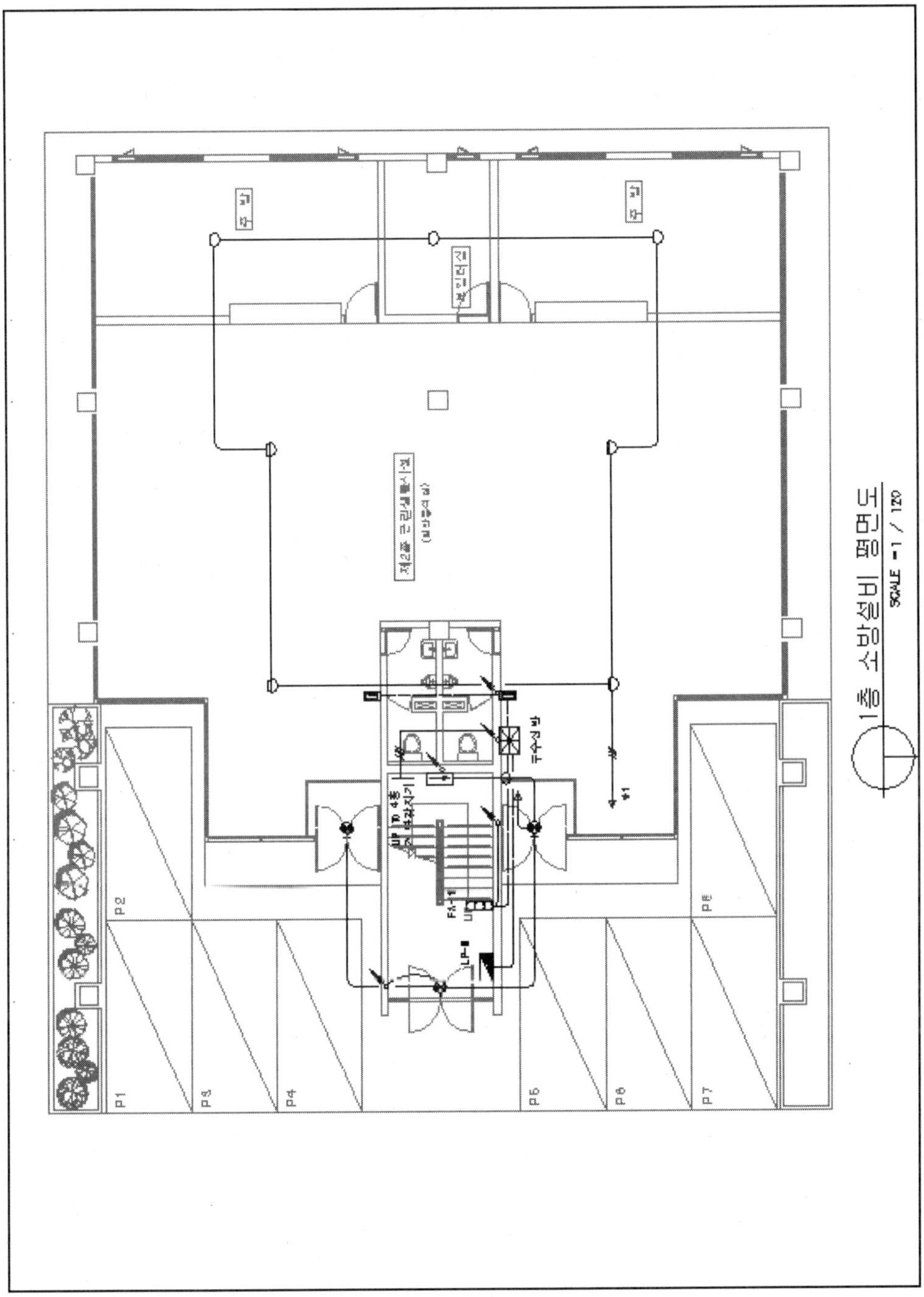
1층 소방설비 평면도
SCALE =1 / 120

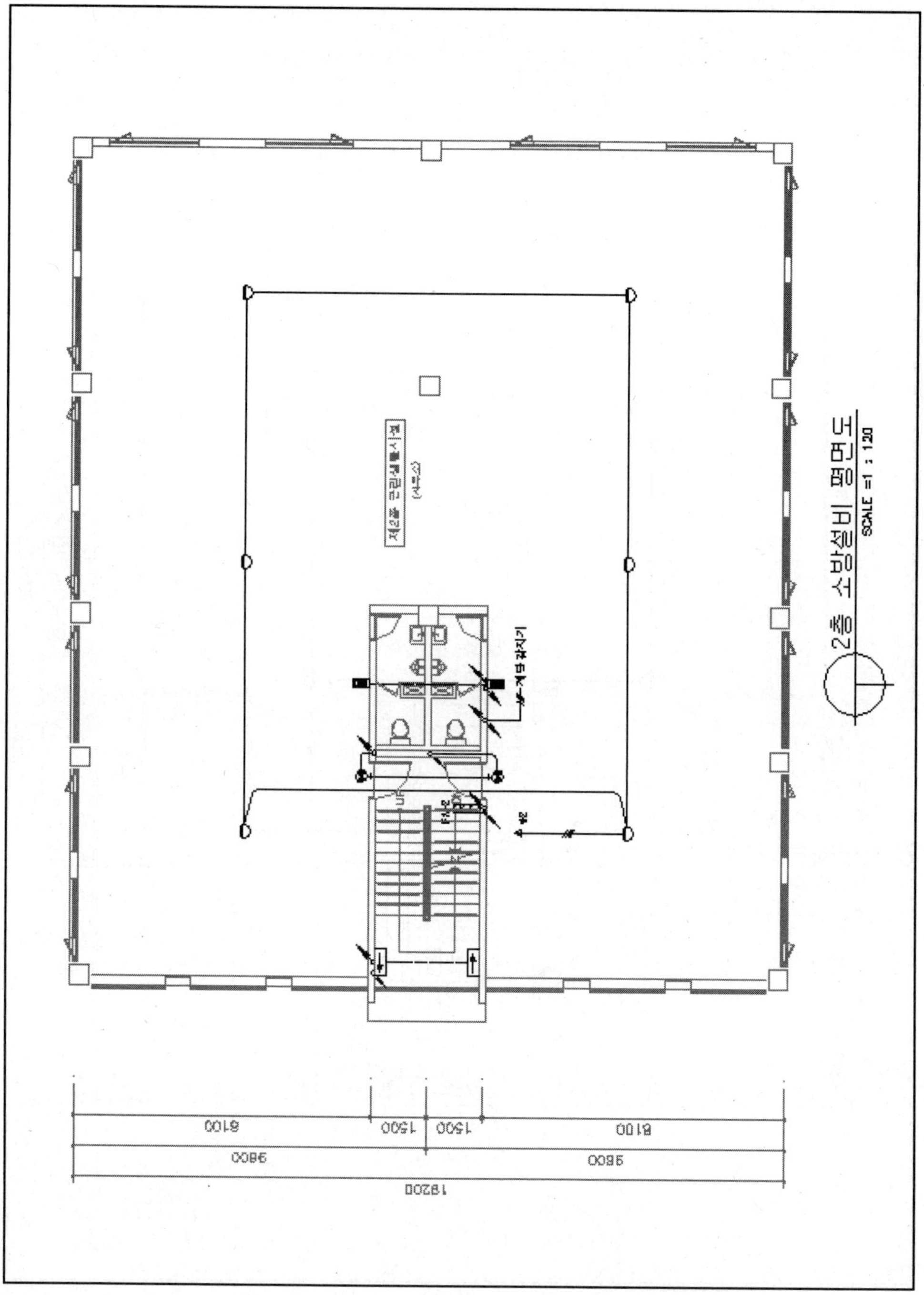

2층 소방설비 평면도
SCALE =1 : 120
8100
1500
1500
8100
9600
9600
19200

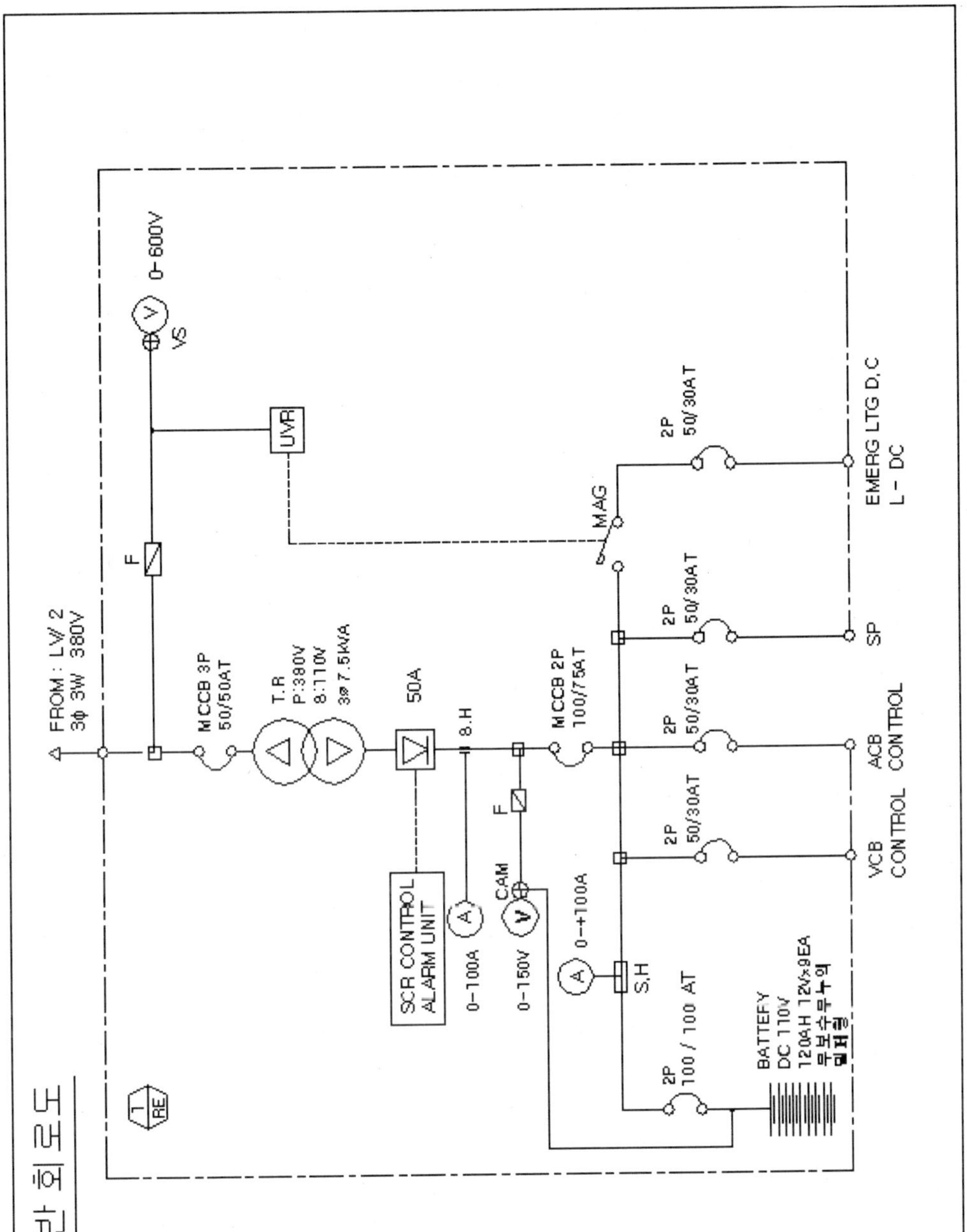

정류기반 회로도
FROM : LV 2
3φ 3W 380V
F
0-600V
VS
UVR
MCCB 3P
50/50AT
T.R
P:380V
S:110V
3φ 7.5KVA
50A
8.H
MCCB 2P
100/75AT
MAG
2P
50/30AT
EMERG LTG D.C
L - DC
SP
ACB
CONTROL
VCB
CONTROL
SCR CONTROL
ALARM UNIT
0-100A
0-150V
CAM
0-+100A
S.H
2P
100 / 100 AT
BATTERY
DC 110V
120AH 12V×9EA
T
RE

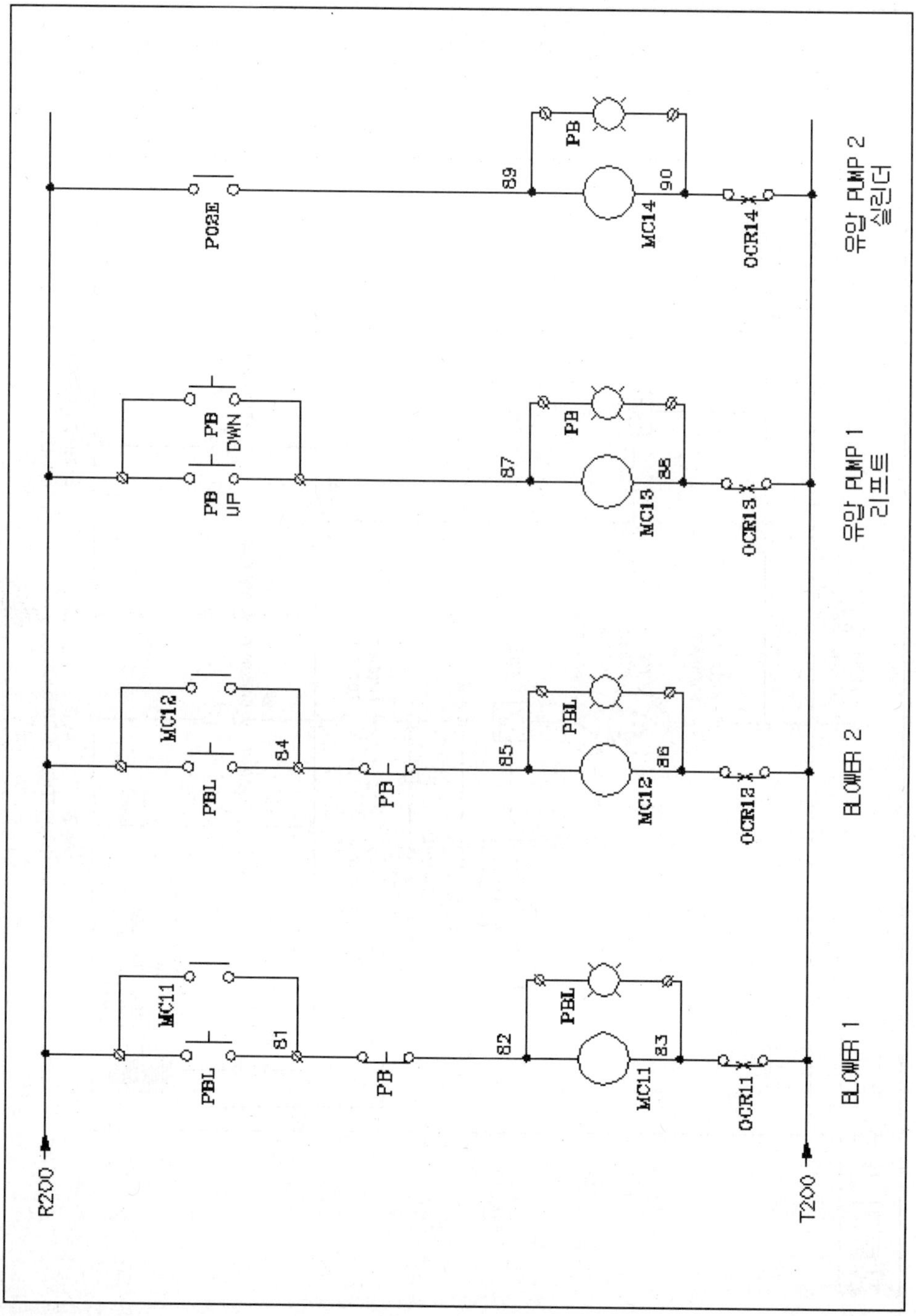
R200
T200
PBL
MC11
81
PB
82
MC11
83
PBL
OCR11
BLOWER 1
PBL
MC12
84
PB
85
MC12
86
PBL
OCR12
BLOWER 2
PB UP
PB DWN
87
88
MC13
PB
OCR13
유압 PUMP 1
리프트
POSE
89
MC14
90
PB
OCR14
유압 PUMP 2
실린더

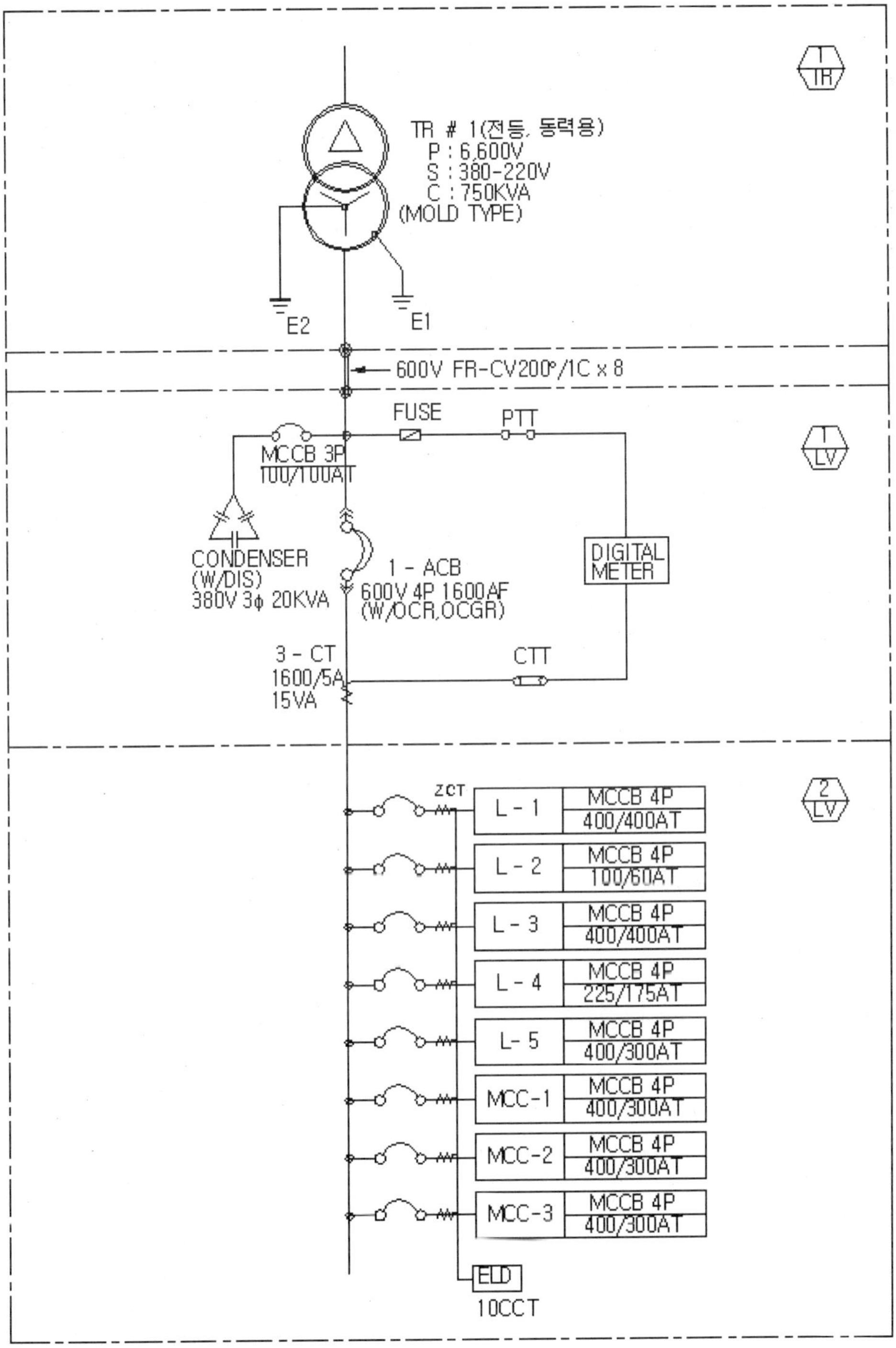
TR
TR # 1(전등, 동력용)
P : 6,600V
S : 380-220V
C : 750KVA
(MOLD TYPE)
E2
E1
600V FR-CV200°/1C x 8
FUSE
PTT
LV
MCCB 3P
100/100AT
CONDENSER
(W/DIS)
380V 3ϕ 20KVA
1 - ACB
600V 4P 1600AF
(W/OCR,OCGR)
DIGITAL
METER
3 - CT
1600/5A
15VA
CTT
ZCT
2
LV
L - 1
MCCB 4P
400/400AT
L - 2
MCCB 4P
100/60AT
L - 3
MCCB 4P
400/400AT
L - 4
MCCB 4P
225/175AT
L- 5
MCCB 4P
400/300AT
MCC-1
MCCB 4P
400/300AT
MCC-2
MCCB 4P
400/300AT
MCC-3
MCCB 4P
400/300AT
ELD
10CCT

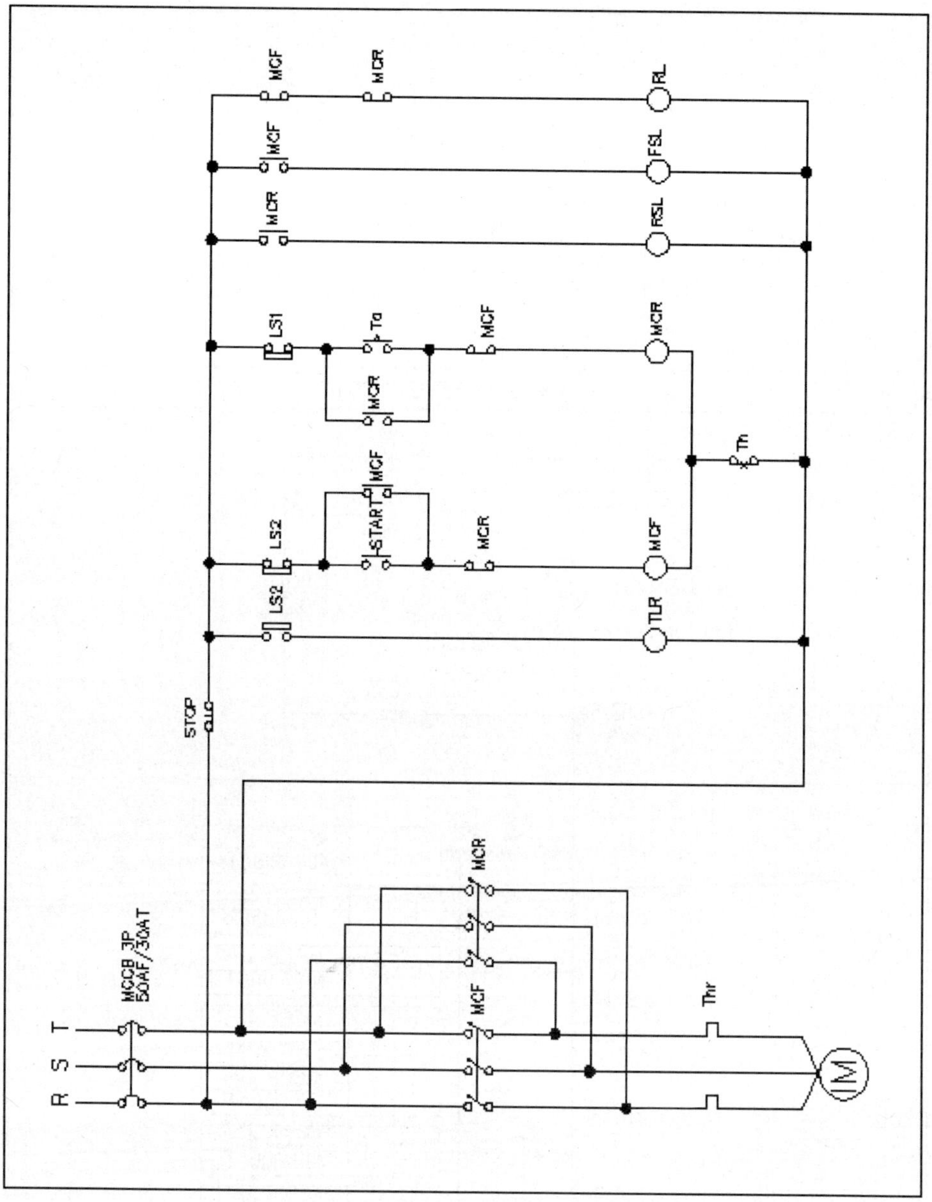
R
S
T
MCCB 3P
50AF/30AT
STOP
MCF
MCR
RL
FSL
RSL
LS1
Ta
Th
LS2
START
TLR
Thr
IM

제3장 견적서 작성

3.1 공종등록 및 물량산출서 작성

3.1.1 견적서 실행

❑ 바탕화면의 E-CAD 안에 있는 전기견적서 아이콘 을 실행한다.

❑ 아래와 같이 메인 화면이 나타난다.

1) 파 일

신규공사를 등록하거나 작성된 공사를 불러와서 작업을 할 수 있다.

2) 산출서

CAD에서 작성된 Data를 이용하여 산출서를 작성한다.

3) 설계내역관리

총괄표, 내역서, 원가계산서 및 견적서 표지를 작성할 수 있다.

4) Master관리

공사 자재Master 및 일위대가를 등록하거나 수정할 수 있다.

5) Master환경설정

견적 작업의 기초 Data를 미리 작성을 한 후 사용하게 되면 작업능률을 높일 수가 있다.

6) 자료관리

Data를 복구, 백업, 저장할 수 있다.

3.1.2 공사등록

1) 파일 → 새 파일을 선택한다.

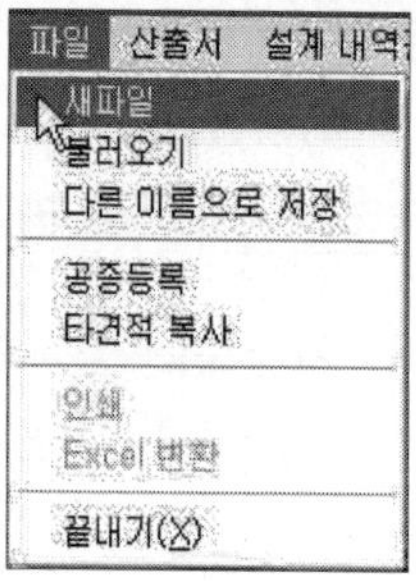

- 새로운 공사를 등록하거나 작업된 공사를 불러서 작업을 할 수 있다.
- 새로운 공사의 모든 작업을 시작할 때는 공종등록을 한 후 작업을 하여야 한다.
- 작성된 산출서, 견적서, 공량산출서 등을 인쇄하거나 Excel로 전환할 수 있다.

2) 저장 위치를 선택하여 파일이름을 작성 후 저장(S)을 하면 공종등록 화면이 나타난다.

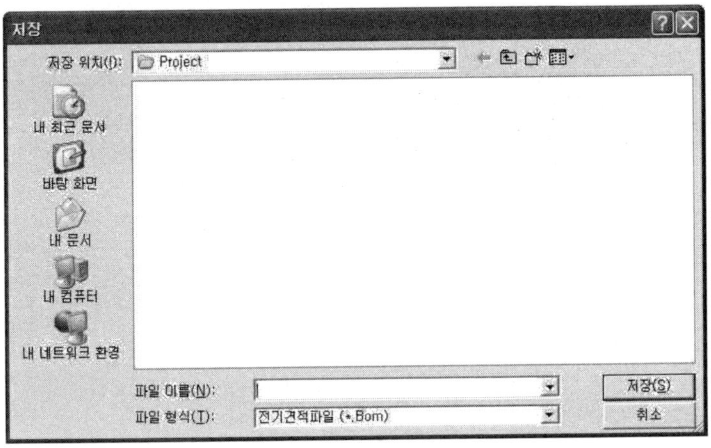

□ CAD와 연관해서 작업을 할 경우는 CAD에서 작성된 데이터 파일(00.CWG)이 있는 폴더에 파일이름을 저장해야 한다.

□ 파일이름은 현재 작성할 공사명을 입력한다.

□ 공종등록 화면이 나타난다.

3.1.3 공종 및 데이터 파일 등록

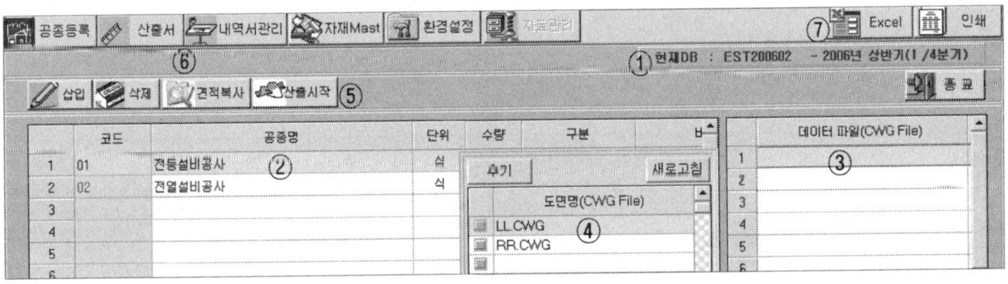

▶ 공종등록에서 내역서 작성 후 엑셀변환까지의 순서

① 공사의 기본 값 및 적용단가를 설정한다. - 다음 그림 참조

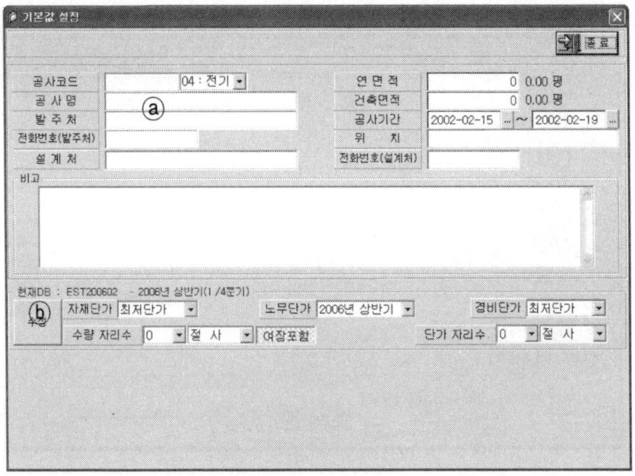

ⓐ 공사명을 입력한다. - 각종 출력 양식에 공사명이 등록되어 출력이 된다.

ⓑ 적용할 단가 및 소수점 자리를 설정한다.

② 공종을 등록한다.

③ 데이터를 등록창을 선택한다.

④ 데이터를 등록한다.

⑤ 산출시작을 선택하여 산출서 및 내역서를 작성한다.

⑥ 산출서 및 내역서를 검토 및 확

⑦ 엑셀로 변환하여 사용을 한다.

1) 공종을 등록한다.

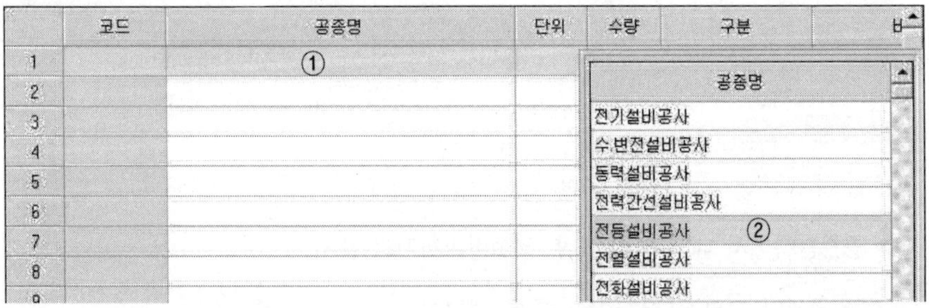

① 공종을 등록할 영역을 선택한다. - 우측에 공종명 리스트가 나타난다.

② 공종명 리스트에서 입력할 공종을 선택한다. - 전등설비공사

③ 공종명을 계속 등록할 경우는 리스트에서 공종을 연속해서 선택하면 된다.

- 등록할 공종이 공종 리스트에 없는 경우는 유사한 공종을 등록한 후 더블 클릭하여 수정하면 된다.
- 공종명 리스트는 Master 환경설정의 공종Master관리에 등록하여 사용한다.

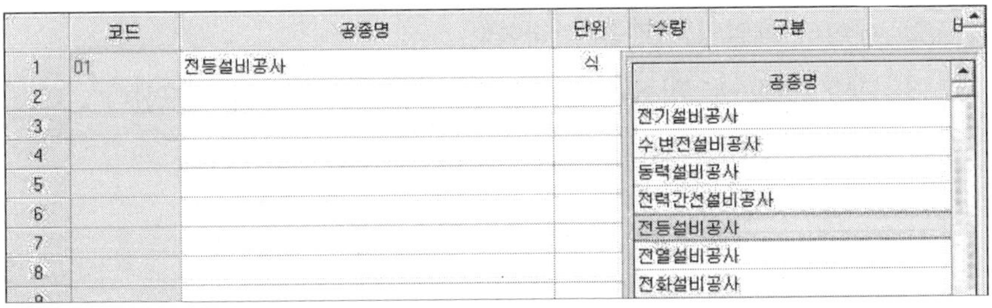

2) 전열설비공사 공종등록

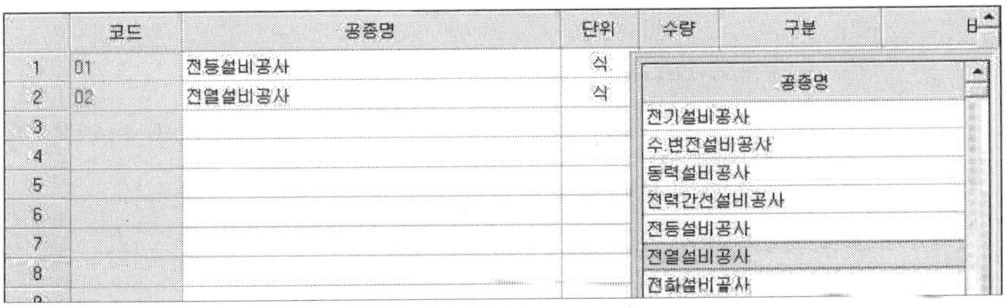

ㅁ 공종명 리스트에서 전열설비공사를 선택하면 공종이 등록된다.

3) 캐드 DATA 파일 등록

ㅁ 캐드에서 작한 데이터업(00.cwg)을 이용하여 물량을 자동으로 산출한다.

ㅁ 물량산출 및 견적작업을 직접 할 경우는 아래 데이터파일 등록 작업은 할 필요 기 없다.

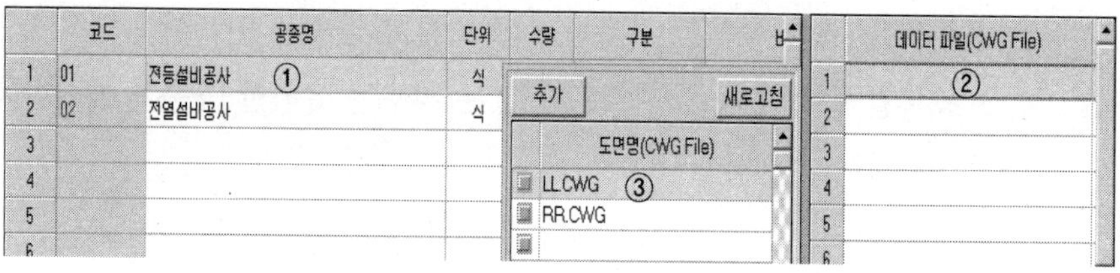

① 등록할 공종명을 선택한다.

② 데이터 파일의 빈칸을 선택한다.

③ DATA 리스트 창에서 등록할 데이터를 선택 또는 체크한다.

- 추가 를 선택하면 DATA(전등.CWG)가 등록된다.

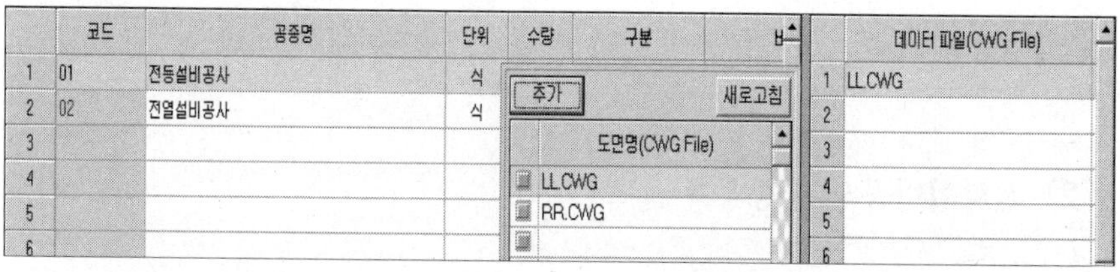

- 타 공종에도 DATA를 계속해서 등록 할 경우는 마우스를 공종명 쪽에 두고 마우스 우측 기능키의 '리스트 보기'를 체크를 하면 DATA 파일 리스트를 띄워놓은 상태에서 DATA를 등록할 수가 있다.
- 등록된 DATA 파일을 삭제할 경우는 DATA파일을 선택 후 키보드의 Delete키를 누른다.
- 새로고침 : 캐드에서 도면을 수정한 경우에 최신의 DATA를 적용한다.

3.1.4 물량산출 시작

❑ CAD에서 작성한 데이터를 물량 산출조서 및 내역서로 변환하는 작업으로서 데이터양에 따라 다소 시간이 지연될 수도 있다.

1) 산출시작 을 선택하여 산출방법을 설정 한다.

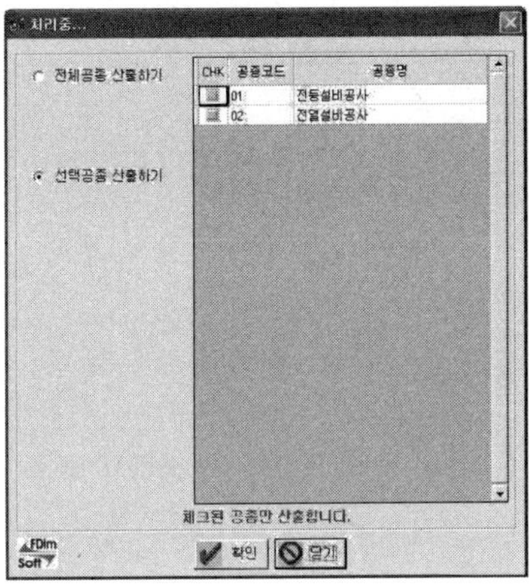

□ 물량을 산출하면 이미 작성된 내역서는 초기화가 된다.

① 전체공종 산출하기 : 전체공종을 산출한다. 공종명을 체크할 필요가 없다.

② 선택공종 산출하기 : 체크한 공종만 산출한다.

③ 수작업으로 물량산출서를 작성한 경우 또는 이미 산출된 데이터가 있는 경우는 꼭 선택공종 산출하기를 하여야 한다.

2) 확인 을 선택한다.

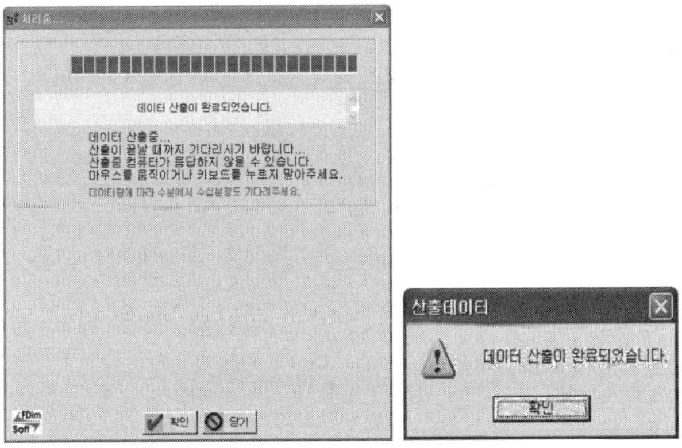

① '데이터산출이 완료되었습니다.'라는 메시지가 나타나면 확인을 선택 후 닫기를 한다.

- 데이터 양에 따라 수분에서 수십 분이 걸릴 수도 있으므로 산출되는 동안에는 마우스나 키보드를 조작하지 말아야 한다.

② 산출조서 및 내역서 작업을 한다.

3.1.5 그 밖의 기능

1) 공종등록 보조기능

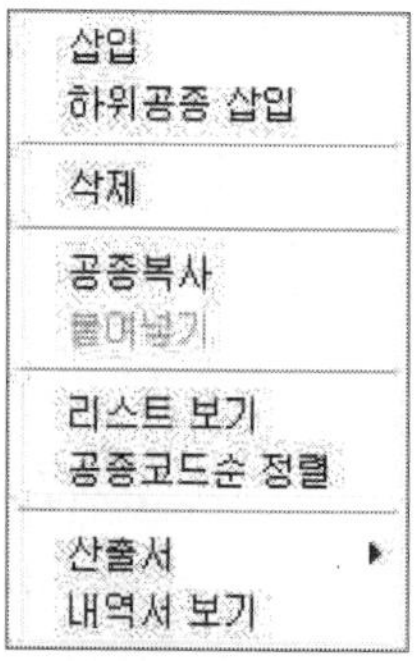

① 삽입 : 이미 등록된 공종과 공종사이에 새로운 공종을 삽입할 때 사용하며 선택한 공종위로 새로운 공종을 등록 할 수 있다. 공종명을 직접입력 또는 '공종리스트 보기'를 선택하여 보조창을 이용하여 등록도 가능하다.

② 하위공종 삽입 : 선택된 공종 아래로 새로운 하위공종을 등록할 때 사용한다. 공종명을 직접 입력 또는 '공종리스트 보기'를 선택하여 보조창을 이용하여 등록도 가능하다.

③ 삭제 : 선택한 공종을 삭제한다. 아래와 같은 창이 나타나면 '예'를 선택하면 공종이 삭제된다.

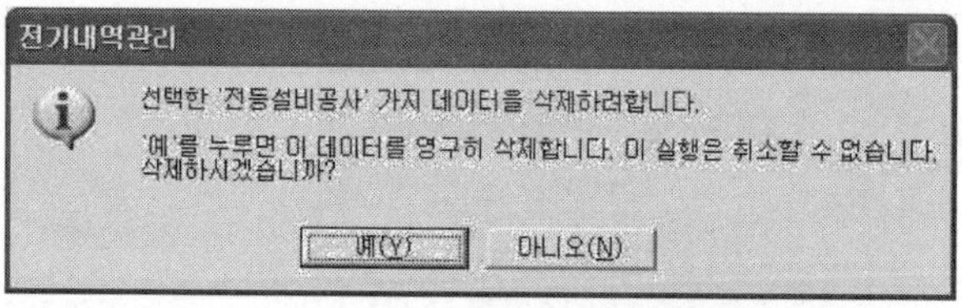

④ 공종복사 및 붙여넣기 : 새로운 공종을 한 개 더 만들 때 사용하며 복사할 공종을 선택한 후 붙여넣기를 하면 선택한 공종 위로 공종이 추가되며 복사된 공종명 앞에 '사본'이라고 표현이 된다.

⑤ 리스트 보기 : 미리 작성된 공종을 이용하여 등록할 수가 있다.

⑥ 공종코드순 정렬 : 코드번호를 변경하여 순서를 바꾸고자 할 때 사용한다.

⑦ 산출서 : 물량산출서로 바로가기이다.

⑧ 내역서 : 내역서로 바로가기이다.

2) 타 견적 복사

현재 작업할 공사와 유사한 타 공사의 산출서 및 견적서를 불러와서 이용하고자 할 때 사용한다.

① 견적복사 를 선택한다.

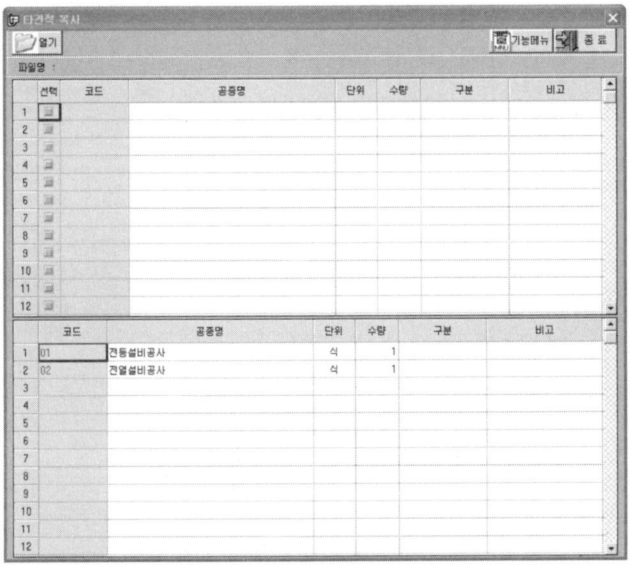

② 열기를 선택한다.

③ 참고할 공사 폴더 안에 있는 파일을 선택한다.

④ 열기(O)를 선택한다.

⑤ 복사방법을 이용하여 등록한다. – 현재위치 복사, 하위공종 복사방법 참고

3) 현재 위치에 복사하는 방법 – 같은 분류의 공종에 삽입할 때

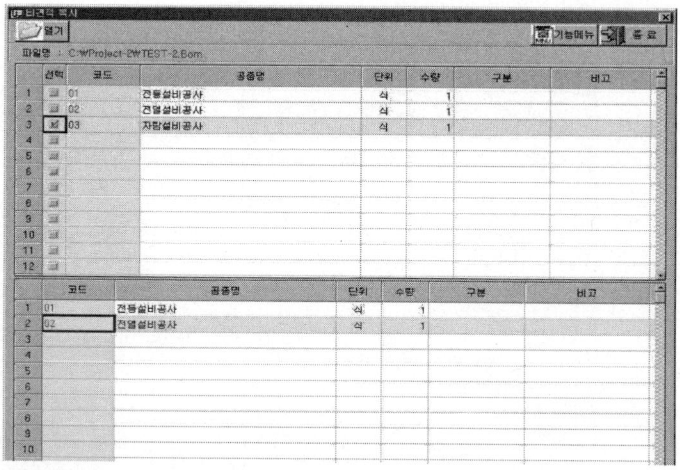

① 복사할 상부의 자탐설비공사를 체크한다.

② 삽입할 하부 전열설비공사를 선택한 후 마우스 우측 기능키 또는  를 선택한다.

③ 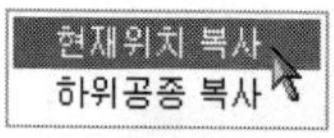

를 선택한다.

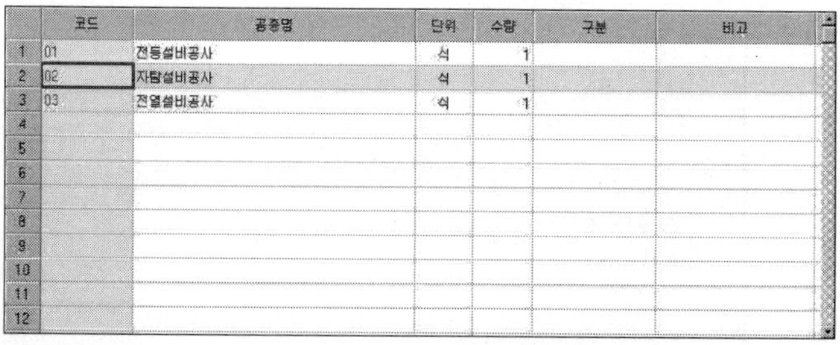

④ 하부공종의 전열설비공사 위로 자탐설비공사가 삽입된다.

4) 하위공종 복사하는 방법 – 자신의 공종 밑에 소공종을 삽입할 때

① 복사할 상부의 자탐설비공사를 체크한다.

② 삽입할 하부 전열설비공사를 선택한 후 마우스 우측 또는  를 선택한다.

③ 

를 선택한다.

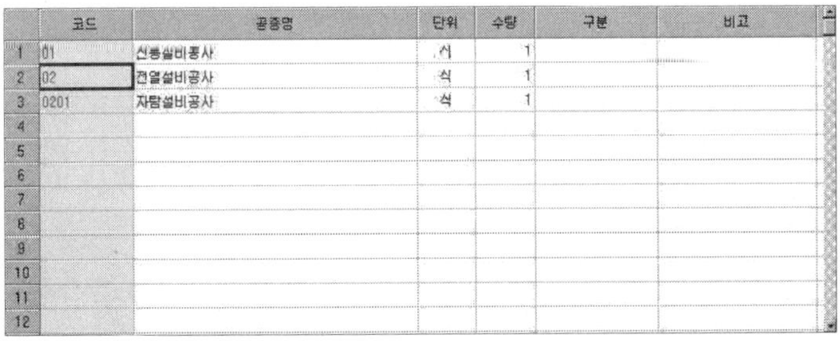

④ 하부공종의 전열설비공사 밑으로 자탐설비공사가 삽입된다.

3.2 물량산출서 작성

- ❑ 신규 공사인 경우는 공종등록을 한 후 산출서를 실행한다.
- ❑ 산출서가 작성된 경우는 파일에서 작업할 공사를 불러오기 한 후 실행한다.

3.2.1 물량산출서 시작

1) 작업 공종을 선택 후 

를 선택을 선택한다.

2) 산출양식 

를 선택한다. - 산출양식을 참조한다.

3) 산출서 작성창이 열린다.

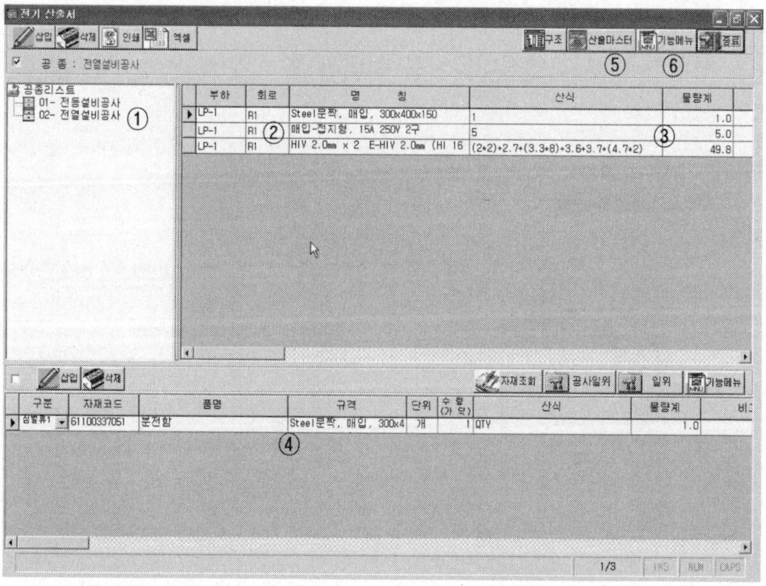

▶ 화면구성 설명

① 공종리스트를 보여주며 공종을 선택하여 작업을 할 수가 있다.
② 작성된 데이터의 산출 목록을 보여준다.
③ 산출식 및 물량계를 보여준다.
④ 산출 목록에 대한 부속 자재리스트를 보여준다.
⑤ 산출마스터를 이용하여 새로운 산출서를 만들 수가 있다.
⑥ 각종 기능메뉴를 이용할 편집할 수가 있다.

3.2.2 산출목록 입력

❑ 새로운 산출목록을 입력하여 물량을 산출할 때 사용한다.

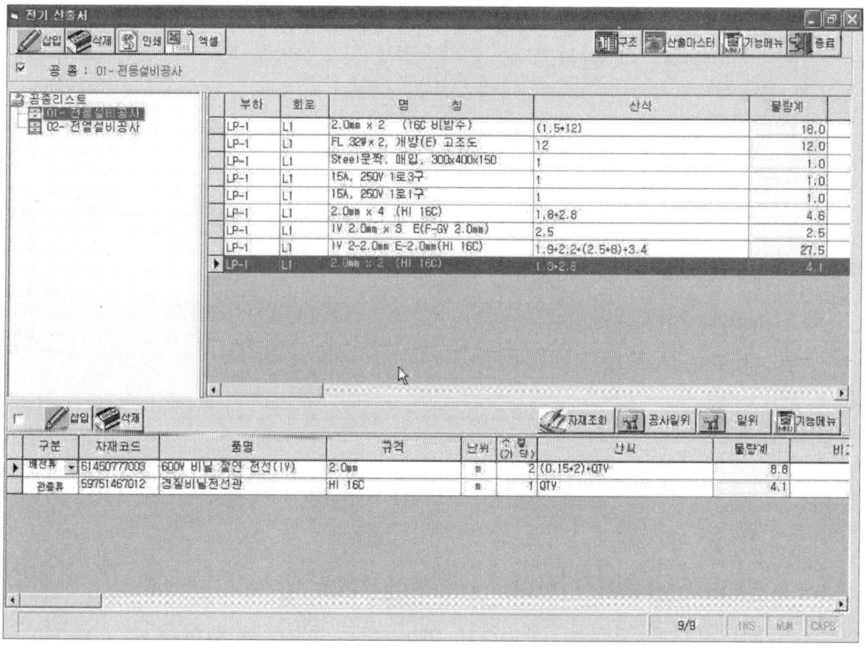

1) 작업할 공종을 선택한다.

2) 새로운 산출목록이 삽입될 위치를 지정한다. - 선택한 위치 위에 등록된다.

3) 산출마스터 를 선택한다.

4) 다음과 같이 산출마스터 공종표가 나타나면 필요자재를 선택한다.

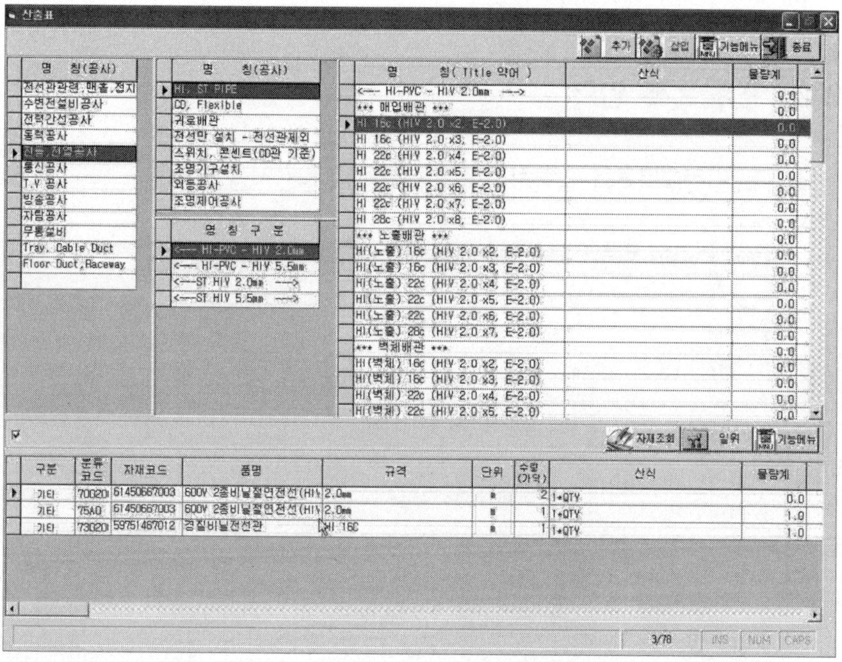

① 산출할 공종을 선택한다. - 예 변전실 설치공사, 전등설비공사, 전열설비공사 등

② 명칭(공사)을 선택한다. - 공종에 대한 세부 분류
예 전선관 종류별 (ST, HI PVC 등), 전선 종류별(HIV, CV 등)

③ 명칭구분을 선택한다. - 전선 및 전선관 등에 대한 분류

④ 명칭(Title 약어)에서 필요한 목록을 선택한다. - 배관 형태 및 배선 등을 선택한다(산식 란에 길이 값을 입력하여 삽입할 수도 있다).

⑤ 선택한 산출목록에 대한 자재들을 보여 주며 수량 및 산식을 확인 후  을 선택한다.

5) 부하명 및 회로번호를 입력한다.

□ 직접입력 또는 버턴을 선택하여 입력한다.

□ 부하명 및 회로번호를 작성해 둔 후 사용하면 편리하다. – 하부 등록화면 참조

6) 산출목록 등록이 완료된 화면

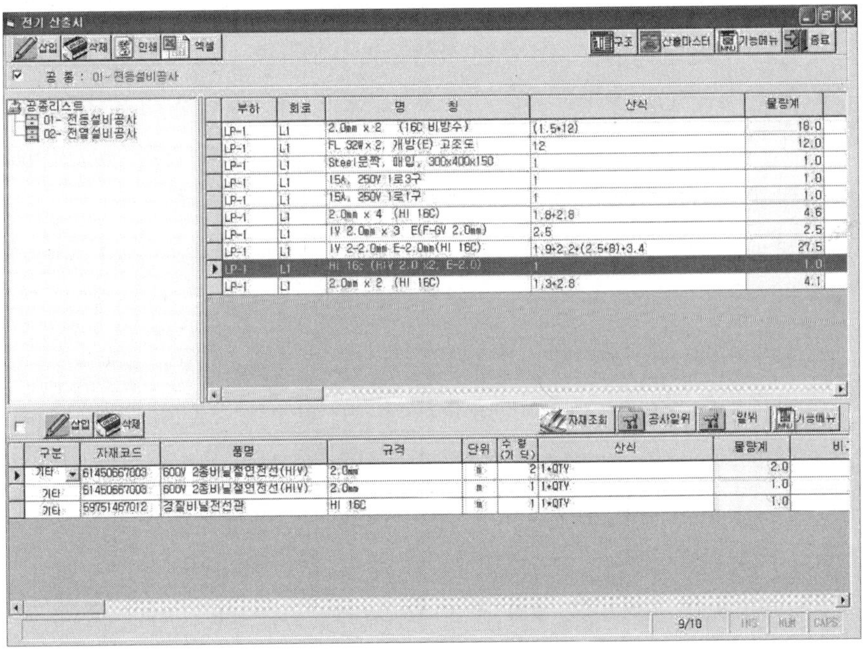

3.2.3 기타 기능

1) 기능 메뉴 설명

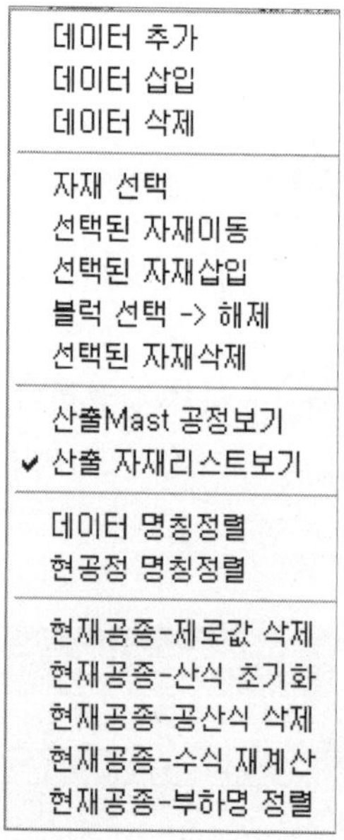

□ 데이터 추가 : 맨 아래쪽에 데이터가 삽입된다.

□ 데이터 삽입 : 선택된 자재 위에 삽입된다.

□ 데이터 삭제 : 선택된 자재를 삭제한다.

□ 자재선택 : 이동 또는 삽입할 자재를 선택한다.

□ 선택된 자재이동 : 선택된 자재를 이동한다.

□ 선택된 자재삽입 : 선택된 자재를 복사하여 삽입한다.

□ 블록선택 → 해제 : 선택된 자재를 해제한다.

□ 선택된 자재삭제 : 선택된 자재를 삭제한다.

□ 산출Master 공정보기 : 산출마스터를 나타낸다.

□ 산출 자재리스트 보기 : 산출마스터 하부 자재리스트를 ON 또는 OFF한다. - 하부 그림 참조

□ 데이터 명칭 정렬 : 데이터를 명칭으로 정렬한다.

□ 현공종 명칭 정렬 : 현공종을 명칭으로 정렬한다.

□ 현재공종-제로 값 삭제 : 산출 자재리스트 수량(가닥)이 '0'인 경우만 삭제한다.

□ 현재공종-산식 초기화 : 현공종의 산식을 초기화 시킨다.

□ 현재공종-공산식 삭제 : 현공종의 산식이 없는 항목을 삭제한다.

□ 현재공종-수기 재계산 : 현공종의 산식을 재계산 한다.

□ 현재공종-부하명 정렬 : 현공종을 부하명으로 정렬한다.

2) 부하명 및 회로번호 등록 저장 화면

□ 새로운 내용을 등록 후 저장을 선택하여 등록을 완료한다.

3) 새로운 산출목록을 만드는 방법 – 산출마스터에 없는 경우

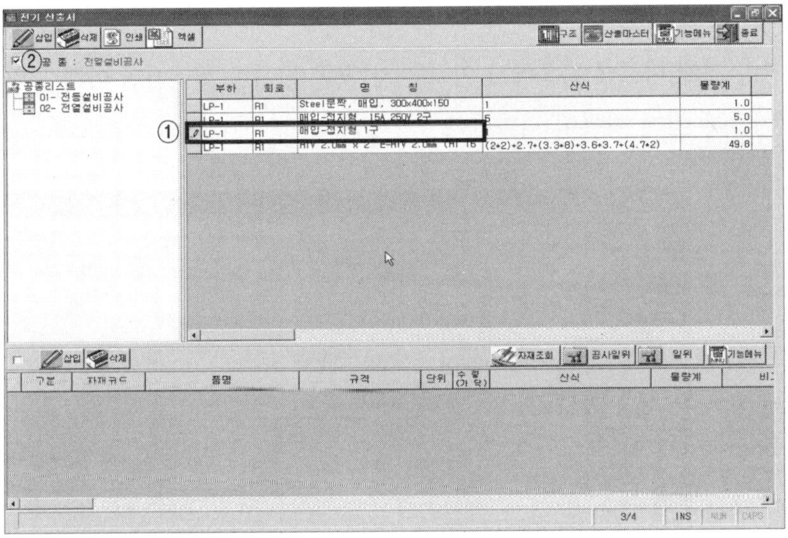

① 새로운 목록을 만들 위치를 지정 후 삽입을 선택한다.

② 목록명을 입력한다. – 매입–접지형 1구

③ 하부의 부속자재인 콘센트를 입력하기 위하여 자재조회 를 선택하면 아래 그림과 같이 자재 마스터 등록화면이 나타난다.

④ 자재 마스터 목록에서 입력할 자재(콘센트)를 선택하면 아래 그림과 같이 세부 자재 항목이 나타난다.

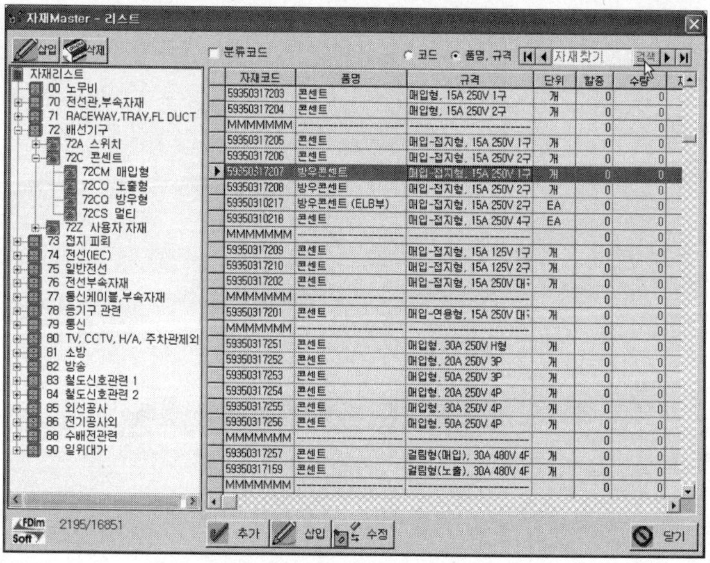

⑤ 매입-접지형 1구 선택한 후 추가 또는 삽입을 선택하면 아래 그림과 같이 자재가 등록된다.

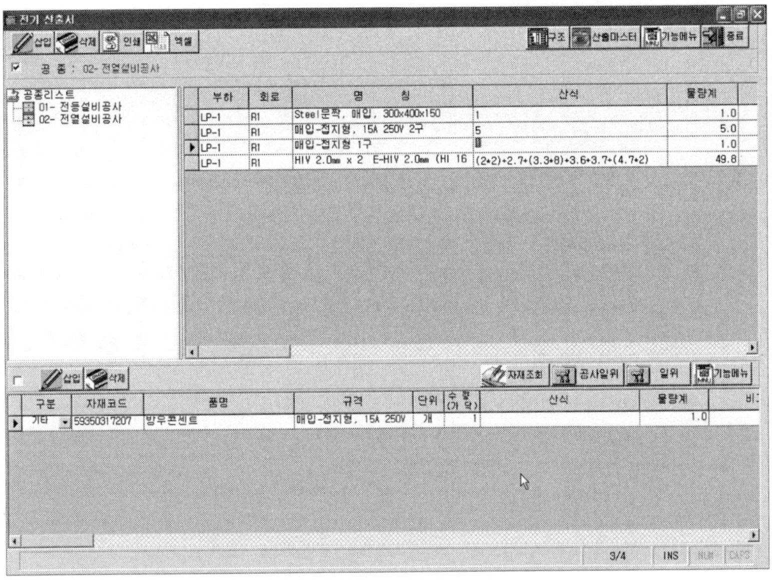

⑥ 자재 마스터 화면의 좌측 자재리스트에서 박스, 맨홀을 선택 후 스위치 박스를 선택하여 추가한다.

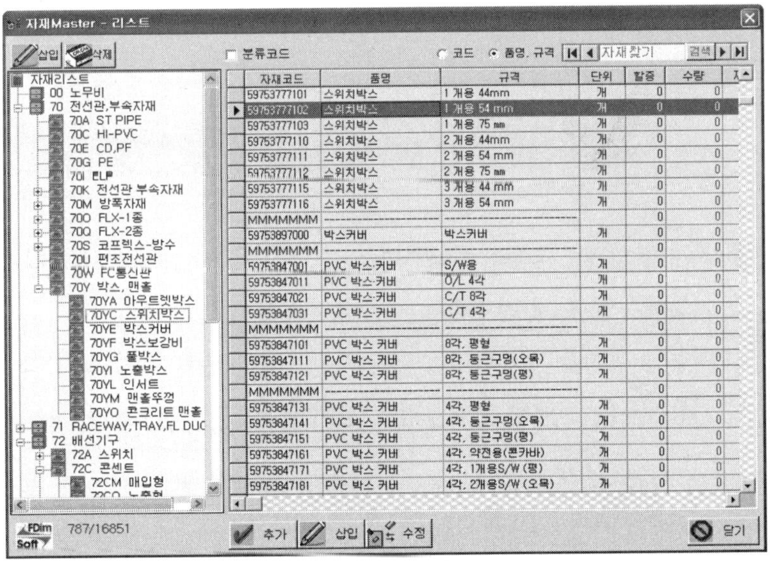

⑦ 다음 그림과 같이 자재입력이 완료된다.

삽입 삭제 자재조회 공사일위 일위 기능메뉴

구분	자재코드	품명	규격	단위	수 량 (가 닥)	산식	물량계	비고
기타	59350317207	방우콘센트	매입-접지형, 15A 250V	개	1		1.0	
기타	59753777102	스위치박스	1 개용 54 mm	개	1		1.0	

⑧ QTY 추가하기 – 위의 그림과 같이 산식에 QTY가 없으면 상부의 목록의 산식에 수량을 입력해도 자동 물량계산이 되질 않는다.

– 마우스를 산식에 둔 다음 기능메뉴의 'QTY 추가하기를 선택하면 아래 그림과 같이 산식에 QTY가 추가된다.

삽입 삭제 자재조회 공사일위 일위 기능메뉴

구분	자재코드	품명	규격	단위	수 량 (가 닥)	산식	물량계	비고
기타	59350317207	방우콘센트	매입-접지형, 15A 250V	개	1	QTY	1.0	
기타	59753777102	스위치박스	1 개용 54 mm	개	1	QTY	1.0	

3.2.4 산출목록 및 자재 복사(삽입) 방법

산출목록 또는 자재를 복사(삽입)할 때 사용한다.

부하	회로	명 칭	산식	물량계
LP-1	R1	Steel문짝, 매입, 300x400x150	1	1.0
LP-1	R1	매입-접지형 1구	1	1.0
LP-1	R1	HIV 2.0mm x 2 E-HIV 2.0mm (HI 16	(2+2)+2.7+(3.3+8)+3.6+3.7+(4.7+2)	49.8
LP-1	R1		1	1.0

① 복사(삽입)할 자재를 선택한다(shift 또는 ctrl 키를 이용한다).

② 기능메뉴의 자재 선택을 선택한다.

③ 이동할 위치를 선택한다. – 선택한 자재의 위로 복사(삽입)가 된다.

④ 기능메뉴의 선택된 자재삽입을 선택한다.

부하	회로	명 칭	산식	물량계
LP-1	R1	Steel문짝, 매입, 300x400x150	1	1.0
LP-1	R1	매입-접지형 1구	1	1.0
LP-1	R1	HIV 2.0mm x 2 E-HIV 2.0mm (HI 16	(2*2)+2.7+(3.3*8)+3.6+3.7+(4.7*2)	49.8
LP-1	R1	Steel문짝, 매입, 300x400x150	1	1.0
LP-1	R1	매입-접지형 1구	1	1.0
LP-1	R1	HIV 2.0mm x 2 E-HIV 2.0mm (HI 16	(2*2)+2.7+(3.3*8)+3.6+3.7+(4.7*2)	49.8
LP-1	R1		1	1.0

- 삽입이 완료되었으면 부하 및 회로번호, 산식을 수정하여 작업을 완료한다.

1) 산출목록 및 자재 이동 방법 - 1

산출목록 또는 자재를 이동할 때 사용한다.

부하	회로	명　　칭	산식	물량계
LP-1	R1	Steel문짝, 매입, 300x400x150	1	1.0
LP-1	R1	매입-접지형 1구	1	1.0
LP-1	R1	HIV 2.0mm x 2　E-HIV 2.0mm (HI 16	(2+2)+2.7+(3.3+8)+3.6+3.7+(4.7+2)	49.8
LP-1	R1		1	1.0

① 이동할 분전함을 선택한다.

② 기능메뉴의 자재 선택을 선택한다.

③ 이동할 위치를 선택한다. - 선택된 자재의 위로 이동이 된다.

④ 마우스 우측 기능키 또는 기능메뉴의 선택된 자재이동을 선택한다.
아래 그림과 같이 분전반이 이동되었다.

부하	회로	명　　칭	산식	물량계
LP-1	R1	매입-접지형 1구	1	1.0
LP-1	R1	HIV 2.0mm x 2　E-HIV 2.0mm (HI 16	(2*2)+2.7+(3.3+8)+3.6+3.7+(4.7+2)	49.8
LP-1	R1	Steel문짝, 매입, 300x400x150	1	1.0
LP-1	R1		1	1.0

2) 산출목록 및 자재 이동 방법 - 2

산출목록 또는 자재를 이동할 때 사용한다.

① 선택한 자재를 위로 이동하는 방법

- 이동할 자재를 클릭하여 누른 상태에서 마우스를 이동하고자 할 위치로 옮기면 아래 그림과 같이 화살표가 생긴다.
- 화살표가 지정한 자재의 위로 이동이 된다.

부하	회로	명 칭
LP-1	R1	HIV 2.0㎜ x 2 E-HIV 2.0㎜ (HI 16
LP-1	R1	매입-접지형 1구
LP-1	R1	Steel문짝, 매입, 300x400x150
LP-1	R1	

이동 전

부하	회로	명 칭
LP-1	R1	Steel문짝, 매입, 300x400x150
LP-1	R1	HIV 2.0㎜ x 2 E-HIV 2.0㎜ (HI 16
LP-1	R1	매입-접지형 1구
LP-1	R1	

이동 후

② 선택한 자재를 아래로 이동하는 방법

- 이동할 자재를 클릭하여 누른 상태에서 마우스를 이동하고자 할 위치로 옮기면 아래 그림과 같이 화살표가 생긴다.
- 화살표가 지정한 자재의 아래로 이동이 된다.

부하	회로	명 칭
LP-1	R1	Steel문짝, 매입, 300x400x150
LP-1	R1	HIV 2.0㎜ x 2 E-HIV 2.0㎜ (HI 16
LP-1	R1	매입-접지형 1구
LP-1	R1	

이동 전

부하	회로	명 칭
LP-1	R1	HIV 2.0㎜ x 2 E-HIV 2.0㎜ (HI 16
LP-1	R1	매입-접지형 1구
LP-1	R1	Steel문짝, 매입, 300x400x150
LP-1	R1	

이동 후

3) 각종 산출양식 작성

① 세로산출서 : CAD에서 작성한 물량을 자동으로 집계하고, 산출마스터를 이용하여 수작업으로 물량산출을 하면 자재 집계 및 공량 등을 자동으로 작성해준다.

② 가로산출서 : 캐드에서 작성된 물량 산출을 가로 형식으로 표현해주며 수량을 수정하면 집계를 자동 계산해 준다.

인쇄 엑셀 구조 종료

공 종 : 02 전열설비공사

	분전반	회로	가닥수	산출식	매입-접지형, 15A 250V 1구	1개용 54 mm	HI 16C	2.0㎜	2.0㎜	Steel문짝, 매입, 300x400x150	K	L
1	LP-1	R1	2	(2*2)+2.7+(3.3*8)+3.6+3.7+(4.7*2)			49.8	60.6	121.2	1		
2	LP-1	R1				1						
3	LP-1	R1			1							
4												
5												
6				합 계	1	1	49.8	60.6	121.2	1		
7												

③ CAD산출서 : CAD에서 작성된 산출서를 읽기 전용으로 보여 준다.

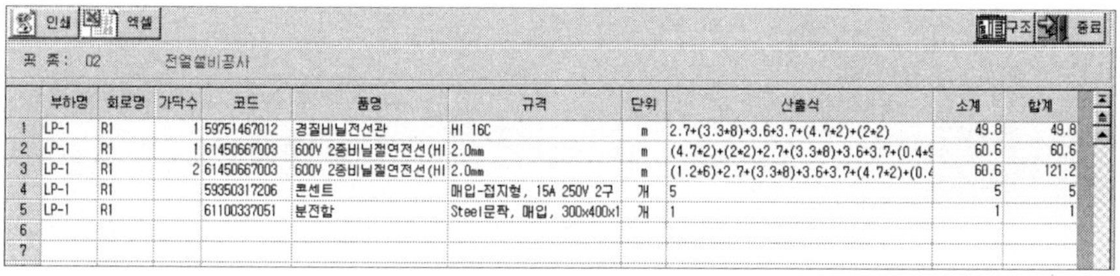

인쇄 엑셀 구조 종료

공 종: 02 전열설비공사

	부하명	회로명	가닥수	코드	품명	규격	단위	산출식	소계	합계
1	LP-1	R1	1	59751467012	경질비닐전선관	HI 16C	m	2.7+(3.3*8)+3.6+3.7+(4.7*2)+(2*2)	49.8	49.8
2	LP-1	R1	1	61450667003	600V 2종비닐절연전선(HI	2.0mm	m	(4.7*2)+(2*2)+2.7+(3.3*8)+3.6+3.7+(0.4*9	60.6	60.6
3	LP-1	R1	2	61450667003	600V 2종비닐절연전선(HI	2.0mm	m	(1.2*6)+2.7+(3.3*8)+3.6+3.7+(4.7*2)+(0.4	60.6	121.2
4	LP-1	R1		59350317206	콘센트	매입-접지형, 15A 250V 2구	개	5	5	5
5	LP-1	R1		61100337051	분전함	Steel문작, 매입, 300x400x1	개	1	1	1
6										
7										

4) 산출자재 리스트 보기

기능메뉴의 산출자재리스트를 보이게 또는 안보이게 할 수가 있다.

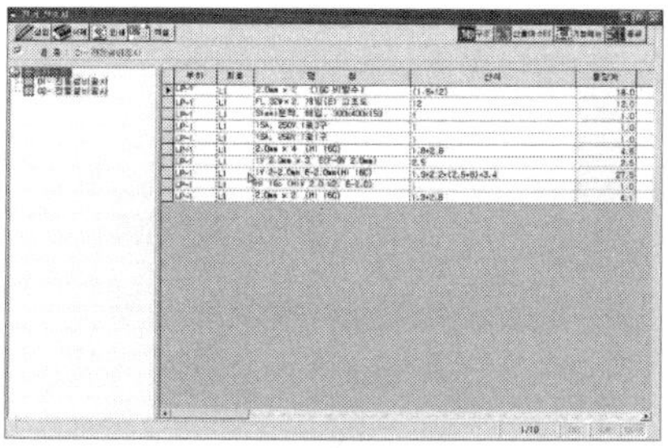

해제 전

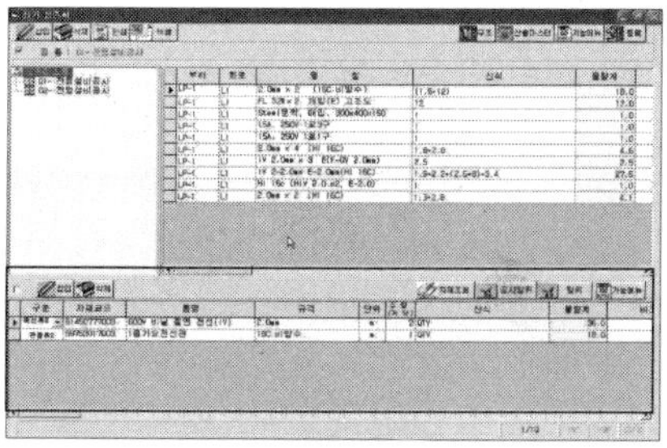

해제 후

3.3 견적서 작성

3.3.1 견적서 실행

- 신규 공사인 경우는 공종등록(산출서의 공종등록 참조)을 한 후 [내역서관리] 를 실행한다.
- 견적서가 작성이 되어 있는 경우는 파일에서 작업할 공사를 불러오기 한 후 [내역서관리] 를 실행한다.
- 총괄표 : 현 공사의 공종별 집계표를 나타낸다.
- 내역서 : 각 공종별 세부 항목을 나타낸다.
- 물량집계 : 현 공사에 사용한 자재의 집계를 나타낸다.

총괄표 내역서 물량집계 원가계산서 견적서 표지 단가조사표 단가비교표

□ 원가계산서 : 공사 원가계산서를 보여준다.

□ 견적서 : 견적서 앞표지 양식을 나타낸다.

□ 단가조사표 : 단가조사표 양식을 나타낸다.

□ 단가비교표 : 견적에 적용한 단가비교표를 나타낸다.

3.3.2 총괄표 작성

❑ 공종별 공사금액 및 전체 공사금액을 나타낸다.

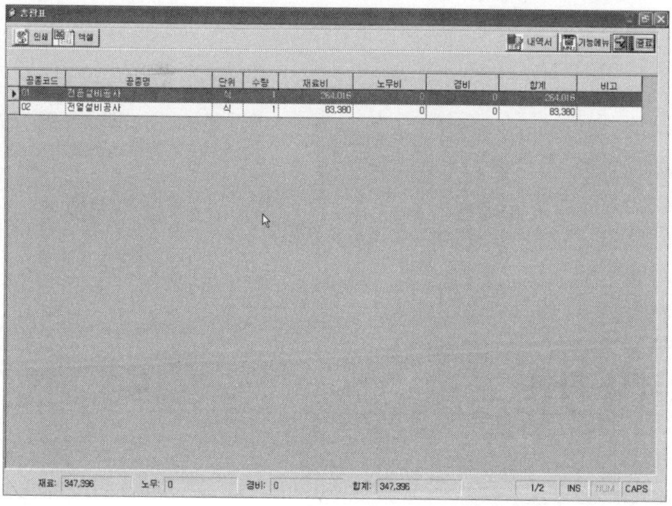

3.3.3 내역서 작성

❑ 표시창의 내역서관리 를 선택 또는 총괄표에서 해당 공종을 더블클릭 한다.

1) 내역서 작성하기

다음과 같이 자재만 입력된 화면이 나타난다.

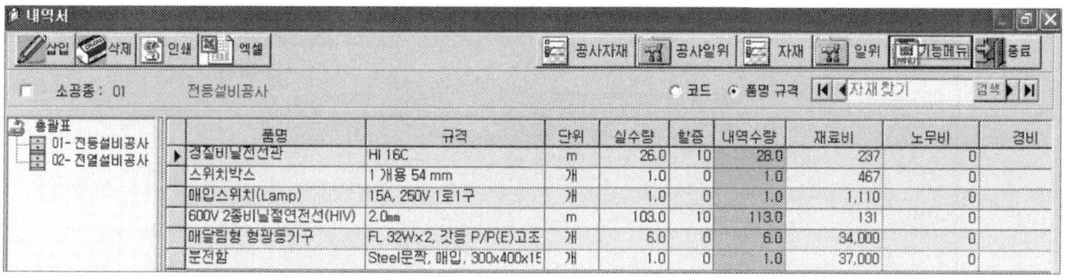

품명	규격	단위	실수량	할증	내역수량	재료비	노무비	경비
경질비닐전선관	HI 16C	m	26.0	10	28.0	237	0	
스위치박스	1 개용 54 mm	개	1.0	0	1.0	467	0	
매입스위치(Lamp)	15A, 250V 1로1구	개	1.0	0	1.0	1,110	0	
600V 2종비닐절연전선(HIV)	2.0㎜	m	103.0	10	113.0	131	0	
매달림형 형광등기구	FL 32W×2, 갓등 P/P(E)고조	개	6.0	0	6.0	34,000	0	
분전함	Steel문짝, 매입, 300x400x15	개	1.0	0	1.0	37,000	0	

□ 기능메뉴 를 선택 후 전체공종 재계산을 선택하면 아래와 같이 각종 손료 및 인건비가 자동으로 계산이 된다.

▶ 화면구성 설명

① 각 공종별 및 총괄표로 이동하여 작업을 할 수가 있다.

② 현 공사에 적용한 자재리스트를 보여준다.
자재별 단가 및 공량을 일괄 수정한 후 내역서에서 전체공종 재계산을 하면 각 공종별로 일괄 변경이 된다.

③ 현 공사에 적용한 일위대가 목록을 보여준다.

④ 전체 자재를 보여주며 신규 자재를 입력할 때 사용한다.

⑤ 전체 일위대가 목록을 보여주며 신규 일위대가를 입력할 때 사용을 한다.

⑥ 자재마스터를 이용하지 않고 자재를 직접 찾아서 입력할 때 사용을 한다.

2) 신규 자재 입력하기 – 매입–접지형 1구

① 자재를 입력할 위치를 선택한 후 자재 를 선택한다.

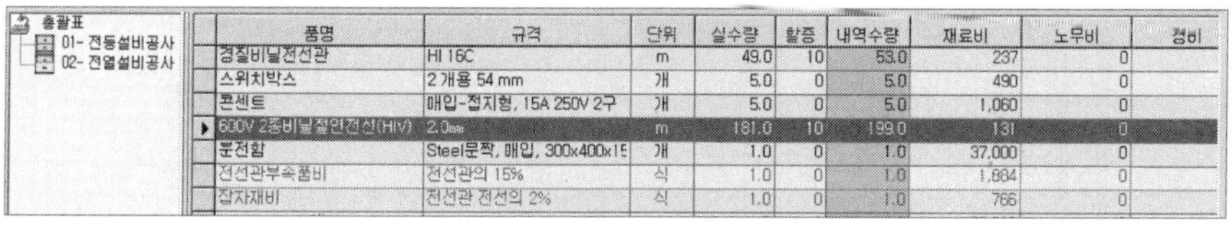

품명	규격	단위	실수량	할증	내역수량	재료비	노무비	경비
경질비닐전선관	HI 16C	m	49.0	10	53.0	237	0	
스위치박스	2 개용 54 mm	개	5.0	0	5.0	490	0	
콘센트	매입-접지형, 15A 250V 2구	개	5.0	0	5.0	1,060	0	
600V 2종비닐절연전선(HIV)	2.0㎜	m	181.0	10	199.0	131	0	
분전함	Steel문짝, 매입, 300x400x15	개	1.0	0	1.0	37,000	0	
전선관부속품비	전선관의 15%	식	1.0	0	1.0	1,884	0	
잡자재비	전선관 전선의 2%	식	1.0	0	1.0	766	0	

– 선택한 자재의 위로 입력이 된다.

② 자재 마스터 리스트에서 콘센트를 선택한다.

③ 세부 자재 항목 중 배선기구→콘센트→매입-접지형 1구 선택한 후 추가 또는 삽입을 선택한다.

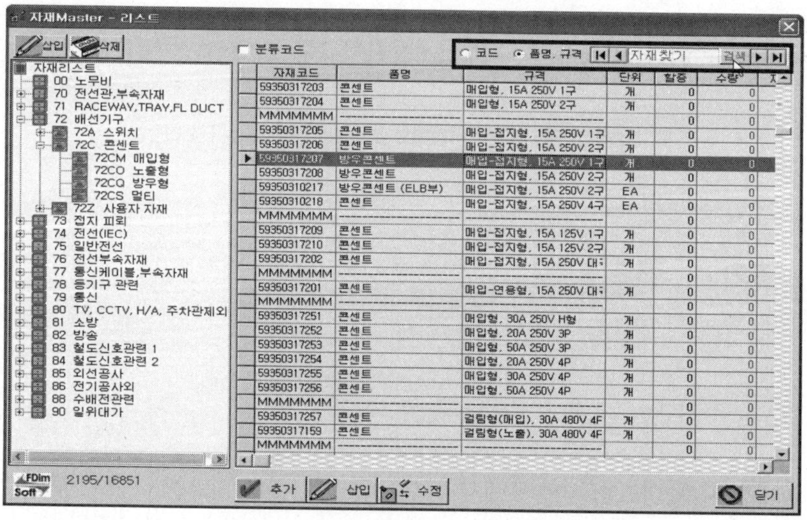

– 입력할 자재의 분류를 모를 경우는 자재찾기를 이용하여 입력한다.

④ 입력할 자재를 선택 후 직접 또는 수량을 입력한 다음 [삽입] 을 선택한다.

- 여러 개의 자재를 선택하여 입력할 때는 키보드의 Shift, Ctrl 키를 이용하면 편리하게 입력을 할 수 있다.
- 자재를 연속해서 입력할 경우는 자재마스터를 띄워놓고 계속해서 입력할 자재를 선택하면 된다.

아래 그림은 자재 입력이 완료된 화면을 나타낸다.

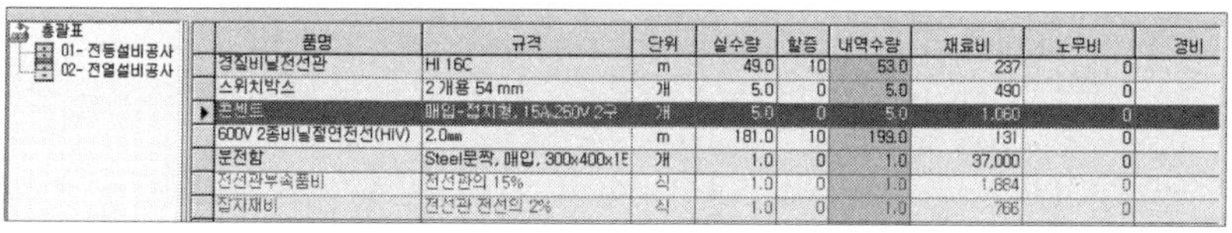

품명	규격	단위	실수량	할증	내역수량	재료비	노무비	경비
경질비닐전선관	HI 16C	m	49.0	10	53.0	237	0	
스위치박스	2개용 54 mm	개	5.0	0	5.0	490	0	
콘센트	매입-접지형, 15A 250V 2구	개	5.0	0	5.0	1,060	0	
600V 2종비닐절연전선(HIV)	2.0㎜	m	181.0	10	199.0	131	0	
분전함	Steel문짝, 매입, 300x400x15	개	1.0	0	1.0	37,000	0	
전선관부속품비	전선관의 15%	식	1.0	0	1.0	1,884	0	
잡자재비	전선관 전선의 2%	식	1.0	0	1.0	766	0	

3) 자재 직접입력방법 – 예) 등기구를 삽입할 경우

❑ 자재마스터에 입력할 자재가 없는 경우에 사용한다.

① 신규 자재를 입력할 위치를 선택(분전함)한 후 [삽입] 을 선택하면 아래와 같이 분전함 위에 빈 공간 줄이 생긴다.

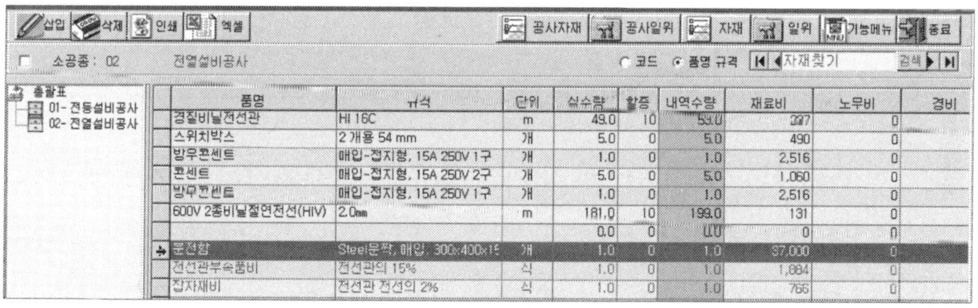

품명	규격	단위	실수량	할증	내역수량	재료비	노무비	경비
경질비닐전선관	HI 16C	m	49.0	10	53.0	237	0	
스위치박스	2개용 54 mm	개	5.0	0	5.0	490	0	
방우콘센트	매입-접지형, 15A 250V 1구	개	1.0	0	1.0	2,516	0	
콘센트	매입-접지형, 15A 250V 2구	개	5.0	0	5.0	1,060	0	
방우콘센트	매입-접지형, 15A 250V 1구	개	1.0	0	1.0	2,516	0	
600V 2종비닐절연전선(HIV)	2.0㎜	m	181.0	10	199.0	131	0	
			0.0	0	0.0	0	0	
분전함	Steel문짝, 매입, 300x400x15	개	1.0	0	1.0	37,000	0	
전선관부속품비	전선관의 15%	식	1.0	0	1.0	1,884	0	
잡자재비	전선관 전선의 2%	식	1.0	0	1.0	766	0	

② 해당 자재 품명 및 규격, 단위, 단가를 입력한다.

- 단위 란을 선택하여 미리 입력된 해당단위를 선택하여 입력한다.

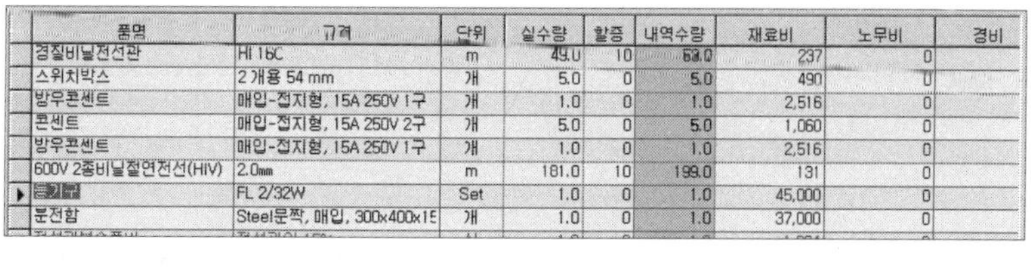

품명	규격	단위	실수량	할증	내역수량	재료비	노무비	경비
경질비닐전선관	HI 16C	m	49.0	10	53.0	237	0	
스위치박스	2개용 54 mm	개	5.0	0	5.0	490	0	
방우콘센트	매입-접지형, 15A 250V 1구	개	1.0	0	1.0	2,516	0	
콘센트	매입-접지형, 15A 250V 2구	개	5.0	0	5.0	1,060	0	
방우콘센트	매입-접지형, 15A 250V 1구	개	1.0	0	1.0	2,516	0	
600V 2종비닐절연전선(HIV)	2.0㎜	m	181.0	10	199.0	131	0	
등기구	FL 2/32W	Set	1.0	0	1.0	45,000	0	
분전함	Steel문짝, 매입, 300x400x15	개	1.0	0	1.0	37,000	0	

4) 자재에 대한 공량을 입력

① 공량을 입력할 자재를 선택 후 화면 우측하단의 노무코드 빈칸을 더블클릭 하면 품셈마스터 화면이 나타난다.

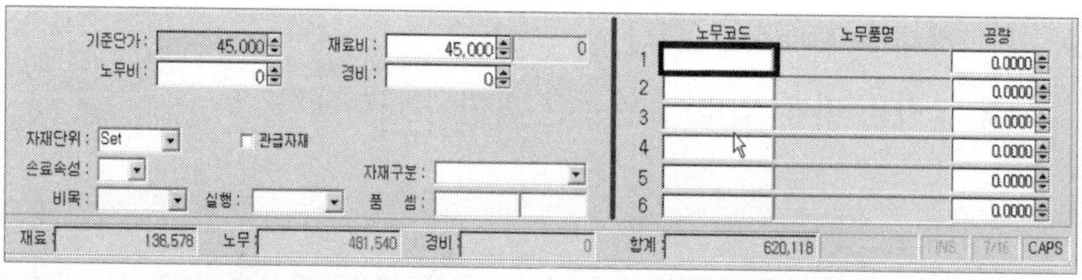

② 품셈마스터 화면에서 내선전공을 선택 후 추가 를 누르면 등록이 된다.

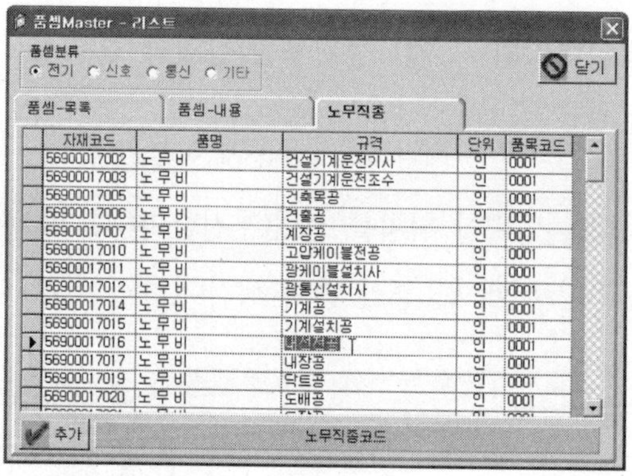

- 노무직종을 반복해서 입력할 경우는 현재화면 상태에서 해당 노무직종을 찾아서 추가 된다.
- 등록을 완료하였으면 닫기 를 선택한다.

③ 해당 자재에 대한 공량을 입력한다.

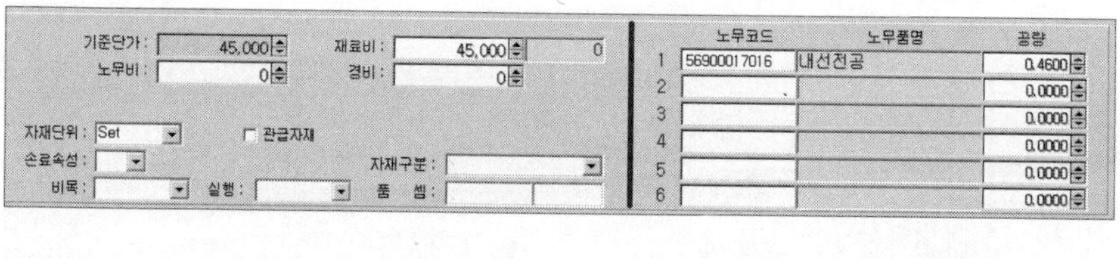

5) 자재에 대한 복사(삽입) 및 이동 방법은 제2장 산출조서 부분의 산출목록 및 자재 복사(삽입), 이동 방법을 참고한다.

6) 기타기능 설명

① 기능메뉴 화면

- 내역 작업을 하기 위하여  및 마우스 우측 기능키를 선택하면 아래와 같이 화면이 나타나며 항목에 대한 설명은 아래 사항을 참고한다.

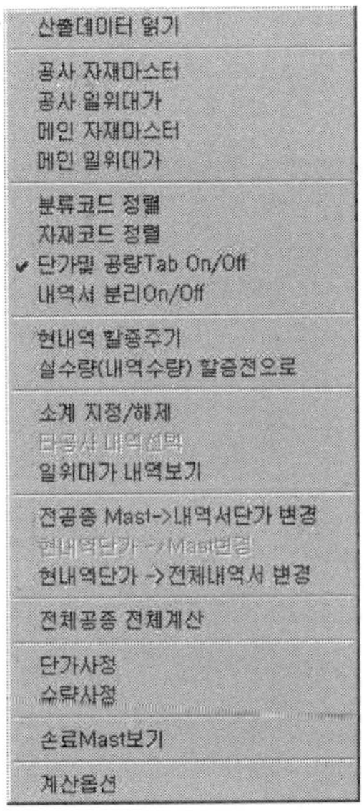

기능메뉴 화면

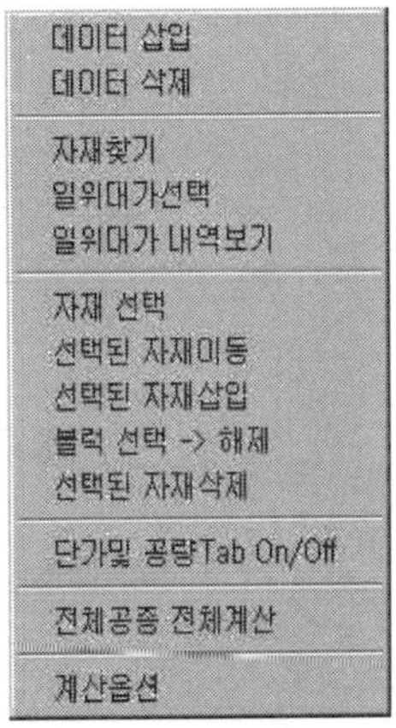

마우스 우측 기능키 화면

② 산출데이터 읽기

내역서 작성 작업을 완료 후 다시 산출서를 수정한 경우는 꼭 산출데이터 읽기를 실행해야만 수정한 값이 적용된다. 이때 기존 작성된 내역서는 초기화 된다.

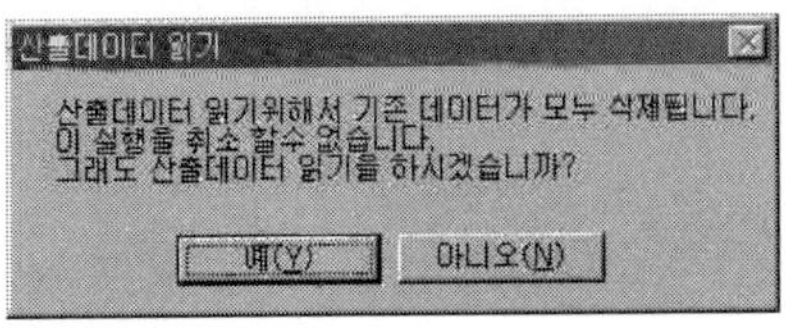

– 기존 값이 초기화가 되므로 꼭 확인 후 [예(Y)] 를 선택한다.

③ 공사자재마스터, 공사일위대가, 메인자재마스터, 메인일위대가 내역작업을 하기 위하여 자재 및 일위대가를 불러온다.

④ 분류코드정렬, 자재코드정렬

내역서에 적용된 자재들을 분류코드 또는 자재코드로 정렬을 할 때 사용을 한다.

⑤ 단가 및 공량 Tap On, Off 하기

내역 작업창 하부의 자재 상세표를 보이게 또는 안보이게 할 수 있다.

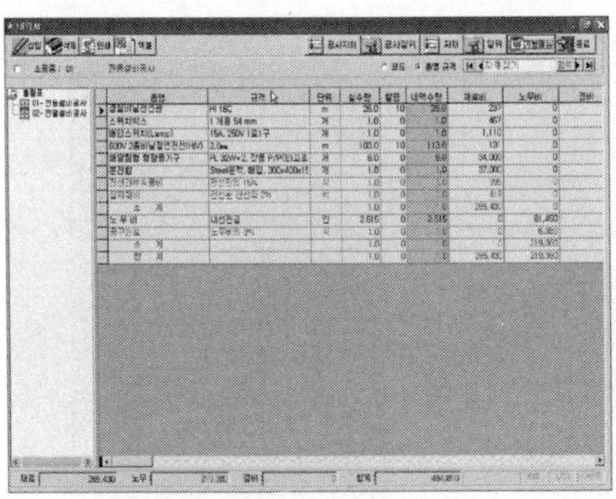

Tap OFF

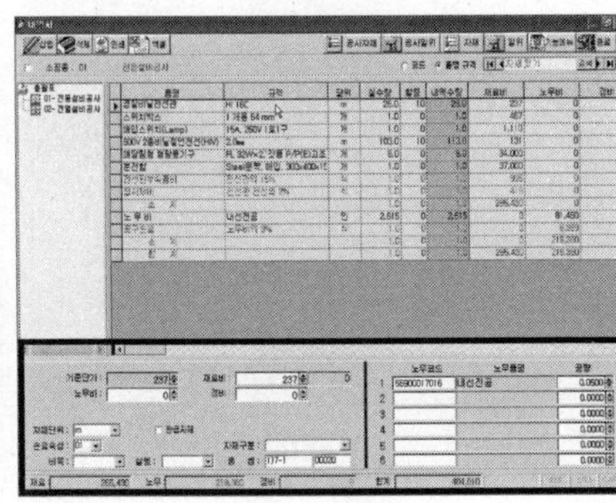

Tap ON

⑥ 내역서 분리 ON/OFF

품명 및 규격을 고정해 놓고 내역 작업을 할 때 사용한다.

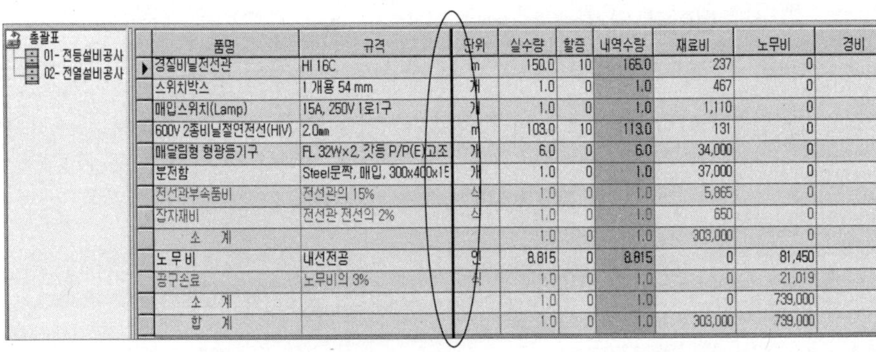

⑦ 빈자재 삭제

내역서 작성 작업 후 항목이 비어 있는 라인을 삭제한다.

품명	규격	단위	실수량
경질비닐전선관	HI 16C	m	49.0
스위치박스	1 개용 54 mm	개	1.0
			0.0
방우콘센트	매입-접지형, 15A 250V 1구	개	1.0
600V 2종비닐절연전선(HIV)	2.0㎜	m	181.0
분전함	Steel문짝, 매입, 300x400x15	개	1.0

삭제 전

품명	규격	단위	실수량
경질비닐전선관	HI 16C	m	49.0
스위치박스	1 개용 54 mm	개	1.0
방우콘센트	매입-접지형, 15A 250V 1구	개	1.0
600V 2종비닐절연전선(HIV)	2.0㎜	m	181.0
분전함	Steel문짝, 매입, 300x400x15	개	1.0

삭제 후

⑧ 현 내역 할증주기

공 내역서를 가지고 내역서를 만드는 경우에 사용

할증 값을 "0"으로 하면 실 수량 및 내역수량을 같게 할 수 있다.

⑨ 실 수량(내역수량)을 할증 전으로 공(빈) 내역서에 적용된 노무비 수량을 정확히 알고자 할 때 사용을 한다.

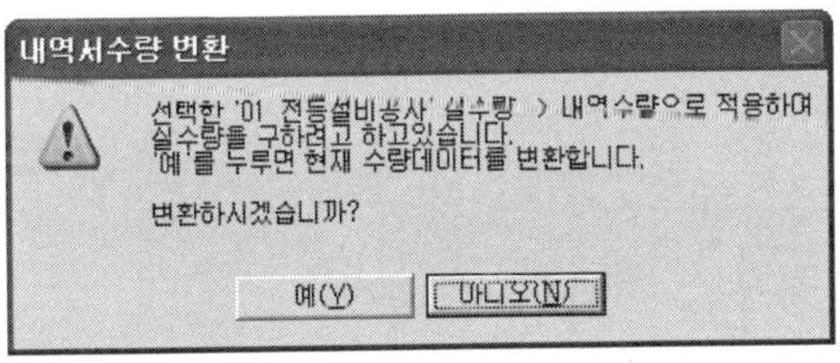

- 먼저 공 내역을 이용하여 내역서를 작성한다.
-  를 선택하면 적용된 노무수량이 자동 계산된다.
- 소수 단위의 자재 중 할증이 포함된 자재는 데이터 변환 후 내역수량이 틀릴 수도 있으므로 수량을 꼭 재확인 하여야 한다.

⑩ 일위대가 내용보기

내역서에 적용된 일위대가의 상세 내용을 볼 수가 있다.

⑪ 전 공종 마스터 → 내역서 단가변경

항목에 대한 단가를 수정한 경우라도 최초 적용된 단가로 변경한다.

⑫ 현 내역단가 → 전체내역서 변경

현 공종 단가를 전체 내역서 단가로 적용한다.

⑬ 손료마스터 보기

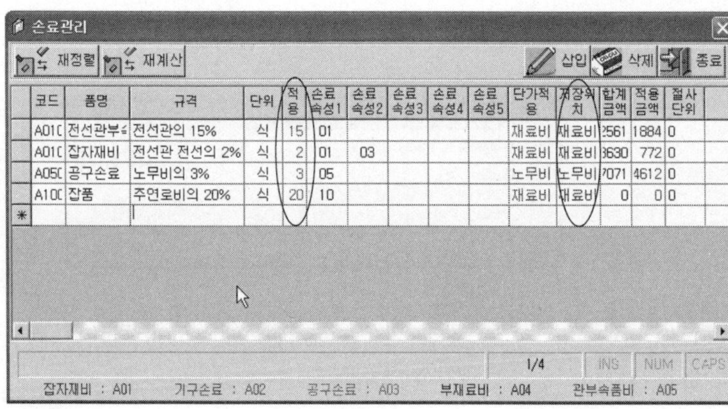

전선관 부속품비, 잡자재비, 공구손료 등의 요율 및 손료의 저장할 위치를 설정할 수 있다.

⑭ 현 공종 재계산, 전체공종 재계산

내역작업 중 단가 및 수량을 변경한 경우는 꼭 재계산을 하여야 한다.

현 공종 재계산은 현재공종을 전체공종은 내역서 전체공종을 재계산한다.

⑮ 단가 및 수량사정

공종별로 재료비 및 노무비를 사정할 수 있다.

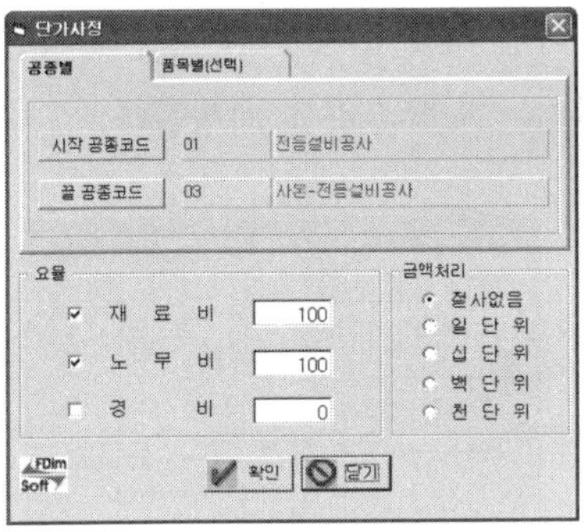

단가사정

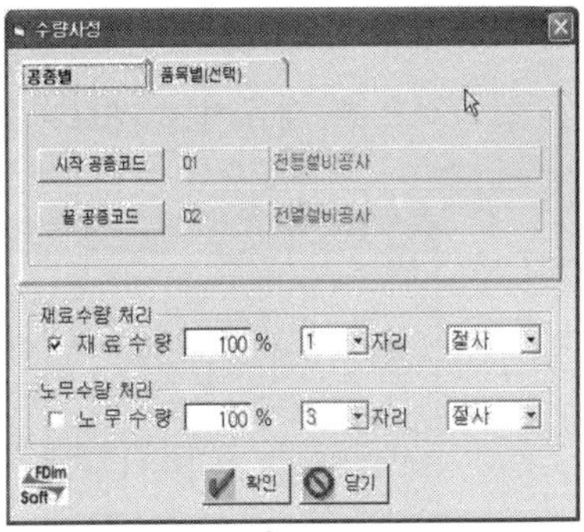

수량사정

⑯ 계산 옵션 설명

- 재료비의 적용 요율을 설정한다.
- 노무비의 적용 요율을 설정한다.
- 재료비 소계 끝자리 금액을 지정한 자리에서 '0'으로 맞춘다.

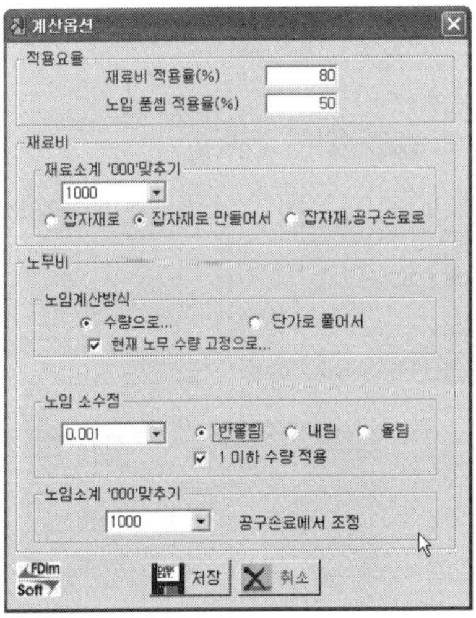

- 노무비를 수량으로 나타낸다.
- 노무비를 단가로 풀어서 나타낸다.
- 노무 수량을 고정시킨다.
- 인공 수량의 소수점 처리 방법을 나타낸다.
- 설정한 자리수에서 반올림 또는 내림한다.
- 체크시는 1 이하 수도 영향을 받는다.
- 노무비 끝자리 금액을 지정한 자리에서 '0'으로 맞춘다.
- 값을 변경 후 저장 을 하고 내역서에서 재계산을 해야만 값이 변경된다.

a) 재료비 및 노무비 금액 사정하기

내역서 작성 작업을 완료 후 재료비 및 노무비를 '00%'로 사정할 때 사용한다.

□ 적용할 요율에 재료비 80%, 노무비 50%로 입력 후 저장 을 한다.

- 기능메뉴의 전체공종 재계산을 선택하면 재료비 및 노무비가 수정된다.
- 일반적으로 재료비는 재료비를 노무비는 노무수량을 사정한다.

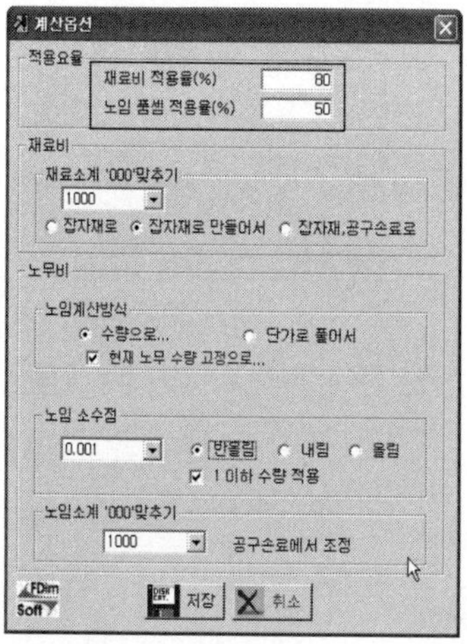

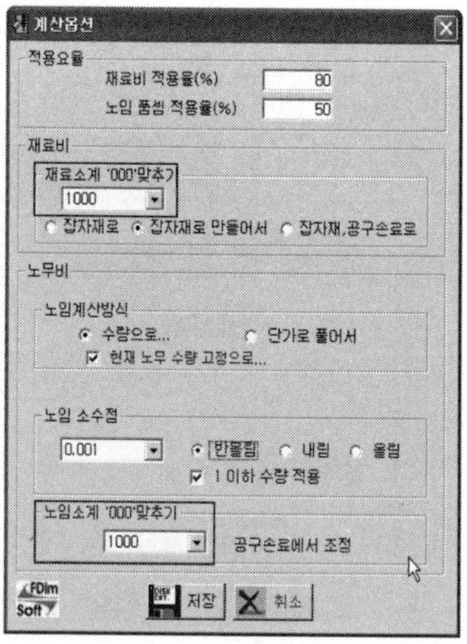

b) 재료비 및 노무비 금액 뒷자리 맞추기

예 1000원으로 맞추기

- 재료비 및 노무비 금액을 1000으로 조정한 후 [저장] 을 선택한다.
- 기능메뉴의 전체공종 재계산을 선택하면 재료비 및 노무비의 소계 값이 아래와 같이 '000'원으로 수정된다.

총괄표
01- 전등설비공사
02- 전열설비공사

품명	규격	단위	실수량	할증	내역수량	재료비	노무비	경비
[illegible]	HI 16C	m	150.0	10	165.0	237	0	
스위치박스	1 개용 54 mm	개	1.0	0	1.0	467	0	
매입스위치(Lamp)	15A, 250V 1로1구	개	1.0	0	1.0	1,110	0	
600V 2종비닐절연전선(HIV)	2.0㎜	m	103.0	10	113.0	131	0	
매달림형 형광등기구	FL 32W×2, 갓등 P/P(E)고조	개	6.0	0	6.0	34,000	0	
분전함	Steel문짝, 매입, 300x400x15	개	1.0	0	1.0	37,000	0	
전선관부속품비	전선관의 15%	식	1.0	0	1.0	5,865	0	
잡자재비	전선관 전선의 2%	식	1.0	0	1.0	650	0	
소 계			1.0	0	1.0	303,000	0	
노 무 비	내선전공	인	8.815	0	8.815	0	81,450	
공구손료	노무비의 3%	식	1.0	0	1.0	0	21,019	
소 계			1.0	0	1.0	0	739,000	
합 계			1.0	0	1.0	303,000	739,000	

수정된 화면

c) 노임 계산 방식

노무비의 표현 방식을 설정한다.

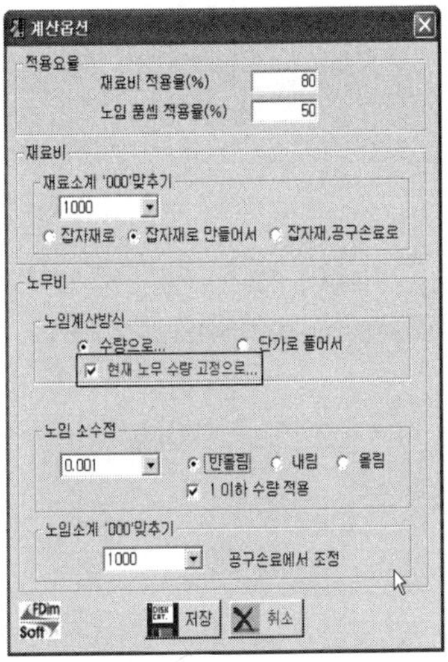

□ 수량으로 : 일반표현 방식으로 노무수량을 전체 집계하여 보여준다.

□ 단가로 풀어서 : 각각의 자재에 대하여 노무비를 보여준다.

□ 현재노무수량고정으로 : 노무수량은 자재의 공량에 따라 자동 계산되므로 내역작업 중 노무 수량을 직접 수정 후 재계산을 해도 노무수량이 원위치가 된다.

□ 이러한 경우에 현재노무수량고정을 체크 후 재계산을 하면 수량이 변하지 않고 금액 조정이 된다.

□ 기능메뉴의 전체공종 재계산을 선택하면 수정된 값을 확인할 수 있다.

d) 노임 소수점처리하기

노무수량의 자리수 및 반올림, 내림, 올림 등을 설정한다.

1 이하 수량적용을 체크한 경우는 1 이하 수도 설정된 값을 적용받는다.

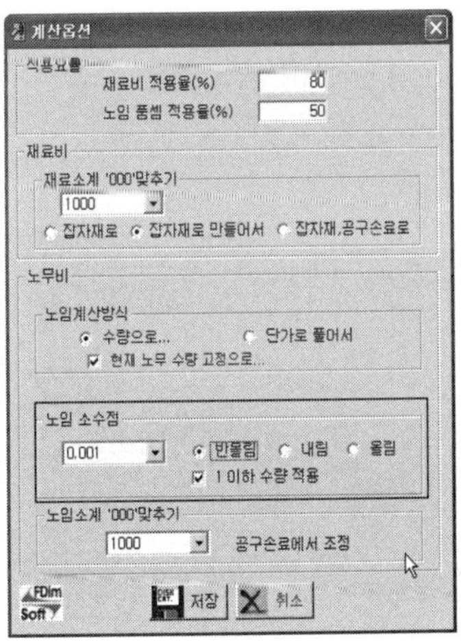

3.3.4 그 밖의 견적서 기능

1) 물량 집계표

현 공사에 사용된 자재의 전체 수량을 보여준다.

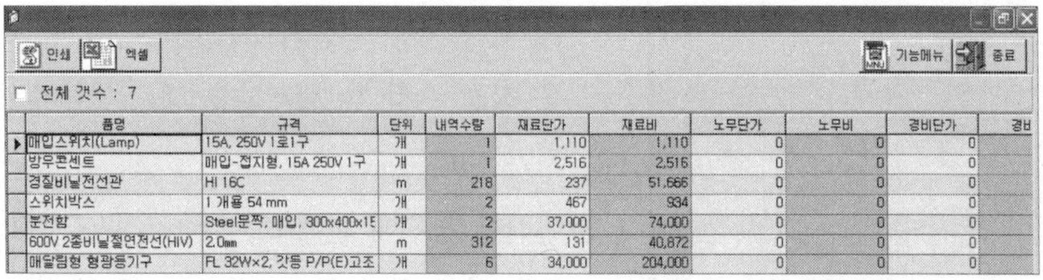

인쇄 엑셀 기능메뉴 종료

전체 갯수 : 7

품명	규격	단위	내역수량	재료단가	재료비	노무단가	노무비	경비단가	경비
매입스위치(Lamp)	15A, 250V 1로1구	개	1	1,110	1,110	0	0	0	
방우콘센트	매입-접지형, 15A 250V 1구	개	1	2,516	2,516	0	0	0	
경질비닐전선관	HI 16C	m	218	237	51,666	0	0	0	
스위치박스	1 개용 54 mm	개	2	467	934	0	0	0	
분전함	Steel문짝, 매입, 300x400x15	개	2	37,000	74,000	0	0	0	
600V 2종비닐절연전선(HIV)	2.0㎜	m	312	131	40,872	0	0	0	
매달림형 형광등기구	FL 32W×2, 갓등 P/P(E)고조	개	6	34,000	204,000	0	0	0	

2) 원가계산서 작성

내역서 작성을 완료 후 직접공사비(직접재료비 및 직접 노무비)를 이용하여 간접비(경비, 일반관리비, 이윤 등)를 계산하여 현 공사에 소용되는 총공사금액을 산출한다.

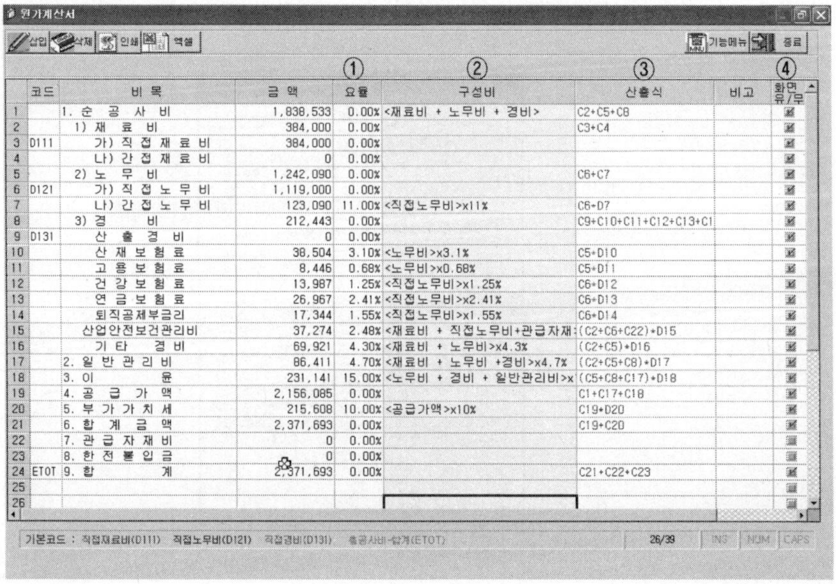

원가계산서

삽입 삭제 인쇄 엑셀 기능메뉴 종료

	코드	비 목	금 액	① 요율	② 구성비	③ 산출식	비고	④ 화면 유/무
1		1. 순 공 사 비	1,838,533	0.00%	<재료비 + 노무비 + 경비>	C2+C5+C8		
2		1) 재 료 비	384,000	0.00%		C3+C4		
3	D111	가) 직 접 재 료 비	384,000	0.00%				
4		나) 간 접 재 료 비	0	0.00%				
5		2) 노 무 비	1,242,090	0.00%		C6+C7		
6	D121	가) 직 접 노 무 비	1,119,000	0.00%				
7		나) 간 접 노 무 비	123,090	11.00%	<직접노무비>x11%	C6*D7		
8		3) 경 비	212,443	0.00%		C9+C10+C11+C12+C13+C1		
9	D131	산 출 경 비	0	0.00%				
10		산 재 보 험 료	38,504	3.10%	<노무비>x3.1%	C5*D10		
11		고 용 보 험 료	8,446	0.68%	<노무비>x0.68%	C5*D11		
12		건 강 보 험 료	13,987	1.25%	<직접노무비>x1.25%	C6*D12		
13		연 금 보 험 료	26,967	2.41%	<직접노무비>x2.41%	C6*D13		
14		퇴직공제부금리	17,344	1.55%	<직접노무비>x1.55%	C6*D14		
15		산업안전보건관리비	37,274	2.48%	<재료비 + 직접노무비+관급자재:	(C2+C6+C22)*D15		
16		기 타 경 비	69,921	4.30%	<재료비 + 노무비>x4.3%	(C2+C5)*D16		
17		2. 일 반 관 리 비	86,411	4.70%	<재료비 + 노무비 +경비>x4.7%	(C2+C5+C8)*D17		
18		3. 이 윤	231,141	15.00%	<노무비 + 경비 + 일반관리비>x	(C5+C8+C17)*D18		
19		4. 공 급 가 액	2,156,085	0.00%		C1+C17+C18		
20		5. 부 가 가 치 세	215,608	10.00%	<공급가액>x10%	C19*D20		
21		6. 합 계 금 액	2,371,693	0.00%		C19+C20		
22		7. 관 급 자 재 비	0	0.00%				
23		8. 한 전 불 입 금	0	0.00%				
24	ETOT	9. 합 계	2,371,693	0.00%		C21+C22+C23		
25								
26								

기본코드 : 직접재료비(D111) 직접노무비(D121) 직접경비(D131) 총공사비-합계(ETOT) 26/39 INS NUM CAPS

① 비목에 대한 적정요율을 수정하여 공사금액을 조정할 수가 있다.
② 비목에 대한 구성비를 보여준다.
③ 비목에 대한 계산식을 나타낸다.
④ 각 비목의 출력 유무를 나타낸다. - 체크를 해제하면 출력이 되지를 않는다.
- 비목의 요율을 '0'으로 하고 체크를 해제하면 해당비목은 출력이 안 된다.

a) 단가 가져오기

원가계산서를 작성 후 내역서를 다시 수정한 경우에 사용한다.

를 선택한 후

를 선택한다.

b) 기본 틀 가져오기

원가계산서의 비목에 서로 다른 요율이 적용된 양식을 선택하는 기능이다.

를 선택한 후

를 선택한다.

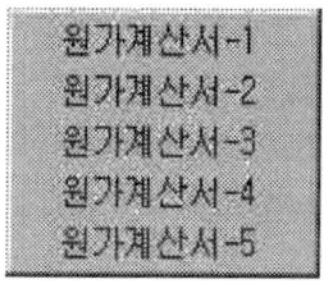

- 사용할 양식을 선택한다.
- 각종 비목 및 요율을 사용자화 하여 사용할 수 있다.

  예 공사금액에 따라 분류, 발주처에 따라 분류 등

3) 견적서 표지 작성

내역서 작성 작업을 완료 후 견적서 앞표지를 만드는 작업이다.

을 선택한다.

a) 표지상단 작성하기

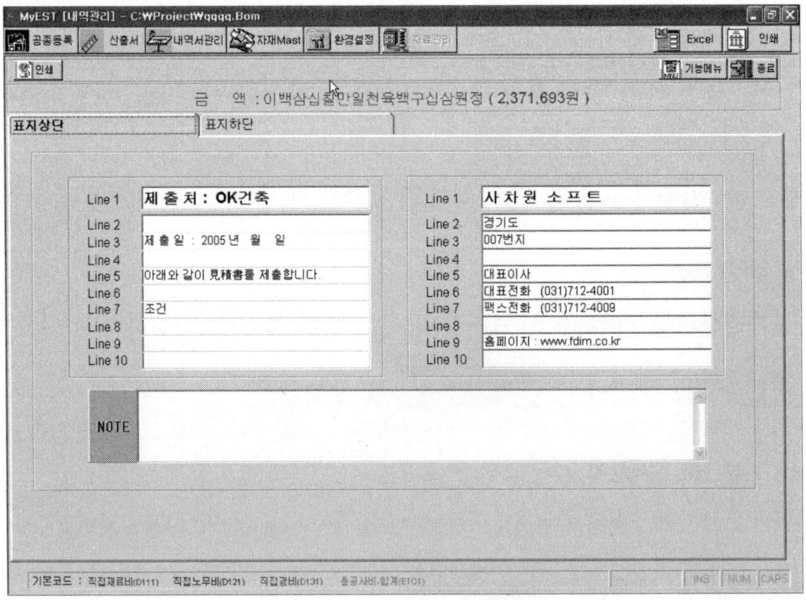

ㅁ 제출처, 회사 정보를 입력 후 기능메뉴의 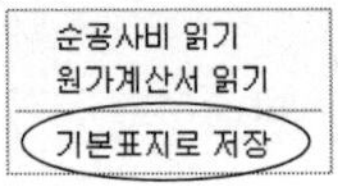

를 선택한다.

b) 표지하단 작성하기

ㅁ 기능메뉴를 선택한다.

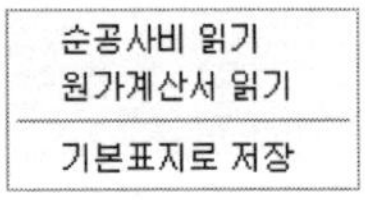

① 순 공사 읽기 : 순공사비만 불러온다.

② 원가계산서 읽기 : 원가계산서 전체를 읽어온다.

ㅁ 현재의 금액은 초기화가 되며 새로운 금액이 입력이 된다.

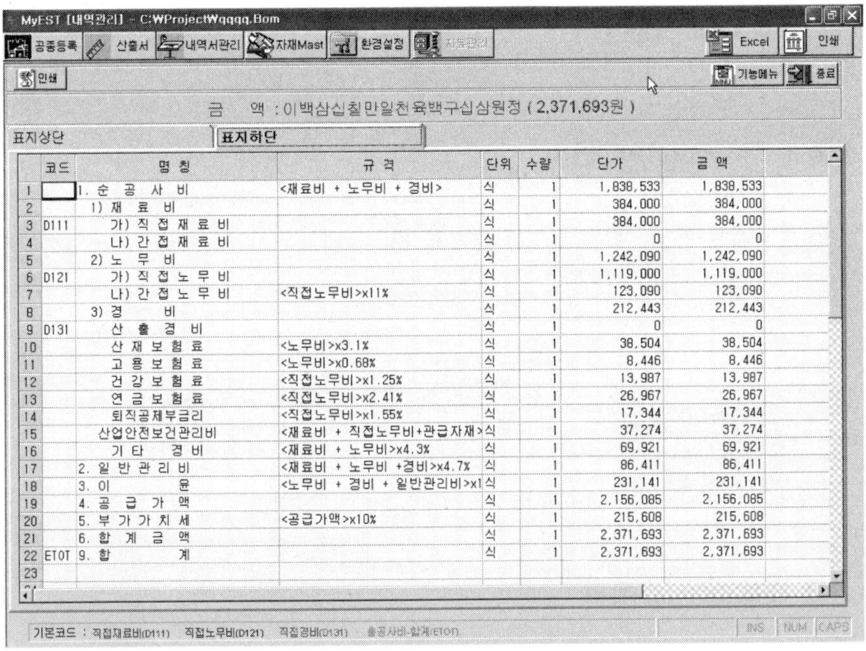

금 액 : 이백삼십칠만일천육백구십삼원정 (2,371,693원)

	코드	명 칭	규 격	단위	수량	단가	금 액
1		1. 순 공 사 비	<재료비 + 노무비 + 경비>	식	1	1,838,533	1,838,533
2		1) 재 료 비		식	1	384,000	384,000
3	D111	가) 직 접 재 료 비		식	1	384,000	384,000
4		나) 간 접 재 료 비		식	1	0	0
5		2) 노 무 비		식	1	1,242,090	1,242,090
6	D121	가) 직 접 노 무 비		식	1	1,119,000	1,119,000
7		나) 간 접 노 무 비	<직접노무비>x11%	식	1	123,090	123,090
8		3) 경 비		식	1	212,443	212,443
9	D131	산 출 경 비		식	1	0	0
10		산 재 보 험 료	<노무비>x3.1%	식	1	38,504	38,504
11		고 용 보 험 료	<노무비>x0.68%	식	1	8,446	8,446
12		건 강 보 험 료	<직접노무비>x1.25%	식	1	13,987	13,987
13		연 금 보 험 료	<직접노무비>x2.41%	식	1	26,967	26,967
14		퇴직공제부금리	<직접노무비>x1.55%	식	1	17,344	17,344
15		산업안전보건관리비	<재료비 + 직접노무비+관급자재>	식	1	37,274	37,274
16		기 타 경 비	<재료비 + 노무비>x4.3%	식	1	69,921	69,921
17		2. 일 반 관 리 비	<재료비 + 노무비 +경비>x4.7%	식	1	86,411	86,411
18		3. 이 윤	<노무비 + 경비 + 일반관리비>x1	식	1	231,141	231,141
19		4. 공 급 가 액		식	1	2,156,085	2,156,085
20		5. 부 가 가 치 세	<공급가액>x10%	식	1	215,608	215,608
21		6. 합 계 금 액		식	1	2,371,693	2,371,693
22	ETOT	9. 합 계		식	1	2,371,693	2,371,693
23							

4) 단가조사표, 단가비교표

견적서에 사용한 자재의 적용단가를 비교하여 보여주며 단가조사표는 수정, 삭제 및 새로운 자재를 추가할 수도 있다.

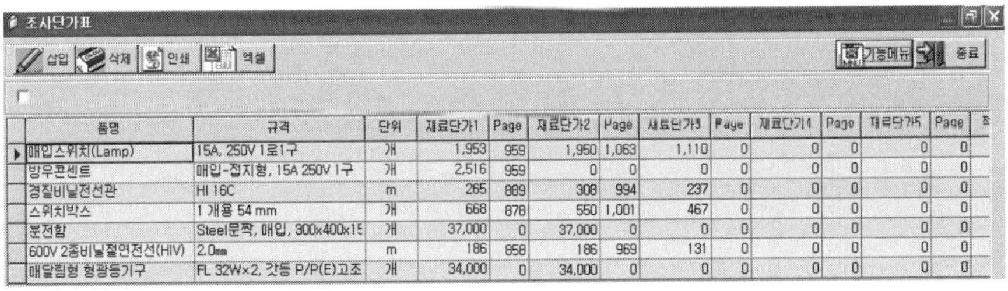

품명	규격	단위	재료단가1	Page	재료단가2	Page	재료단가3	Page	재료단가4	Page	재료단가5	Page
매입스위치(Lamp)	15A, 250V 1로1구	개	1,953	959	1,950	1,063	1,110	0	0	0	0	0
방우콘센트	매입-접지형, 15A 250V 1구	개	2,516	959	0	0	0	0	0	0	0	0
경질비닐전선관	HI 16C	m	265	889	308	994	237	0	0	0	0	0
스위치박스	1 개용 54 mm	개	668	878	550	1,001	467	0	0	0	0	0
분전함	Steel문짝, 매입, 300x400x15	개	37,000	0	37,000	0	0	0	0	0	0	0
600V 2종비닐절연전선(HIV)	2.0㎜	m	186	858	186	969	131	0	0	0	0	0
매달림형 형광등기구	FL 32W×2, 갓등 P/P(E)고조	개	34,000	0	34,000	0	0	0	0	0	0	0

□ 단가조사표는 내역서를 수정한 경우는 기능메뉴의 데이터읽기를 해야만 수정된 내용이 적용되며 기존 값은 초기화된다.

3.4 Master 관리

3.4.1 자재Master 관리

❑ 공사에 사용할 자재 및 일위대가를 관리한다.

❑ 메인 화면의 Master관리 또는 자재Mast 를 선택한다.

▫ 자재Master 관리 : 자재 전체를 나타낸다.

▫ 일위대가 관리 : 공사에 사용할 일위대가를 나타낸다.

▫ 사용자 자재Master : 사용자가 만든 자재를 나타낸다.

1) 자재Master 관리

① 자재단가 및 노무단가를 입력 또는 수정할 수가 있다.

② 자재에 대한 품셈(공량)을 입력 또는 수정할 수가 있다.

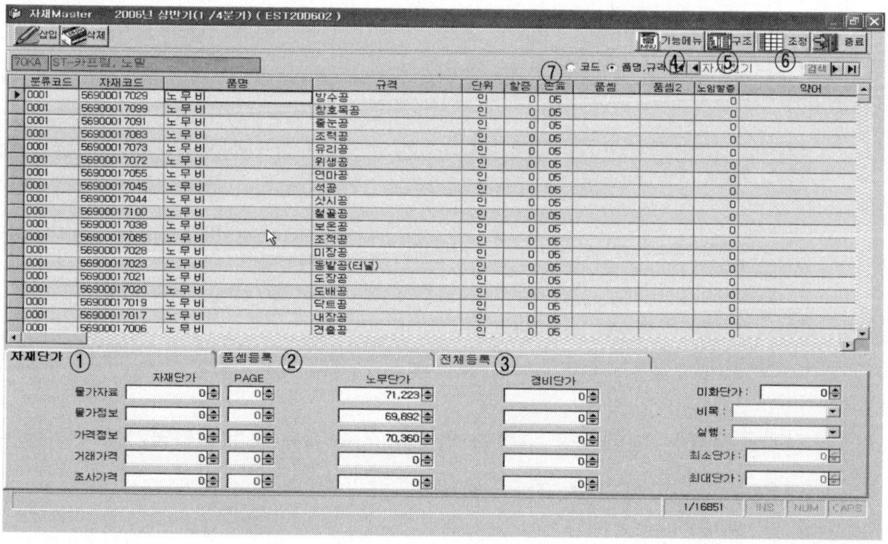

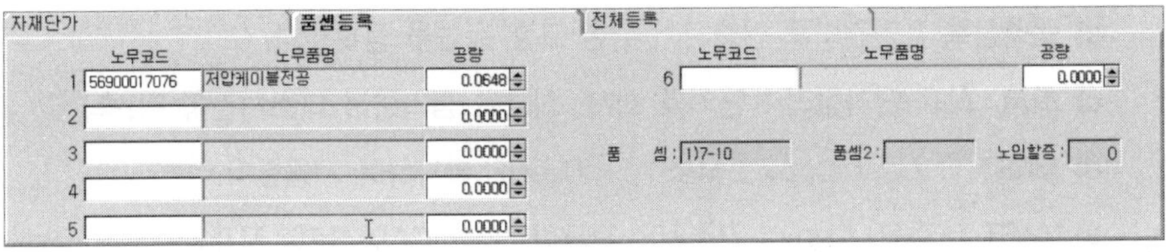

③ 자재비 및 노무비를 일괄 입력 또는 수정할 수가 있다.

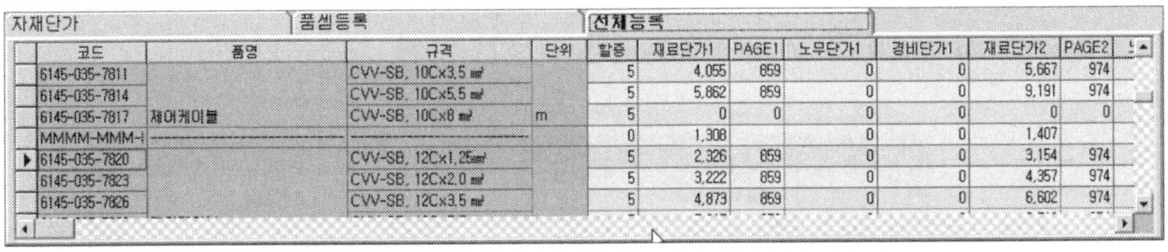

④ 각종 기능메뉴를 나타낸다.

a) 자재분류 등록 : 자재의 분류를 새로 만들어서 사용할 수가 있다.

b) 품셈등록 : 인건비를 산출하기 위한 표준 품셈을 등록한다.

c) 최저, 최고 단가정리 : 단가를 최저, 최고로 정리하며 다소시간이 걸린다.

d) MAST → User Copy : MAST → User로 복사하여 사용한다.

e) MAST → CAD Copy : 견적서의 자재마스터를 CAD부분의 자재마스터에 적용할 때 사용하며 아래 사항을 참고한다.

□ MAST → CAD Copy를 선택한다.

□ 파일 저장위치를 ElecOffice의 MyCAD 방에 저장한다.

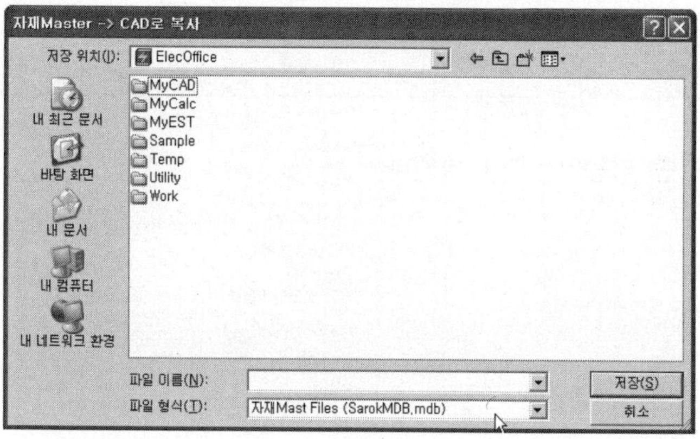

기존 Sarokmdb.MDB 파일은 삭제 또는 이름을 변경(Sarokmdb-1.MDB)한 후 저장한다.

⑤ 자재분류 리스트를 트리형태로 나타내어 아래 그림 우측의 분류에서 해당항목을 선택하면 화면에 자재가 나타난다.

⑥ 조정화면 : 화면 구성형태를 여러 가지로 표현해서 볼 수 있다.

⑦ 코드, 품목 및 규격을 이용하여 자재를 찾을 때 사용한다.

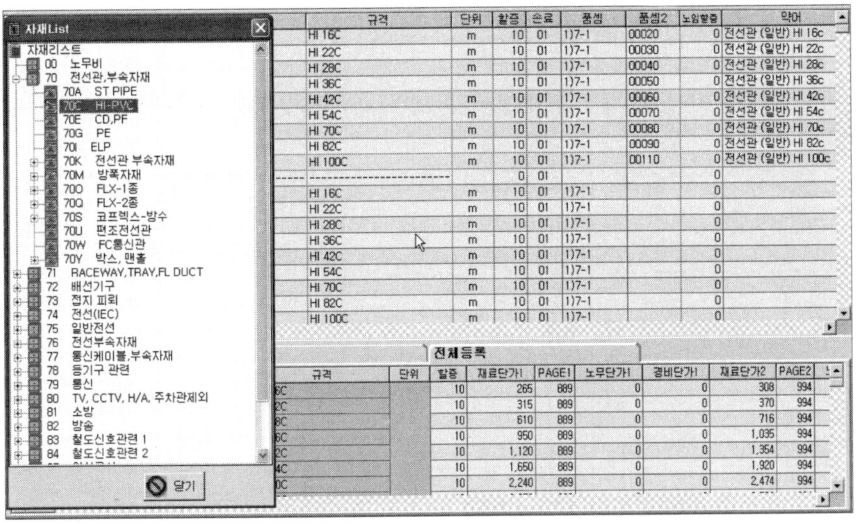

2) 일위대가 관리

일위대가를 등록하여 관리를 할 수 있다.
총괄표에서 해당 목록을 선택하여 내역서를 수정할 수 있으며 자재등록 및 설정방법은 내역서 작성방법과 같다.

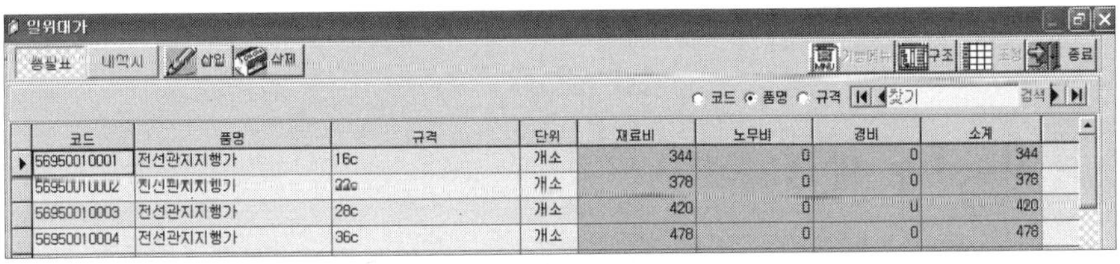

총괄표 화면

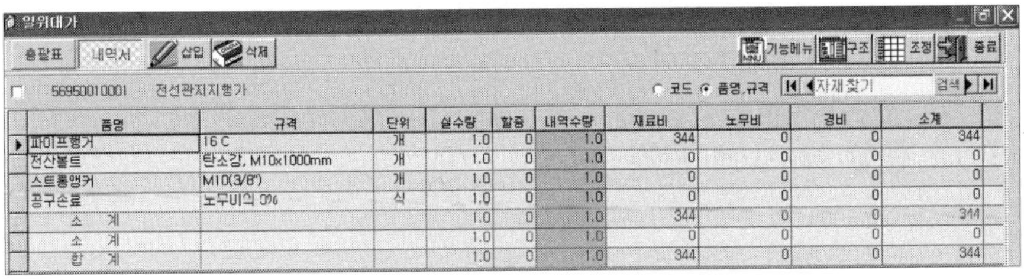

내역서 화면

3) 사용자 자재Master 관리

사용자가 직접 자재를 등록하여 관리할 수 있고 등록방법은 자재Master와 같다.

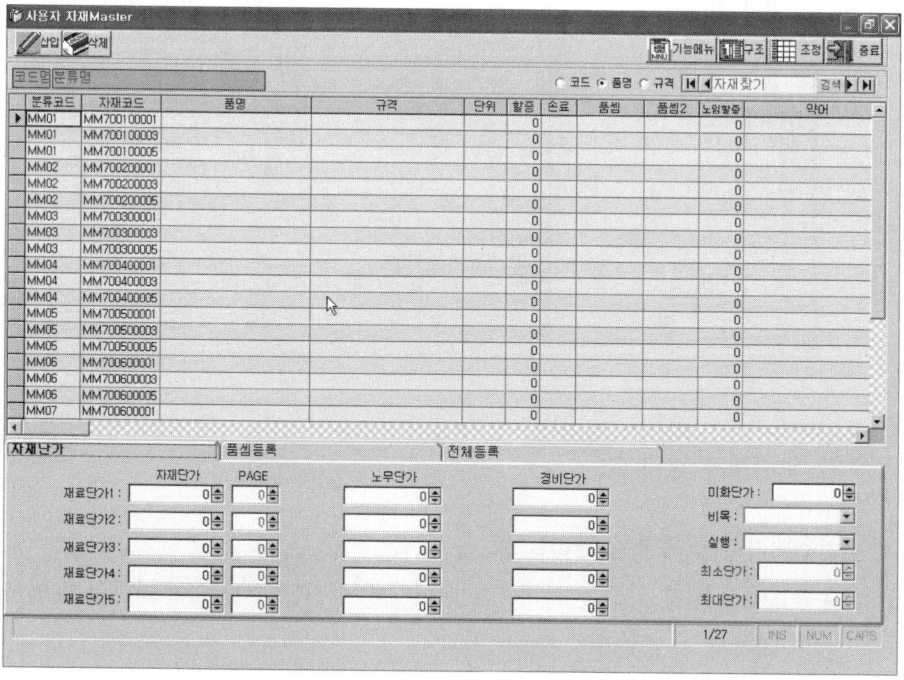

3.5 Master 환경설정

❑ 각종 Master를 등록한 후 사용을 하여 작업 능률을 올릴 수 있다.

3.5.1 품셈 Master 관리

품셈을 분류하여 등록하여 사용을 한다.

3.5.2 원가계산서 관리

원가계산서의 비목 및 요율 등을 등록하여 사용할 수 있다.

3.5.3 공종 Master 관리

내역서에 사용할 공종을 미리 만들어놓고 사용하면 편리하다.

3.5.4 산출 Master 관리

산출서 작성에 필요한 각종 자료들을 만들어 사용할 수 있다.

3.5.5 부속자재 관리

캐드에서 작성된 데이터로 내역서를 만들면 부속자재가 자동으로 입력되게 할 때 사용한다.
아래 그림과 같이 등록을 하면 캐드에서 형광등기구(주자재)를 작도한 후 내역서를 만들면 아웃트렛 박스(부속자재)가 자동으로 입력된다.

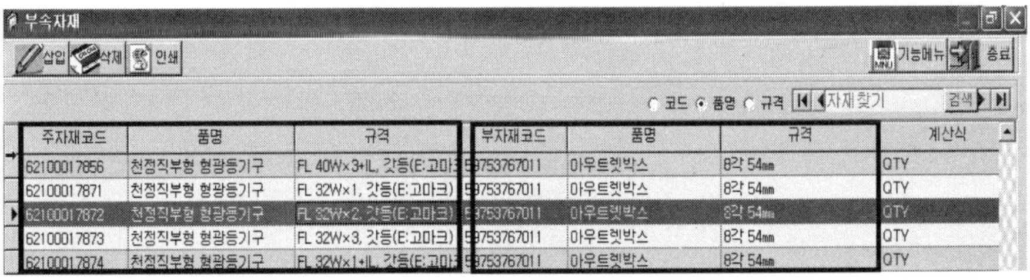

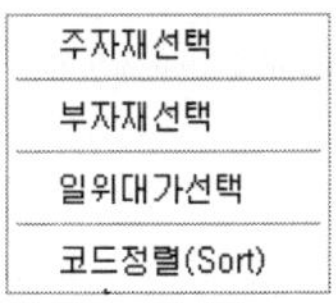

등록방법은 기능메뉴를 선택한 후 주자재선택을 선택하여 주자재를 등록하고 부자재 또는 일위대가선택을 선택하여 부속자재를 등록하면 된다.

3.5.6 손료관리

전선관 부속품비, 잡자재비, 공구손료 등의 손료를 설정 후 사용할 수 있다. 내역서의 손료관리를 참고한다.

3.5.7 사용자 등록

프로그램 사용자 등록을 한다.

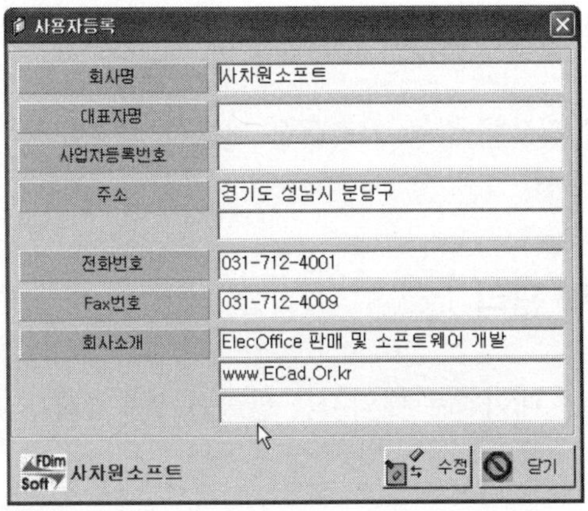

제4장 적 산

4.1 적산(견적)의 의의

공사 예정가격을 산출하기 위하여 설계도서와 시방서 및 공사 현장 조건에 따라 공사에 소요되는 재료비와 노무비를 계산하는 과정과 업무를 말한다.

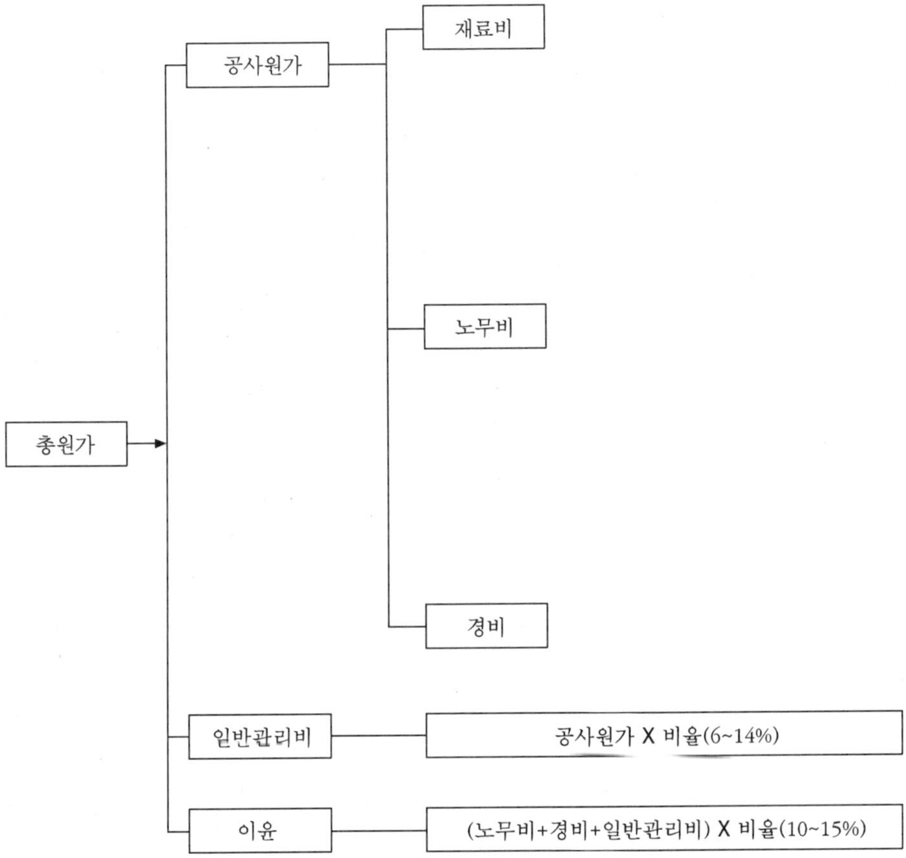

※예정가격=총원가－VAT(총원가의 10%)

4.1.1 순 공사 원가

공사시 발생할 재료비, 노무비, 경비의 합계액을 말한다.

❑ 재료비

▫ 재료비 계산

재료비 계산에 있어 사전에 알아야 할 사항은 다음과 같다.

① 재료비 내역의 구성과 범위

② 물량산출 및 적산

③ 적정단가 적용

▫ 재료비 구성과 내용

직접재료비와 간접재료비로 구성되며 합계액 중에서 시공 중 발생되는 부산물의 매각액, 또는 이용가치를 추정 산출하여 이를 공제하여야 한다.

① 직접재료비 : 공사목적물의 실체를 형성하는 물품의 가치

- 주 재료비 : 목적물의 기본적 구성을 이루는 물품의 가치
- 부분품비 : 목적물에 원래의 형태로 부착되어 종속 부분이 되는 외주품의 가치

② 간접재료비

목적물의 실체를 형성하지 않으나 공사에 보조적으로 소비되는 물품의 가치

- 소모 재료비 : 기계오일, 장갑, 용접용 가스 등 소모성 물품의 가치
- 소모 공구, 기구, 비품비 : 내용년수 1년 미만으로서 구입단가가 법인세법(소득세법)규정에 의한 금액 이하인 감가상각 대상에서 제외되는 소모성 공구, 기구, 비품의 가치
- 가설 재료비 : 목적물의 실체를 구성하지는 않으나 시공을 위하여 필요한 가설재의 가치(경비에서의 가설비와 구분)

※운임, 보험료, 보관비 등의 부대비용은 재료비로 계산한다.

❑ 노무비

직접노무비와 간접노무비로 구성된다.

□ 직접노무비

직접작업에 종사하는 작업자에 의해 제공되는 노동력의 대가로서 다음 각 호의 합계액을 말한다. 단 상여금은 년 400%, 제수당, 퇴직급여 충당금은 근로기준법상의 범위를 초과하여 계산할 수 없다.

① 기본급 : 재경부 장관이 고시하는 노임단가로서 기본급의 성격을 갖는 정근수당, 가족수당, 위험수당 등이 포함된다.

② 제수당 : 기본급의 성격이 아닌 시간외 수당, 야간수당, 휴일수당 등 작업상 통상적으로 지급되는 금액

③ 상여금

④ 퇴직급여 충당금

□ 간접노무비

직접 공사에 참여하지는 않으나 보조적으로 종사하는, 현장 감독자 등의 기본급과 제수당, 상여금, 퇴직급여 충당금의 합계액(2개 업체 이상의 최근 연도 원가 계산자료에 의해 직・노에 대하여 간・노비율을 곱하여 계산한다.)

간접노무비율＝최근년도 간접노무비 합계/최근년도 직접노무비 합계

예제 1) 총 공사비가 32억 원이고 공사기간이 18개월인 전기 공사의 간접노무비율은?

해설 : (15+16−17)÷3=16[%]

구 분		간접노무비율(%)
공사종류	건축공사 토목공사 특수공사(포장, 준설 등) 기타(전문, 전기, 통신)	14.5 15 15.5 15
공사원가 기준	5억 원 미만 5~30억 원 미만 30억 원 이상	14 15 16
공사기간별	6개월 미만 6~12개월 미만 12개월 이상	13 15 17

❑ 경 비

- 공사원가 중 재료비, 노무비를 제외한 원가를 말하며 기업유지를 위한 관리활동 부문의 일반관리비와 구분된다.
- 경비는 계약목적물, 시공기간의 소요량을 측정하거나 원가계산자료나 계약사, 영수증 등을 근거로 예상하여야 한다.
- 경비의 세목

  ① 전력비 : 시공하는데 직접 소요되는 전력비용

  ② 운반비 : 재료비에 포함되지 않는 운반비로 원재료, 반재료, 또는 기계기구의 운송비, 하역비, 상하차비 등

  ③ 기계경비 : 표준품셈 상의 건설기계의 경비산정 기준에 의한다.

  ④ 특허권사용료

  ⑤ 기술료 : KNOW-HOW비 등의 외부지급 비용

  ⑥ 보험료 : 법령이나 계약조건에 의해 지급되어야 하는 보험료
  (예 : 산재보험료＝노무비×고시율)

  ⑦ 보관비

  ⑧ 안전관리비 : 산업재해 및 건강장해 예방을 위해 지급되는 비용

  ⑨ 수도광열비

  ⑩ 연구개발비

  ⑪ 복리후생비

  ⑫ 소모품비, 교통비, 통신비

  ⑬ 공과금, 폐기물처리비, 보상비 등 법적 경비

4.1.2 일반관리비

기업의 유지를 위한 관리활동 부문에서 발생하는 제비용으로서 공사원가에 속하지 않는 모든 영업비용 중 판매비 등을 제외한 본사 직원의 급료, 제수당, 퇴직급여충당금, 복리후생비, 여비, 교통비, 연구개발비, 보험료 등이며 기업 손익계산서 등을 기준으로 한 일반관리비율을 공사원가 및 공사의 종별에 의해 적용된다.

4.1.3 이 윤

영업이익을 말하며 공사원가 중 노무비, 경비와 일반관리비의 합계액(기술료 및 외주가공비는 제외한다)에 이윤을 15%를 초과하여 계상할 수 없다.

4.2 적산 전에 조사할 사항

4.2.1 시방서, 도면

- ❑ 시방서에 대해서는 요점을 확인하고 특별한 사항이 있는지 확실하게 파악한다.
- ❑ 도면의 기재사항, 상세도 등을 자세히 조사하여 확실히 파악한다.
- ❑ 타 공사와의 관련사항 및 공사의 한계를 파악한다.
- ❑ 건축물의 각층 높이, 천장높이, 천장 및 벽체, 바닥 마감 사항 등 건축도면을 참고한다.

4.2.2 현장 설명 및 도면 검토

❑ 계약조건

- □ 공사기간
- □ 계약조건 및 내용, 주요 기기류의 용량 및 수량 확인
- □ 지급조건, 전도금 및 기성금 지급관계
- □ 지급 자재의 유무와 필요수량
- □ 현장 대리인의 상주여부

❑ 특기사항

- □ 활선작업 등 위험작업의 유무

□ 잔업 및 야간작업의 유무
□ 기기 및 재료의 검사
□ 임시전력 설치 및 전기요금 부담 유무
□ 가설사무실, 창고와 부지의 유무, 임차료 관계
□ 대관청 불입금 부담의 유무(한전, 안전공사 등)
□ 전력선 인입공사, 변전소 증설 공사 등의 부담금 유무

❑ 건물의 구조

□ 공사의 장소
□ 구조(철근 콘크리트조, 철골철근 콘크리이트조, PC조, 철골조, 목조, 조적조 등의 구분)
□ 층수, 연면적, 건축 부지면적 등
□ 각층 천장 높이와 층고
□ 천장, 벽 등의 구조와 마감
□ 2중 천장부분 확인
□ 콘크리트 타설만으로 끝나는 곳 등

❑ 배 관

□ 매입, 노출, 은폐의 구별
□ 전선관(박강, 후강, PVC, Hi-PVC, PE, XLP 등)
□ 아우트레트박스, 콘크리트박스의 종류 및 사용장소

❑ 배 선

□ 전선 및 케이블의 종류
□ 색별배선, 전선의 접속방식(꼬임접속, 바인드접속, 슬리브접속, 단자접속, 납땜접속, 와이어 케넥터 접속 등)
□ 접지선 여부
□ 스위치, 콘센트 등 기구의 종류

❑ 기기 및 자재의 제조업체 지정유무, 지방확인

- 전선관 및 그 부속품
- 아우트레트박스 및 풀박스
- FLOOR DUCT, 금속DUCT, BUS DUCT 및 그 부품 등
- 배전함, 분전함, 단자함 등
- 배선기구
- 조명기구 및 램프류
- 살균등, 오존발생기등
- 전동기 조작반, 변압기류
- 비상용 전원(원동기, 발전기, 배터리)
- 방송설비, 전기시계설비
- 방재반, 자동화재탐지설비
- 구내 교환기 및 전화기설비
- 신호설비(벨, 부저, 재부표시기, 주차관제설비)
- 피뢰침 설비 및 접지설비
- 공청 안테나 및 CCTV 감시설비

❑ 현장조사

- 지역적 특수사항, 시공계절과 기후와의 관계
- 교통관계
- 자재 하치장, 가공적업장소, 사무실 등 임시건물에 대한 장소의 선정
- 숙박소의 유무
- 진입로의 상태
- 부근의 전력 배전선, 통신선 상황
- 전력인입공사의 보상비 및 이전 유무
- 전화선의 가설 가능여부

4.3 세부적산

4.3.1 적산의 종류

❑ 기기재표비 : 기계기구, 배분전반류, 배관배선재료 등

❑ 공비 : 전공, 보조공의 노임

❑ 외주비 : 도장, 운반, 기기조정 등

❑ 현장경비 : 가설비, 보험료, 사무비, 출장비, 숙박비, 교통비, 교제비 안전관리비 등의 제잡비

위의 각 항목 중에서 기기재료(機器材料)의 명칭을 견적서 용지에 작성하고 각 재료의 단가를 물가월보에서 조사, 노임을 삽입하여 견적서를 작성한다.

4.3.2 적산요령

❑ 공사수량계산

- 집계순위 결정
- 수량산출구분(수량의 종류별, 재료별, 위치별, 강도별 세분)
- 할증률
- 수량 외 공제

❑ 시공법 결정

- 시공법 및 작업순위 결정
- 작업기종 선정, 조합 결정
- 작업능력 결정

❏ 표준품셈 및 단가결정

▫ 단위공종별 표준품셈 결정

▫ 표준단가 및 대가결정(복합단가)

4.3.3 적산자

도면과 시방서에 재료의 종류, 공법 등의 명기가 누락된 사항은 적산과정에서 설계도면이나 시방서에 보완하여야 하며, 공사 시공상 당연히 추가되어야 할 사항은 보완 및 수정하여야 한다.

4.4 적산순서

❏ 적산 전에 제반사항을 숙지하고 시방서 및 도면을 검토한다.

❏ 각 공종별로 도면을 분리하여 각 층별로 물량을 산출한다.

❏ 각 층의 물량을 집계하여 공종별로 분리 합산한다.

❏ 물량산출이 끝나면 산출근거서와 집계표가 이상이 없는지 검토한다.

❏ 산출된 물량에 표준품셈을 적용하여 공량을 산출하여 집계한다.

❏ 내역서에 정리하여 기록한 후 자재별 단가를 조사 적용한다.

❏ 인건비는 정부노임단가를 적용한다.

❏ 재료비는 최근에 조사한 정확한 것으로 하되 별도로 작성한 일위대가 및 자재 단가표를 적용토록 한다.

❏ 재료비와 인건비를 산출한 후 원가계산시 적용될 경비의 내용을 산출한다.

❏ 정부 회계예규의 "원가계산에 의한 예정가격 작성준칙"에 의거 공사원가 계산서를 작성한다.

4.5 재료수량 산출방법

4.5.1 내선설비

❑ 배선재료

전선류는 특별한 경우를 제외하고 KS제품 사용을 원칙으로 하며, 전기용품 안전관리법에 적용되는 것은 형식승인이 난 것으로 하고, 정부고시의 것은 이에 따라 적용시킨다. 전선의 종류는 전선의 가닥수와 함께 도면에 표시하며, 도면에 가닥수를 표시하지 않는 경우는 2가닥으로 본다.

▫ 건물의 높이 및 각 기구의 설치높이는 아래와 같다.

① 텀블러스위치 : 바닥에서 1,200(mm)
② 일반전열콘센트 : 바닥에서 300(mm)
③ 분전반 : 바닥에서 1,000(mm) (하단기준)
④ 등기구의 천정직부 및 매입인 경우(그림에 참조)
⑤ 등기구의 벽부형 및 노출형인 경우는 도면에 표시된 설치 높이를 기준으로 한다.

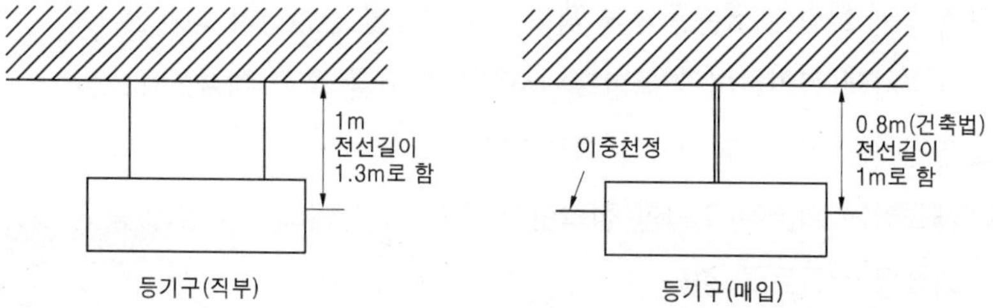

▫ 도면의 축척(SCALE)을 확인한다.

각 도면마다 하단에 축척이 표시되며, 일반적으로 도면의 1축적은 1/100을 기준으로 하고 있다.

□ 전선의 종류와 규격을 확인한다.

IV 2.0mm, CV 38mm^2 등

□ 길이를 측정한다.

① 기구상호간 : 각기구의 중심점간의 직선거리

② 기구와 벽체간 : 기구와 벽체의 중심점간의 직선거리

③ 벽체와 벽체간 : 각 벽체의 중심점간 직선거리

□ 전선의 가닥수를 확인하여 측정된 거리에 그 가닥수를 곱하여 전선의 수량을 산출한다.

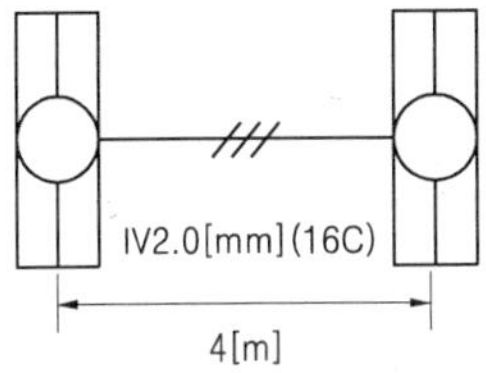

※IV(600[V] 옥내용 비닐전선 2.0[mm]
4[m](측정거리)×3(가닥수)=12[m](전선길이)
※후강전선관 16C(직경 16mm) 4[m](전선관 길이)

□ 전선의 총수량을 구하여, 각 종류별, 규격별로 집계한 후 표준품셈표에 의거 소요공량을 산출한다.

□ 전선의 종류별 집계수량에 재료의 할증률을 적용하여 재료비 내역서에 그 수량을 기록한다.

- 전기재료의 할증률

ⓐ 옥외전선 : 5(%)

ⓑ 옥내전선 : 10(%)

ⓒ 케이블 : 옥외 - 3(%), 옥내 - 5(%)

□ 전선콘넥터 사용시 콘넥터의 수량을 산출한다.

□ 기타 도면의 조건제시에 의거 산출한다.

❑ 전선관

▫ 전선관류는 특별한 표시가 없는 한, 금속관사용을 원칙으로 하고 그 부속품의 관의 종류 및 사용장소에 적합한 것으로 한다.

▫ 전선관의 수량산출 방법은 배선재료의 수량산출 방법을 참고하여 같은 방법에 의한다.

▫ 건물의 높이 및 각 기구의 설치높이를 확인한다.

▫ 도면의 축척(SCALE)을 확인한다.

▫ 전선관 및 그 부속품의 규격과 종류를 확인하여야 하며, 규격은 [mm] 단위이며, 편의상 ϕ 또는 C로 표시합니다.

① 후강전선관 : 공칭내경으로 규격이 짝수로 표시

② 박강전선관 : 공칭외경으로 규격이 홀수로 표시

▫ 전선관의 길이측정 및 부속품의 수량을 파악한다.

▫ 전선관의 할증률은 10%이다.

❑ 전선관의 부품

▫ 새 들

전선관을 조영재에 노출로 배관할 때 사용되며, 그 소요 수량은 전선관 1.5(m)마다 1개씩 설치할 경우, 전선관의 총수량을 구한 후 1.5로 나눈다.

▫ 부싱 및 로크너트

박스, 풀박스(Pull Box) 및 분전반에 전선관의 접속부분은 로크너트(Locknut)를 사용하여 관을 고정하고, 관의 단말부분에 배선시 전선피복의 손상을 방지하기 위하여 부싱(Bushing)처리를 한다. 로크너트의 수량은 부싱 수량의 2배이다.

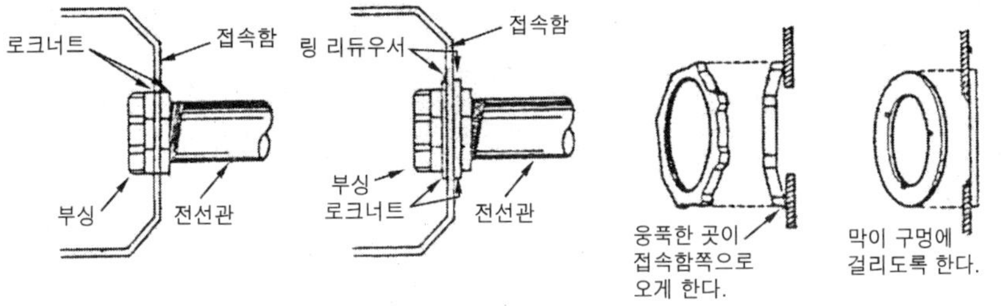

(a) 녹아우트의 크기가 적당할 때 (b) 녹아우트가 관의 굵기보다 지나치게 클 때 (c) 로크너트 (d) 링 리듀우시

□ 커플링

배관시공할 때 전선관상호의 접속을 위하여 커플링(Coupling)을 사용되며 전선관의 총 산출수량을 구한 후, 필요수량을 산출한다.

전선관의 1개의 표준규격길이는 4[m]이다.

커플링 개수=전선관 산출총길이÷4(소수점 이하 제외)

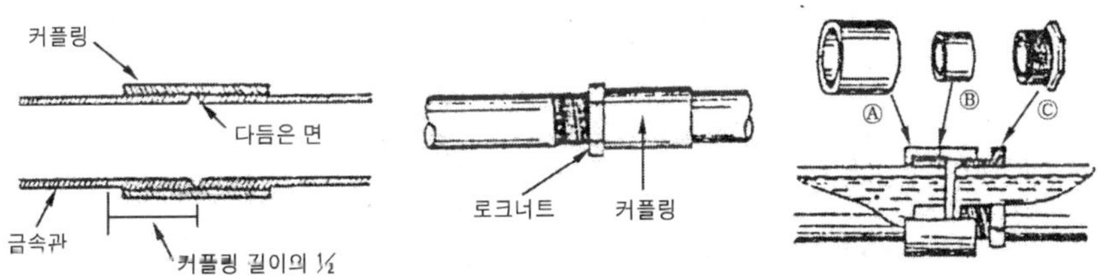

□ 박스류

전등 및 기타 기구의 전선접속함으로써 연결되는 관로수 및 기구의 종류와 내부접속 또는 통선 상태에 적응하는 크기를 사용하므로 도면의 표시에 의하여 그 수량을 산출한다.

① 스위치 박스

– 텀블러 스위치의 설치수량에 따라 1개용, 2개용, 3개용으로 구분하여 산출한다.

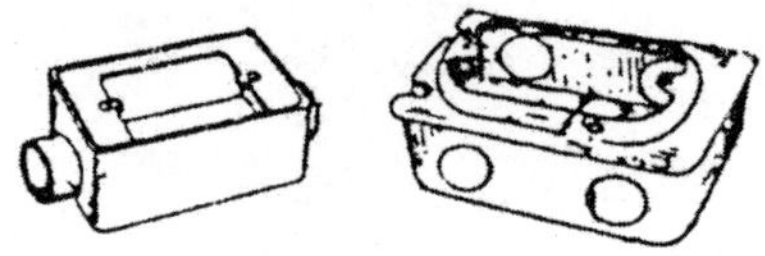

스위치박스

- 일반 전열콘센트의 단말부분은 1개용으로 산출하고 경과부분은 4각 박스로 산출한다.

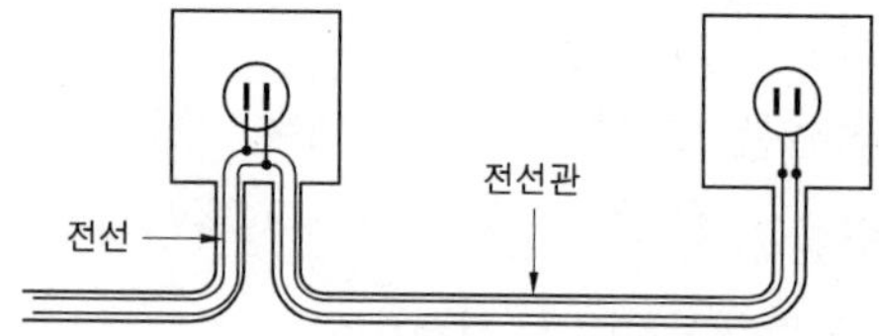

② 아우트레트 박스 및 콘크리트 박스 : 배관에 적합한 박스를 사용

- 8각박스 : 22[mm] 이하의 전선관 접속이 2조 이하의 경우
- 4각박스 : 22[mm] 이하의 전선관 접속이 3조 이상, 또는 28(mm) 이상의 배관접속시와 콘센트의 경과부분 박스

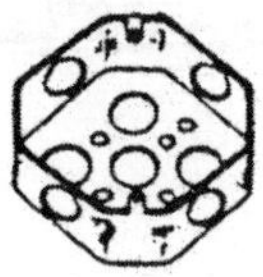

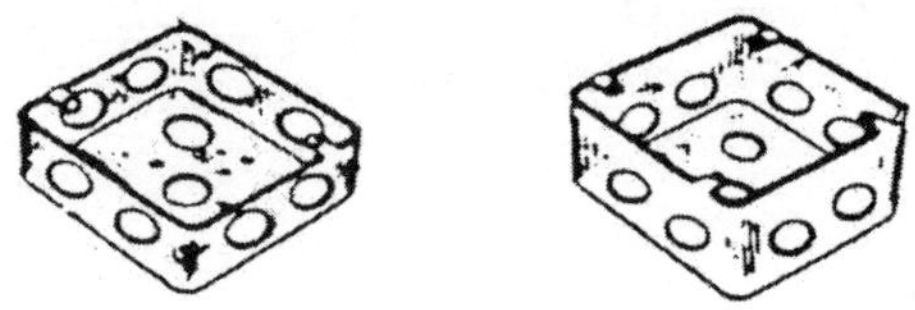

(a) 4각 중형 (b) 4각 대형

8각 아우트레트박스 **4각 아우트레트박스**

③ 풀박스(Pull Box) 및 조인트 박스(Joint Box)

풀박스나 조인트박스는 전원을 인출하려는 목적이 아니며 단순히 배선을 원활하기 위한 것이다.

- 풀박스(Pull Box) : 배관의 한 구간이 긴 경우는 기술상 필요한 장소에 사용되며, 도면표시에 의할 것(내선규정 30m마다 한 개씩)

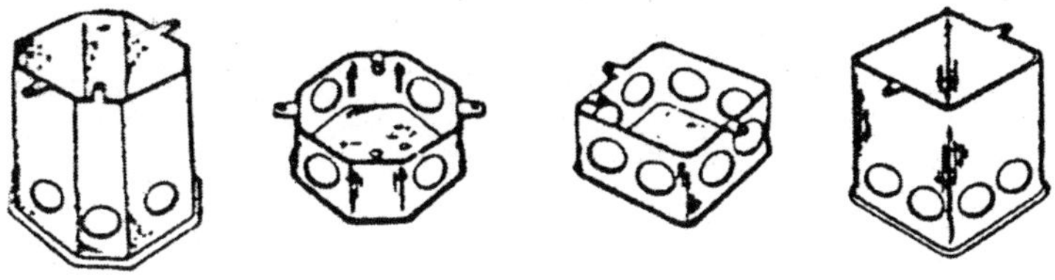

각종 풀박스

- 조인트(Joint Box) : 배선의 통선 혹은 연결 부분에 사용되며, 적절한 설치장소는 도면에 표시됨

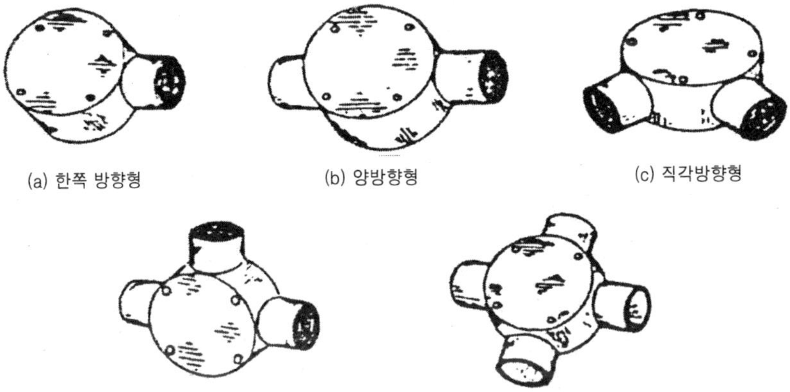

(a) 한쪽 방향형 (b) 양방향형 (c) 직각방향형

(d) 3방향형 (f) 4방향형

각종 조인트박스

- 노말밴드(Normal Bend) : 배관공사 중에 직각의 부분에 설치한다. 22ϕ은 현장에 제작 28ϕ~104ϕ는 규격품 104ϕ 이상은 별도 주문생산

❑ 가요전선관(후레시볼 및 그 부품) 설치장소에 따라 일반형과 방출형

▫ 일반형 가요전산관 : 전등설치

▫ 방수형 가요전선관 : 습기와 먼지가 많은 장소, 동력배관 중 단말부분, 전동기의 터미널 Box까지

▫ 가요전선관의 컨텍터(connecter) : 가요관의 단말부분마다 1개씩 설치한다.

▫ 전동기에 연결되는 노출공사인 경우 : 단말에서 1가닥당 0.8[m] 여유가 있도록 배선한다.

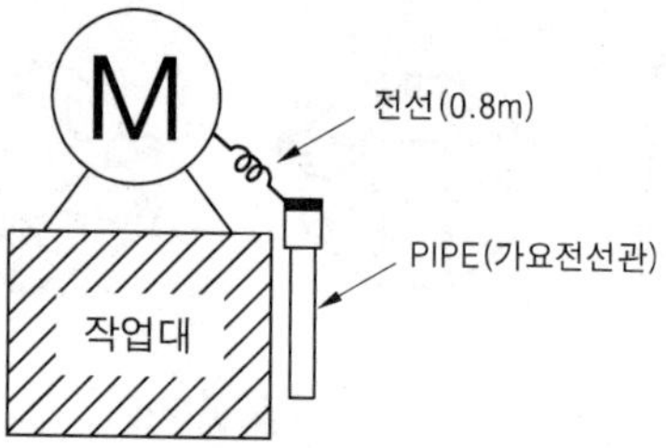

□ 기타 각종 부속품

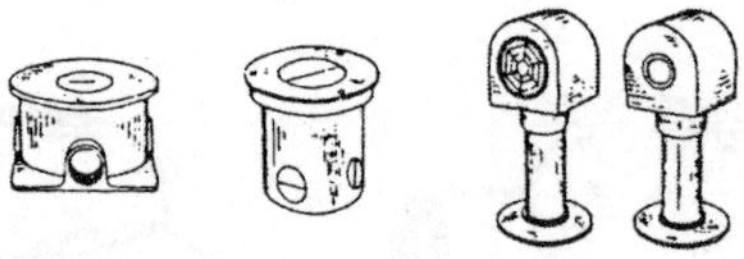

후로어 박스

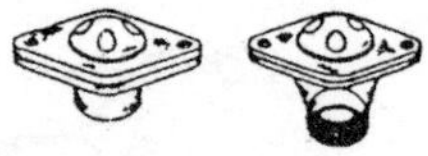

서비스 캡

4.5.2 내선설비의 적산 연습

❑ 옥내 전등 및 콘센트의 평면 배선도(I)

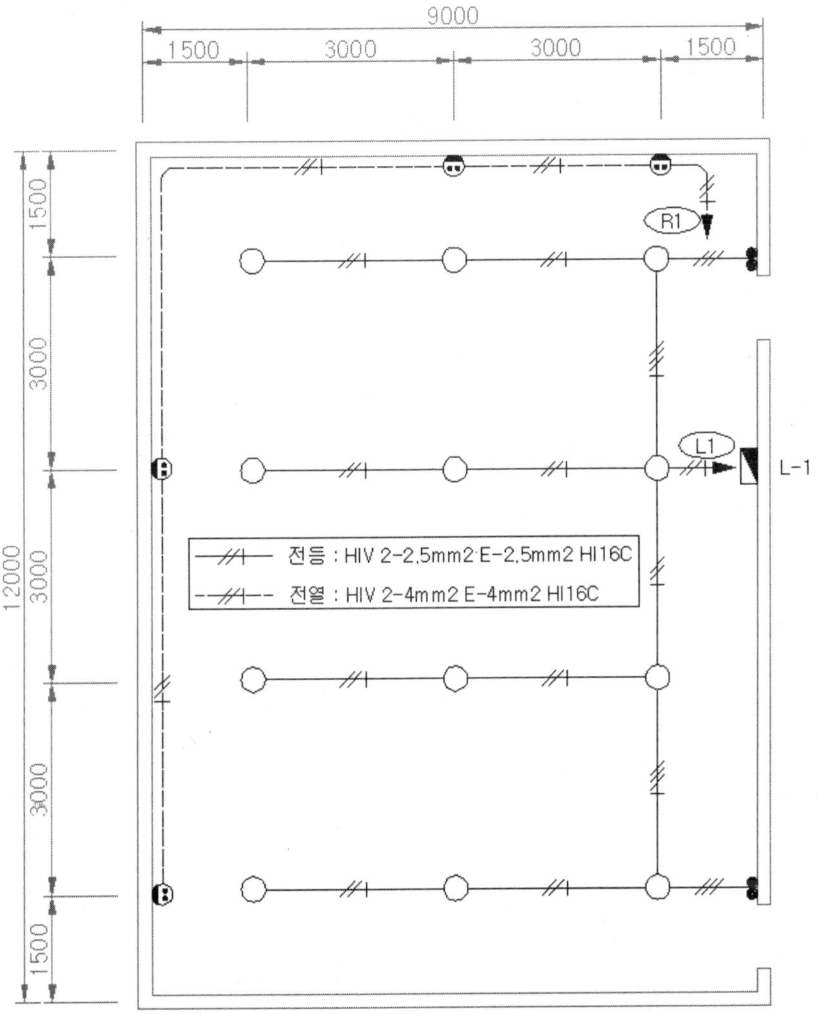

그림 4-1. 옥내 전등 및 콘센트의 평면배선도(I)

▫ 바닥에서 천장 슬라브까지 높이는 3(m)임

▫ 전선은 600(V) 옥내용 비닐 절연 전선으로 2.0(mm)를 사용한다.

- 전선관은 후강 전선관을 사용하고, 특기없는 것은 16(mm)임.
- 4조 이상의 배관과 접속되는 박스는 4각 박스를 사용한다.
- 콘센트 박스는 4각 박스로 한다.
- 분전함은 규격품으로서 바닥에서 하단 높이 1[m]이고 상단높이 1.8[m]이고 분전함 내부에서 배선 여유는 1가닥당 0.5[m]로 한다.
- 산출수량은 소수점 모두 적용한다.
- 집계표의 양식은 다음과 같다.

자재명	규격	단위	산출수량	할증수량	총수량 (산출+할증)

❑ 옥내 전등 및 콘센트의 평면 배선도(II)

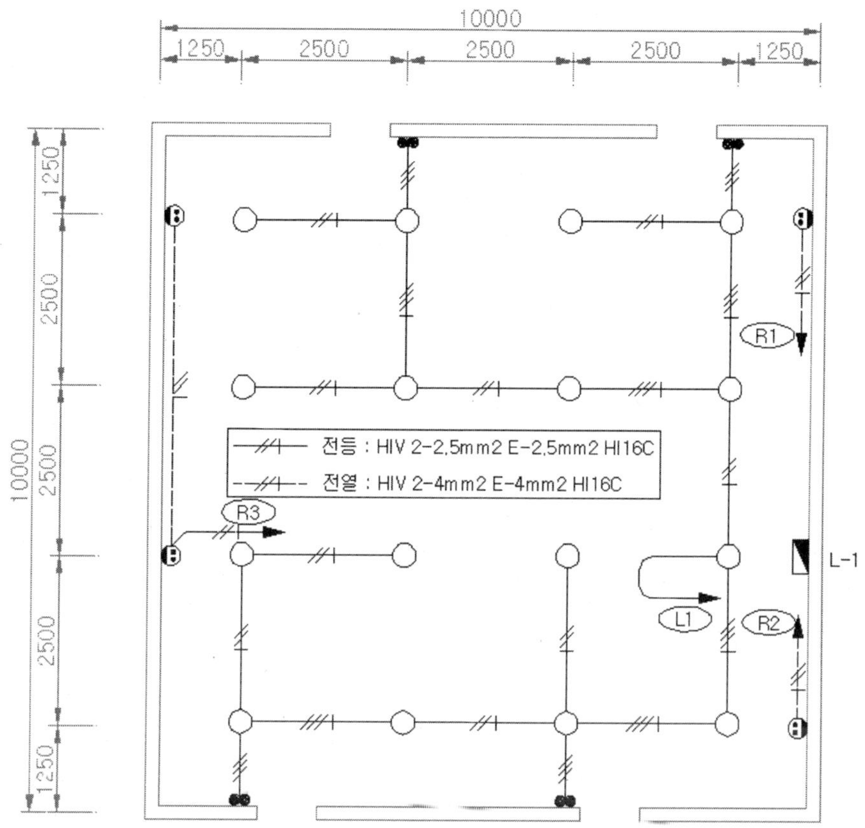

그림 4-2. 옥내 전등 및 콘센트의 평면배선도(II)

□ 시설조건

① 조건 : 바닥에서 천장 슬라브까지 높이는 3(m)이다.

② 전선은 600(V) 옥내용 비닐절연전선으로 2.0(mm)를 사용

③ 후강 전선관을 사용, 특기없는 것은 16(mm)이다.

④ 4조 이상 배관은 4각 Box사용

⑤ S. W 높이 바닥에서 중심부까지 1.2(m)

⑥ 콘센트 설치높이 바닥에서 중심부까지 0.3(m)

⑦ 분전함 설치높이 바닥에서 상단까지 1.8(m), 단, 바닥에서 하단까지는 1.0[m]

□ 재료산출조건

① 분전함 내부에서 배선 여유는 전선 1가닥당 0.5(m)로 한다.

② 자재산출할 때 산출수량과 할증수량은 소수점 이하로 기록하고, 자재별 총수량(산출수량+할증수량)은 소수점 이하는 반올림 한다.

③ 배관 및 배선 이외의 자재는 할증을 보지 않는다(배관 및 배선의 할증은 10(%)로 한다).

④ 콘센트용 박스는 4각 Box로 본다.

□ 양 식

자재명	규격	단위	산출수량	할증수량	총수량 (산출+할증)

4.5.3 가공선로공사

특고압, 고압 또는 저압의 가공선로공사에 대하여는 지형 등, 시공장소의 주위여건에 따라 공량산출시 품셈의 할증이 계산되므로 시공상의 제반 여건을 조사하여 적산에 참고하기 바란다.

❑ 재료의 수량산출

가공전선로의 도면에는 일반적으로 각전주마다 직선주, 소각도 주(10~20°), 각도주(45~90°) 및 분기주, 선로개폐기 설치주(int, sw 등) 등 종류(type)별로 상세도를 작성하고 선로도를 작성하여 각 전주마다 그 타입을 명기하므로, 재료의 수량산출은 각 전주별 해당공사에 소요되는 모든 재료에 대하여 각 품목별 규격별로 총수량을 구한다.

▫ 전 주

각 전주별 종류와 규격을 파악하여 수량을 산출한다. 지주(支柱) 역시 전주의 수량산출 방법과 동일하다. 22.9(kv)선로에서 전주의 최소길이는 10(m) 이상이어야 하며, 기기를 장치하는 경우는 12(m) 이상이어야 한다.

▫ 근가(틀)

별도의 명기가 없는 한 전주 1본에 전주근가 1본, 지선 1본에 지선근가 1본을 산출한다. 지선근가는 일반적으로 0.7(m)의 규격이 사용되며, 전주근가는 전주의 규격에 따라 다음과 같이 사용된다.

전주길이	전주매설 표준 길이	근가길이
7(m)	1.2(m)	1.0(m)
8(m)	1.4(m)	1.0(m)
9(m)	1.5(m)	1.2(m)
10(m)	1.7(m)	1.2(m)
11(m)	1.9(m)	1.5(m)
12(m)	2.0(m)	1.5(m)
13(m)	2.2(m)	1.5(m)
14(m)	2.4(m)	1.8(m)
15(m)	2.5(m)	1.8(m)
15(m) 이상	2.5(m) 이상	1.8(m) 이상

ㅁ 가선금구

상세도면의 표시에 의하여 종류별로 규격을 파악하여 수량을 산출한다.

① 완철(완금) : L완철과 경완철이 있으며, 장력을 받는 장소에는 2본을, 직선주에는 1본을 설치한다.

※ 개폐기나 피뢰기를 부착할 경우, 장경간 또는 특수장소의 경우 및 공사상 불가피 할 경우에는 길이를 증가할 수 있다.

② 암타이 : 완철을 지지하기 위한 것이며 각 암타이와 평암타이 등이 있다. L완철 1본 당 암타이 2본이 소요되나, 경우에 따라서는 1본이 소요될 수도 있다. 경완철이 설치시에는 완철밴드로 무시하여 암타이를 생략하는 경우가 많다.

③ 밴드류 : 래크, 암타이, 지선 또는 완철을 전주에 지지하기 위하여 래크밴드, 암타이 밴드, 지선밴드, 또는 완철밴드 등이 있으며, 그 크기를 호(號), 방향을 방(方)으로 표시하므로, 각 종류별로 파악하여 규격을 산출하도록 한다.

④ 볼트류 : 가선금구를 지지하기 위하여 머신볼트가 사용되며, 그 규격은 다양하므로 적당한 크기의 것을 산출한다. 전주의 승주를 위하여 설치하는 발판용볼트(16ϕ×160[mm])가 있다.

⑤ 클램프류 : 전선의 분기 또는 접속에 사용된다. 각 용도에 맞는 종류별로 산출한다.

□ 지선설치

지선은 내선규정(지선, 지주의 사용)에 준하여 시설하여야 한다.

특별고압선로 중 22.9[kV-y], 11.4[kV-y]에서는 지선애자를 부착하지 않으나, 고압 또는 저압을 병가하는 경우에는 부착하므로 지선 1본당 지선애자 1개를 산출한다. 지선에 필요한 재료는 다음 표와 같다.

물량(#2)	설치높이(6m)	8	10	12	14	16	18	20
	(kg)							
지지철물	4	4	4	4	4	4	4	4
Clamp Bolt 150[nm]								
Wire Clamper	4	4	4	4	4	4	4	4
Clevis	1	1	1	1	1	1	1	1
틀, Rod	1	1	1	1	1	1	1	1
틀목 또는 틀부럭	1	1	1	1	1	1	1	1
애자	1	1	1	1	1	1	1	1
지선밴드	1	1	1	1	1	1	1	1

□ 애자류

전선의 지지를 위하여 각 종류별로 애자를 설치한다.

① 핀애자 : 단순히 전선의 지지를 위하여 설치하며 굴곡이 없는 직선 선로의 전수에 설치

② 현수애자 : 장력을 받는 분기주의 시설부분, 각도주, 말단주 등에 사용되며 22.9(kv)선로에는 전원선에 각상별로 2개연 혹은 3개연을, 중성선에는 1개연을 설치한다.

□ 기기류

전주에 취부되는 각종 기기류(개폐기, 차단기, 피뢰기, 변압기 등)는 도면에 표시되므로 종류별로 규격을 파악하여 수량을 산출하도록 한다.

□ 전 선

가공전선로에 사용되는 전선의 종류와 규격을 표시하여 각 전주간 경간거리가 도면에 표시되므로 전선의 가닥수를 확인하여 길이를 측정한 후 재료 할증분을 감안하여 산출한다.

전선의 길이=(도면상의 길이)×(전선가닥수)×(1+할증률)

여기에서 할증률은 3(%)이며 이도(弛度)는 별도 생각치 않는다. 할증분에 대한 품샘은 적용하지 않는다.

※가공전선의 최소굵기(내선규정 880-3.4)

- 가공전선의 최소굵기는 동선의 연선 경우 22[mm^2] 이상, ACSR의 경우 32[mm^2] 이상이어야 한다.
- 중성선의 최소굵기는 ACRS 32[mm^2] 이상으로서 전압선과 동일 굵기의 전선을 사용하여야 하며 최대 굵기는 ACSR 95[mm^2]로 한다.

□ 접 지

특별고압선로 [22.9(kv-y), 114(kV-y)]의 완철은 중성점의 접지에 연결하여, 매 전주마다 접지를 하여야 하므로 접지공사에 소요되는 재료는 동봉 또는 동판, 접지케넥터, 접지선 등을 산출하도록 한다.

❑ 전주 설비 구성

다음은 3ϕ4W 선로의 특수경간에서 내장주(耐張柱)의 각 부분명칭 및 수량을 표시한 것이다.

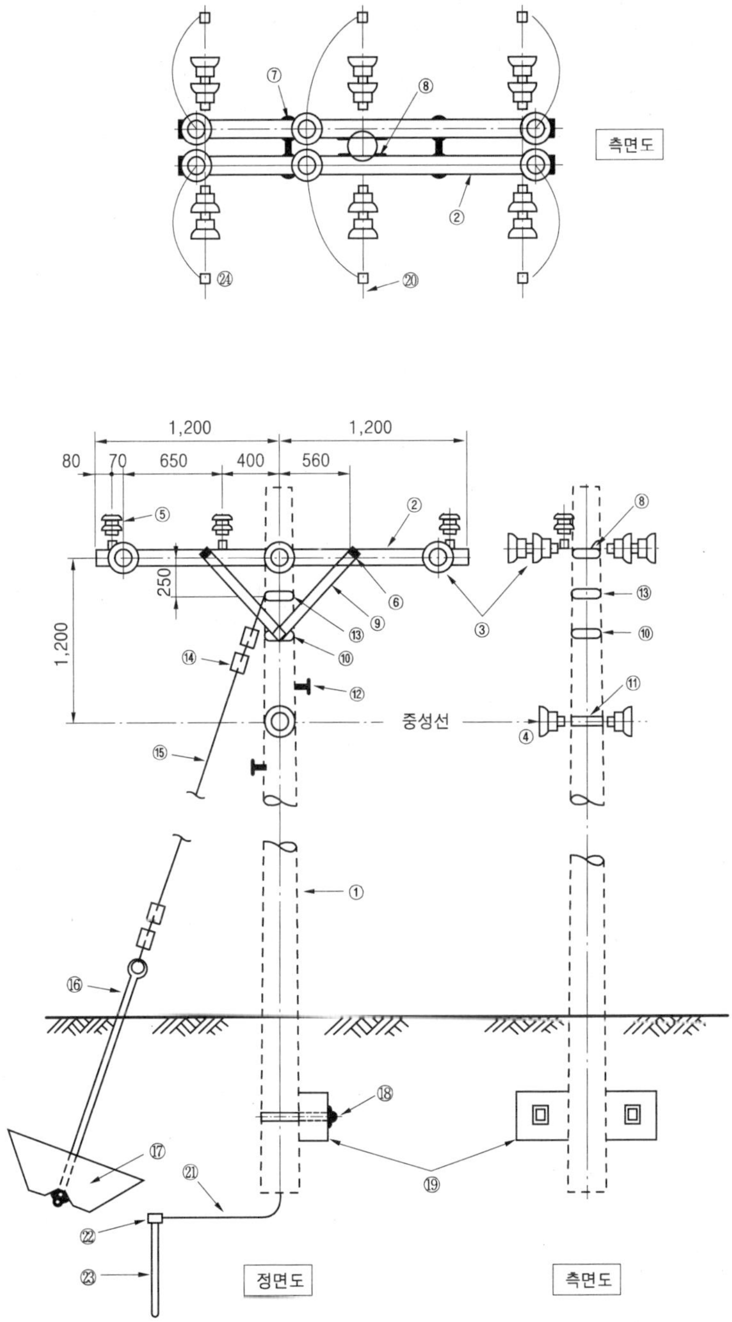

그림 4-3. 특고압 가공전선로의 각부 명칭(기기 일람표에 참조)

번호	명칭	규격	단위	수량	비고
①	콘크리트전주	12(m)	(본)	1	특별고압의 경우 최소 10(m) 이상, 기기를 장치할 경우 최소 12(m) 이상
②	완금(완철)	90×90×9(t)×2,400(l)	(본)	2	경완금(경완철)의 경우 : 75×45×3.2(t)×2,400
③	현수애자	191(mm) (볼소켓형)2개연	(조)	6	191(mm) : 15,000LBS(23(KV)에 사용) 254(mm) : 25,000LBS (35,000LBS) (154(KV)에 사용)
④	현수애자	191(mm) (볼소켓형) 1개연	(조)	2	
⑤	특고압pin애자	23(kv) PIN2호	(개)	6	라인포스트애자를 사용할 경우 : 23(KV) (152×304)
⑥	머신볼트	4각머리 16×40(mm)	(개)	7	
⑦	머신볼트	4각머리 16×40(mm)	(개)	2	
⑧	완금밴드	2방3호	(개)	1	1호 : 140(mm) 2호 : 170(mm) 3호 : 200(mm)
⑨	각암타이	40×40×6×900	(개)	4	평암타이일 경우 : 38×6×900(mm)
⑩	암타이밴드	2방3호	(개)	1	1호 : 150~200(mm) 2호 : 220~250(mm) 3호 : 250~300(mm)
⑪	랙밴드	2방3호	(개)	1	암파이밴드를 사용할 수도 있다.
⑫	발판볼트	CP용 16ϕ×160(mm)	(개)	8	전주의 승주를 위하여 설치
⑬	지선벨트	1방2호	(개)	1	1호 : 150~170(mm) 2호 : 180~207(mm) 3호 : 200~227(mm)
⑭	지선(클)램프	강연성용	(개)	1	
⑮	지선	아연도철선 7/2.6(mm)	(m)		45[°], 10(m)의 위치에 설치 기준
⑯	지선롯트	16×1,650(mm)	(개)	1	
⑰	지선근가	콘크리트 0.7(m) 55(kg)	(개)	1	
⑱	근가용U볼트	15×28×500	(개)	1	
⑲	전주근가	콘크리트 1.5(m)120(kg)	(m)		
⑳	전선	ACSR58(mm^2)	(m)		
㉑	접지전선	나동연선 22(mm^2)	(m)		
㉒	접지동봉클램프	18(mmϕ)	(개)	1	
㉓	접지동봉	18(ϕ)×2,400(mm)	(개)	1	
㉔	활선용커넥터	58(mm^2)	(개)	6	

❑ 가공선로공사의 적산 연습

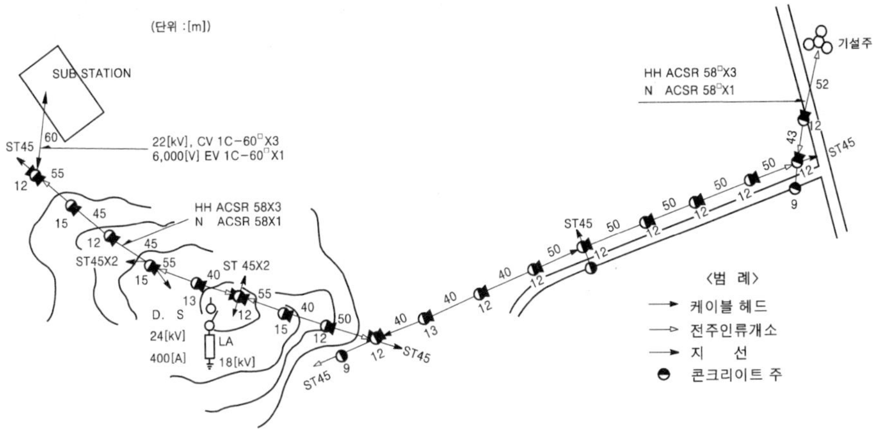

그림 4-4. 취수장의 외선 배선도

□ 유의사항

① 도면에 표시된 치수를 유의하여 적산한다.

② 옥외전선 및 케이블은 총길이에 3(%) 할증한다.

③ 규격이 동일하지 않을 경우 유사규격을 적용한다.

예 · 전압 22.9(kv)일 때 22(kv), 24(kv), 25.8(kv)는 동일함

· 전주 15(m)규격이 없을 시는 바로 위 치수를 기준으로 할 것

④ 전주근가는 2개씩 계산하고, 지주는 1개만 계산할 것

⑤ 전선 1D/M의 실이는 600(m)임

□ 집계표

품명	규격	단위	산출수량	할증수량	총수량

4.5.4 수배전설비공사

❑ 일반적인 사항

▫ 변전설비 공사에 수반되는 각종 공사의 종류는 다음과 같이 나눈다.

① 인입선로공사(전력회사와의 책임분계점과 변전설비 1차측까지의 케이블공사 또는 가공선로공사)

② 수전반 및 배전반과 부대설비

③ 각종 차단기 및 개폐기설비

④ 변압설비

⑤ 축전지 및 충전기설비

⑥ 기타 부대시설

▫ 수배전설비의 각종기기설비를 단선계통도, 복선계통도, 기기설치의 평면 및 측면도, 전개도 등으로 표시되며 설계자의 설계의도를 나타낼 경우에는 그 취지를 도면상에 명기하므로 다음 각 사항을 검토하여 수량산출 및 공량 산출에 참고하도록 한다.

① 전압 및 전기방식과 인입방법

② 전력회사와의 책임분계점

③ 차단기 및 각종 개폐기, 단로기, 고·저압 진상용 콘덴서, 고압 부하설비 등의 각종 기기

④ 주변압기, 변성기 등의 규격 및 수량

⑤ 전선 및 케이블의 굵기와 심선수

⑥ 각 기기의 정격 전압 및 차단용량

⑦ 계기, 계전기 및 부속기기의 정격과 수

⑧ 피뢰기 및 기타 보호장치

⑨ 접지공사의 종류

□ 단선 계통도

일반적으로 심벌과 약호를 사용하여 기기장치의 계통을 단선으로 구성 표시한 것으로 주회로에 대하여 굵은선으로, 기타의 배선은 가는선으로 그려내며, 축척을 표시할 필요가 없기 때문에 각기기의 수량산출을 가능하겠으나 형상척수가 나타나있지 않기 때문에, 전선, 케이블, 동봉등의 길이와 산출이 요하는 부분은 기기 설치의 평면도, 입면도, 배치도 및 전개도 등을 참고하여 산출한다.

❑ 수량산출 방법

□ 인입선로

선로의 인입방법은 가공전선로, 관로 혹은 피트 등을 이용한 케이블시공방법으로 인입하는데, 그의 시공방법에 따라 소요되는 재료와 품의 수량을 산출하도록 한다. 관로 또는 피트내의 인입선로는 케이블이나 전선으로 구성된다.

피트내의 배선방식은 그 선로의 길이를 측정하여 축척을 계산한 후 해당되는 재료할증을 구하면 되겠으나 관로방식으로써 지중매설 시에는 터파기시공이 수반되므로 케이블 및 전선관의 수량산출과 더불어 터파기의 공량 산출을 잊어서는 안 된다.

□ 수배전반 관계

수배전반에 부대설비되는 계기, 보호장치 및 부속 설비에 대하여 각각의 일위대가를 작성하는 것이 통상적이며 큐비클 내부의 접속계통, 연동관계, 계기 및 차단기의 형식, 규격 등을 설계도서와 시방서의 사항에 의하여 파악하도록 한다.

일반적으로 수배전반은 자립폐쇄형을 많이 사용하며 비교적 간단한 회로의 제어용으로서 배전반 상부에 지시계기, 중앙부에 조작개폐기, 하부에 계전기를 배치하여 이면(裏面)에 필요한 결선을 한다.

큐비클의 외함은 2.3(mm) 이상의 강판으로서 녹방지처리 후 정전분체도장 또는 소부도장 된 것으로 하며 큐비클 내부의 이면배선(裏面配線)은 2.0(mm^2) 이상의 기기용 비닐절연전선에 의한다.

□ 차단기 및 개폐기

차단기는 3상단락전류를 충분히 차단할 수 있는 용량의 것으로 하고 각종 차단기에 대하여는 시험을 필한 품목으로서 차단기 및 개폐기의 종류와 정격전압, 정격전류, 정격차단용량, 취부방법 등을 확인하여 산출하도록 한다.

□ 변압기

변압기의 용량, 상수 전압과 수량 등은 설계도명세서 및 시방서의 사항대로 하고 형식은 특기사항이 없는 한 유입자냉식으로 한다.

□ 모선배선

대용량의 수변전설비에서는 동봉·동대(BUS-BAR)를 주로 사용하므로 이를 산출하기 위하여는 평면도나 배치도를 참조하여 규격별 그 길이를 측정 후 축척을 계산하여 수량을 산출한다.

□ 플레임 설비

소 · 중용량의 변전설비에는 기기를 개방형으로 할 경우 모선 배선 및 기기배치를 위하여 플레임 설비를 하나 대용량에서도 형식에 따라서는 플레임 구축을 채용하는 경우가 있다.

플레임 조립재료로는 경량형강, 앵글, 가스관, 평철 등을 주로 사용하여 조립철물로서 구축한다.

플레임 철구조립도를 참조하여 각 길이를 측정, 무게로 환산한 후 단위중량당 재료의 단가를 적용하여 자재비를 계산하고 표준품셈을 적용하여 소요공량을 산출해 낸다.

□ 2차배선

변압기의 2차배선법에는 전선전선관공사(바닥매입), 전선덕트공사, 동대애자공사(플레임부착), 케이블피트공사(바닥피트), 부스덕트공사 등이 있으므로 공사의 시공방법에 따라 평면도 · 입면도 등의 상세도를 참조하여 그 길이를 측정산출하도록 한다.

□ 계기 및 보호계전기
설계도서(단선계통도 및 접속도)에 의하여 규격별로 그 종류를 파악 산출한다.

□ 축전지 및 충전장치
형식, 정격, 수량 등을 설계도서 및 특기사항에 의하여 결정한다.

□ 접지공사관계
규정에 의한 각종 접지 공사를 하게 되는데 이에 대한 접지선 및 접지동봉과 커넥터 등 부속 자재의 수량산출은 평면도, 측면도, 단선계통도, 실체도등을 참고하도록 한다.

□ 케이블의 단말 처리재(CABLE HEAD)
케이블 양단간의 단말부분에 접속되는 기구로써 단심케이블일 경우에는 단심케이블헤드, 3심케이블일 경우에는 3심케이블헤드로 산출을 하고 옥내형과 옥외형 또는 옥내외 겸용으로 구분하여 수량을 파악하도록 한다. 단말 처리재의 상세도는 다음과 같다.

❑ 수배전설비 구성
다음 그림은 22.9[kV] 수전설비 단선 결선도이다. 이것을 기초로 일람표를 작성하면 다음과 같다.
단, 변압기 용량은 임의로 결정된 값이며 평균역률은 90[%]로 가정하였다. 또한 내선규정의 참고결선도에 따라 수전용량이 300[kVA] 이하일 때는 Int SW를 사용한 간이 수전설비를 할 수 있고 300[kVA] 초과 1,000[kVA] 이하일 때에는 자동고장구분개폐기를 사용한 간이 수전설비를 하여야 한다. 1,000[kVA]를 넘을 때는 정식수전설비를 하여야 한다.

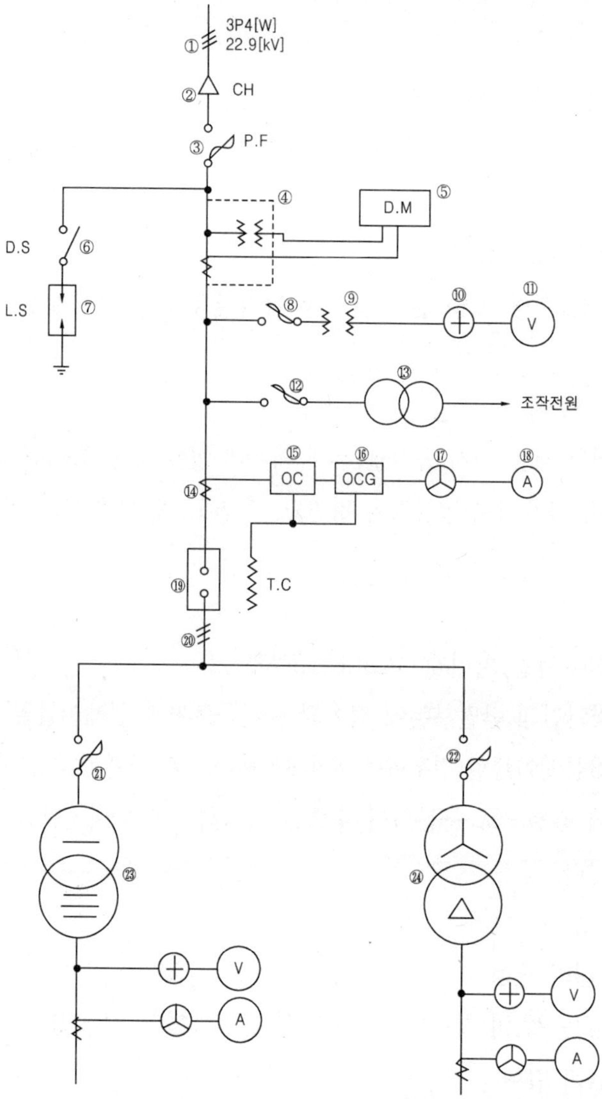

그림 4-5. 수변전설비 단선결선도

수전설비의 기기 명칭

번호	약호	명칭	규격	수량	비고
①		CN-CV케이블	22[kvV] 1C 38[mm²]		일반적으로 22.9[kV]-Y 계통은 CNCV 사용(평면도에 의한 소요길이를 측정 산출한 것)
②	CH	케이블헤드	단심옥내용3단/kit 38[mm²]	1kit	
③	P.F	전력퓨즈	23[kV] 125[A]	3개	변압기 전부하전류의 2배 이상으로 선정 $\frac{1,800}{\sqrt{3}\times 22.9\times 0.9}=101=125$
④	MOF	계기용 변압변류기	22.9[kV]/110[V] 75/5[A] 0.5급	1대	· 전기공급규정에 의거 0.5급 사용 · 변압기정격전류의 1.5배에서 C.T비율 결정
⑤	D.M	최대수요전력계 부전력량계	3[∅]4[W] 3종계기 110[V]/5[A]1.0급	1대	
⑥	D.S	단로기	25[kV], 400[A]	1조	피뢰기용단로기(생략 가능)
⑦	L.A	피뢰기	18[kV] 2,500[A] Disconnector 붙임형	1조	내선규정에 의거 22.9[kV] 수전설비사용피뢰기는 배전선로에 적용
⑧	COS	컷아웃스위치	23[kV] 100[A]	3개	삽입휴즈용량: 1[A]
⑨	P.T	계기용 변압기	3[∅]4[W], 13,200/110[V], 100[V]	1대	지시계기 전원공급
⑩	V.S	전압절환개폐기	3[∅] 3[W]	1개	
⑪	V	전압계	0~31, 200[V]	1대	
⑫	COS	컷아웃스위치	23[kV] 100[A]	1개	삽입휴즈용량: 2[A]
⑬	T.R	변압기	1[∅] 1단접지 12.6[kV]/210-105[V]	1대	수전반 제어회로 전원공급 변압기
	조작전원을 DC로 사용할 경우	정류장치	D.C110[V] 30[A]	1대	$\frac{축전지용량[AH]}{10}+\frac{상시부하}{표준전압}=\frac{100[AH]}{10}+\frac{2[kW]}{110}=28.2[A]$
		축전지	납축전지 2[V]	1대	$\frac{표준전압}{2[V]1개}=\frac{110}{2}-55개$

번호	약호	명칭	규격	수량	비고
⑭	C.T	계기용 변류기	25.8[kV]/100/5 40[VA] 유입	3대	
⑮	OCR	과전류계전기	반환시 4~12[A] 인출형 순시요소부	3대	동력 및 전등부하의 1.6배에서 동작토록 한다면 $\frac{1,800}{\sqrt{3}\times 22.9\times 0.9}=50.4[\text{A}]$ $50.4\times 1.6\times \frac{5}{100}=4[\text{Tab}]$에 정정
⑯	OC GR	소세력식지락과전류계전기	반환시 0.5~2[A] 인출형	1대	Tab 정정은 변압기정격전류의 1/3 이하로 한다. 즉, $\frac{1,800}{\sqrt{3}\times 22.9\times 0.9}\times \frac{5}{100}]\times \frac{1}{3}=0.84[\text{AF}]$ 1조 따라서 0.5[Tab]에 정정
⑰	A.S	전류절환계폐기	3[∅] 4[W] 배전반용 0~100[A]	1대	
⑱	A	전류계	배전반용 0~100[A]	1대	
⑲	VCB	진공차단기	25.8[kV] 600[A] 520[MVA]	1대	
⑳		모선	22[mm^2]	300[m]	(임의적으로 결정한 수량임, 평면도에 의한 소요길이를 측정할 것)
㉑~㉒	COS	컷아웃스위치	23[kV] 100[A]	5개	㉑ 삽입퓨즈용량 : 25[A] ㉒ 삽입퓨즈용량 : 80[A]
㉓	T.R	변압기	절연 1[∅] 22.9[kV] 210~105[V] 300[kVA]	1대	㉑ 삽입퓨즈용량 : 25[A] ㉒ 삽입퓨즈용량 : 80[A]
㉔	T.R	변압기	절연 1[∅] 22.9[kV] 210~105[V] 500[kVA]	3대	㉑ 삽입퓨즈용량 : 25[A] ㉒ 삽입퓨즈용량 : 80[A]

❑ 수배전설비의 적산연습(Ⅰ)

옥외수배전설비 단선도

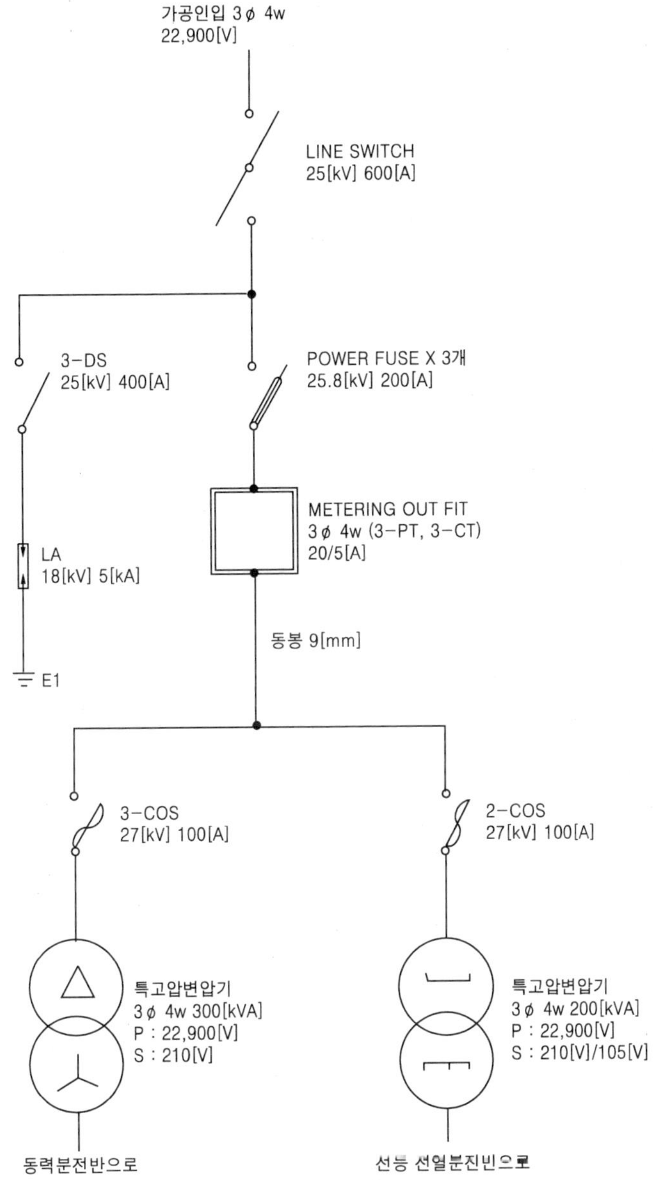

그림 4-6. 옥외수배전설비 단선도

옥외수배전설비 상세도

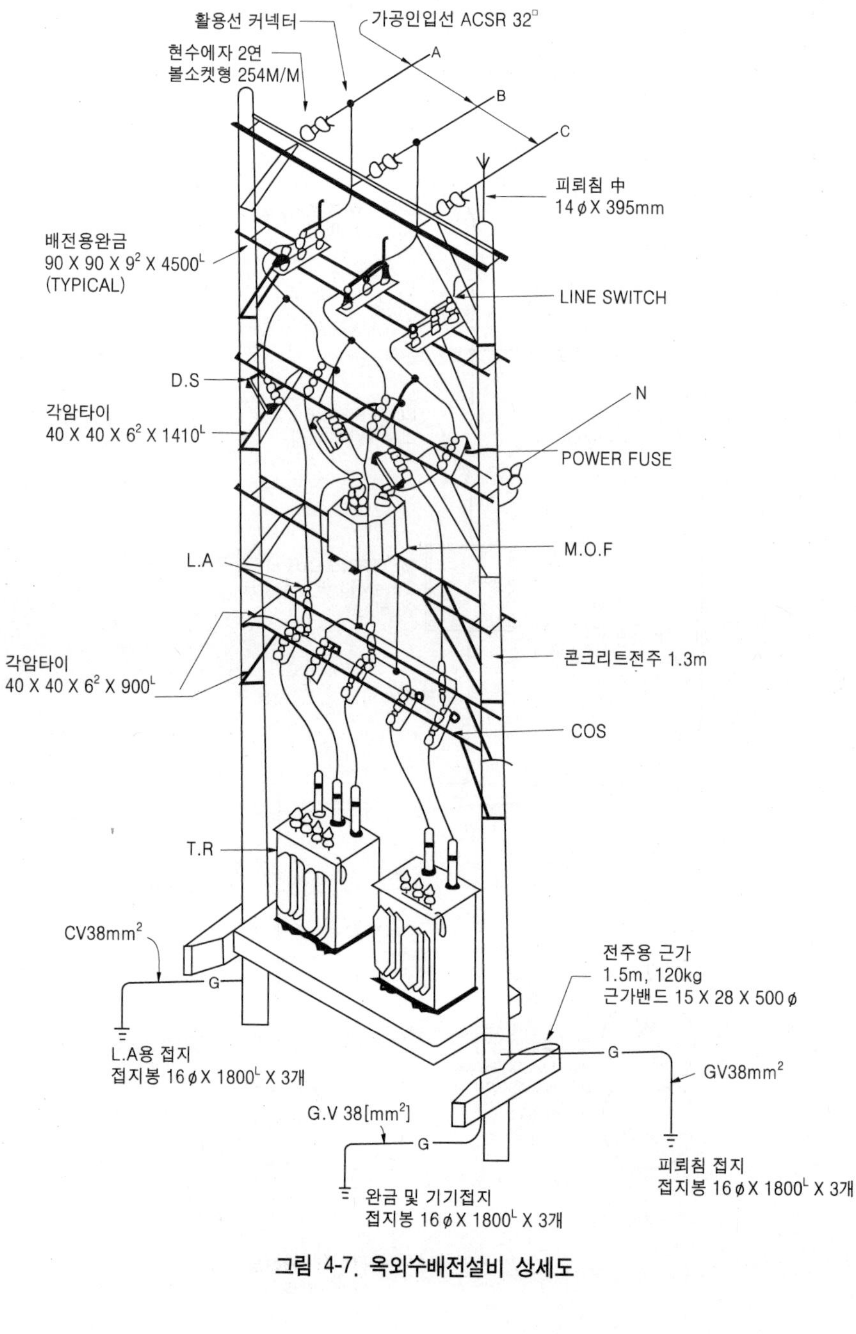

그림 4-7. 옥외수배전설비 상세도

① 사용되는 배선은 9[mm] 나동봉으로 한다.

② 암타이밴드는 220ϕ~270ϕ용이며, 사용 장소에 따라 1방과 2방을 분류한다.

③ 기기 및 완금에 사용되는 머신볼트는 4각머리 16ϕ×40[mmL]와전 나사볼트 16ϕ×310[mmL]을 사용한다.

④ 동봉의 결속은 T형 커넥터를 사용한다.

⑤ LINE SWITCH는 LEVER 형임

⑥ 양식

품명	규격	수량	비고(기능을 간단히 기재)

❑ 수배전설비의 적산연습(II)

22.9kV 3∅ 4w의 수배전설비계통도

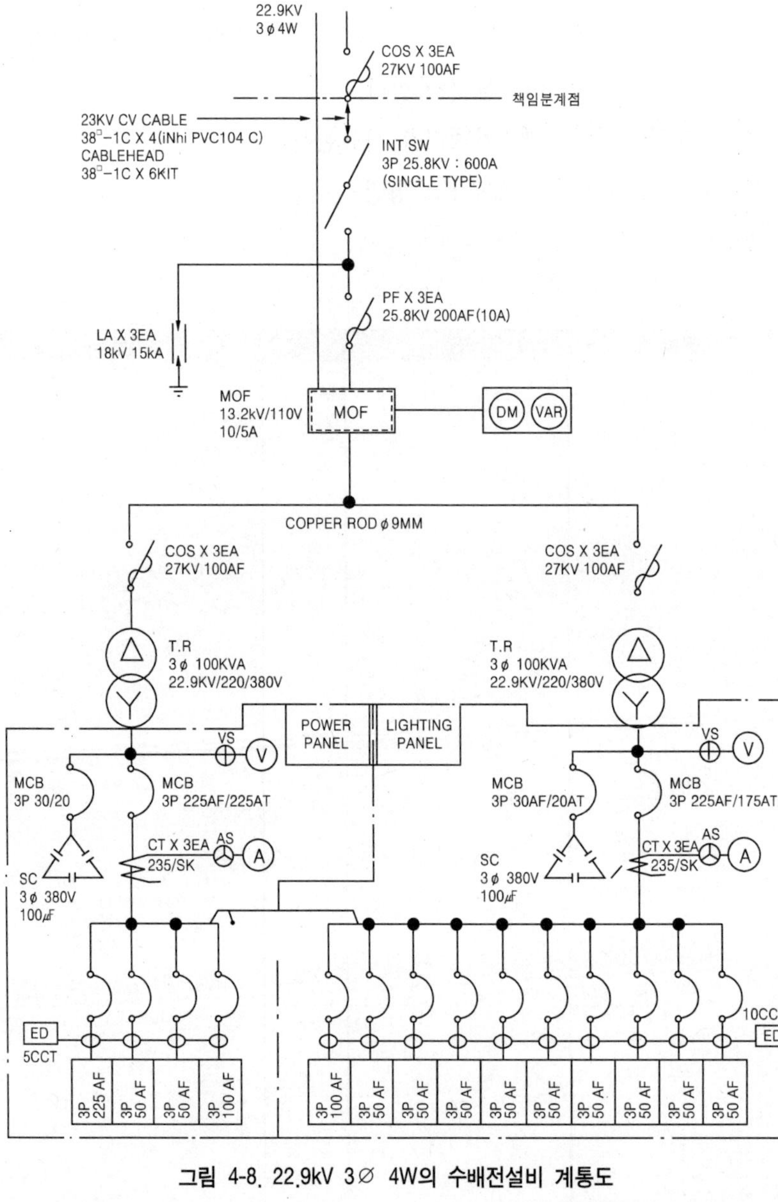

그림 4-8. 22.9kV 3∅ 4W의 수배전설비 계통도

양 식

품명	규격	수량	비고(기능을 간단히 기재)

부 록

부록 1. 옥내배선용 심벌
부록 2. 전력용 심벌
부록 3. 시퀀스 제어 기호

부록 1 옥내 배선용 심벌

가. 전등 · 전력

(1) 전 력

명 칭	심 벌	적 요
천장등	○	(1) 기구의 총류를 도시하는 경우에는 ○의 중앙 또는 방기(傍記)에 따라 숫자 또는 문자 기호를 기입하고, 도면의 비고에 표시한다. 보기 : ㉮①② 등 같은 방에 같은 기구를 다수 시설하는 경우는, 그 중의 하나에 문자 기호를 기입하여 "다른 것은 전부 같다" 등을 방기한다. (2) (1)에 있어서 곤란한 경우는 다음에 따른다. ⊖ 코드 펜던트(로제트, 크라스터, 또는 같은 류) ◎ 봉인 로제트 ◎ 구멍이 달린 쇠고리(상자 카운터 부착은 방기할 것) Ⓡ 리셉터클 Ⓒ 실링 라이트 또는 직접 붙임 ⒸⓅ 체인 펜던트 Ⓟ 파이프 펜던트 ⒸⒽ 샹들리에 ◉ 매입 기구 (3) 용량을 표시할 필요가 있을 경우는 와트(W), 램프수로 표시한다. 보기 : 100W 200W3 (4) 용량을 표시할 경우에 형광등이이라는 것을 특별히 표시할 필요가 있을 경우는 용량 앞에 F를 붙인다. 보기 : F 40W F 40W2 (5) 용량을 표시할 경우에 형광등 이외의 방전등이라는 것을 특별히 표시할 필요가 있을 경우에는 용량 앞에 각각의 기호를 붙인다. 수은등의 경우 H, 메탈 핼라이드등의 경우 M, 나트륨등의 경우 N, 키세노등의 경우 X. 보기 : H 400W

명 칭	심 벌	적 요
천장등	○	(6) 용량 이외의 기구수로 표시할 필요가 있을 경우는 와트(W), 램프수X기구수로 표시한다. 보기 : 200W3X2, F40W2X3 (7) 형광등 기구의 부착 방향 및 연결 방법을 표시하고 싶을 경우는 ▭를 ○에 겹친다. 보기 : 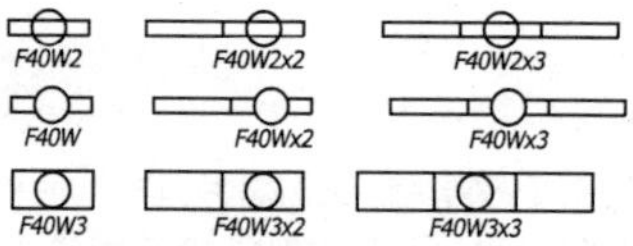 (8) 기구의 대소 및 형상에 따라 실제 느낌을 표시하여도 좋다.
벽등	○┤	벽쪽에 ┤를 붙인다.
비상용 조명등	●	(1) 천장등의 적용을 준용한다. 다만, 기구의 종류를 표시할 경우에는 방기한다. (2) 필요에 따라서 전지대장인 것은 B를 방기한다. (3) 유도등과 겸용인 것은 ◉으로 한다.
유도등	⊗	(1) 천장등의 적용을 준용한다. 다만, 기구의 종류를 표시하는 경우는 방기한다. (2) 통로 유도등의 경우는 필요에 따라 화살표를 기입한다. 보기 : ←⊗→ ⊗→ (3) 객석 유도등의 경우는 필요에 따라 S를 방기한다. 보기 : ⊗s (4) 필요에 따라서 전지 내장의 것은 B를 방기한다. (5) 비상용 조명등과 겸용인 것은 ◉로 한다.

(2) 콘센트

명 칭	심 벌	적 요
콘센트	(:)	(1) 벽붙이는 벽쪽을 칠한다. 벽 이외에 붙일 경우에는 치하지 않는다. 보기 : ⊙

명 칭	심 벌	적 요
콘센트		(2) 용량의 표시 방법은 다음에 따른다. a. 15A, 10A는 방기하지 않는다. b. 20A 이상은 방기한다. (3) 2개 이상의 경우에는 개수를 방기한다. 보기 :  (4) 3극 이상의 것에는 극수를 방기한다. 보기 :  (5) 방수의 것은 WP를 방기한다. 보기 :  (6) 방폭 파일럿 램프붙이 등 특수한 것은 방기한다. (7) 접지극붙이 콘센트는 E를 방기한다.
비상 콘센트		

(3) 스위치

명 칭	심 벌	적 요
스위치	●	(1) 용량의 표시 방법은 다음에 따른다. a. 10A, 6A는 방기하지 않는다. b. 15A 이상은 방기한다. (2) 극수를 표시하는 방법은 다음에 따른다. a. 단극은 방기하지 않는다. b. 2극 및 3로, 4로는 각각 2, 3, 4의 숫자를 방기한다. 보기 : ● 3 (3) 풀 스위치는 P를 방기한다. 보기 : ● P (4) 파일럿 램프붙이는 L을 방기한다. 보기 : ● LA (5) 외등 등에 사용하는 자동 스위치는 A를 방기한다. 보기 : ● A

명칭	심벌	적요
스위치	●	(6) 방수의 것은 WP를 방기한다. 보기 : ●WP (7) 방폭, 도어 스위치 등 특수의 것은 방기한다.
조광기		(1) 용량을 나타낼 필요가 있을 경우에는 용량을 방기한다. 보기 :  15A (2) 용량은 나타낼 경우에, 형광등용이라는 것을 나타낼 필요가 있을 경우에는 용량 앞에 F를 붙인다. 보기 :  F15A
리모콘 스위치	$●_R$	(1) 파일럿 램프붙이는 L을 방기한다. 보기 : $●_{RL}$ (2) 리모콘 스위치라는 것이 확실할 때는 R을 생략해도 좋다.
셀렉터 스위치	⊛	(1) 점멸 회로수를 방기한다. 보기 : $⊛_9$ (2) 파일럿 램프붙이는 L을 방기한다. 보기 : $⊛_{9L}$
리모콘 릴레이	▲	리모콘 릴레이를 모아서 붙이는 경우는 [▲▲▲]을 사용하고, 릴레이수를 방기한다. 보기 : $[▲▲▲]_{10}$

(4) 기 기

명칭	심벌	적요
전동기	Ⓜ	(1) 용량을 방기할 것 보기 : Ⓜ 3.7kW (2) 필요에 따라서 전기 방식, 전압을 방기한다. 보기 : Ⓜ 3ϕ200V 3.7kW (3) 소방 설비용일 경우는 F를 방기한다. 보기 : Ⓜ F3.7kW (4) 기동 장치는 ⊠로 표시하고 종류를 방기한다.

명 칭	심 벌	적 요
발전기	Ⓖ	전동기의 적요를 준용한다.
전열기	Ⓗ	전동기의 적요를 준용한다.
선풍기 (환기선풍기 포함)	(∞)	필요에 따라서 종류 및 크기를 방기한다.
룸 에어 컨디셔너	[RC]	(1) 피드 펌프형을 표시할 경우는 [RC] 를 사용한다. (2) 세퍼레이트형을 표시할 경우는 S를 방기한다. (3) 전열기를 내장할 경우는 H를 방기한다. (4) 옥외 유닛에는 O를, 옥내 유닛에는 I를 방기한다. (5) 전동기의 적요를 준용한다.
정류기	(≃)	전동기의 적요를 준용한다.
전력장치	⊕	(1) 장치의 명칭을 방기한다. (2) 전동기의 적요를 준용한다.
축전지	[⊣⊢]	전동기의 적요를 준용한다.
콘덴서	[⊥⊤]	전동기의 적요를 준용한다.

(5) 개폐기 및 계기

명 칭	심 벌	적 요
개폐기	[S]	(1) 전류계붙이 상자 개폐기는 [Ⓢ] 를 사용한다. (2) 필요에 따라서 극수, 용량, 퓨즈, 용량, 전류계의 정격 전류값을 방기한다. 보기 : [S] 2P30A f15A [Ⓢ] 3P30A f15A
전자 개폐기	[$]	(1) 개폐기의 적요를 준용한다. (2) 전류계붙이의 경우는 [Ⓢ]로 한다.
전자 개폐기용 누름 버튼	⊙B	텀블러형 등의 경우에도 사용한다. 파일럿 램프붙이의 경우는 L을 방기한다.
입력 스위치	⊙P	
플로트 스위치	⊙F	
플로트리스 스위치 천극	⊙LF	전극수를 방기한다. 보기 : ⊙LF3
배선용 차단기	[B]	(1) 필요에 따라서 극수, 프레임의 크기 및 정격 전류를 방기한다. 보기 : [B] 3P 225AF 150A (2) 모터 브레이커를 표시할 경우는 [B] 를 사용한다.
누전 차단기	[E]	(1) 필요에 따라서 극수 및 용량을 방기한다. (2) 과전류 소자붙이를 표시할 경우는 [BE] 를 사용한다.
컷아웃 스위치	[C]	필요에 따라서 용량 및 퓨즈 용량을 방기한다. 보기 : [C] 30A f20A

명 칭	심 벌	적 요
전력량계	ⓌⒽ	필요에 따라서 전기 방식, 전압, 전류, 등을 방기한다.
전력량계 (상자입 또는 덮게부)	[WH]	(1) 전력량계의 적요를 준용한다. (2) 집합 계기 상자의 경우는 전력량계의 수를 방기한다. 보기 : [WH]$_{12}$
변류기	ⒸⓉ	필요에 따라서 전류를 방기한다.
변류기 (상자입)	[CT]	필요에 따라서 전류를 방기한다.
전류 제한기	Ⓛ	필요에 따라서 전류를 방기한다.
전류 제한기 (상자입)	[L]	필요에 따라서 전류를 방기한다.
누전 경보기	⊛$_{G}$	필요에 따라서 전류를 방기한다.
누전 화제 경보기	⊛$_{F}$	필요에 따라서 전류를 방기한다.

(6) 소형 변압기

명 칭	심 벌	적 요
벨 변압기	Ⓣ$_{B}$	필요에 따라서 용량, 2차 전압을 방기한다.
리모콘 변압기	Ⓣ$_{R}$	(1) 누설형의 경우는 L을 방기한다. 보기 : Ⓣ$_{RL}$ (2) 필요에 따라서 용량, 2차 전압을 방기한다.
네온 변압기	Ⓣ$_{N}$	필요에 따라서 용량, 2차 전압을 방기한다.
형광등용 안정기	Ⓣ$_{F}$	기구에 들어 있는 것은 표시하지 않는다.
방전등용 안정기 (형광등용 이외의 것)	Ⓣ$_{H}$	기구에 들어 있는 것은 표시하지 않는다.

(7) 배분전반

명 칭	심 벌	적 요
배전반 또는 분전반	■	(1) 용도를 특별히 구별할 경우는 다음에 따른다. ◪ 전등용 ⊠ 동력용 ⧗ 전력 또는 전열용 ▨ 직류용 (2) 내열 보호인 것을 표시할 경우는 2중 테로 한다. 보기 : ■ ◪ ⊠ ⧗ ▨

(8) 배 선

(가) 일반 배선(배관, 금속선통, 덕트 등을 포함)

명 칭	심 벌	적 요
천정 은폐 배선	———	(1) 천정 매입 배선과 천정 속에 배선을 구별하고 싶을 경우에는 천정 속 배선에 —·—을 사용해도 된다. (2) 특히 전선의 종류를 명시할 필요가 있을 때에는 600V 비닐 절연 전선을 IV, 600V 2종 비닐 전선을 HIV, 1000V 형광방전등 전선을 FL, 인입용 비닐 전선을 DV, 옥외용 비닐 절연 전선을 OW, 내화 전선(1)을 FP, 내열 전선(2)을 HP로 기입한다. (3) 시방서 등에 밝혀진 전선의 굵기는 기입하지 않아도 된다. 단위가 밝혀진 경우는 단위를 생략해도 된다. 보기 : —1.6— —2— —2㎟— —8— (4) 전선수는 —///— 와 같이 표시하고, 경우에 따라 숫자를 방기한다. 숫자방기의 보기 : 1.6×6 / 5.5×1 시방서 등에 밝혀진 것은 기입하지 않아도 된다. (5) 전선의 접속점은 다음에 따른다. 보기 : —┬— (6) 배관은 다음에 따라 표시한다. —//— 1.6(19) 강제 전선관의 경우 —//— 1.6(VE 16) 경질 비닐 전선관의 경우 —//— 1.6(F₂17) 2종 금속제 가요 전선관의 경우 —//— 1.6(F₂17) 전선이 들어가지 않는 경우 시방서 등에 밝혀진 것은 기입하지 않아도 된다. (7) 케이블은 종류, 굵기, 선심수를 방기하고 필요에 따라서 전압을 전압을 기입한다. 케이블의 종류는 600V 비닐 절연 비닐 시스 케이블의 평형을 VVF, 동환형을 VVR로 한다. 보기 : —VVF1.6×3C— —VVR14×3C— 1.6, 14는 굵기 3C는 선심수를 표시한다. 다만, 케이블의 종류, 굵기, 선심수가 명확할 경우에는 표시를 생략해도 된다. (8) 접지선의 경우를 표시 —E2.6(15)—
노출 배선	- - - - - - - -	
바닥 은폐 배선	— — —	
바닥면 노출 배선	—··—··—	
지중 매설 배선	—·—·—	

명 칭	심 벌	적 요
		(9) 접지선과 배선을 동일관에 넣을 경우를 표시 —/— E5.5 —///— 2(22) (10) 접지선의 표시는 그것이 명확할 경우에는 표시하지 않는다. (11) 플로어 덕트 표시 —(F7)— —(F4)— —◎— 정크션 박스를 표시한다. (12) 금속 덕트의 표시 --MD-- (13) 금속 선통의 표시 --MM-- (14) 라이팅 덕트의 표시 □--LD-- ---□---- LD □는 피드인 박스를 표시한다. 필요에 따라서 전압, 극수, 용량을 방기한다. 보기 : □LD 125V 2P 15A (15) 리모콘 배선은 강전 배선과 구별할 수 있도록 가늘게 그린다. (16) 가공선에는 ——을 적용한다. (17) 구별을 필요로 하지 않을 경우는 실선만으로 표시해도 된다. (18) 건축도의 선과의 구별을 명확하게 할 때는 선을 굵게 그린다.
상승 인하 소통		(1) 연락 상태의 표시를 필요로 할 경우는 대조 부호를 방기한다. 보기 : aa, bb, …… (2) 동일층의 상승, 인하는 특별히 표시하지 않는다. (3) 관, 선 등의 굵기를 명기한다. 다만, 명확한 경우는 기입하지 않아도 된다. (4) 필요에 따라서 공사 종별을 방기한다.
접지	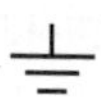	접지 종별을 다음과 같이 방기한다. 다만, 제3종은 기입하지 않아도 된다. 제1종 E1, 제2종 E2, 제3종 E3 특별 제3종 FS3
풀 박스 및 접속 상자		박스의 대소 및 형상에 따라서 실제의 느낌을 표시한다.
VVF용 조인트 박스		단자부라는 것은 표시할 필요가 있을 경우는 t를 붙인다. 보기 : ⊘t
점검구		
수전점		인입구에 이것을 적용해도 된다.

(나) 버스 덕트

명칭	심벌	적요
버스 덕트 본체		필요에 따라서 다음 사항을 표시할 것 (1) 피더 버스 덕트 FBD 플러그인 버스 덕트 PBD 트롤리 버스 덕트 TBD (2) 방수형의 경우는 WP (3) 전기 방식, 정격 전압, 정력 전류 (4) 덕트가 상하, 여러단 평행의 경우는 단수 FBD 3ϕ 3W 300V 600A　FBD 3ϕ 4W 600V 1000A×1 · 2000A×2
티(T)		
크로스		
엘보		
익스팬션 버스덕트		
오프셋		
리듀서		
탭부 버스 덕트		
플러그 브레이커		필요에 따라서 극수, 용량을 방기한다. 보기 : 3P 225AF 150A
플러그인 스위치		필요에 따라서 극수, 용량, 퓨즈 용량을 방기한다. 보기 : 3P 100A f100A
상승		
인하		

(다) 합성 수지 선통

명칭	심벌	적요
합성 수지 선통 본체		(1) 필요에 따라서 선통의 굵기, 전선의 종류, 굵기, 가닥수 등을 기입한다. 보기 : IV 1.6×4(PR35×18) C (PR35×18) 진신이 들어 있지 않은 경우 (2) 회선수를 다음과 같이 표시한다. 보기 : 2회선의 경우 (3) 이 심벌의 대신으로 ---PR--- 을 사용해도 된다.
조인트 박스		
콘센트		필요에 따라서 종류, 극수, 용량을 기입한다.
점멸기		필요에 따라서 종류, 극수, 용량을 기입한다.
봉인 로제트		

(9) 증 설

동일 도면에 증설, 표시할 경우는 증설은 굵은 선, 기설은 가는 선으로 한다. 이에 따르지 않는 경우에는 다음의 어느 것인가에 따른다.

(가) 증설은 적색, 기설은 흑색 또는 백색으로 한다.

(나) 증설 전선은 IV, VVF, 기설 전선은 iv, vvf에 따라 표시한다(여기서 iv, vvf는 각각 600V 비닐 절연 비닐 시즈 케이블 평형을 표시).

(10) 철 거

철거의 경우는 ×를 붙인다.

보기 : 

나. 통신 · 신호

(1) 전 화

명 칭	심 벌	적 요
내선전화기	Ⓣ	특히 자동식, 공전식, 자석식, 보튼 전화기의 구별을 표시하고 싶을 때는 방기한다. 보기 : Ⓣ$_a$ Ⓣ$_c$ Ⓣ$_m$ Ⓣ$_{BT}$
가입전화기	Ⓣ (굵은 선)	내선 전화기의 적요를 준용한다.
공중전화기		내선 전화기의 적요를 준용한다.
전환기	⊡	양철(切) 전환기의 경우는 다음에 따라 표시한다. 보기 : ⊡
보안기	⊡	(1) 열 코일이 있을 경우는 다음에 따라 표시한다. 보기 : ⊡ (2) 집합 보안기의 경우는 다음에 따라 표시하고, 개수를 방기한다. 보기 : 열 코일이 없는 것 ⊞$_6$, 열 코일이 있는 것 ⊞$_6$
단자반	⎕	(1) 대수를 방기한다. 보기 : ⎕$_{20P}$ (2) 전화 이외의 단자반에도 이것을 적용한다.

명 칭	심 벌	적 요
중간 단자반		단자반의 적요를 준용한다.
주 단자반		단자반의 적요를 준용한다.
국선용 단자반		단자반의 적요를 준용한다.
본 배선반	MDF	대수를 방기한다.
수동교환기 (중계대 포함)		
자동교환기		
버튼 전화 주장치		형식을 기입한다. 보기 : 206
전화용 아우트렛		

(2) 일반 경보 장치

명 칭	심 벌	적 요
경보 누름 버튼	◎	벽붙이, 코드붙이 등의 외에 푸트 레일 스위치, 도어 스위치, 플로어 스위치 등의 구별을 표시할 필요가 있을 경우에는 방기한다. 보기 : ◎FR ◎D ◎F
경보벨	A	
경보 부저	A	
경보 수신반		

(3) 전기 시계

명 칭	심 벌	적 요
부시계		(1) 다만, 매입, 브래킷, 매달기 등을 구별할 필요가 있을 경우는 방기한다. 보기 : 2 3 f B P P2 (2, 3은 면수, f는 매입, B는 브래킷, P는 매달기) (?) 시계를 실장하지 않고, 아우트렛만의 경우는 로 한다.
시보 부시계		부시계의 적요에 준용한다.
주시계		시계 감시반에 주시계를 조합해서 넣는 경우는 으로 한다.
시보 누름 버튼	●	

명 칭	심 벌	적 요
시계 감시반	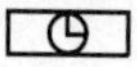	
시보벨		
시보 부저		

(4) 확성 장치 및 인터폰

명 칭	심 벌	적 요
스피커		(1) 아우트렛만의 경우는  로 한다. (2) 방향을 표시할 필요가 있는 경우는  로 한다. (3) 매입형의 경우는 필요에 따라서 f를 방기한다. 보기 :  (4) 소방용 설비 등에 사용하는 것은 필요에 따라 F를 방기한다. 보기 : 
혼 스피커		스피커의 적요를 준용한다.
채널 실렉터		
잭		종별을 표시할 때는 방기한다. 보기 : Ⓙ$_M$마이크로폰용 잭, Ⓙ$_S$ 스피커용 잭, Ⓙ$_e$ 인터폰용 잭
감쇠기	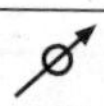	
라디오 안테나		
전화기형 인터폰(부)		소방 설비에 사용할 때는 필요에 따라 F를 방기한다.
전화기형 인터폰(주)		소방용 설비 등에 사용할 때는 필요에 따라 F를 방기한다.
확성 인터폰(부)		소방용 설비 등에 사용할 때는 필요에 따라 F를 방기한다.
확성 인터폰(주)		소방용 설비 등에 사용할 때는 필요에 따라 F를 방기한다.
증폭기	AMP	소방용 설비 등에 사용할 때는 필요에 따라 F를 방기한다.
원격 조작기	RM	소방용 설비 등에 사용할 때는 필요에 따라 F를 방기한다.

(5) 호출 장치

명 칭	심 벌	적 요
누름 버튼(벽붙이)		(1) 벽측을 칠한다. (2) 2개 이상의 경우는 버튼수를 방기한다. 보기 : 
노름 버튼(탁상)		2개 이상일 때에는 버튼수를 방기한다. 보기 : 
노름 버튼(손잡이)		
누름 버튼을 아우트렛		
벨		
부저		
차임		
표시기	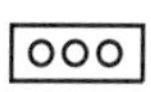	창수를 방기한다. 보기 : 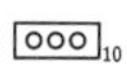
간호사 호출용 표시등(벽부)		벽측을 칠한다.
간호사 호출용 누름 버튼(손잡이)		
간호사 호출용 표시등(천장부)		
간호사 호출용 누름 버튼(벽부)		벽측을 칠한다.
간호사 호출용 수신반		창수를 방기한다. 보기 : 

(6) 재실 표시 장치

명 칭	심 벌	적 요
재실 표시기	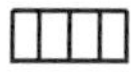	창수를 방기한다. 보기 : 
재실 표시 스위치		스위치를 방기한다. 보기 : 
재실 표시 스위치		

(7) 텔레비전

명 칭	심 벌	적 요
텔레비전 안테나		필요에 따라 VHF, UHF, 소자수를 방기한다.
증폭기		
4분기기		
2분기기		
4분배기	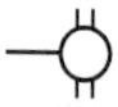	
2분배기	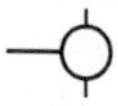	
분파, 혼합기		
직렬 유닛 75Ω		종단 저항부의 경우는 ◎$_R$을 사용한다.
직렬 유닛 300Ω		종단 저항부의 경우는 ⊖$_R$을 사용한다.
직렬 유닛 75Ω, 300Ω		종단 저항부의 경우는 ⊜$_R$을 사용한다.
기기 수용 상자	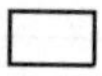	

(8) 전 원

명 칭	심 벌	적 요
축전지	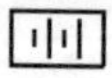	용량, 전압 등을 방기한다.
건전지		필요에 따라서 종별을 방기한다.
충전용 정류기기		필요에 따라서 종류, 용량, 전압 등을 방기한다.
충방전반		

(9) 배선(배관, 선통, 덕트 등을 포함)

명 칭	심 벌	적 요
천장 은폐 배선 노출 배선 바닥 은폐 배선 바닥면 노출 배선 지중 매설 배선	———— - - - - - - - — — — —··—··— —·—·—	(1) 천장 매입 배선과 천장내 배선을 구별할 경우에는 천장내 배선에 ----- 을 사용한다. (2) 특별히 전선의 종류를 명시할 필요가 있을 경우는 600V 비닐 절연 전선을 IV, 600V 2종 비닐 전선을 HIV, 통신용 PVC 옥내선을, TIV, 통신용 PVC 옥외선을 TOV, 내화 전선(3)을 FP, 내열 전선(4)을 HP, 통신용 케이블(종류와 시방서 등에 의함)을 C로 한다. (3) 전선의 굵기는 다음과 같이 기입한다. 시방서 등에 밝혀진 전선의 굵기는 기입하지 않아도 된다. 단위가 밝혀진 경우는 단위를 생략해도 된다. 보기 : ‾‾0.8‾‾ ‾‾1.2‾‾ ‾‾2‾‾ ‾‾2㎟‾‾ (4) 전선수는 —///— 로 표시하고, 경우는 따라 숫자를 방기한다. TIV, TOV 및 C 등은 대다수 —2P— —100P— 등으로 기입한다. 시방서 등에 밝혀진 것은 기입하지 않아도 된다. (5) 전선의 접속점은 다음에 따른다. —┳— (6) 전선입 배관은 0.8(19)와 같이 하고, 전선이 들어가지 않은 배관은 —C—(25) 와 같이 표시한다. 시방서 등에 밝혀진 전선관의 굵기는 기입하지 않아도 된다. (7) 접지선의 경우를 표시 E 1.6 —E1.6— (8) 플로어 덕트의 표시 —(F7)— —(F4)— —◎— 정크션 박슬 표시한다. (9) 금속 선통의 표시 ---MM--- (10) 합성 수지 선통의 표시 ═══ 또는 ------- (11) 가공선의 표시는 —— 를 적용한다. (12) 구별을 필요가 없는 경우에는 실선만으로 표시해도 좋다. (13) 건축도의 선과의 구별을 확실히 하기 위하여 선을 굵게 그린다.
상승 인하 소통	  	(1) 연속 상태의 표시를 필요로 할 경우는 대조 부호를 방기한다. 보기 : aa, bb, ······ (2) 동일층의 상승, 인하는 특별히 표시하지 않는다. (3) 관, 선 등의 굵기를 명기한다. 다만, 명확한 경우에는 기입하지 않아도 된다. (4) 필요에 따라서 공사 종류를 방기한다.
접지		필요에 따라서 재료의 종류, 굵기, 필요한 접지 저항치 등을 방기한다.
풀 박스 및 접속 상자	□	상자의 크기 및 형상에 따라서 실제의 느낌을 표시하도록 한다.

(10) 증설

동일 도면에 증설, 기설을 표시할 경우는 증설은 굵은 선, 기설은 가는 선으로 한다. 이에 따르지 않는 경우는 다음 어느 것에 따른다.

(가) 증설은 증, 기설은 기라고 방기한다.

(나) 증설은 적색, 기설은 흑색 또는 백색으로 한다.

(다) 증설 전선은 IV, TIV, TOV 기설 전선은 iv, tiv, tov

(11) 철 거

철거의 경우는 ×를 붙인다.

보기 : 

다. 방 재

(1) 자동 화재 경보 설비

명 칭	심 벌	적 요
차동식 스폿형 감지기		(1) 필요에 따라서 종별을 방기한다. (2) 가건물 및 천정 내부에 시설할 경우는  로 한다. (3) 매입한 것은  로 한다.
보상식 스폿형 감지기		(1) 필요에 따라서 종별을 방기한다. (2) 가건물 및 천정 내부에 시설할 경우는  로 한다. (3) 매입한 것은 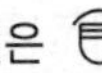 로 한다.
정온(定溫)식 스폿형 감지기		(1) 필요에 따라서 종별을 방기한다. (2) 가건물 및 천정 내부에 시설할 경우는  로 한다. (3) 방수의 것은  로 한다. (4) 내산(耐酸)의 것은  로 한다.

명 칭	심 벌	적 요
정온(定溫)식 스폿형 감지기		(5) 내알칼리성인 것은 ⓌⓌ로 한다. (6) 방폭인 것은 Ⓔ로 한다.
연기 감지기		(1) 필요에 따라서 종별을 방기한다. (2) 가건물 및 천정 내부에 시설할 경우는 [S]로 한다. (3) 점검 상자붙이인 경우는 [S]로 한다. (4) 매입인 것은 [S]로 한다. (5) 확인증부는 필요에 따라서 L을 방기한다.
감지선	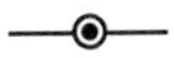	(1) 필요에 따라서 종별을 방기한다. (2) 감지선과 전선의 접속점 —•— 로 한다. (3) 가건물 및 천정 내부에 시설할 경우는 ---◎--- 로 한다. (4) 관통 장소는 —○—○— 로 한다.
공기관		(1) 배선용 심벌은 굵게 한다. (2) 가건물 및 천정 내부에 시설할 경우는 ------- 로 한다. (3) 관통 장소는 —○—○— 로 한다.
열전대		가건물 및 천정 내부에 시설할 경우는 —▭— 로 한다.
열 반도제		가건물 및 천정 내부에 시설할 경우는 ⊙로 한다.
차동식 분포형 감지기의 검출부		필요에 따라 종별을 방기한다.
P형 발신기		(1) 필요에 따라서 급별을 방기한다. (2) 옥외용인 것은 Ⓟ로 한다. (3) 방폭인 것은 E를 방기한다.
회로 시험기		
화재 경보 벨		(1) 방수용인 것은 Ⓑ로 한다. (2) 방폭인 것은 E로 방기한다.
수신기	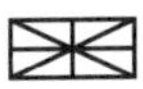	다른 시설과 연동인 경우는 ⊠로 하고, 필요에 따라서 해당 설비를 주기한다.
부수신기 (표시기)	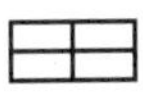	

명 칭	심 벌	적 요
중계기	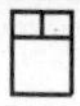	
표시등		
표지판		
보조 전원	TR	
이보기(移報器)	R	필요에 따라서 해당 설비의 기호를 방기한다. 보기 : 경비회사 등기기 $\boxed{R}_G$ 소화전 $\boxed{R}_E$ 비상방송 $\boxed{R}_X$ 방화문, 배연(排煙) 등 $\boxed{R}_H$ 소화 장치 기차 $\boxed{R}_D$
차동 스폿 시험기	T	필요에 따라서 개수를 방기한다.
종단 저항기	Ω	보기 : 
기기 수용 상자		
경계 구역 경계선		배선의 심벌보다 굵게 한다.
경계 구역 번호		(1) ○내에 경계 구역 번호를 넣는다. (2) 필요에 따라서 ⊖로 하고, 상부에 필요 사항, 하부에 경계구역 번호를 넣는다. 보기 : 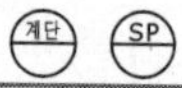

(2) 비상 경보 설비

명 칭	심 벌	적 요
비상용 누름 버튼	Ⓕ	(1) 방수용의 것은  로 한다. (2) 방폭인 것은 E를 방기한다.
비상 전화기	ET	필요에 따라서 번호를 방기한다.
비상벨	Ⓑ	자동 화재 경보 설비의 화재 경보 벨의 적요를 준용한다.
사이렌		자동 화재 경보 설비의 화재 경보 벨의 적요를 준용한다.
조작 장치	EP	
표시등		
표지판	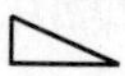	
보조 전원	TR	
기기 수용	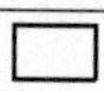	

명 칭	심 벌	적 요
경보 구역 경계선	—·-·—	자동 화재 경보 설비의 경계 구역 경계선의 적요를 준용한다.
경계 구역 번호	△	△의 안에 경계 구역 번호를 넣는다.

(3) 소화 설비

명 칭	심 벌	적 요
기동 누름 버튼	Ⓔ	(1) 방수용의 것은 Ⓔ 로 한다. (2) 방폭인 것은 E를 방기한다.
모터 사이렌	Ⓜ◁	자동 화재 경보 설비의 화재 경보 벨의 적요를 준용한다.
경보 벨	Ⓑ	자동 화재 경보 설비의 화재 경보 벨의 적요를 준용한다.
경보 부저	(BZ)	자동 화재 경보 설비의 화재 경보 벨의 적요를 준용한다.
제어반	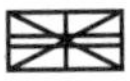	
표시반	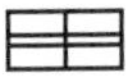	필요에 따라서 창수를 방기한다. 보기 : 3
표시등	◐	기동 표시등과 겸용하는 것은 ◉ 로 한다.

(4) 방연 댐퍼, 방화문 등의 제어기기

명 칭	심 벌	적 요
연기 감지기 (전용의 것)	Ⓢ	필요에 나라서 종별을 방기한다.
열 감지기 (전용의 것)	⊖	필요에 따라서 종별을 방기한다.
자동 폐쇄 장치	(ER)	필요에 따라서 용기를 방기한다.
연동 제어기		조작부를 가진 것은 로 한다.

라. 피뢰침

명 칭	심 벌	적 요
돌침부		평면도용
		입면도용
피뢰 도선 및 지붕위 도체	——	(1) 필요에 따라서 재료의 종류, 굵기 등을 방기한다. (2) 접속점은 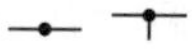 로 한다.
접지	⏚	필요에 따라서 재료의 종류, 크기 등을 방기한다.
접지 저항 측정용 단자	⊗	

부록 2 전력용 심벌

가. 변압기

명 칭	심 벌		적 요
	단선도용	복선도용	
변압기(일반)	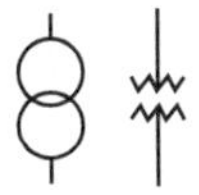		
단상 변압기	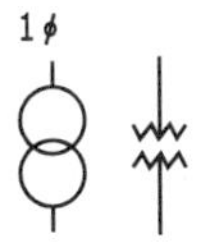		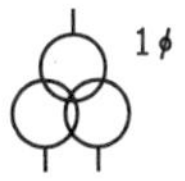 3권선용임, 3상의 경우는 3ϕ를 표시함 복선도는 △- 접속의 예
3상 변압기	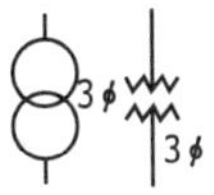	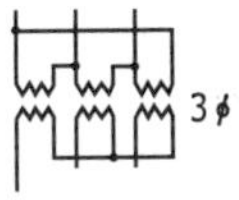	
변압기의 접속	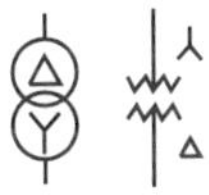	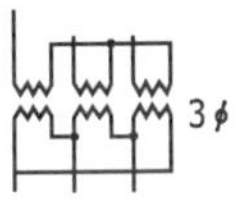	1. -△ 접속의 예 2. 3상 변압기를 특히 나타낼 필요가 있을 경우에는 옆에 3ϕ라고 기입함
		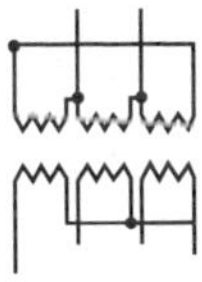	
	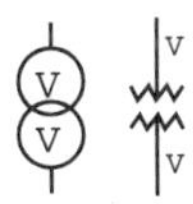	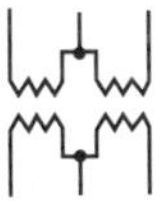	1. V 접속의 예 2. 3상 변압기를 특히 나타낼 필요가 있을 경우에는 옆에 3ϕ라고 기입함
단상 유도 전압 조정기	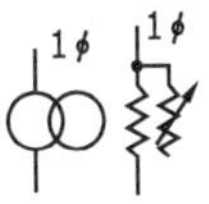	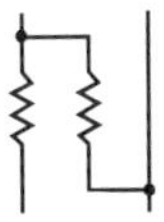	↗는 생략하여도 좋음
3상 유도 전압 조정기	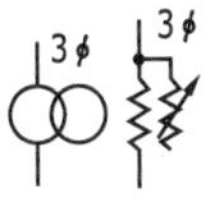	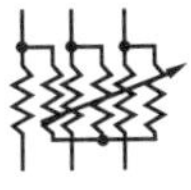	↗는 생략하여도 좋음

나. 계기용 변압기 및 변류기

명 칭	심 벌		적 요
	단선도용	복선도용	
3상 계기용 변압기	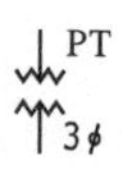	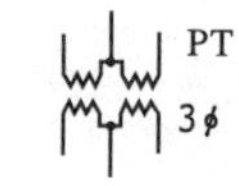	1. 주변압기보다 가늘게 그리며 옆에 PT 3ϕ라고 적는다. 2. 복선도는 V 접속의 경우를 나타낸다. 3. 단선도에 있어서는 필요에 따라 접속을 옆에 적는다.
계기용 변압 변류기	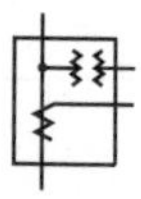	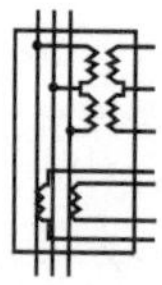	주변압기보다 가늘게 그린다.
영상 계기용 변압기		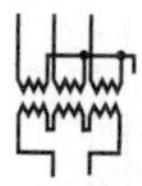	
영상 변류기		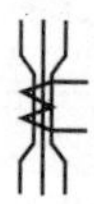	

다. 배전반 부착 기구

명 칭	심 벌		적 요
	단선도용	복선도용	
계기용 절환 개폐기	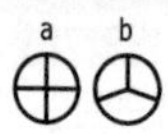		1. "a"는 전압회로용 2. "b"는 전류회로용
전류 계용 분류기	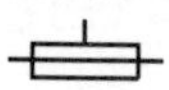		
시험용 전압 단자	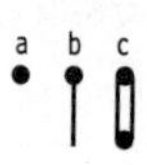		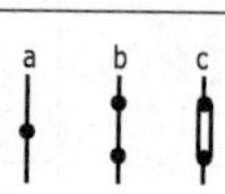
시험용 전류 단자			

라. 전력용 접점

명 칭	심 벌	적 요
접점(일반) 혹은 수동 접점	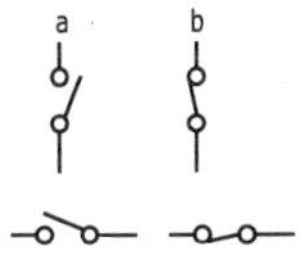	
한시 계전기 접점	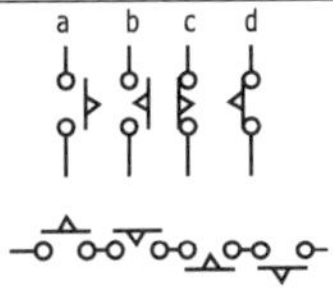	1. 한시 계전기 접점임을 나타낼 필요가 있을 경우에 쓰임. 2. "a", "c"는 한시 동작, "b"는 한시 동작 "b", "d"는 한시 복귀
수동조작 자동복귀 접점	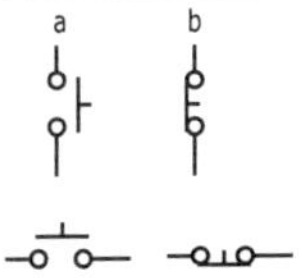	손을 떼면 복귀 하는 접점이며, 버튼 스위치 조작 개폐기 등의 접점에 쓰임(누름형, 당김형)
수동 복귀 접점	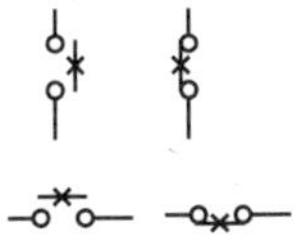	인위적으로 복귀되는 것(전자석으로 복귀되는 것도 포함)
조작 스위치 잔류 접점	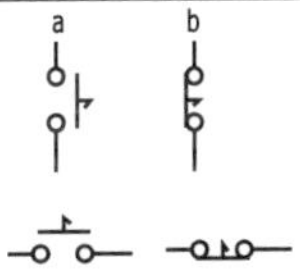	
전자 접촉기 접점	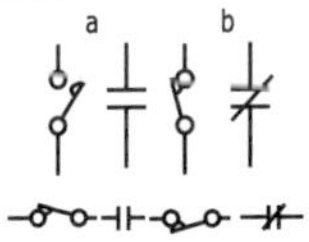	
계전기 접점 및 보조개폐기 접점	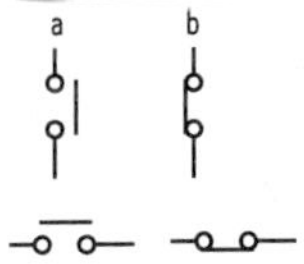	
제어기 접점		1개의 접점을 나타냄
기계적 접점	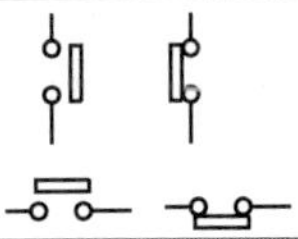	리미트 스위치와 같이 접점의 개폐가 전기적 이외의 원인에 의해서 이루어지는 것에 쓰임

마. 개폐기 및 제어 장치

명 칭	심 벌		적 요
	단선도용	복선도용	
개폐기 (일반)	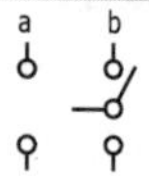		"b"는 단극 쌍투의 경우
단로기 (일반)	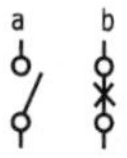	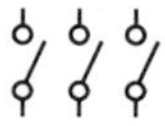	"b"는 간단히 나타낼 경우가 있을 때
유입 개폐기	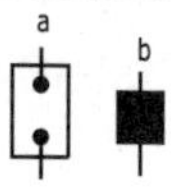	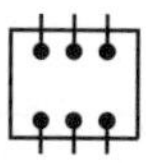	"b"는 간단히 나타낼 필요가 있을 경우
나이프 스위치		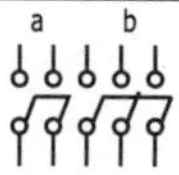	1. "a"는 2극의 경우 2. "b"는 3극
플러그형 단로기			
기중 차단기 (일반)			복선도는 2극의 경우
직류 고속도 차단기			

바. 콘덴서 및 리액터

명 칭	심 벌		적 요
	단선도용	복선도용	
전력용 콘덴서	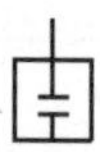	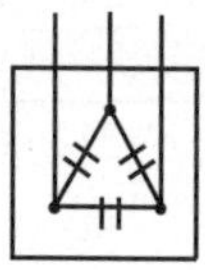	1. 단선도의 도면상에서 접속되어 있지 않은 경우에는, 다음과 같이 그 선은 삭제할 수 있다.  2. 복선도용은 △결선의 경우 3. 간편 표시의 경우, 다음과 같은 심벌을 사용함 
전력용 분로 리액터	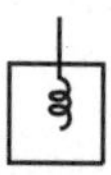	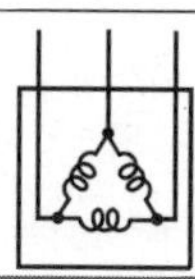	1. 복선도용은 결선의 보기 2. 간편 표시의 경우, 다음과 같은 심벌을 사용함

사. 보호 장치

명 칭	심 벌		적 요
	단선도용	복선도용	
피뢰기	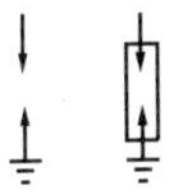	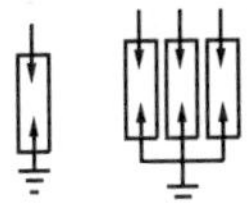	방전 갭의 유무에 상관없이 이것으로 나타냄
정전 방전기			
개방형 퓨즈(일반)		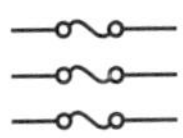	실 퓨즈, 관 퓨즈를 포함
포장 퓨즈(일반)	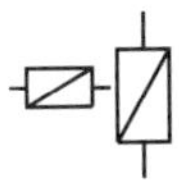		1. 통형 퓨즈, 전력형 퓨즈, 플러그형 퓨즈를 포함 2. 사선은 오른쪽 위쪽으로 함
퓨즈 붙이기 단로기	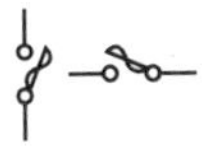		
한류 리액터		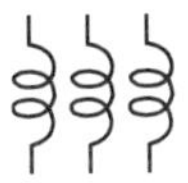	

아. 계전기(Relay)

명 칭	심 벌	명 칭	심 벌
과전류 계전기	OC ○	무효전력 계전기	Q
부족 전류 계전기	UC	주파수 계전기	F
과전압 계전기	OV (↑)	보조 계전기	AX ⊖
부족 전압 계전기	UV (↓)	한시 계전기	TL (T)
방향 계전기	D	재폐로 계전기	Rec ⊕
단락 방향 계전기	DS △	차동 계전기	Df ⊖
거리 계전기	Z Ⓩ	비율 차동 계전기	RDf ⊖
방향 거리 계전기	DZ △(Z)	과부하 계전기	OL
지락 과전류 계전기	OCG •	열동 계전기	TH

명 칭	심 벌	명 칭	심 벌
지락 과전압 계전기	[OVG] ⓘ(↑)	지락 계전기	[G]
지락 방향 계전기	[DG] ▲	역류 계전기	[RC]
지락 회선 선택 계전기	[SG] ▬	단락 계전기	[S]
온도 계전기	[T]	전력 계전기	[P]
부흐홀츠 계전기	[BH]		

자. 계기 심벌

명 칭	심 벌	명 칭	심 벌
전류계	(A)	주파계	(F)
기록전류계	(RA)	최대전류계	(MA)
적산전류계	(AH)	영상전류계	(Ao)
전압계	(V)	속도계	(S)
기록전압계	(RV)	회전계	(N)
전력계	(W)	위치지시계	(PI)
기록전력계	(RW)	수위계	(WLI)
종합전력계	(TW)	최대 수용전력계	(MDW)
기록종합전력계	(RTW)	검류기	(GD)
전력량계	(WH)	동기검전기	(SY)
무효전력계	(VAR)	검전기	(VD)
적산무효전력계	(VARH)		
역률계	(PF)		
온도계	(T)		
무효율제	(Sn)		

1. 기록형은 심벌의 글자 첫머리에 R자를 붙인다.
2. 종합형은 심벌의 글자 첫머리에 T자를 붙인다.
3. 인자형은 심벌의 글자 첫머리에 Pt자를 붙인다.
4. 최대, 최소 표시는 심벌의 글자 첫머리에 M자를 붙인다.

차. 발변전소

명 칭	심 벌	적 요	명 칭	심 벌	적 요
발전소(일반)	□		변전소	○	
수력 발전소	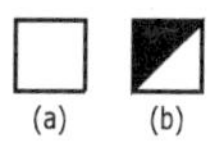 (a) (b)	(b)는 심벌 속에 기입 사항이 없는 경우에만 사용한다.	화력 발전소	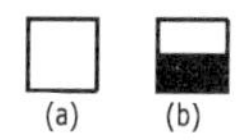 (a) (b)	(b)는 심벌 속에 기입 사항이 없는 경우에만 사용한다.
원자력 발전소	 (a) (b)				

카. 고장 표시

명 칭	심 벌		적 요	명 칭	심 벌		적 요
	단선도용	복선도용			단선도용	복선도용	
고장 (일반)	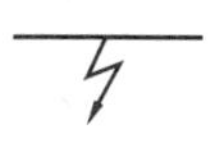			2선 단락			
1선 지락	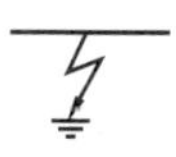	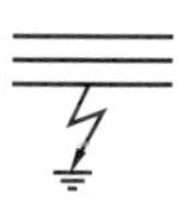		3선 단락		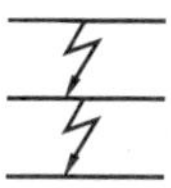	
2선 지락		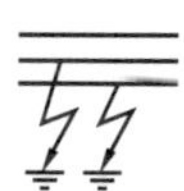		단선	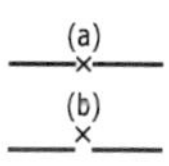	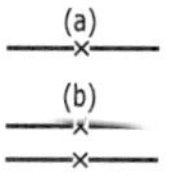	(a)는 1선, (b)는 2선의 경우임
3선 지락						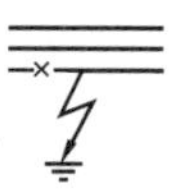	

타. 전선로 지지물 및 부속품

명 칭	심 벌	적 요
지지물 (일반)	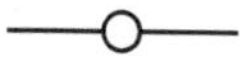	1. 타소속 지지물과 같이 특히 구별할 필요가 있는 경우에는 파선을 사용할 수 가 있다. 2. 통신선을 공가할 때는 다음과 같이 표시한다. 
철탑		
철주	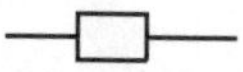 (a)  (b)	(b)의 심벌은 전차선로의 지지주로 사용하는 경우에 한한다.
콘크리트주		
콘트리트주	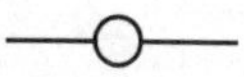	
콘트리트주		특히, 복잡한 것을 나타내고자할 때는 이들을 조합하여 표시하든가 혹은 병기한다.
콘크리트주		
지선주		

명 칭	심 벌		적 요
	단선도용	복선도용	
맨홀			
핸드볼			
케이블 헤드		 (a) 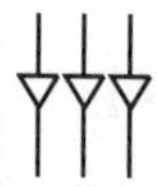 (b)	1. 복선도용 (a)는 3심 케이블, (b)는 단심케이블 경우임 2. 케이블 헤드를 사용치 않고 단말처리만인 경우는  로 나타낸다.
관(일반)			관의 종류 안지름 개수 R.100X(6)/ CL 145.5 인공중심간격 관종 기호의 보기 C : 무근 콘크리트관 R : 철근 콘크리트관 As : 석면 시멘트관 I : 주철관 S : 강관 V : 경질 비닐관 P : 도관

부록 3 시퀀스 제어 기호

이 규격은 일반 산업의 시퀀스 제어계에 있어서 전기 계통의 전개 접속도에 사용되는 기기 및 장치의 문자

가. 기기 기호 : 기기 기호의 중요한 것은 다음과 같다.

(1) 회전기

번 호	문자기호	용 어	문자 기호에 대응하는 외국어
1001	EX	여자기	Exciter
1002	FC	주파수 변환기	Frequency Changer, Frequency Converter
1003	G	발전기	Generator
1004	IM	유도 전동기	Induction Motor
1005	M	전동기	Motor
1006	MG	전동 발전기	Motor-generator
1007	OPM	조작용 전동기	Operating Motor
1008	RC	회전 변류기	Rotary Converter
1009	SEX	부여자기	Sub-exiter
1010	SM	동기 전동기	Synchronous Motor
1011	TG	회전 속도계 발전기	Tachometer Generator

(2) 변압기 및 정류기류

번 호	문자기호	용 어	문자 기호에 대응하는 외국어
1101	BCT	부싱 변류기	Bushing Current Transformer
1102	BST	승압기	Booster
1103	CLX	한류 리액터	Current limiting Reactor
1104	CT	변류기	Current Transformer
1105	GT	접지 변압기	Grounding Transformer
1106	IR	유도 전압 조정기	Induction Voltage Regulator
1107	LTT	부하시 탭 전환 변압기	On-load Tap-charging Transformer
1108	LVR	부하시 전압 조정기	On-load Voltage Regulator

번 호	문자기호	용 어	문자 기호에 대응하는 외국어
1109	PCT	계기용 변압 변류기	Potential Current Transformer Combined Voltage and Current Transformer
1110	PT	계기용 변압기	Potential Transformer Voltage Transformer
1111	T	변압기	Transformer
1112	PHS	이상기	Phase Shifter
1113	RF	정류기	Rectifier
1114	ZCT	영상 변류기	Zcro-phase-sequence Current Transformer

(3) 차단기 및 스위치류

번 호	문자기호	용 어	문자 기호에 대응하는 외국어
1201	ABB	공기 차단기	Airblast Circuit Breaker
1202	ACB	기중 차단기	Air Circuit Breaker
1203	AS	전류계 전환 스위치	Ammeter Change-over Switch
1204	BS	버튼 스위치	Button Switch
1205	CB	차단기	Circuit Breaker
1206	COS	전환 스위치	Change-over Switch
1207	CS	제어 스위치	Control Switch
1208	DS	단로기	Disconnecting Switch
1209	EMS	비상 스위치	Emergency Switch
1210	F	퓨즈	Fuse
1211	FCB	계자 차단기	Field Circuit Breaker
1212	FLTS	플로트 스위치	Float Switch
1213	FS	계자 차단기	Field Switch
1214	FTS	발딛음 스위치	Foot Switch
1215	GCB	가스 차단기	Gas Circuit Breaker
1216	HSCB	고속도 차단기	High-speed Circuit Breaker
1217	KS	나이프 스위치	Knife Switch
1218	LS	리밋 스위치	Limit Switch
1219	LVS	레벨 스위치	Level Switch
1220	MBB	자기 차단기	Magnetic Blow-out Circuit Breaker
1221	MC	전자 접촉기	Electromagnetic Contactor
1222	MCB	배선용 차단기	Molded Case Circuit Breaker
1223	OCB	기름 차단기	Oil Circuit Breaker
1224	OSS	과속 스위치	Over-speed Switch

번 호	문자기호	용 어	문자 기호에 대응하는 외국어
1225	PF	저력 퓨즈	Power Fuse
1226	PRS	압력 스위치	Pressure Switch
1227	PS	회전 스위치	Rotary Switch
1228	S	스위치, 개폐기	Switch
1229	SPS	속도 스위치	Speed Switch
1230	TS	텀블러 스위치	Tumbler Switch
1231	VCB	진공 차단기	Vacuum Circuit Breaker
1232	VCS	진공 스위치	Vacuum Switch
1233	VS	전압계 전환 스위치	Voltmeter Charge-over Switch
1234	CTR	제어기	Controller
1235	MCTR	주간 제어기	Master Controller
1236	STT	시동기	Starter
1237	YDS	스타 델타 시동기	Star-delta Starter

(4) 저항기

번 호	문자기호	용 어	문자 기호에 대응하는 외국어
1301	CLR	한류 전항기	Current-limiting Resistor
1302	DBR	제동 저항기	Dynamic Breaking Resistor
1303	DR	방전 저항기	Discharging Resistor
1304	FRB	계자 조정기	Field Regulator, Field Rheostat
1305	GR	접지 지항기	Grounding Resistor
1306	LDR	부하 저항기	Loading Resistor
1307	NGR	중성점 접지 저항기	Neutral Grounding Resistor
1308	R	저항기	Resistor
1309	RH	가감 저항기	Rheostat
1310	STR	시동 저항기	Starting Resistor

(5) 계전기

번 호	문자기호	용 어	문자 기호에 대응하는 외국어
1401	BR	평형 계전기	Balance Relay
1402	CLR	한류 계전기	Current Limiting Relay
1403	CR	전류 계전기	Current Relay

번 호	문자기호	용 어	문자 기호에 대응하는 외국어
1404	DFR	차동 계전기	Differential Relay
1405	FCR	플러커 계전기	Flicker Relay
1406	FLR	흐림 계전기	Flow Relay
1407	FR	주파수 계전기	Frequency Relay
1408	GR	지락 계전기	Ground Relay
1409	KR	유지 계전기	Keep Relay
1410	LFR	계자 손신 계전기	Loss of Field Relay, Field Loss Relay
1411	OCR	과전류 계전기	Overcurrent Relay
1412	OSR	과속도 계전기	Over-speed Relay
1413	OPR	결상 계전기	Open-phase Relay
1414	OVR	과전압 계전기	Overvoltage Relay
1415	PLR	극성 계전기	Polarity Relay
1416	PR	역전 방지 계전기 (플러깅 계전기)	Plugging Relay
1417	POR	위치 계전기	Position Relay
1418	PRR	압력 계전기	Pressure Relay
1419	PWR	전력 계전기	Power Relay
1420	R	계전기	Relay
1421	RCR	재폐로 계전기	Reclosing Relay
1422	SOR	탈조(동기이탈) 계전기	Out of-step Relay. / Step-out Relay
1423	SPR	속도 계전기	Speed Relay
1424	STR	시동 계전기	Starting Relay
1425	SR	단락 계전기	Short-circuit Relay
1426	SYR	동기 투입 계전기	Synchronizing Relay
1427	TDR	시연 계전기	Time Delay Relay
1428	TFR	무트립 계전기	Trip-free Relay
1429	THR	열 계전기	Thermal Relay
1430	TLR	한시 계전기	Time-lag Relay
1431	TR	온도 계전기	Temperature Relay
1432	UVR	부족 전압 계전기	Under-voltage Relay
1433	VCR	진공 계전기	Vacuum Relay
1434	VR	전압 계전기	Voltage Relay

(6) 계 기

번 호	문자기호	용 어	문자 기호에 대응하는 외국어
1501	A	전류계	Ammeter
1502	F	주파수계	Frequency Meter
1503	FL	유량계	Flow Meter
1504	GD	검루기	Ground Detector
1505	HRM	시간계	Hour Meter
1506	MDA	최대 수요 전류계	Maximum Demand Ammeter
1507	MDW	최대 수요 전력계	Maximum Demand Wattmeter
1508	N	회전 속도계	Tachometer
1509	PI	위치 지시계	Position Indicator
1510	PF	역률계	Power-factor Meter
1511	PG	압력계	Pressure Meter
1512	SH	분류기	Shunt
1513	SY	동기 검정기	Synchronoscope, Synchronism Indicator
1514	TH	온도계	Thermometer
1515	THC	열전대	Thermocouple
1516	V	전압계	Voltmeter
1517	VAR	무효 전력계	Var Meter, Reactive Power Meter
1518	VG	진공계	Vacuum Gauge
1519	W	전력계	Wattmeter
1520	WH	전력량계	Watt-hour Meter
1521	WLI	수위계	Water Level Indicator

(7) 기 타

번호	문자기호	용어	문자 기호에 대응하는 외국어
1601	AN	어난시에이터	Annunciator
1602	B	전지	Battery
1603	BC	충전지	Battery Charger
1604	BL	벨	Bell
1605	BL	송풍기	Blower
1606	BZ	버저	Buzzer
1607	C	콘덴서	Condenser, Capacitor
1608	CC	폐로 코일	Closding Coil

번호	문자기호	용어	문자 기호에 대응하는 외국어
1609	CH	케이블 헤드	Cable Head
1610	DL	더미 부하	Dummy Load
1611	EL	지락 표시등	Earth Lamp
1612	EF	접지 단자	Earch Terminal
1613	FI	고장 표시기	Fault Indicator
1614	FLT	필터	Filter
1615	H	히터	Heater
1616	HC	유지 코일	Holding Coil
1617	HM	유지 자석	Holding Magnetic
1618	HO	혼	Horn
1619	IL	조명등	Illuminating Lamp
1620	MB	전자 브레이크	Electromagnetic Brake
1621	MCL	전자 클러치	Electromagnetic Clutch
1622	MCT	전자 카운터	Magnetic Counter
1623	MOV	전동 밸브	Motor-operated Valve
1624	OPC	동작 코일	Operating Coil
1625	OTC	과전류 트립 코일	Overcurrent Trip Coil
1626	RSTC	복귀 코일	Reset Coil
1627	SL	표시등	Signal Lamp, Pilot Lamp
1628	SV	저자밸브	Solenoid Valve
1629	TB	단자판	Terminal Block Terminal Board
1630	TC	트립 코일	Trip Coil
1631	TT	시험 단자	Testing Terminal
1632	UVC	부족 전압 트립 코일	Under-voltage Release Coil Under-Voltage Trip Coil

나. 기능 기호 : 기능 기호 중 중요한 것은 다음과 같다.

번 호	문자기호	용 어	문자 기호에 대응하는 외국어
2001	A	가속.중속	Accelarating
2002	AUT	자동	Automatic
2003	AUX	보조	Auxiliary
2004	B	제동	Braking
2005	BW	후방향	Backward

번 호	문자기호	용 어	문자 기호에 대응하는 외국어
2006	C	제어	Control
2007	CL	닫음	Close
2008	CO	전환	Change-over
2009	CRL	미속	Carwling
2010	CST	코스팅	Coasting
2011	DE	감속	Decelerating
2012	D	하강.아래	Down, Lower
2013	DB	발전 제동	Dynamic Braking
2014	DEC	감소	Decrease
2015	EB	전기 제동	Electric Braking
2016	EM	비상	Emergency
2017	F	정방향	Forward
2018	FW	앞으로	Forward
2019	H	높다	High
2020	HL	유지	Holding
2021	HS	고속	High Speed
2022	ich	인칭	Inching
2023	IL	인터로크	Inter-Locking
2024	INC	증가	Increase
2025	INS	순시	Instant
2026	J	조깅	Jogging
2027	L	왼편	Left
2028	L	낮다	Low
2029	LO	록아웃	Lock-out
2030	MA	수동	Manual
2031	MEB	기계 제동	Mechanical Braking
2032	OFF	개로, 끊다	Open, Off
2033	ON	폐로, 닫다	Close, On
2034	OP	열다	Open
2035	P	플러깅	Pluging
2036	R	기록	Recording
2037	R	반대로, 앞으로	Reverse
2038	R	오른편	Right
2039	RB	재생 제동	Regenerative Braking
2040	RG	조정	Regulating
2041	RN	운전	Run
2042	RST	복귀	Reset
2043	ST	시동	Start
2044	SET	세트	Set
2045	STP	정지	Stop
2046	SY	동기	Synchronizing
2047	U	상승.위에	Raise, Up

다. 무접점 계전기의 문자 기호

(1) 무접점 계전기의 문자 기회 무접점 계전기에 대해서는 다음 문자 기호를 사용한다.

번 호	문자기호	용 어	문자 기호에 대응하는 외국어
3001	NOT	논리 부정	Not, Negation
3002	OR	논리합	Or
3003	AND	논리적	And
3004	NOR	노어	Nor
3005	NAND	낸드	Nand
3006	MEM	메모리	Memory
3007	ORM	복귀 기억	Off Return Memory
3008	RM	영구 기억	Retentive Memory
3009	FF	플립플롭	Flip-Flop
3010	BC	이진 카운터	Binary Counter
3011	SFR	시프트 레지스터	Shift Resister
3012	TDE	동작 시간 지연	Time Delay Energizing
3013	TDD	복귀 시간 지연	Time Delay De--energizing
3014	TDB	시간 지연	Time Delay(Both)
3015	SMT	슈미트 트리거	Schmidt Trigger
3016	SSM	단안정 멀티바이브레이터	Single Shot Multi-vibrator
3017	MLV	멀티바이브레이터	Multi-vibrator
3018	AMF	증폭기	Amplifier

〈참고〉

ORM(복귀 기억)은 전원 투입시의 상태가 항상 출력 "0"이고, RM(영구 기억)은 전원 재투입시도 이전의 상태를 재현할 수 있다.

(2) 입출력 문자 기호 무접점 계전기의 입출력을 명확히 할 필요가 있을 때는 다음의 문자 기호를 사용한다.

번 호	문자기호	용 어	번 호	문자기호	용 어
3101	X	정상입력	3105	B	역상 출력
3102	Y	역삼 입력	3106	S	세트 입력
3103	Z	보조 입력	3107	R	리셋 입력
3104	A	정상 출력	3108	XE	익스팬드 입력 정상

번 호	문자기호	용 어	번 호	문자기호	용 어
3109	YE	익스팬드 입력 영상	3114	LM	영조정 입력
3110	SE	익스팬드 입력 세트	3115	PN	직류(바이어스 포함)
3111	RE	익스팬드 입력 리셋	3116	UVW	교류
3112	F	중간 입출력	3117	O	공통 모선 또는 중성점
3113	JK	절연 입력			

〈참고〉

1. 전원 단자 번호에 첨부 수자를 붙일 때는 전위가 높은 것으로부터 1, 2로 한다.
2. 정상, 역상의 정의는 그 요소의 기능을 기준으로 하여 정한다.